2 主界面左边是一个地图(用于显示学习内容),主界面的右下方是一个别致的大指南针,移动光标到“内容指南”按钮上时,地图就会凸出来,并显示出所有的学习版块,如图 2 所示。

3 单击“内容指南”按钮后,单击地图上要学习的版块,该版块就会凸起,并弹出其各个小节内容,如图 3 所示。

图 2　单击“内容指南”按钮

图 3　单击地图上的某个学习版块

4 单击小节内容,即可进入“播放界面”学习,如图 4 所示。单击“内容选择”按钮,可重新选择内容进行学习,如图 5 所示。

单击可重新选择版块中的小节;再次单击可收回弹出的菜单

单击可进入“边学边练”模式

单击可进入“互动学习”模式

单击可调节音量大小;再次单击可收回音量控制面板

播放控制按钮

图 4　播放界面

5 单击“播放界面”上的“边学边练”按钮,可进入“边学边练”模式,如图 6 所示。可以根据讲解,进行边学边练操作;单击“返回”按钮,可返回主界面。

图5 重新进行"内容选择"

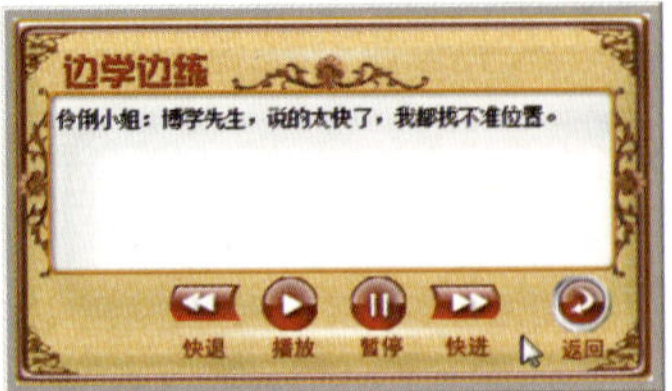

图6 "边学边练"模式

6 单击"播放界面"上的"返回"按钮，可返回到主界面。单击主界面上的"技巧电子书"按钮，可阅读技巧电子书，如图7所示；单击"退出"按钮，可关闭技巧电子书，返回到主界面。

7 单击主界面上的"退出程序"按钮，弹出"您真的要退出吗"提示框，如图8所示；单击"退出光盘"按钮，即可退出学习。在退出前，系统会自动保存学习的进度。

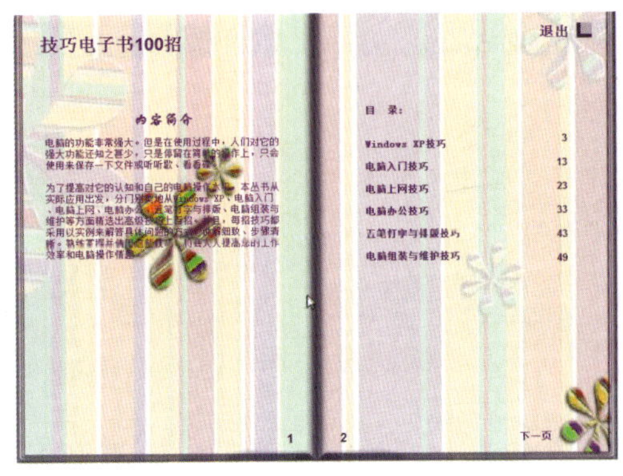

图7 技巧电子书

图8 退出学习

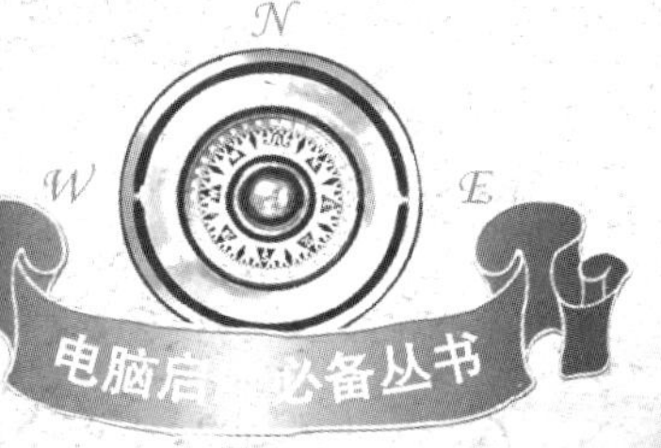

本系列丛书
配 套 光 盘
被北京市新闻出版局列选为**重点电子出版物**

◎ 薛振华 李青山 朱梦月 等 编著

AutoCAD 辅助绘图 新手指南针

双色印刷

北京希望电子出版社
Beijing Hope Electronic Press
www.bhp.com.cn
·北京·

内 容 简 介

本书是“电脑启航必备丛书”之一，针对初学者的需求，将 AutoCAD 辅助绘图操作以图解实例的方式表达出来，浅显易懂，实用性强，使初学者轻松实现“从零开始，快速上手，技高一筹”。

全书共分为 14 章，由浅入深、全面透彻地介绍了初步认识 AutoCAD 2009，二维绘图基础，精确绘制图形，图层、线型、颜色，编辑二维图形，创建文字与表格，创建与使用图块、图案填充，尺寸标注，AutoCAD 设计中心，绘制三维图形，编辑与标注三维图形，观察与渲染三维图形，输出图形与 Internet 功能，AutoCAD 2009 综合实例等内容。

本书及多媒体光盘面向初级和中级电脑用户，适用于电脑新手、电脑爱好者、电脑培训人员、中老年读者和各行各业需要学习 AutoCAD 辅助绘图的人员，也可以作为大专院校学生学习的辅导和培训用书。

需要本书或技术支持的读者，请与北京清河 6 号信箱（邮编：100085）发行部联系，电话：010-62978181（总机）转发行部、010-82702675（邮购），传真：010-82702698，E-mail：tbd@bhp.com.cn。

AutoCAD 辅助绘图新手指南针 / 薛振华，李青山，朱梦月编著．—北京希望电子出版社，2010

（电脑启航必备丛书）

ISBN 978-7-89498-976-5

Ⅰ．A… Ⅱ．①薛… ②李… ③朱… Ⅲ．计算机辅助绘图与设计软件，AutoCAD—应用

责任编辑：刘　芯　　　/ 责任校对：马　君

责任印刷：密　东　　　/ 封面设计：青青果园

北京希望电子出版社 出版

北京市海淀区上地三街 9 号金隅嘉华大厦 C 座 611

邮政编码：100085

http://www.bhp.com.cn

北京密东印刷有限公司印刷

北京希望电子出版社发行　　各地新华书店经销

*

2010 年 1 月第　1　版　　　开本：787mm×1092mm 1/16

2010 年 1 月第 1 次印刷　　印张：19.25

印数：1-4 000　　　　　　字数：442 千字

定价：32.00 元（配 1 张光盘）

丛 书 序

毋庸置疑，电脑的发明是20世纪最伟大的成就之一！如今，电脑已广泛应用于人们日常的工作和生活之中，如办公自动化、平面设计、动画设计、影音制作、网站建设、网上购物、炒股……都离不开电脑。

中国有一句老话："名师出高徒"。同样，对于电脑初学者而言，选择一本好书，一本具有指导意义的书，至关重要！

"电脑启航必备丛书"是为初学者倾力打造和定制的系列丛书。它将电脑操作用图解实例的方式表达出来，浅显易懂，实用性强。除此之外，还将经验和技巧完完全全地传授给新手，让读者轻松实现"从零开始，快速上手，技高一筹"。

一、丛书特色

本丛书具有以下特色。

全程图解，即学即会

书中以图例的形式来表达具体的操作，并在图上分解标注每一个步骤，简单易懂，细致精练，让读者即学即会，轻松上手。

情景教学，生动有趣

书中以活泼可爱的"伶俐小姐"的学习历程为线索，以知识渊博的"博学先生"的悉心指点来引导，为读者提供了一个轻松愉快的学习氛围，使学习不再枯燥无味，变得生动有趣。

栏目丰富，新颖实用

本书在操作步骤中穿插了"提示"、"注意"、"技巧"等栏目，将经验、教训、技巧统统传授给读者，使读者少走弯路，抄捷径直达目的地。除此之外，在每页页脚处还专门设立了一个名为"视野拓展"的栏目，这里收集了许多与内容相关的知识或技巧，使读者增长知识，胜人一筹！

层次分明，自成体系

每章开篇就明确地告诉了读者章节的目标和要点；然后逐步深入、科学有效地划分章节内容，突出重点和难点；最后在"趁热打铁"中精心设计了一些习题，以巩固刚刚学习的知识。此外，每一章就是一个专题，自成体系，方便读者即查即学，即学即用。

二、光盘特色

本丛书的配套多媒体光盘具有以下特色。

别具一格的游戏式主界面

突破传统的单调按钮式的主界面设计，别具一格地设计了"地图"学习版块和"指南针"引导方向，让读者像在玩电子竞技游戏一样，快乐地学习。

模拟现实的教学情景

通过"博学先生"、"伶俐小姐"、"小精灵"之间的互动，模拟现实操作，将电脑使用技巧和软件应用功能真实地再现出来。

- 美观实用的播放设计

播放功能根据人们的操作习惯来合理设计播放界面。"内容选择"按钮只针对当前章节内容，"播放控制"按钮摆放在左右对称位置，并且清楚明了地标注各按钮的含义，极大程度地方便初学者使用，真正从初学者的角度出发来设计。

- 超值附赠的技巧电子书

为了提高读者的操作水平并带来更多的实惠，作者还制作了漂亮大方的技巧电子书，读者可以很方便地、愉悦地在电脑上翻阅它，获取更多的知识。

三、读者对象

本丛书及配套的多媒体光盘面向初级和中级电脑用户，适用于电脑新手、电脑爱好者、电脑培训人员、中老年读者和各行各业需要学习电脑的人员，也可以作为大专院校学生学习的辅导和培训用书。

四、联系我们

感谢您对我们的信任和支持！为了更好地服务于广大读者和电脑爱好者，如果您在使用本丛书有疑难问题时，通过 xinsznz@126.com 邮箱与我们联系，我们将尽全力解答您所提出的问题。

扬起希望的风帆，使用指南针，在学海中找到前进的方向！

编著者

关于本书

AutoCAD（Auto Computer Aided Design）是美国 Autodesk 公司首次于 1982 年生产的自动计算机辅助设计软件，也是目前计算机辅助设计领域最流行的软件。它功能强大、使用方便，现已广泛应用于机械、建筑、家居、纺织等诸多行业。为了帮助初学者快速掌握计算机辅助绘图，我们组织并编写了《AutoCAD 辅助绘图新手指南针》。

本书根据电脑初学者的学习习惯，由浅入深、由易到难、全面透彻地讲解了 AutoCAD 辅助绘图的具体操作和应用实例。

全书分为 14 章，主要内容如下。

第 1 章：主要介绍了安装、启动 AutoCAD 2009，窗口界面，文件的管理。

第 2 章：主要介绍了绘制直线，绘制曲线对象，绘制点，绘制矩形和正多边形。

第 3 章：主要介绍了设置绘图环境，使用捕捉、栅格和正交功能，使用对象捕捉功能，使用自动捕捉功能，使用极轴追踪功能，使用对象捕捉追踪功能，使用动态输入功能等。

第 4 章：主要介绍了认识图层，【图层】工具栏，图层工具，设置图形对象的颜色、线型与线宽，【特性】工具栏。

第 5 章：主要介绍了选择对象，使用夹点编辑图形，删除、移动和旋转对象，复制、阵列、偏移和镜像对象，修改对象的形状和大小，修改倒角、圆角和打断。

第 6 章：主要介绍了设置文字样式，创建与编辑单行文字，创建与编辑多行文字，创建表格样式和表格。

第 7 章：主要介绍了创建与编辑块，编辑与管理块属性，使用图案填充。

第 8 章：主要介绍了创建与设置标注样式，标注尺寸标注形位公差，编辑标注对象等。

第 9 章：主要介绍了 AutoCAD 设计中心的功能，启用设计中心及其组成，在设计中心中查找内容，使用设计中心的图形。

第 10 章：主要介绍了三维绘图术语和坐标系，设置视点，绘制三维点和曲线，绘制三维网格，绘制三维实体，通过二维对象创建三维对象，三维实体查询。

第 11 章：主要介绍了编辑三维对象，编辑三维实体，标注三维对象的尺寸。

第 12 章：主要介绍了使用三维导航工具，使用相机定义三维视图，运动路径动画，漫游和飞行，查看三维图形效果，应用与管理视觉样式，使用光源，材质和贴图，渲染对象。

第 13 章：主要介绍了图形的输入输出，创建和管理布局，使用浮动视口，打印图形，发布 DWF 文件，将图形发布到 Web 页。

第 14 章：主要介绍了 AutoCAD 2009 综合实例，例如：绘制连杆、常用底板、三维简单图形。

本书由刘菁策划，薛振华、李青山、朱梦月编著，参与本书创作、排版、审校的人员有刘瀚、汪伟、张义萍、陈杰英、俞娟、杨章静、倪震、丁永平、王俊来、潘小凤、洪刚、陈锦屏、姜苏芳、束云刚、陈长伟、马海平、刘海松、岳江等。

编著者

目 录

第1章 初步认识 AutoCAD 2009

本章导读

AutoCAD 是由美国 Autodesk 公司开发的通用计算机辅助绘图与设计软件包，可以帮助用户绘制二维和三维图形。在目前的计算机绘图领域，AutoCAD 是使用最为广泛的计算机绘图软件，下面一起来感受它吧！

本章学习目标

- 了解 AutoCAD 主要功能
- 学会安装 AutoCAD 2009
- 熟悉 AutoCAD 2009 的 3 种工作界面
- 掌握 AutoCAD 2009 的文件管理

本章学习重点

- AutoCAD 的基本功能
- AutoCAD 2009 的安装方法
- AutoCAD 2009 的工作空间
- 图形文件的管理

1.1 AutoCAD 主要功能

AutoCAD 具有功能强大、易于掌握、使用方便、体系结构开放等特点，能够绘制平面图形与三维图形、标注图形尺寸、渲染图形以及打印输出图纸，深受广大工程技术人员的欢迎。

1.1.1 创建与编辑图形

AutoCAD 的【菜单浏览器】子菜单中包含着丰富的绘图命令，使用它们可以绘制直线、构造线、多段线、圆、矩形、多边形、椭圆等基本图形，也可以将绘制的图形转换为面域，并对其进行填充。单击【菜单浏览器】按钮，在弹出的菜单中选择【修改】菜单中的各种命令，可以绘制出各种各样的二维图形。下图是使用 AutoCAD 绘制的建筑平面图。

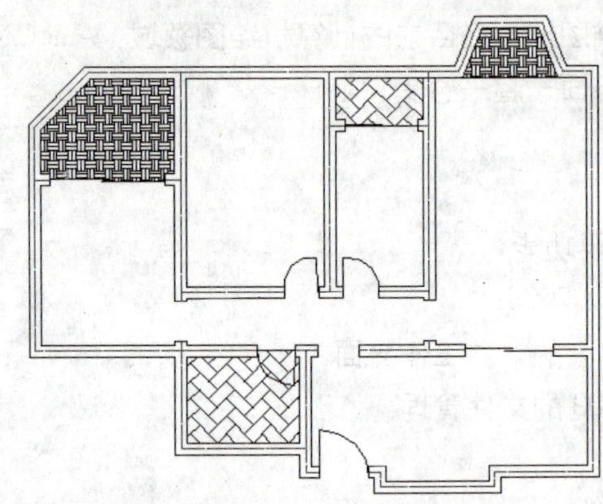

对于一些二维图形，通过拉伸、设置标高和厚度等操作就可以轻松地转换为三维图形。单击【菜单浏览器】按钮，在弹出的菜单中选择【绘图】|【建模】命令中的子命令，可以很方便地绘制圆柱体、球体、长方体等基本实体。同样再单击【菜单浏览器】按钮，在弹出的菜单中选择【修改】菜单中的相关命令，还可以绘制出各种各样的复杂三维图形。下图是使用 AutoCAD 绘制的救生圈三维立体图。

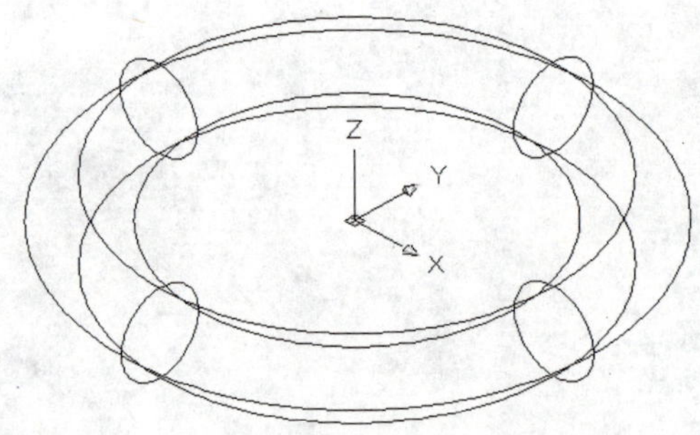

1.1.2 标注图形尺寸

尺寸标注是向图形中添加测量注释的过程，是整个绘图过程中不可缺少的一步。单击【菜单浏

视野拓展

AutoCAD 不止为工程技术人员服务，相关爱好者同样可以利用它设计自己喜欢的图案，如商标、家具、生活用品等。

览器】按钮，在弹出的菜单中选择【标注】菜单中的子命令，可以在图形的各个方向上创建各种类型的标注，也可以方便、快速地以一定格式创建符合行业或项目标准的标注。

标注显示了对象的测量值，对象之间的距离、角度，或特征与指定远点的距离。在 AutoCAD 中提供了线形、半径和角度 3 种基本的标注类型，可以进行水平、垂直、对齐、旋转、坐标、基线或连续等标注。此外，还可以进行引线标注、公差标注，以及自定义粗糙度标注。标注的对象可以是二维图形或三维图形。下图为使用 AutoCAD 标注的二维图形和三维图形。

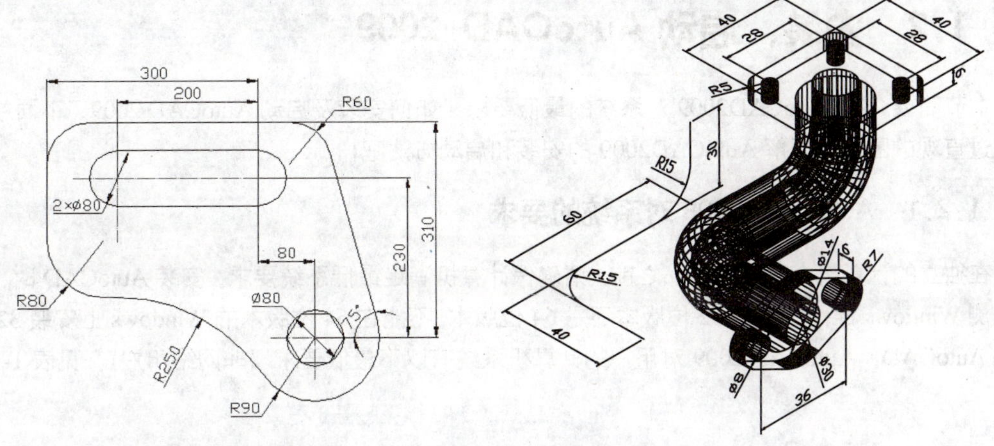

1.1.3　渲染三维图形

在 AutoCAD 中，可以运用雾化、光源和材质，将模型渲染为具有真实感的图像。如果是为了演示，可以渲染全部对象；如果时间有限，或显示设备和图形设备不能提供足够的灰度等级和颜色，就不必精细渲染；如果只需快速查看设计的整体效果，则可以简单消隐或设置视觉样式。下图为使用 AutoCAD 进行渲染的效果图。

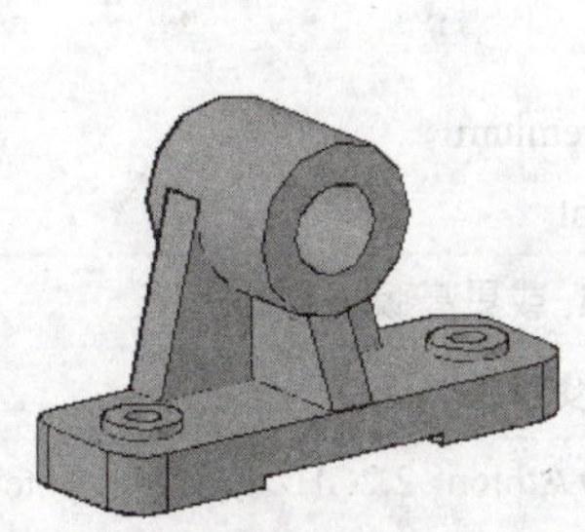

1.1.4　输出与打印图形

AutoCAD 不仅允许将所绘图形以不同样式通过绘图仪或打印机输出，还能够将不同格式的图形导入 AutoCAD 或将 AutoCAD 图形以其他格式输出。因此，当图形绘制完成之后可以使用多种方法将其输出。例如，可以将图形打印在图纸上，或创建成文件以供其他应用程序使用。

在 AutoCAD 的使用中，用户可以利用 AutoCAD 与外部程序的接口，将在 AutoCAD 里绘制的图形导入相关专业分析软件作为结构的初步几何模型。

视野拓展

博学先生，AutoCAD 功能好强大啊，学好后可以画很多漂亮的图了！

是的，AutoCAD 在建筑、机械等领域应用都非常广泛，它可以将复杂的图形清晰的表达出来！

1.2 安装、启动 AutoCAD 2009

本节简要介绍 AutoCAD2009 对系统的最低要求、如何安装及启动 AutoCAD 2009。下面就让我们通过直观的图片来了解 AutoCAD2009 的安装和启动方法吧！

1.2.1 AutoCAD 2009 对系统的要求

在独立的计算机上安装本产品之前，请确保计算机满足最低系统要求。安装 AutoCAD 时，将自动检测 Windows 操作系统是 32 位版本还是 64 位版本。不能在 64 位版本的 Windows 上安装 32 位版本的 AutoCAD。AutoCAD 2009 对用户的计算机系统有以下最低要求（非网络用户），见表 1-1。

表 1–1 AutoCAD 2009 对系统最低要求

组成部分		内容
操作系统	32 位	Windows Vista Enterprise Windows Vista Business Windows Vista Ultimate Windows Vista Home Premium Windows XP Professional Service Pack 2 Windows XP Home Service Pack 2
	64 位	Windows Vista Enterprise Windows Vista Business Windows Vista Ultimate Windows Vista Home Premium Windows XP Professional
Web 浏览器	32 位	Internet Explorer 6.0 SP1 或更高版本
	64 位	Internet Explorer 7.0 或更高版本
处理器	32 位	Intel Pentium 4 或 AMD Athlon，2.2GHz 或更高或 Intel 或 AMD 双核处理器，1.6GHz 或更高
	64 位	AMD64 或 Intel EM64T
RAM	32 位	1GB（Windows XP SP2）;2GB 或更大（Windows Vista）
	64 位	2GB

视野拓展

AutoCAD 对系统的要求相对较高，应尽量保留足够的内存和硬盘空间，以便其运行的更为快速。

图形卡		1280×1024 位彩色视频显示适配器（真彩色），具有 128MB 或更大显存，且支持 OpenGL 或 Direct3D 的工作站级图形卡。对于 Windows Vista，需要具有 128MB 或更大显存，支持 Direct3D 的工作站级图形卡以及 1024×768VGA 真彩色（最低要求）
硬盘		需要 750MB 的安装空间（Windows XP SP2），除用于安装的空间之外，可用空间为 2GB（Windows Vista）
定点设备		鼠标、轨迹球或其他设备
DVD/CD-ROM	32 位	任意速度（用于软件的安装）下载（ESD）以及从 DVD 或 CD 安装
	64 位	64 位机，下载或 DVD 安装

提示：

- 建议用户在界面语言与 AutoCAD 语言代码页匹配的操作系统上安装非英文版本的 AutoCAD，代码页为不同语言的字符集提供支持。
- 对于网络用户，请通过 AutoCAD 2009 安装手册了解 AutoCAD 2009 对系统的要求。

1.2.2　安装 AutoCAD 2009

安装 AutoCAD 2009 非常容易，首先将 AutoCAD 2009 的光盘放入光驱中，这时会弹出如下图所示的安装界面，然后根据以下步骤进行操作即可。

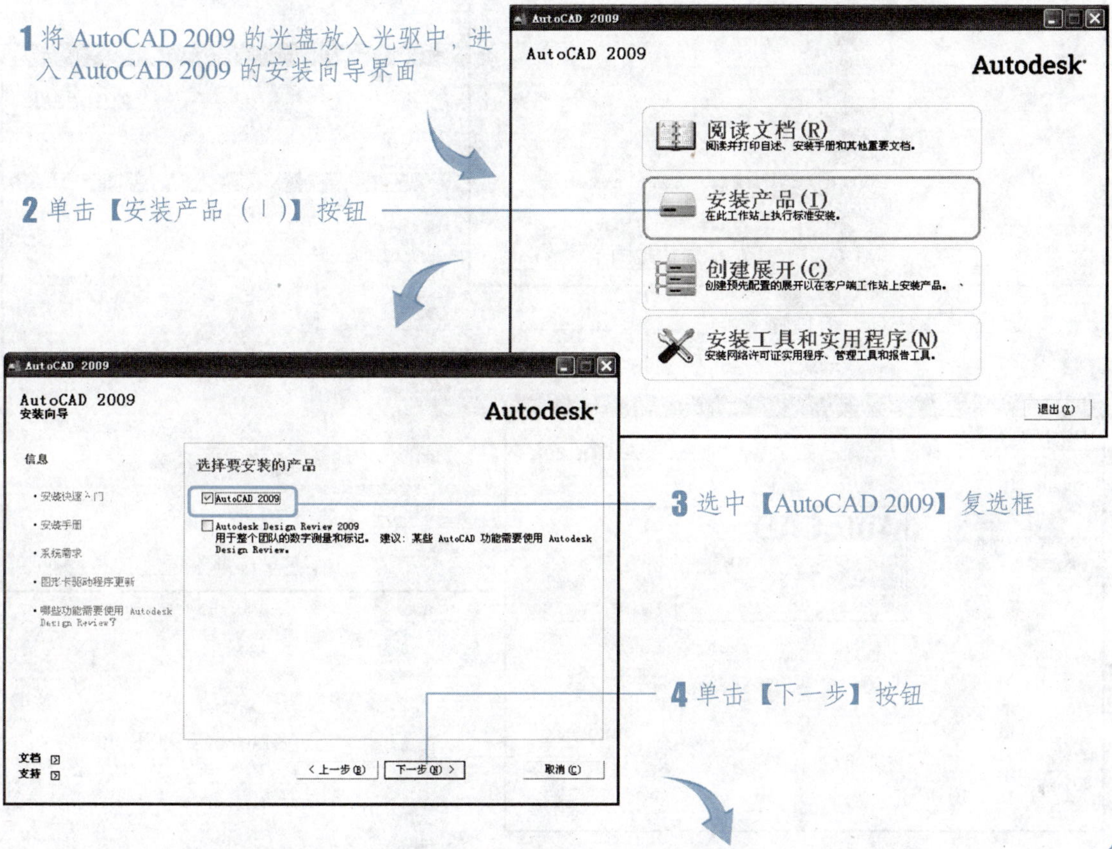

1 将 AutoCAD 2009 的光盘放入光驱中，进入 AutoCAD 2009 的安装向导界面

2 单击【安装产品（I）】按钮

AutoCAD 2009
AutoCAD 2009
Autodesk
阅读文档(R)
阅读并打印自述、安装手册和其他重要文档。
安装产品(I)
在此工作站上执行标准安装。
创建展开(C)
创建预先配置的展开以在客户端工作站上安装产品。
安装工具和实用程序(N)
安装网络许可证实用程序、管理工具和报告工具。
退出(X)

AutoCAD 2009
AutoCAD 2009
安装向导
Autodesk
信息
・安装快速入门
・安装手册
・系统需求
・图形卡驱动程序更新
・哪些功能需要使用 Autodesk Design Review？
选择要安装的产品
AutoCAD 2009
Autodesk Design Review 2009
用于整个团队的数字测量和标记。建议：某些 AutoCAD 功能需要使用 Autodesk Design Review。
文档
支持
< 上一步(B)　下一步(N) >　取消(C)

3 选中【AutoCAD 2009】复选框

4 单击【下一步】按钮

默认情况下，安装 AutoCAD 时不安装 AutoCAD Design Review 2009。某些 AutoCAD 功能需要安装 Design Review 时才会提示安装。DesignReview 是 DWF Viewer 的替代查看器。

视野拓展

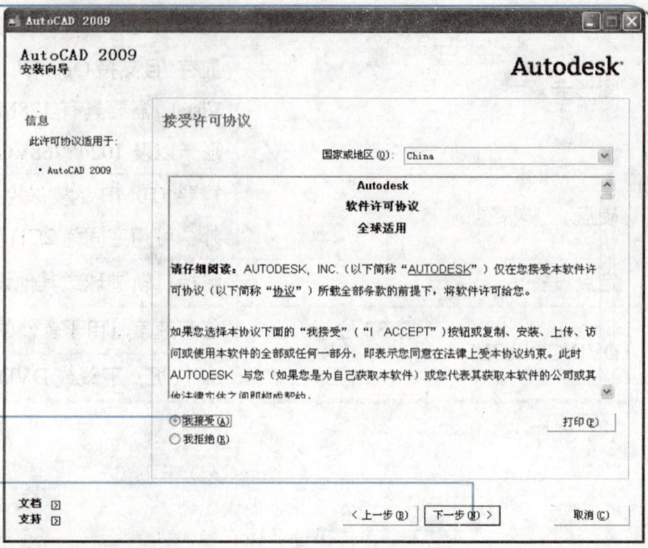

5 选择【我接受】单选按钮

6 单击【下一步】按钮

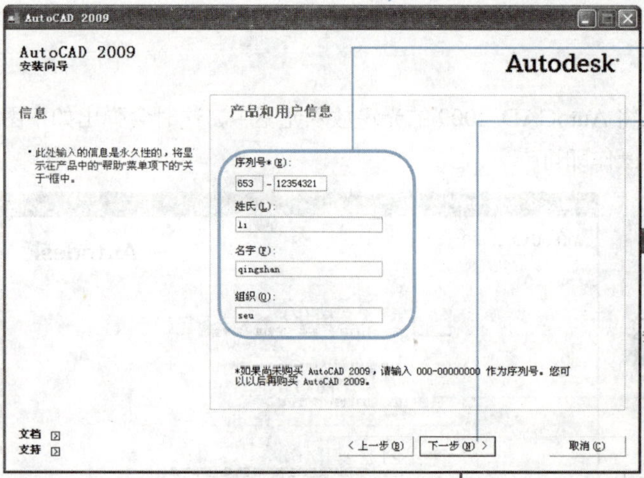

7 输入产品序列号和用户信息

8 单击【下一步】按钮

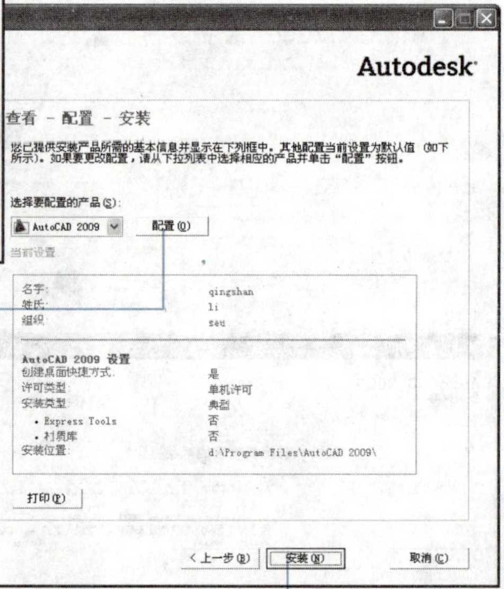

9 单击【配置】按钮，选择许可类型和安装路径

10 单击【安装】按钮

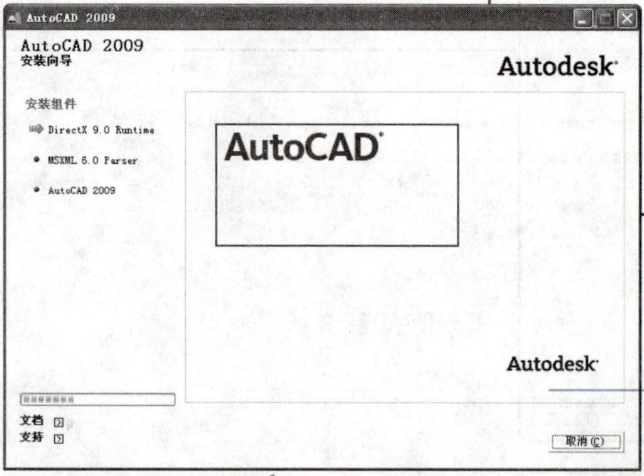

11 开始安装 DirectX 9.0 Runtime 组件，当这 3 个组件安装完毕后，在界面中单击【完成】按钮即可

视野拓展

安装 AutoCAD 2009 过程中，遇到问题较多的是安装程序会中途自动停止。这时可以尝试暂时退出系统的杀毒软件和防火墙，重新运行安装程序。

提示： 成功安装 AutoCAD 2009 后，还应进行产品注册。

1.2.3 启动 AutoCAD 2009

与其他软件相似，用户也可以通过下述方法启动 AutoCAD 2009。

1. 通过快捷方式图标启动

成功安装 AutoCAD 2009 后，系统会自动在桌面上添加一个 AutoCAD 2009 的快捷方式图标，双击该图标即可启动 AutoCAD 2009 程序了，如下图所示。

2. 通过【开始】菜单启动

每安装一个程序，系统都会在【开始】菜单下的【所有程序】子菜单中创建一个该软件的程序组，方便用户启动相应软件。例如：若要启动 AutoCAD 2009，只需选择【开始】|【所有程序】|【Autodesk】|【AutoCAD 2009-Simplified Chinese】|【AutoCAD 2009】命令即可，如下图所示。

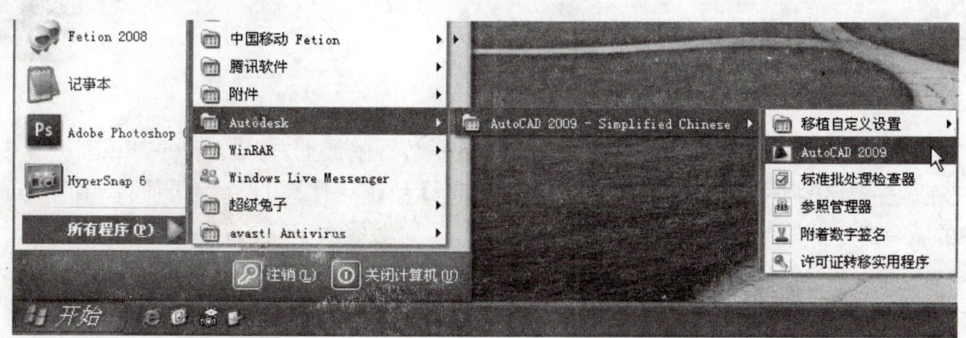

技巧： 除此之外，还可以通过双击已保存 AutoCAD 2009 的文件来启动 AutoCAD 2009 程序。

1.3 AutoCAD 2009 的窗口界面

根据不同需要，用户可以为 AutoCAD 2009 选择不同的界面窗口，包括 AutoCAD 经典工作界面、二维草图与注释以及三维建模 3 种形式。下面一起来探寻一下吧！

1.3.1 认识 AutoCAD 2009 的工作窗口

在默认情况下，启动后 AutoCAD 2009 工作窗口是二维草图与注释工作界面，如下图所示。

使用工作空间时，只会显示与任务相关的菜单、工具栏和选项板。此外，工作空间还可以自动显示功能区，即带有特定任务控制面板的特殊选项板。

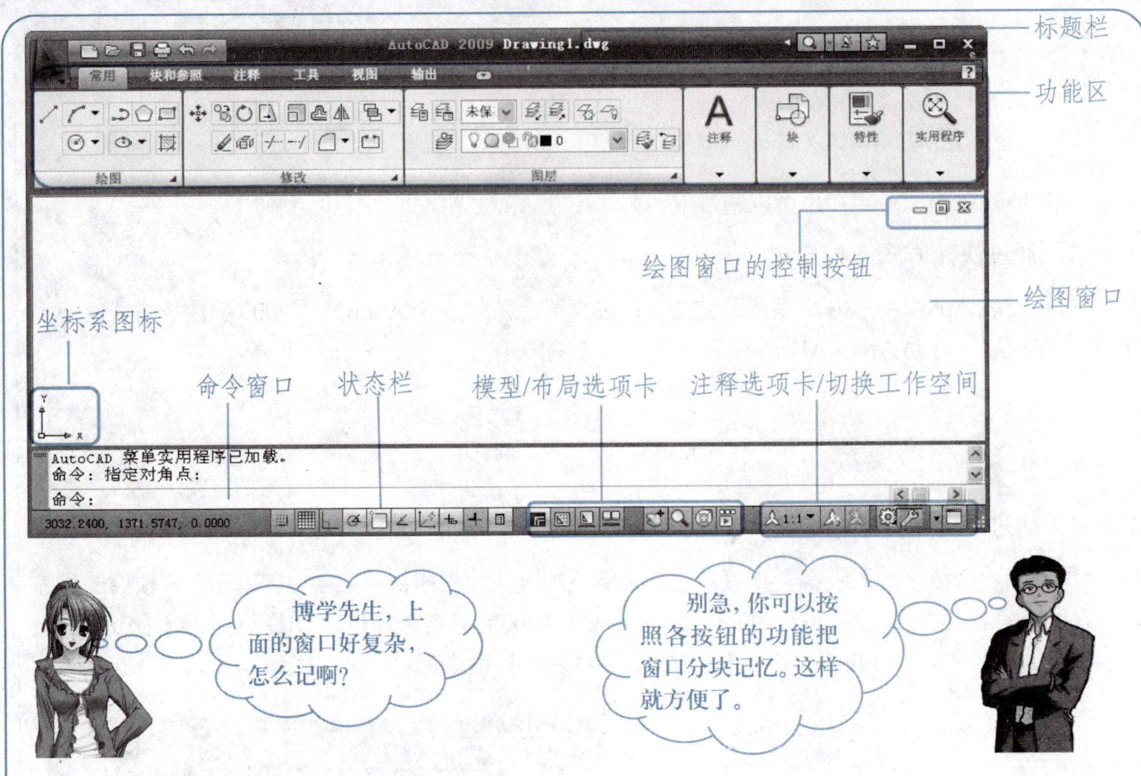

博学先生，上面的窗口好复杂，怎么记啊？

别急，你可以按照各按钮的功能把窗口分块记忆。这样就方便了。

1. 标题栏

与其他软件相似，AutoCAD 2009 的标题栏位于工作界面的最上方。最左侧是菜单浏览器按钮，单击该按钮，在弹出的下拉菜单中集合了【文件】、【编辑】和【视图】等 11 个菜单项，集中了 AutoCAD 2009 中的所有命令，如下图所示。

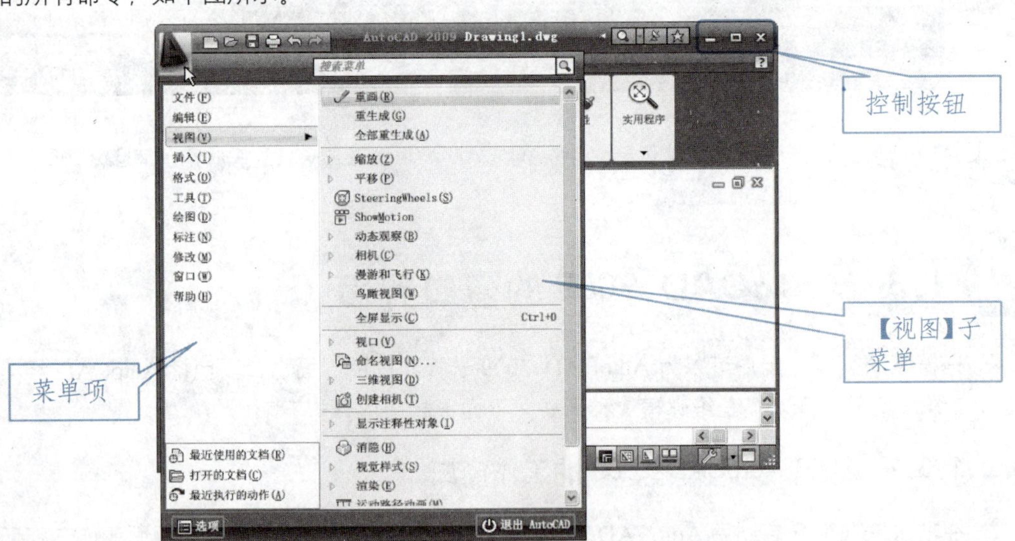

在菜单浏览器按钮右侧是【快捷访问工具栏】，存储一些经常访问的命令。在标题栏右侧是 3 个控制按钮，单击、和按钮可以窗口进行最小化、最大化和关闭操作。

视野拓展 初学者对工具栏里按钮或许感到非常陌生而且繁杂，不用着急，将鼠标放在相应的按钮上都会有相应的中文提示，多跟它们打交道自然会熟悉。

2．功能区与绘图窗口

功能区将与当前工作空间相关的操作分类集合在不同的选项卡中，然后在选项卡中再根据用途把各按钮分为不同的组，这样可以使工作界面变得简洁有序。如下图所示是【块和参照】选项卡下的各组按钮。

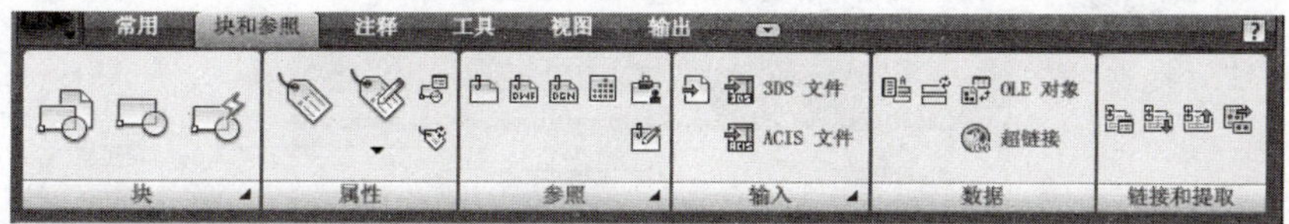

绘图窗口是 AutoCAD 2009 工作界面中的最大的空白区域，用于绘制图形。在绘制图形时，可以通过把功能区关闭的方法来增大绘图区。方法是单击菜单浏览器按钮，选择【工具】|【选项板】|【功能区】命令即可隐藏功能区了，如下图所示。

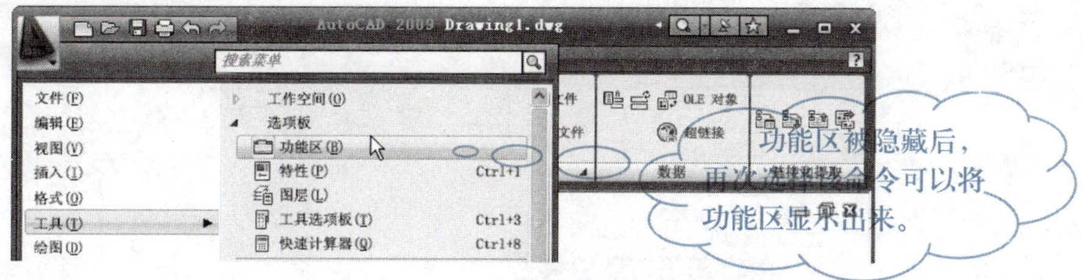

3．命令窗口

命令窗口是 AutoCAD 与用户对话的区域，用户可以在该区域中输入命令。在不执行任何命令时，命令行显示为“命令：”状态，如下图所示。当执行命令时，可以按 Esc 键取消正在执行的命令。

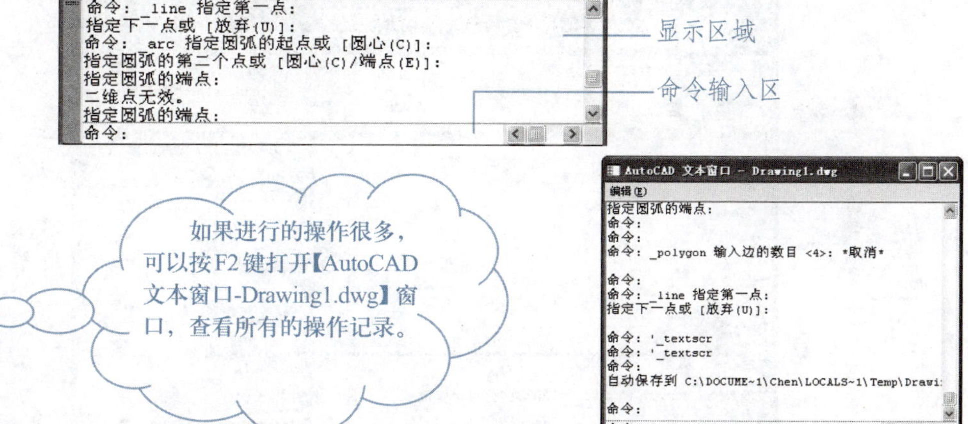

4．状态栏

状态栏位于工作界面的最下方，其中包含了光标的坐标值显示区、绘图工具按钮、模型/布局选项卡、注释选项卡/切换工作空间，如下图所示。

单击【菜单浏览器】按钮，从弹出的下拉菜单中选择【视图】|【显示】|【文本窗口】命令也可以打开【AutoCAD 文本窗口-Drawing1.dwg】窗口，查看所有的操作记录。

视野拓展

1.3.2 选择工作空间

根据绘图任务的需要，有时需要在 3 种工作空间模式中进行切换。其操作非常简单，只需要单击菜单浏览器按钮，然后从弹出的下拉菜单中选择【工具】|【工作空间】命令，接着在子菜单命令中选择需要的命令选项即可，如下图所示。

1 单击菜单浏览器按钮

2 选择【工具】命令

3 选择【工作空间】命令

4 选择要切换的工作空间命令即可

技巧：还可以通过状态栏中的按钮来选择工作空间，方法是在状态栏中单击【切换工作空间】按钮，然后从弹出的下拉菜单中选择相应的命令即可，如下图所示。

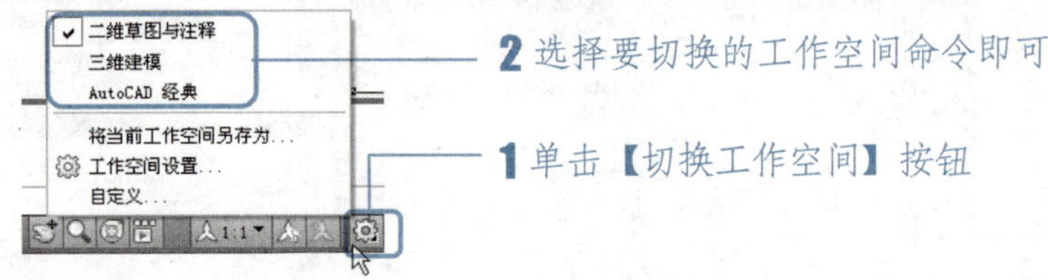

1.3.3 三维建模空间

按照上节方法，切换到三维建模空间模式，如下图所示。

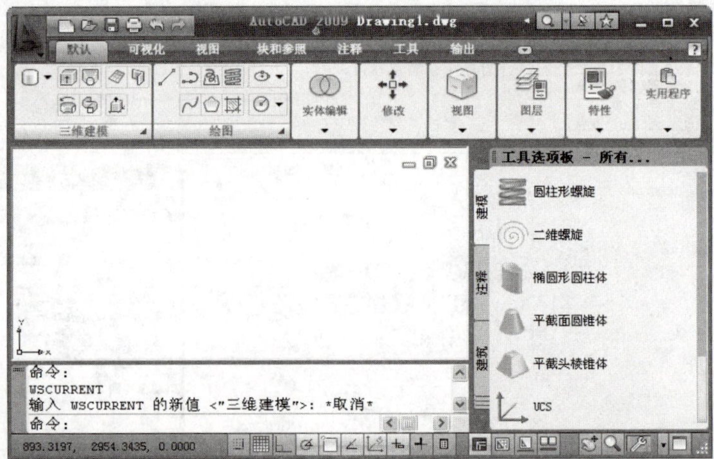

在三维建模空间的功能区中提供了【默认】、【可视化】、【视图】、【块和参照】、【注释】、【工具】、【输出】等选项卡，在右侧提供了【工具选项板】窗格，从而为绘制三维图形提供了便利环境。

1.3.4 AutoCAD 经典工作空间

AutoCAD 经典工作空间不同于以上两种工作界面，它保留了以前版本的经典界面。这样，对于习惯于 AutoCAD 传统界面的用户来说，可以采用“AutoCAD 经典”工作空间。该工作空间主要

视野拓展

在状态栏中单击【切换工作空间】按钮，然在弹出的菜单中选择【工作空间设置】命令，则会打开【工作空间设置】对话框，可以设置 3 种工作模式在菜单是否显示以及显示的顺序等。

由菜单栏、工具栏、绘图工具栏、图层工具栏、特性工具栏、修改工具栏等元素组成，如下图所示。

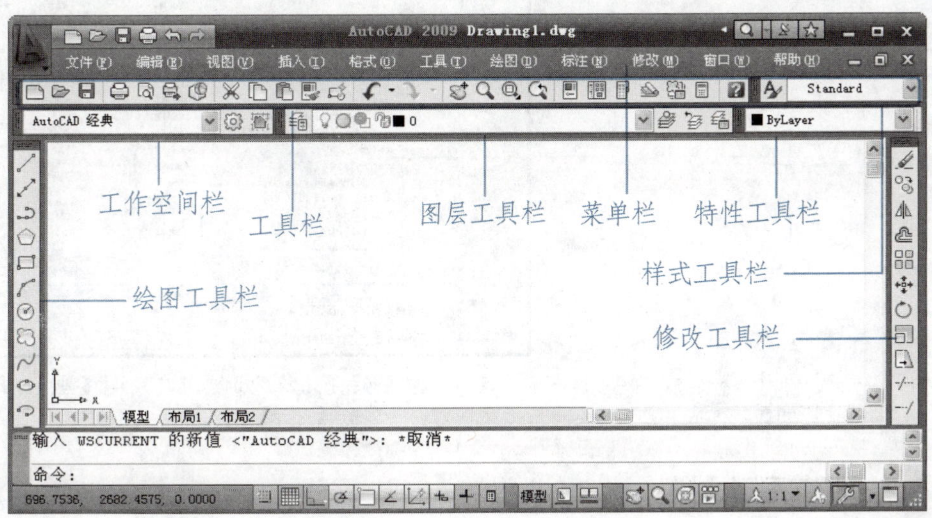

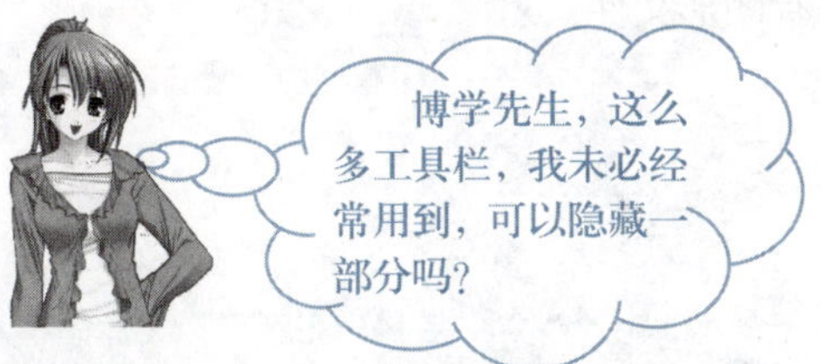

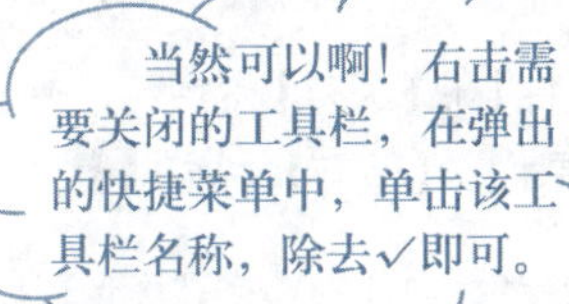

1.4　文件的管理

在 AutoCAD 中，图形文件的基本操作一般包括创建新图形文件、打开已有的图形文件、保存所绘图形文件、加密文件及退出图形文件等。下面的内容告诉我们如何进行这些操作。

1.4.1　新建图形文件

在创建图形之前，需要先新建一个图形文件用来存放创建的图形。下面提供 3 种新建图形文件供用户选择。

- 命令：new。
- 菜单：【文件】|【新建】命令。
- 快速访问工具栏：【新建】按钮。

下面以在 AutoCAD 经典模式下使用菜单法新建图形文件为例，介绍新建图形文件的具体操作方法。

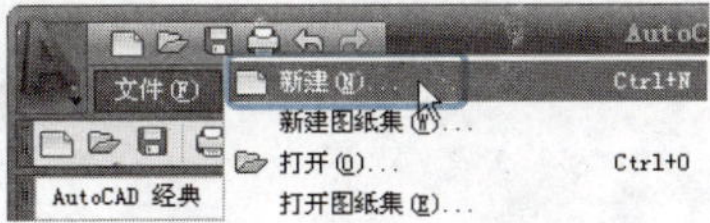

1 选择【文件】|【新建】命令

对 AutoCAD 本身而言，三维与二维之间并没有什么区别，对于大多数 AutoCAD 用户来说，三维与二维两者之间的操作有很大的不同，其主要区别是三维造型中，所创建对象除了有关长度和宽度外，还有另外一个绘图方向，所创建的对象具有高度。

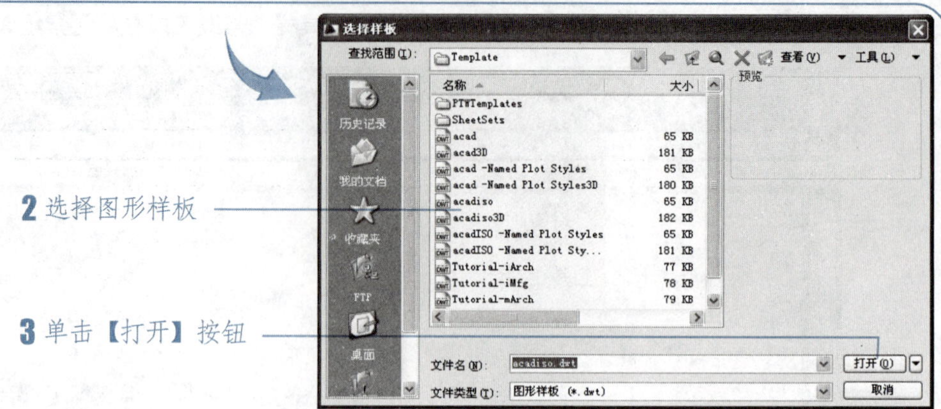

提示： 如果是在另外两种模式下，可以先单击【菜单浏览器】按钮，再选择【文件】|【另存为】命令即可打开【选择样板】对话框，然后选择图形文件模板，单击【打开】按钮即可。

1.4.2 保存图形文件

对于新创建的图形文件，用户可以使用下列方法来保存图形文件。

- 命令：qsave。
- 菜单法：【文件】|【保存】命令。
- 快速访问工具栏：【保存】按钮。

技巧： 对于已经保存过的文件，选择【文件】|【另存为】命令可以输入新文件名称，重新选择文件的保存位置。

下面以命令法为例，介绍保存图形文件的具体操作方法。

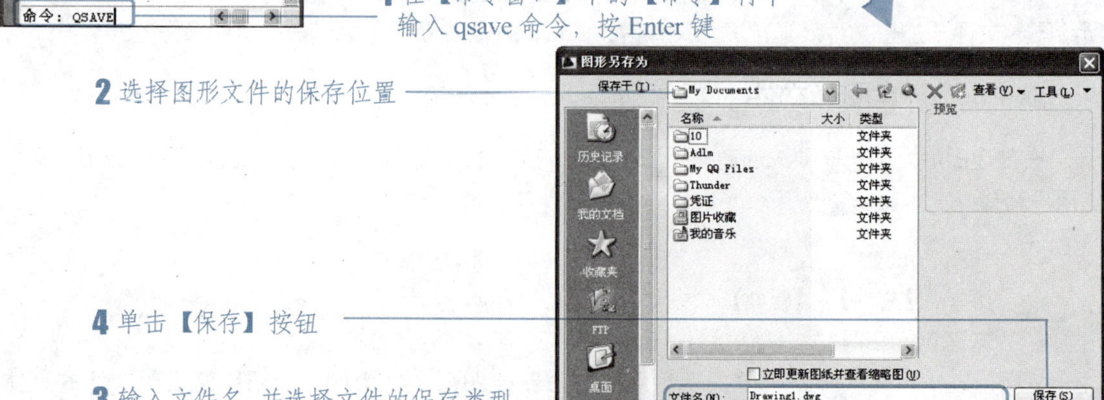

视野拓展

AutoCAD 文件的扩展名为.dwg，同时会生成相同名称的.bak 文件，此文件为是 CAD 系统在保存文件的时候默认保存的备份文件,不可轻易删除。

- 如果当前图形已经保存过，执行 qsave 命令后，AutoCAD 直接以原文件名保存图形，不再要求用户指定文件的保存位置和文件名。
- 如果要重新指定文件的保存位置和文件名，可以执行 qsave 命令，这时会弹出【图形另存为】对话框，重新指定文件的保存位置和文件名，再单击【保存】按钮即可。

技巧： 按下 Ctrl+S 或 Ctrl+Shift+S 组合键，同样可以实现保存或另存文件。

1.4.3　打开图形文件

如何再打开保存过的图形文件呢？下面提供 3 种方式供用户选择。

- 命令：open。
- 菜单法：【文件】|【打开】命令。
- 快速访问工具栏：【打开】按钮。

在快速访问工具栏中单击【打开】按钮，则会弹出【选择文件】对话框，如下图所示，然后选择要打开的文件，再单击【打开】按钮即可。

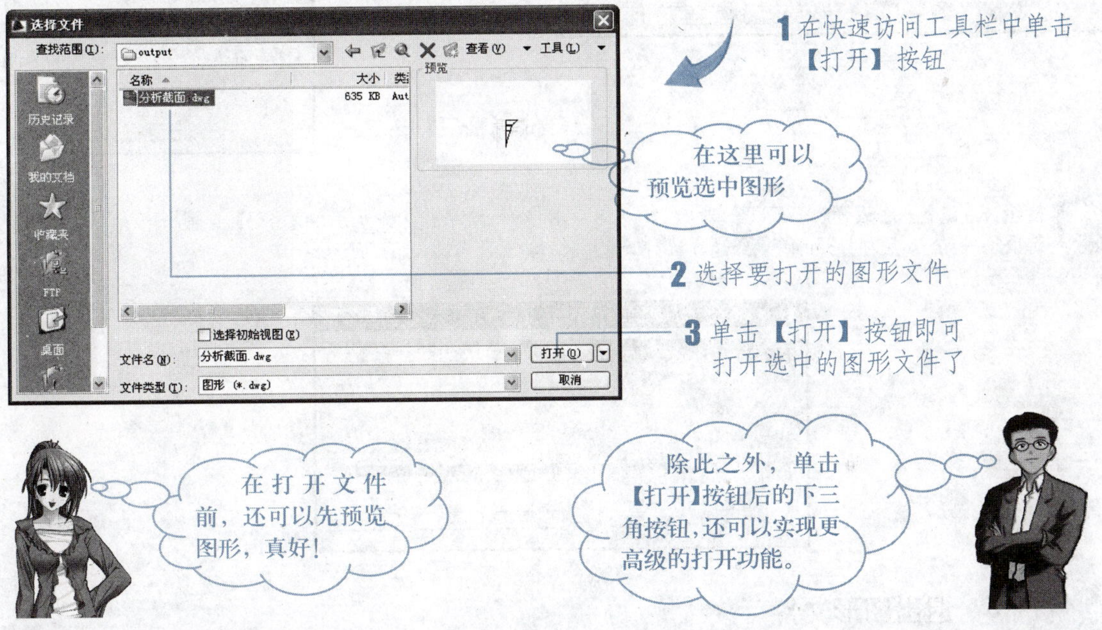

1.4.4　设置密码

在 AutoCAD 2009 中保存文件时，可以使用密码保护功能对文件进行加密保存。其操作步骤如下。

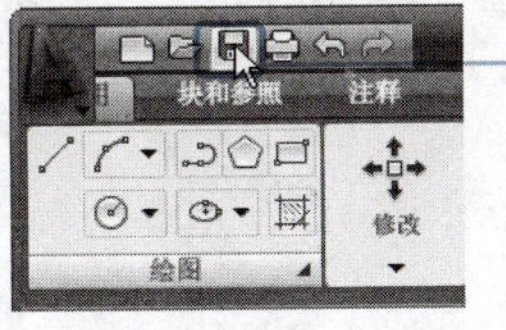

在利用【选择文件】对话框选择文件的时候，快捷的方法是选中目标文件双击。

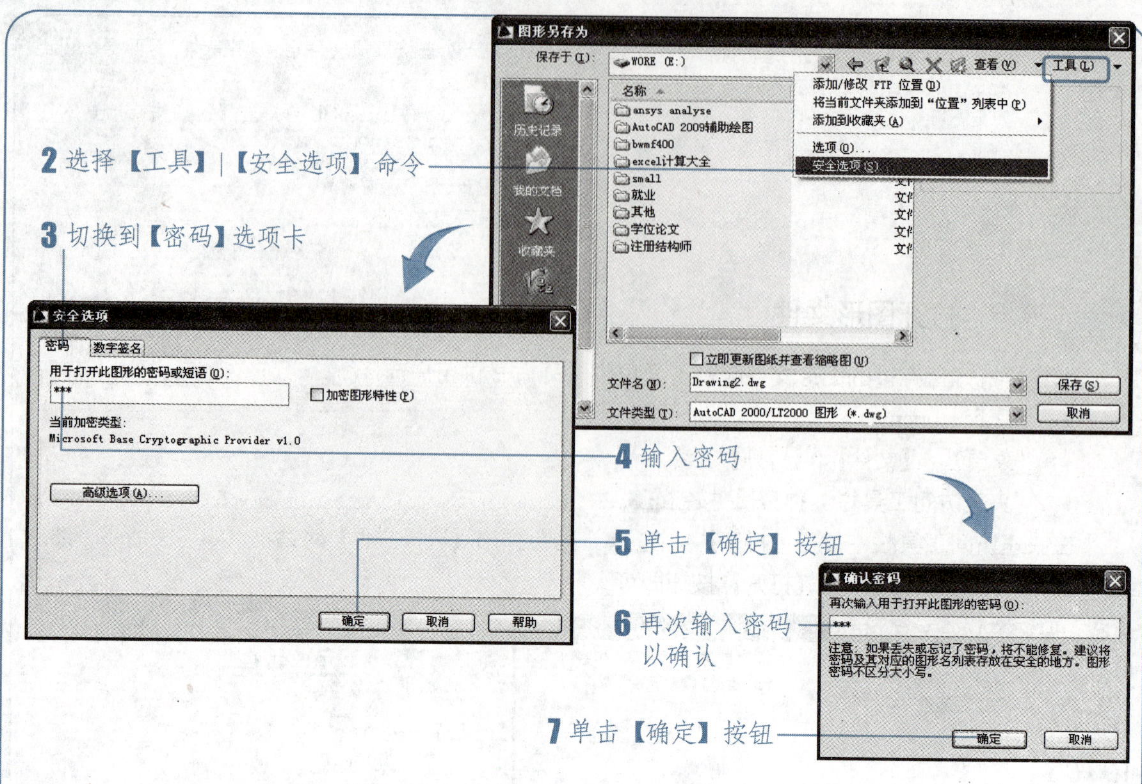

提示： 在进行加密设置时，可以选择 40 位、128 位等多种加密长度。方法是在【密码】选项卡中单击【高级选项】按钮，然后在打开的【高级选项】对话框中进行设置即可，如下图所示。

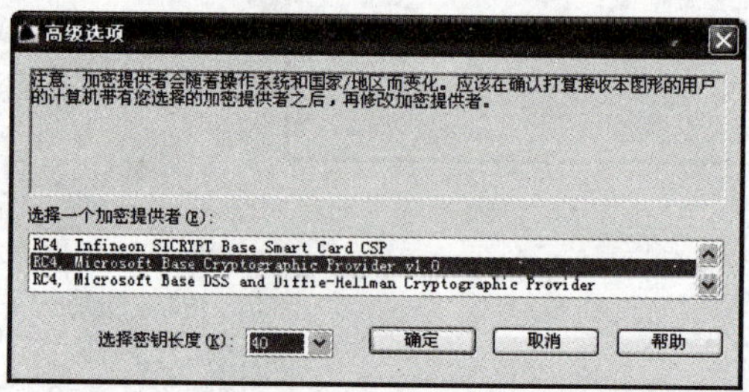

1.4.5 退出图形文件

当图形文件编辑完成后，可以通过在【命令窗口】中执行 close 命令，或者单击菜单浏览器按钮 ，选择【文件】|【关闭】命令来退出当前编辑的图形文件窗口。

提示： 如果当前图形没有保存，系统将弹出 AutoCAD 警告下图所示对话框，询问是否保存文件。此时，单击【是】按钮，可以保存当前图形文件并关闭；单击【否】按钮，可以关闭当前图形文件但不保存；单击【取消】按钮，取消关闭当前图形文件操作，即不保存也不关闭。

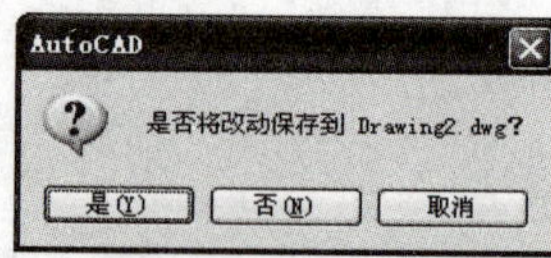

视野拓展

给 AutoCAD 文件加密时，应该注意避免单一数字的组合，容易被破译，应尽量选择更多位的数字和字母的相互组合。

1.5　本章小结

本章首先介绍了 AutoCAD 的主要功能及安装、启动方法，然后重点讲解了 AutoCAD 2009 的 3 种工作窗口情况，让我们认识 AutoCAD 2009 的工作界面、了解各功能区的作用。最后讲述了文件的管理，包括新建图形文件、保存图形文件、给图形文件设置密码以及退出文件。

1.6　趁热打铁

现在用学到的知识解决下面的问题吧！

1.6.1　选择题

1．按下（　　　）组合键，打开【图形另存为】对话框。

A．Ctrl+A　　B．Ctrl+S　　C．Shift+S　　D．Ctrl+Shift+S

2．单击（　　　）按钮，可以实现AutoCAD 2009工作空间的转换。

A．　　B．　　C．　　D．

3．在【命令行】中执行（　　　）命令可以打开【选择文件】对话框来打开文件。

A．open　　B．O　　C．new　　D．N

4．保存AutoCAD文件需要对其加密时，需要（　　　）操作，找到【安全选项卡】。

A．在【图形另存为】对话框中单击【工具】选项卡

B．在【图形另存为】对话框中单击【查看】选项卡

C．在菜单【文件】中单击【图形特性】选项卡

D．在菜单【工具】中单击【选项】选项卡

1.6.2　实践题

1．AutoCAD 2009 提供了一些示例图像文件（位于 AutoCAD 2009 安装目录下的 Sample 子目录），打开并浏览这些图形，试着将某些图形文件换名保存在自己的目录中。

2．打开一个 AutoCAD 图形文件，将其输出为*.dxf 文件。

打开多个 AutoCAD 文件时，它们会相互“遮掩”，可以单击【窗口】按钮选择所要查看的 AutoCAD 文件以完成切换。

视野拓展

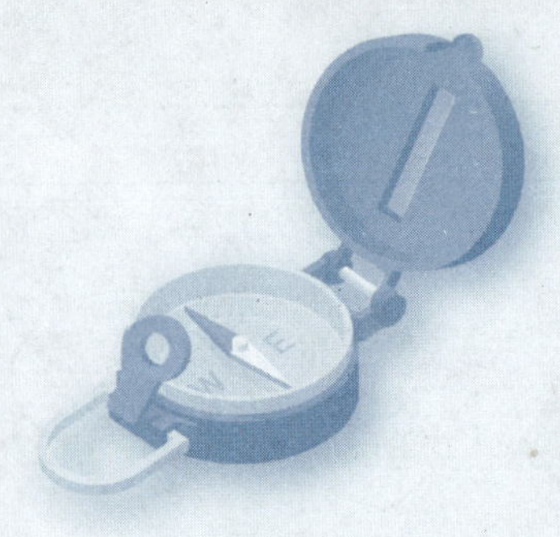

第2章　二维绘图基础

本章导读

绘图是 AutoCAD 的主要功能，也是最基本的功能，二维平面图形的形状都很简单，创建起来也很容易，它们是整个 AutoCAD 的绘图基础。因此，只有熟练地掌握二维平面图形的绘制方法和技巧，才能够更好地绘制出复杂的图形。

本章学习目标

- 学会常用的辅助线、曲线的绘制方法
- 掌握点的绘制
- 学会绘制矩形和正多边形

本章学习重点

- 直线段、射线和构造线的功能和绘制方法
- 圆、圆弧的绘制方法
- 点的定数等分、定距等分功能使用方法
- 矩形和正多边形的绘制方法

2.1　绘制直线

在 AutoCAD 2009 中可以绘制多种直线线条，包括直线段、射线和构造线。下面将分别介绍这些线条的绘制方法。

2.1.1　绘制直线段

直线是各种绘图中最常用的、最简单的一类图形对象，只要指定了起点和终点即可绘制出一条直线了。常用方法有以下几种。

- 命令：line（可简写为 L）。
- 菜单：选择【绘图】|【绘图】|【直线】命令。
- 工具栏：单击【绘图】工具栏中的【直线】按钮。

下面将介绍如何使用 Line 命令绘制直线。

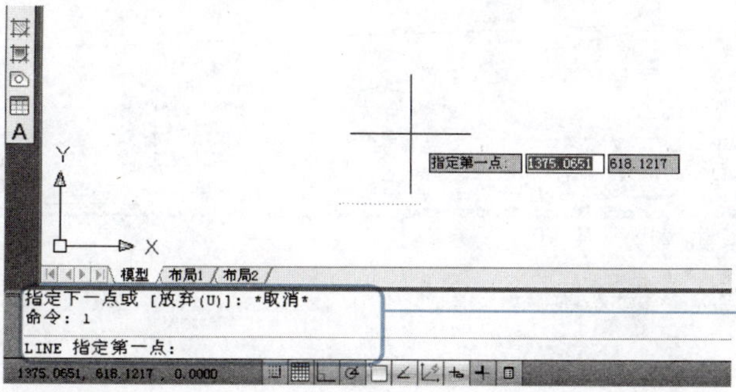

1 在命令行中输入 L 命令，注意查看命令窗口中的提示。此时可以键入点的坐标，也可以直接用鼠标拾取点

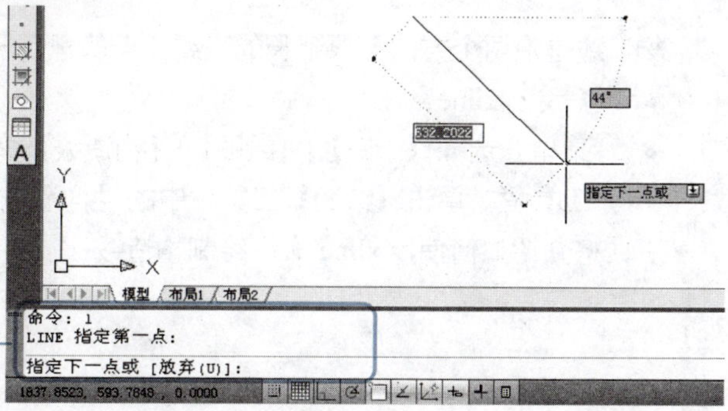

2 指定直线的另一端点，绘制出直线段，也可以输入 U 或按下 Esc 键放弃该操作

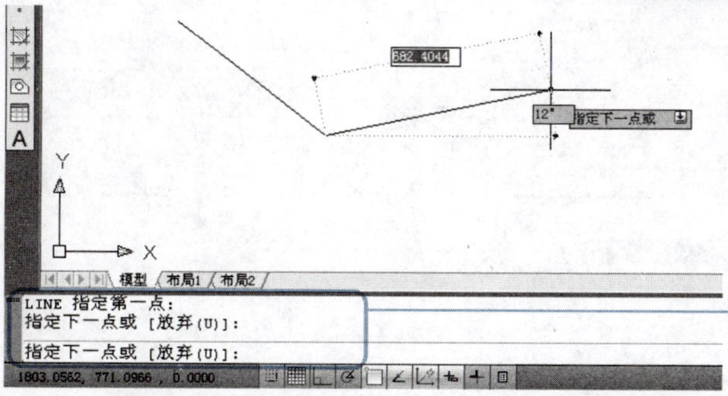

3 指定第二条直线的另一端点，接着绘制直线段

用 line 命令绘制直线后，如果紧接着执行 line 命令绘制直线，并且在“指定第一点”提示下按 Enter 键，那么 AutoCAD 会将上一次所绘制直线的终止点作为新绘制直线的起始点。

2.1.2 绘制射线

射线为一端固定，另一端无限延伸的直线。在 AutoCAD 中，射线主要用于绘制辅助线。

- 命令：ray。
- 菜单：【绘图】|【绘图】|【射线】命令。

下面介绍如何使用 Ray 命令绘制直线。

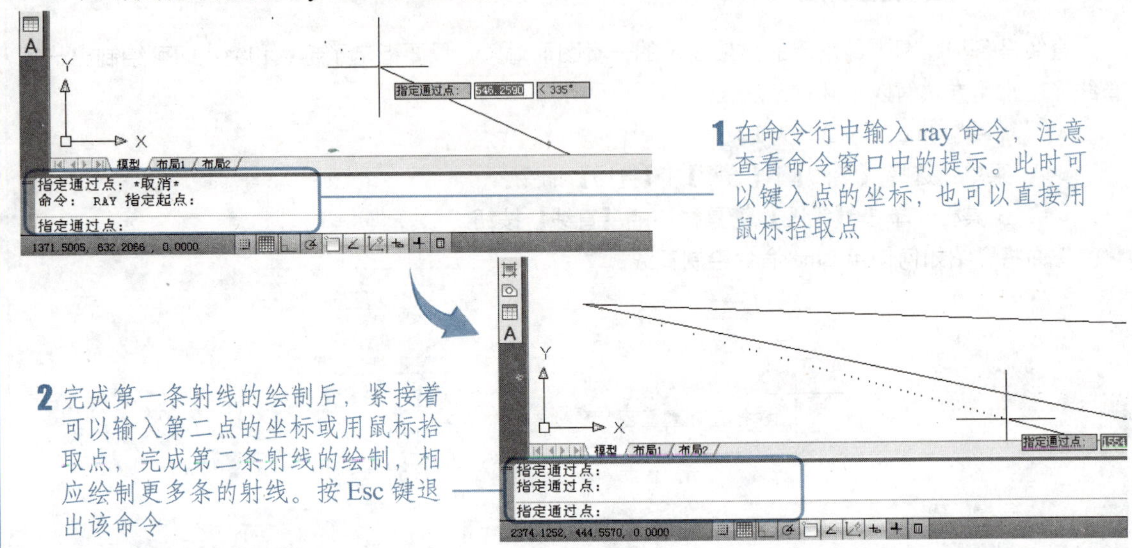

2.1.3 绘制构造线

构造线是沿两个方向无限延长的直线，一般也用于绘制辅助线。

- 命令：xline。
- 菜单：选择【绘图】|【绘图】|【构造线】命令。
- 工具栏：单击【绘图】工具栏中的【构造线】按钮。

下面将介绍如何使用 xline 命令绘制构造线。

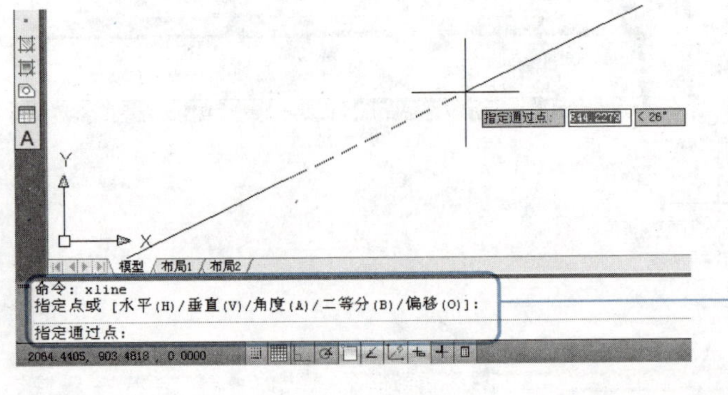

1 在命令行中输入 xline 命令，注意查看命令窗口中的提示。此时可以键入点的坐标，也可以直接用鼠标拾取点

视野拓展 在命令行的执行过程中，可以通过按 Esc 键，或单击鼠标右键从弹出的快捷菜单中选择【取消】命令执行终止。

2 完成第一条构造线的绘制后，紧接着可以输入第二点的坐标或用鼠标拾取，完成第二条构造线的绘制，相应绘制更多条的构造线。按 Esc 键退出该命令

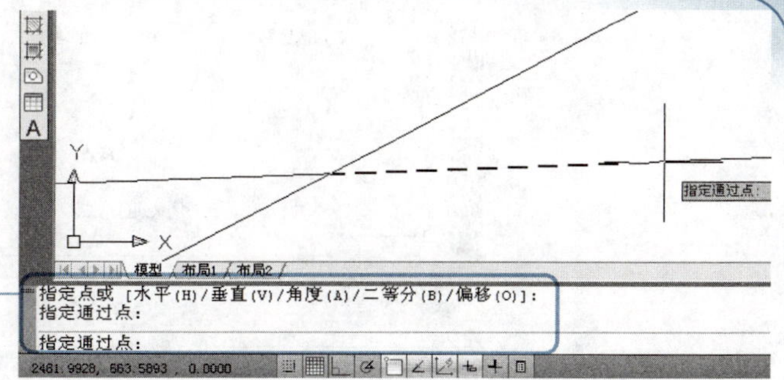

注意： 绘制构造线时，如果不按默认“指定点”执行命令，而选择【水平（H）/垂直（V）/角度（A）/二等分（B）/偏移（O）】执行命令，也可以方便快捷地绘制符合要求的构造线。下面一起来研究一下吧！

水平（H）：绘制通过指定点的水平构造线。执行该选项，命令窗口提示绘制通过指定点的水平构造线，如下图所示。

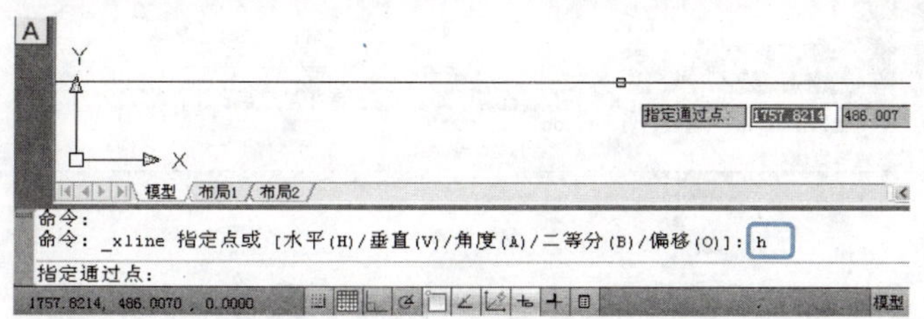

垂直（V）：绘制通过指定点的垂直构造线。执行该选项，命令窗口提示绘制通过指定点的垂直构造线，如下图所示。

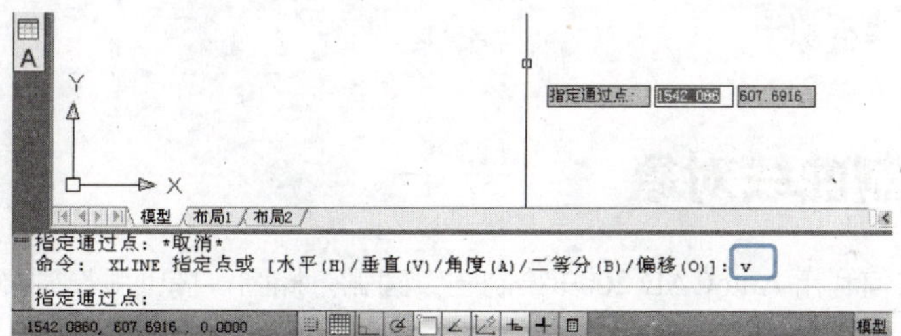

角度（A）：绘制与 x 轴正方向（默认是水平向右方向）或已有直线夹角为指定角度的构造线。执行该选项，命令窗口提示绘制指定角度的构造线，如下图所示。

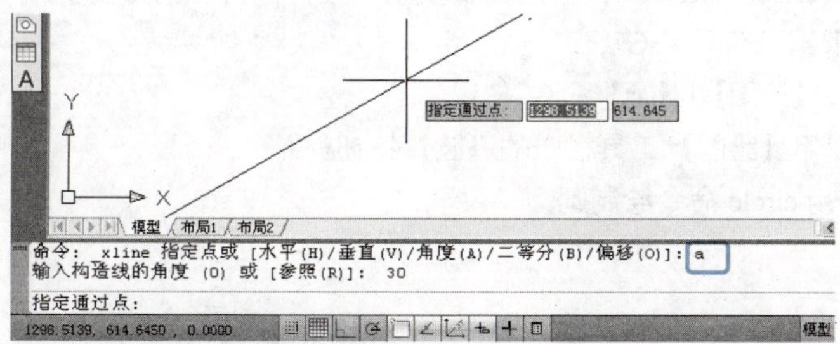

二等分（B）：绘制的构造线要通过指定的角顶点，且平分由顶点和另外两点（起点、端点）所确定的角，即构造线平分由 3 点确定的角。，执行该选项，如下图所示。

根据【角度（A）】选项绘制构造线时，输入的角度值可正可负。在默认设置下，正值使构造线绕逆时针方向旋转，负值则使构造线绕顺时针方向旋转。

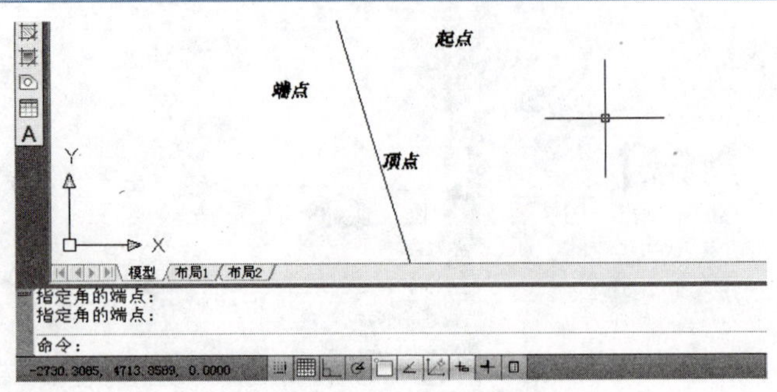

偏移（O）：绘制平行于已有直线的构造线。执行该选项，如下图所示。

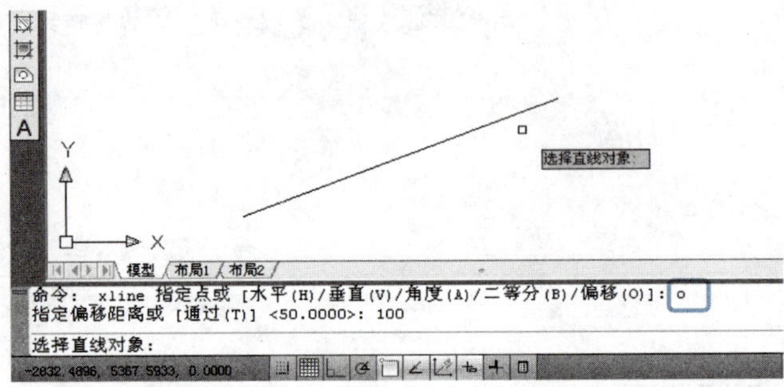

博学先生，用AutoCAD绘图时，还得看命令窗口的提示啊！

是的！在用AutoCAD绘图时，通过命令窗口的提示，可以快速知道下一步如何操作，这对初学者尤为重要！

2.2　绘制曲线对象

本节主要介绍如何利用AutoCAD 2009绘制圆、圆弧、椭圆、椭圆弧及圆环。

2.2.1　绘制圆

圆为曲线对象，其绘制方法相对线性对象要复杂一些，但方法也比较多。

- 命令：circle（可简写为C）。
- 菜单：选择【绘图】|【圆】命令。
- 工具栏：使用【绘图】工具栏中的【圆】按钮。

下面介绍如何使用circle命令绘制圆。

视野拓展

在AutoCAD的命令行中，可以通过输入命令执行相应的菜单命令。此时，输入的命令可以是大写、小写或同时使用大小写。

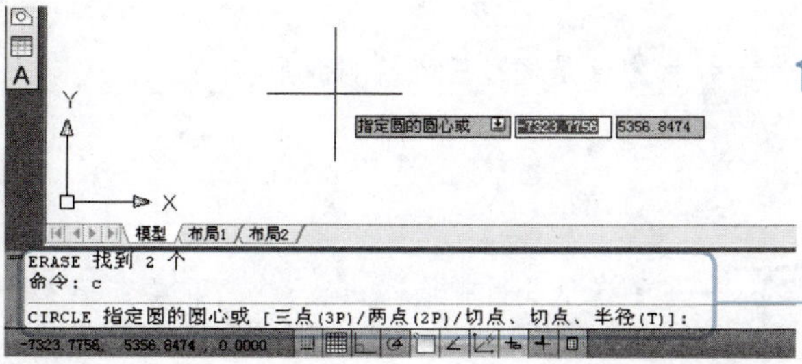

1 在命令行中输入 C 命令，注意查看命令窗口中的提示。此时可以键入点的坐标，也可以直接用鼠标拾取点，同时还可以选择【三点（3P）/两点（2P）/切点、切点、半径（T）】

ERASE 找到 2 个
命令：c
CIRCLE 指定圆的圆心或 [三点(3P)/两点(2P)/切点、切点、半径(T)]:

2 指定圆心后，按半径或直径绘制圆

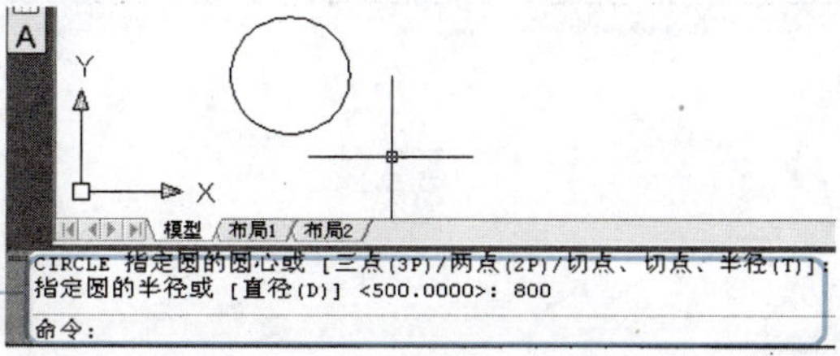

CIRCLE 指定圆的圆心或 [三点(3P)/两点(2P)/切点、切点、半径(T)]:
指定圆的半径或 [直径(D)] <500.0000>: 800
命令:

这是通过指定圆直径的两端点绘制的圆。

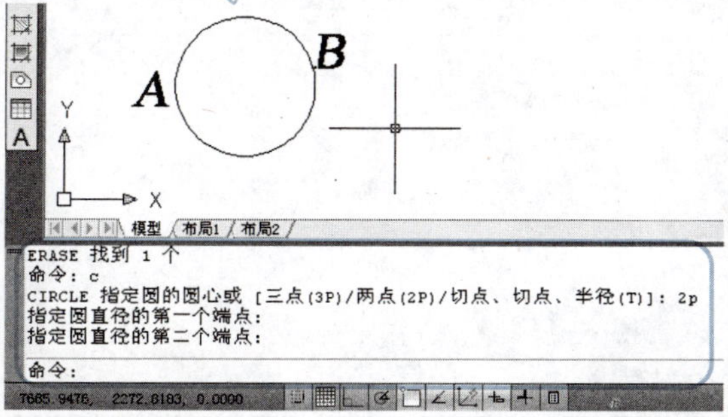

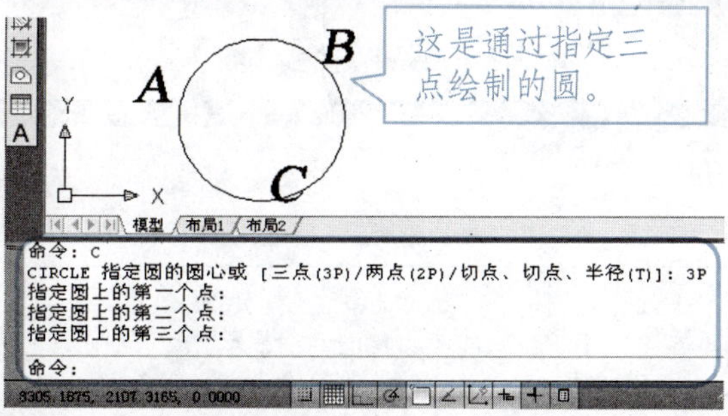

ERASE 找到 1 个
命令：c
CIRCLE 指定圆的圆心或 [三点(3P)/两点(2P)/切点、切点、半径(T)]: 2p
指定圆直径的第一个端点:
指定圆直径的第二个端点:
命令:

这是通过指定三点绘制的圆。

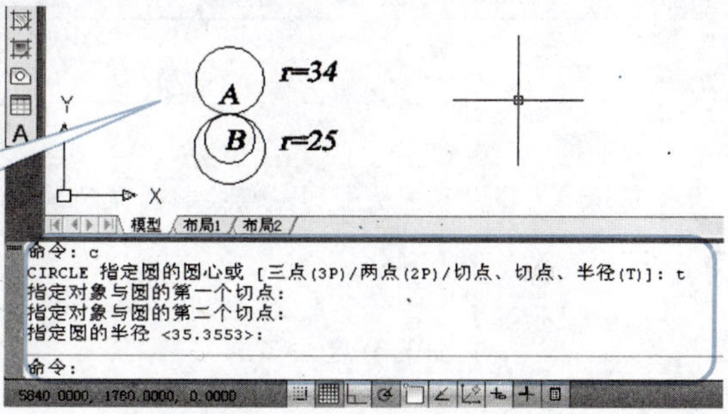

命令：c
CIRCLE 指定圆的圆心或 [三点(3P)/两点(2P)/切点、切点、半径(T)]: 3P
指定圆上的第一个点:
指定圆上的第二个点:
指定圆上的第三个点:
命令:

这是通过指定圆的两个切点及半径来绘制圆。

命令：c
CIRCLE 指定圆的圆心或 [三点(3P)/两点(2P)/切点、切点、半径(T)]: t
指定对象与圆的第一个切点:
指定对象与圆的第二个切点:
指定圆的半径 <35.3553>:
命令:

提示：当绘制已有两对象相切、且半径为指定值的圆时，如果在【指定圆的半径:】提示下给出的圆半径太小，则不能绘制出圆，AutoCAD 会结束命令的执行，并提示：【圆不存在】。

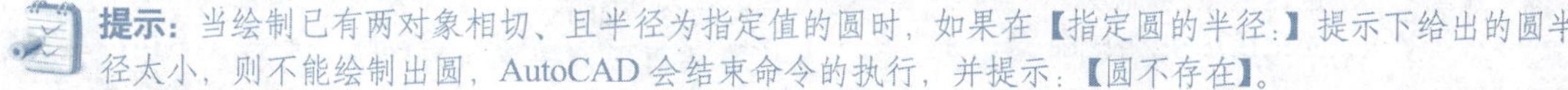

2.2.2　绘制圆弧

圆弧是圆的一部分，用户可以先绘制圆，然后用后面章节讲解的方法将其修剪为期望的圆弧。同时，圆弧也有自己的绘制方法，主要绘制方法如下。

- 命令：arc。
- 菜单：【绘图】|【圆弧】命令。
- 工具栏：使用【绘图】工具栏中的【圆弧】按钮。

使用【相切、相切、半径】命令时，系统总是在距拾取点最近的部位绘制相切的圆。因此，拾取相切对象时，拾取的位置不同，得到的结果可能也不相同。

下面将介绍如何使用 arc 命令绘制圆弧。

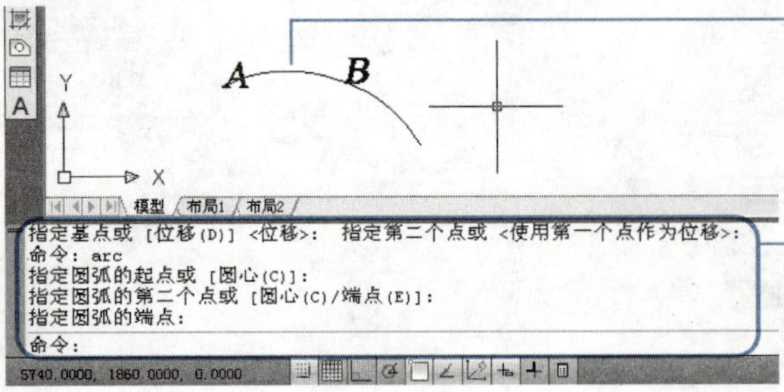

2 这是经过三点绘制的圆弧

```
指定基点或 [位移(D)] <位移>: 指定第二个点或 <使用第一个点作为位移>:
命令: arc
指定圆弧的起点或 [圆心(C)]:
指定圆弧的第二个点或 [圆心(C)/端点(E)]:
指定圆弧的端点:
命令:
```

1 在命令行中输入 arc 命令，注意查看命令窗口中的提示。此时可以指定圆弧的起点和圆弧经过的第二点，最后指定圆弧的终点，完成圆弧绘制

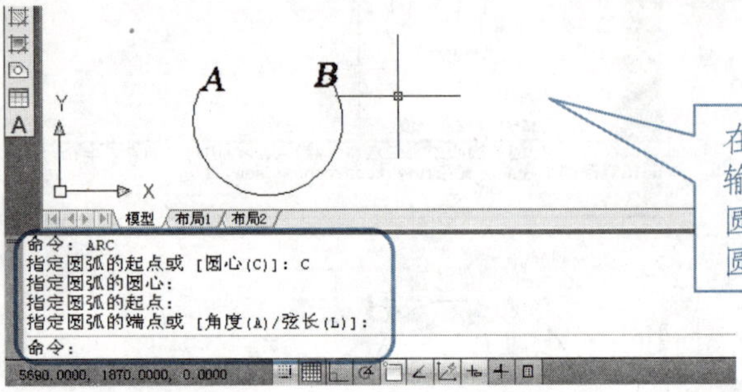

```
命令: ARC
指定圆弧的起点或 [圆心(C)]: c
指定圆弧的圆心:
指定圆弧的起点:
指定圆弧的端点或 [角度(A)/弦长(L)]:
命令:
```

在命令行中输入 arc 命令后，指定第一点后，输入 C 选择圆心（C），按提示指定圆弧的圆心、起点、端点或角度/弦长（角度是指圆心角大小，弦长指线段 AB 的长度）。

在命令行中输入 arc 命令后，指定第一点后，再输入 E 选择端点（E），按提示指定圆弧的圆心/角度/方向/半径（方向是指圆弧的切向，半径是指圆弧所在圆的半径）。

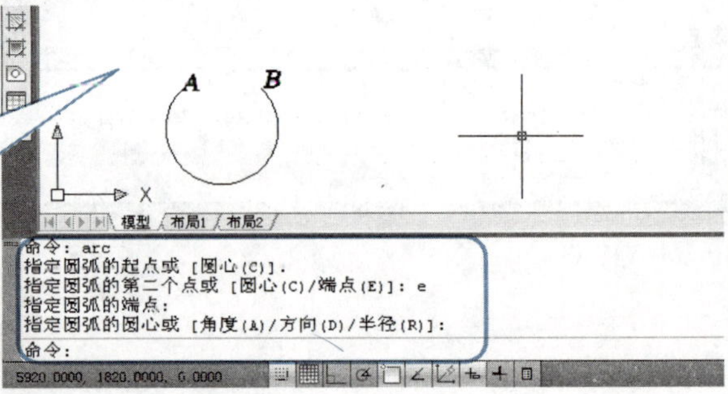

```
命令: arc
指定圆弧的起点或 [圆心(C)]:
指定圆弧的第二个点或 [圆心(C)/端点(E)]: e
指定圆弧的端点:
指定圆弧的圆心或 [角度(A)/方向(D)/半径(R)]:
命令:
```

提示：根据起点、圆心和端点绘制圆弧时，AutoCAD 总是从起点开始，绕圆心沿逆时针方向绘制圆弧。

博学先生，绘制圆弧有这么多的方法，命令栏里的选项也这么多，我怎么才能记住这些方法啊！

其实在绘图时只需要记住一些大命令，如 arc、C 等。命令执行后再根据提示执行即可，绘图多了，自然就熟练了！

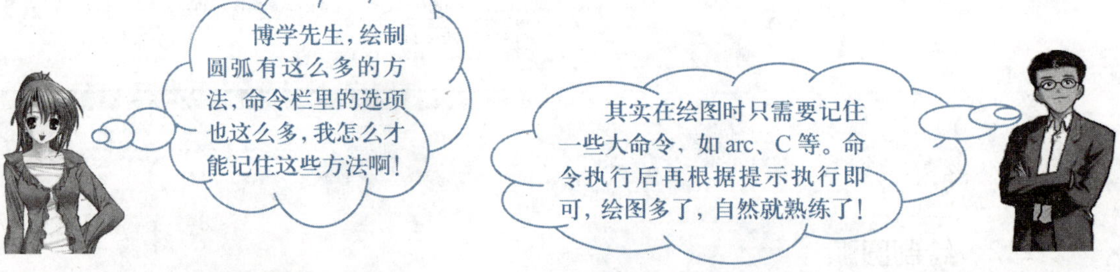

2.2.3 绘制椭圆、椭圆弧

在 AutoCAD 2009 中，绘制椭圆和椭圆弧的命令是相同的，单命令执行的提示不同。

- 命令：ellipse。
- 菜单：【绘图】|【椭圆】命令。
- 工具栏：使用【绘图】工具栏中的【椭圆】按钮和【椭圆弧】按钮。

视野拓展

在角度的默认正方向下设置，当提示【指定包含角:】时，若输入正角度值，AutoCAD 从起点绕圆心沿逆时针方向绘制圆弧；如果输入负角度值，则沿顺时针方向绘制圆弧。

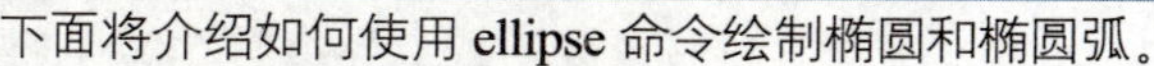

下面将介绍如何使用 ellipse 命令绘制椭圆和椭圆弧。

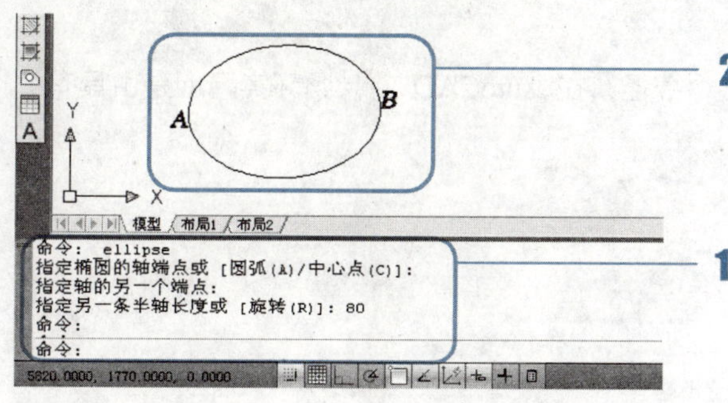

2 这是绘制完成后的椭圆

1 在命令行中输入 ellipse 命令，注意查看命令窗口中的提示。此时可以指定椭圆一条轴的两个端点和另一条半轴长度，来完成椭圆绘制

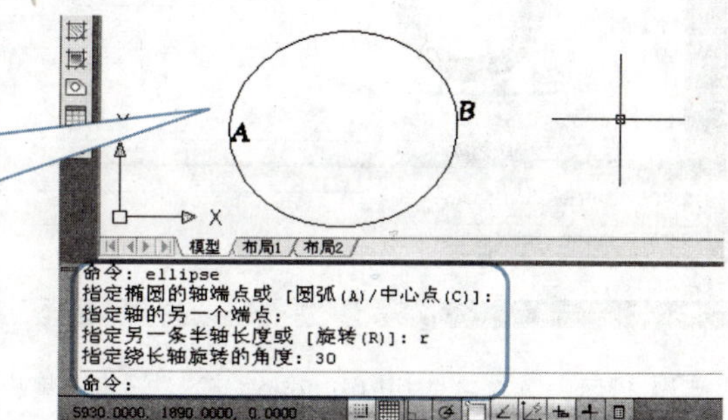

在命令行中输入 ellipse 命令后，指定椭圆一条轴的两个端点和旋转角度（角度越大，椭圆的离心率就越大。输入 0 将定义圆）来绘制椭圆。

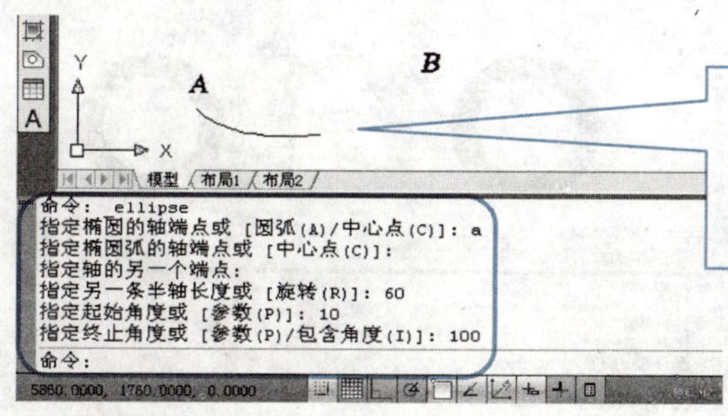

执行 ellipse 命令后输入 A，选择圆弧来绘制椭圆弧。指定椭圆其中一个轴的两个端点/中心点和另一条半轴长度后，指定起始角度和终止角度完成椭圆弧的绘制。

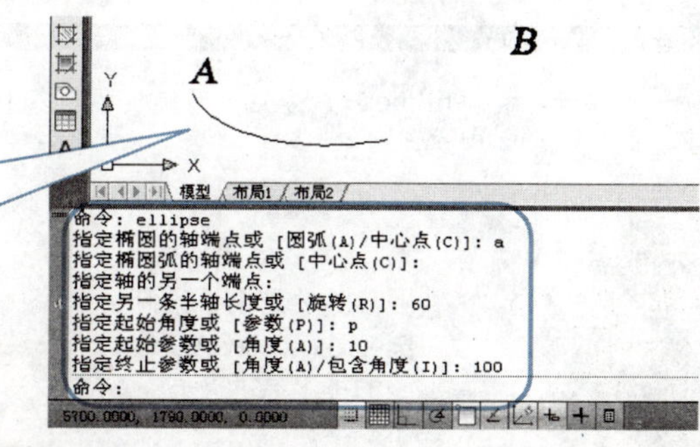

执行 ellipse 命令后输入 A，选择圆弧来绘制椭圆弧。指定椭圆其中一个轴的两个端点/中心点和另一条半轴长度后，指定起始参数和终止参数完成椭圆弧的绘制。

提示：绘制椭圆弧时，起始参数和起始角度有一个内在的换算关系：

$$P(n)=c+a\cdot\cos(n)+b\cdot\sin(n)$$

- 在公式中，n 是用户输入的参数；c 是椭圆弧的半焦距；a 和 b 分别是椭圆长轴和短轴的半轴长。
- 在此不提倡用户使用复杂的旋转角度及数学参数来控制椭圆弧的绘制，尽量通过简单的两轴长度或利用后面章节提供的修剪、拉伸等方法来绘制椭圆弧。

系统变量 ellipse 决定椭圆的类型。当该变量为 0（即默认值）时，所绘制的椭圆是由 NURBS 曲线表示的真椭圆。当该变量为 1 时，所绘制椭圆是由多段线近似表示的椭圆，调用 ellipse 命令后没有【弧】选项。

2.2.4 绘制圆环

绘制圆环是创建填充圆环或实体填充圆的一个捷径。在 AutoCAD 中，圆环实际上是由具有一定宽度的多段线封闭形成的。

- 命令：donut。
- 选择菜单：【绘图】|【圆环】命令。

下面介绍如何使用 donut 命令绘制圆环。

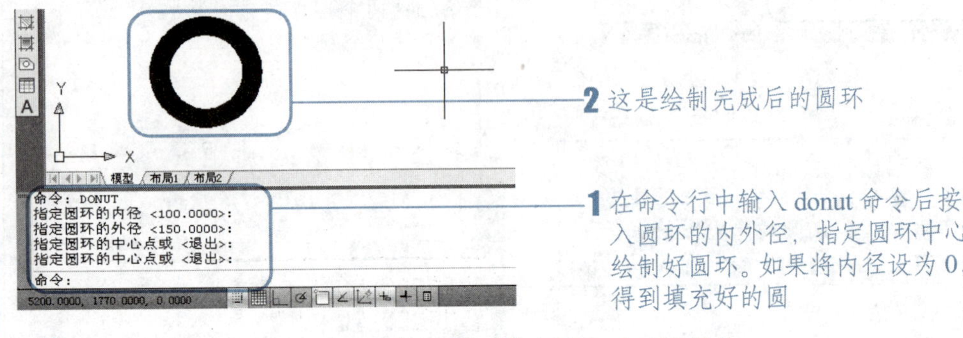

提示： 可以通过 fill/fillmode 命令设置是否填充圆环，如下图所示。

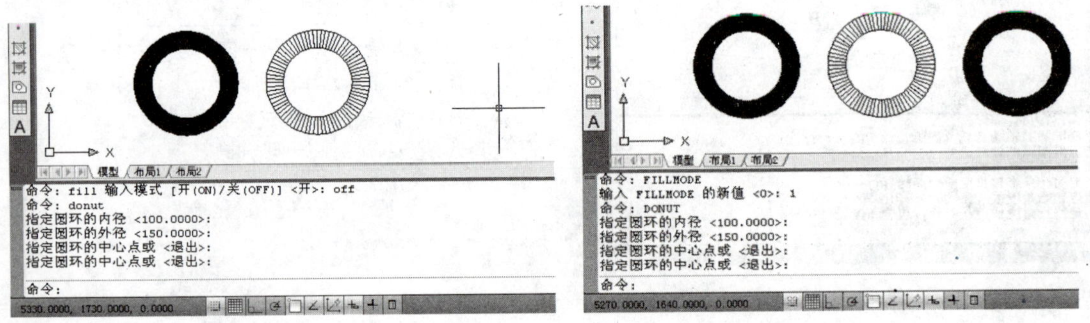

提示： 执行 fillmode 命令后，系统提示输入 fillmode 的新值，用 0 响应表示关闭填充模式，即不填充；用 1 响应则启用填充模式。

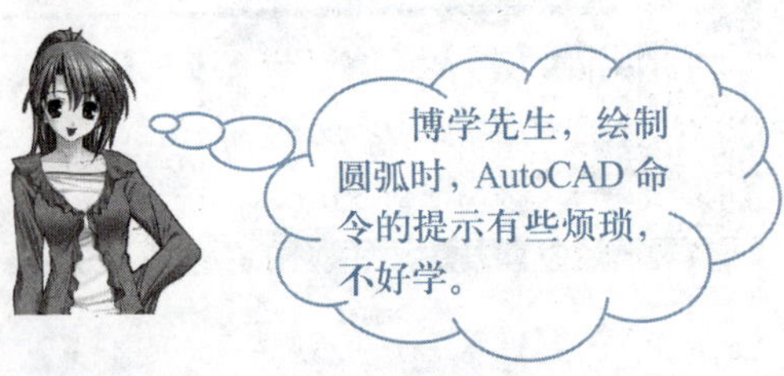

的确是，这是初学的缘故。我们可以先绘圆，然后修剪出所需要的圆弧，这些命令，我们以后会讲到。

2.3 绘制点

在 AutoCAD 2009 中，点对象可用作捕捉和偏移对象的节点或参考点。可以通过“单点”、“多点”、“定数等分”、“定距等分”4 种方法创建点对象。

视野拓展 用命令 fill 或系统变量 fillmode 更改填充设置后，应执行 regen 命令使设置生效。

2.3.1 绘制单点与多点

- 命令：point(绘制单点)。
- 菜单：【绘图】|【点】|【单点】、【多点】。
- 工具栏：使用【绘图】工具栏中的【点】按钮。

下面介绍如何使用 point 命令绘制点。

在命令行中输入 point 命令，注意查看命令窗口中的提示。此时可以键入点的坐标，也可以直接用鼠标拾取点

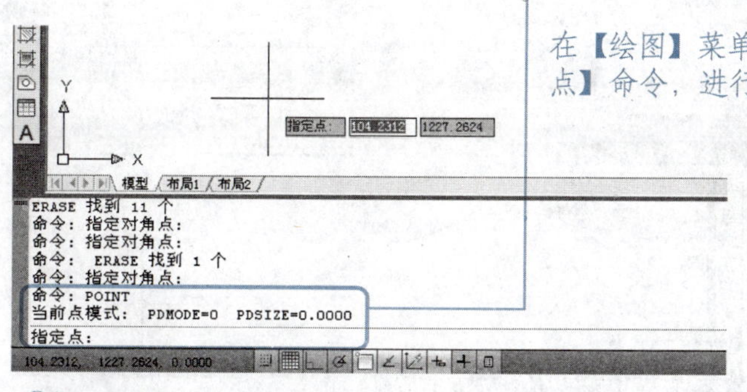

在【绘图】菜单中选择【点】|【多点】命令，进行多个点的绘制

提示：用 point 命令绘出点后，在屏幕上显示出的只是一个小点，但用户可以设置点的样式。下面我们就尝试一下吧！

2.3.2 设置点样式

- 命令：ddptype。
- 菜单：【格式】|【点样式】。

下面介绍如何使用 ddptype 命令设置点的样式。

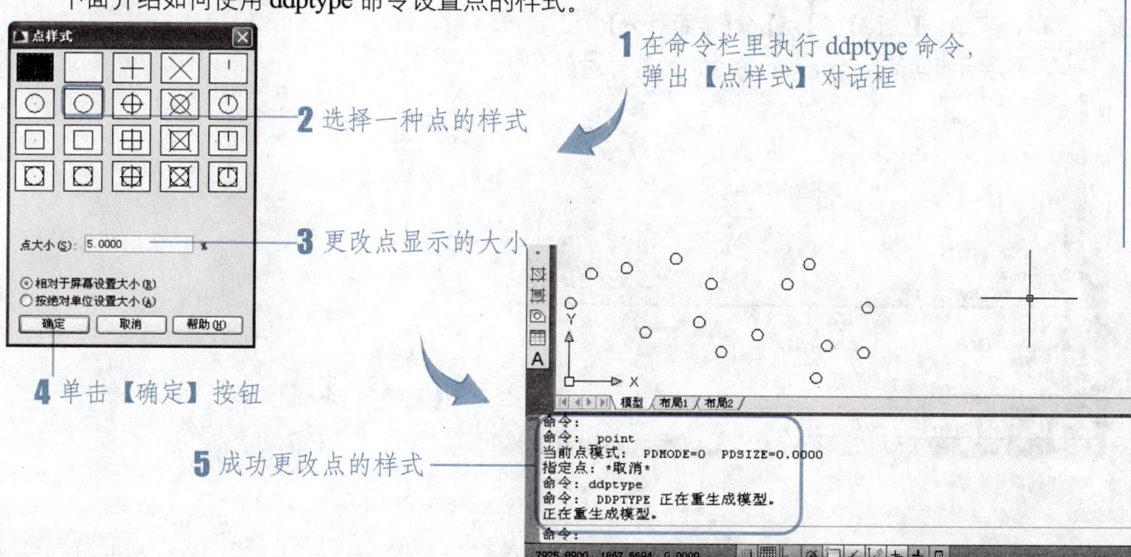

定距等分对象时，放置点的起始位置从离对象选取点较近的端点开始；如果对象总长不能被所选长度整除，则最后放置点到对象端点的距离将不等于所选长度。

2.3.3 绘制定数等分点

- 命令：divide。
- 菜单：【绘图】|【点】|【定数等分】。

下面介绍如何使用 divide 命令定数等分对象。

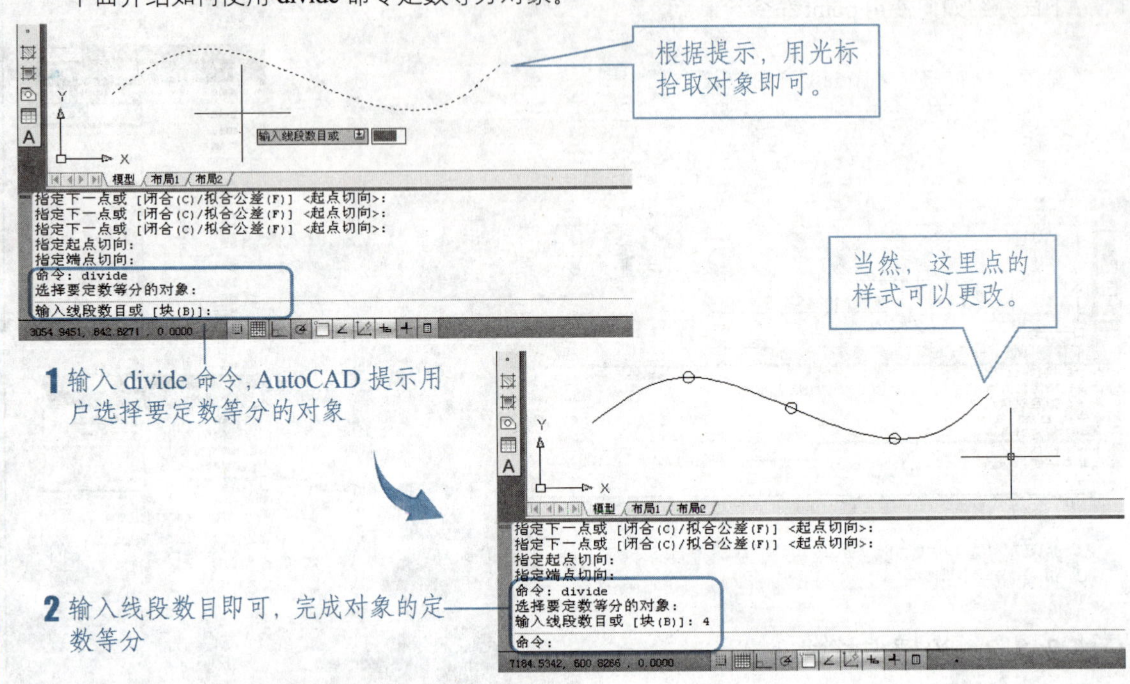

2.3.4 绘制定距等分点

- 命令：measure。
- 菜单：【绘图】|【点】|【定距等分】。

下面介绍如何使用 measure 命令定数等分对象。

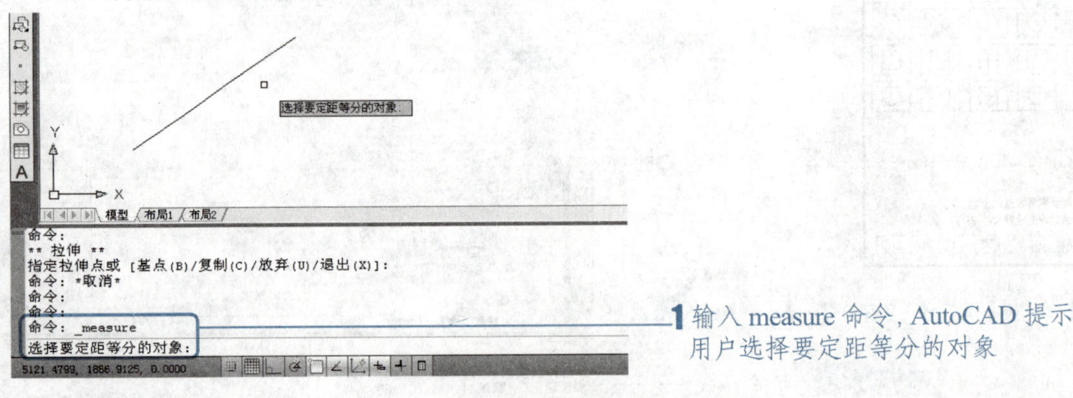

视野拓展

用 measure 命令绘定距等分点时，AutoCAD 总是在指定对象上从离拾取点近的端点位置开始绘制定距等分点。

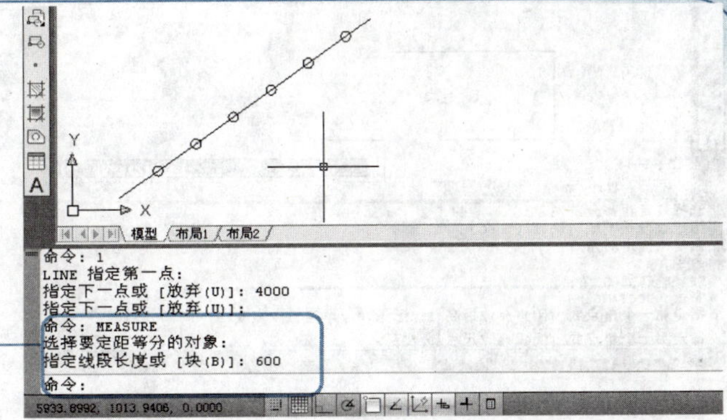

2 选择对象并指定线段长度后，成功定距等分对象。这里选项【块(B)】，我们不提倡使用，有关块的知识，将在后面章节详细讲解

提示：用 measure 命令绘制定距等分点时，AutoCAD 总是在指定对象上离拾取点近的端点位置开始绘定距等分点。如果在上图中，拾取点靠近直线的右上端点，则会出现下图情况。

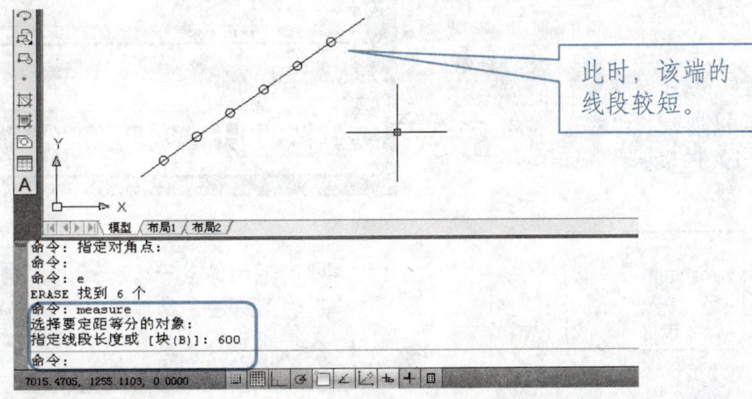

2.4　绘制矩形和正多边形

在 AutoCAD 中，矩形及多边形的各边并非单一对象，它们构成一个单独的对象。利用 AutoCAD 2009，可以方便地绘制各种形式的矩形和正多边形。

2.4.1　绘制矩形

- 命令：rectang。
- 菜单：【绘图】|【矩形】。
- 工具栏：使用【绘图】工具栏中的【矩形】按钮□。

下面介绍如何使用 rectang 命令绘制点。

1. 指定第一个角点

指定矩形的一角点位置，为默认项。

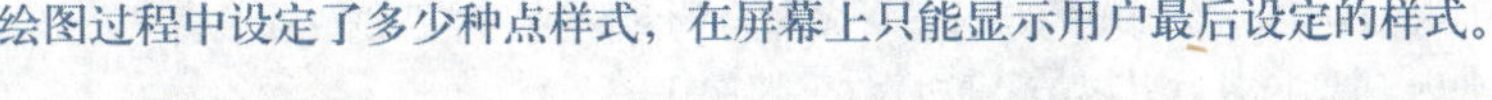

无论绘图过程中设定了多少种点样式，在屏幕上只能显示用户最后设定的样式。

视野拓展

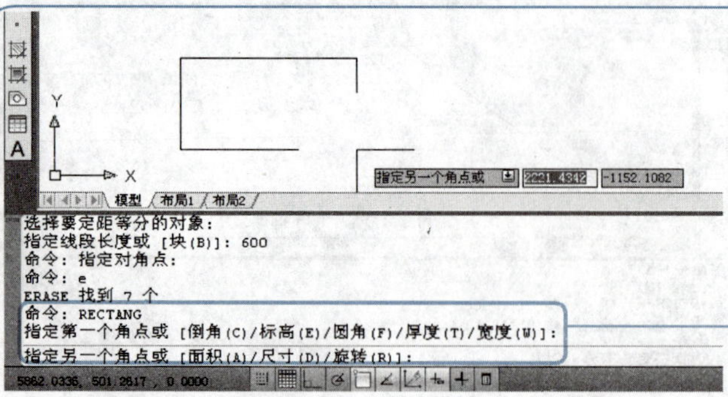

```
选择要定距等分的对象:
指定线段长度或 [块(B)]: 600
命令: 指定对角点:
命令: e
ERASE 找到 7 个
命令: RECTANG
指定第一个角点或 [倒角(C)/标高(E)/圆角(F)/厚度(T)/宽度(W)]:
指定另一个角点或 [面积(A)/尺寸(D)/旋转(R)]:
```

1 输入 rectang 命令后，指定两个角点，是绘制矩形最简单的方法，用户还可以选择其他选项

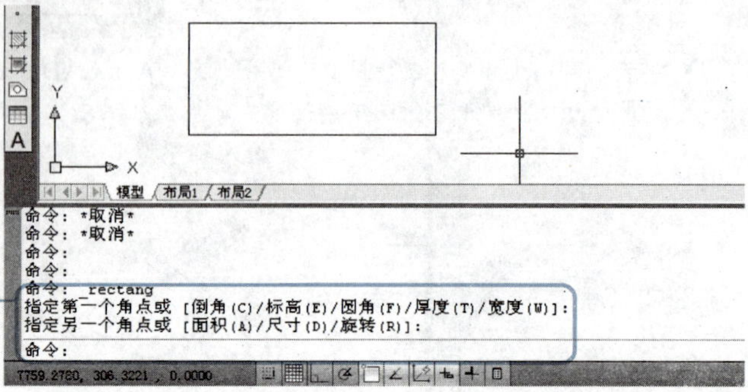

```
命令: *取消*
命令: *取消*
命令:
命令:
命令: _rectang
指定第一个角点或 [倒角(C)/标高(E)/圆角(F)/厚度(T)/宽度(W)]:
指定另一个角点或 [面积(A)/尺寸(D)/旋转(R)]:
命令:
```

2 指定矩形的下个角点后，成功完成矩形绘制。指定下个角点的方法有多种，可以输入其绝对坐标/相对坐标，或用光标拾取

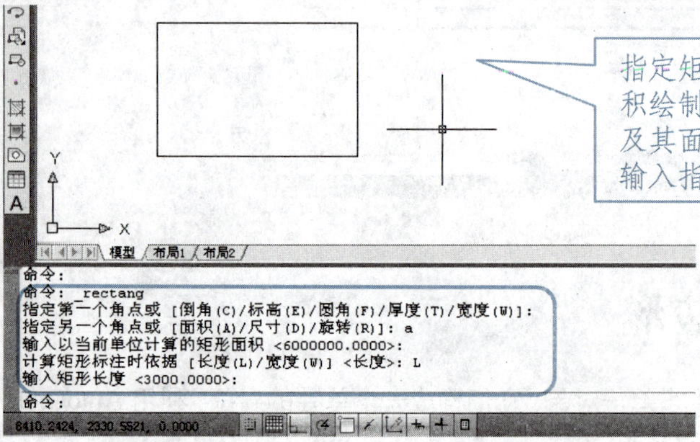

```
命令:
命令: _rectang
指定第一个角点或 [倒角(C)/标高(E)/圆角(F)/厚度(T)/宽度(W)]:
指定另一个角点或 [面积(A)/尺寸(D)/旋转(R)]: a
输入以当前单位计算的矩形面积 <6000000.0000>:
计算矩形标注时依据 [长度(L)/宽度(W)] <长度>: L
输入矩形长度 <3000.0000>:
命令:
```

指定矩形的第一个角点后，利用面积绘制矩形。方法是：按提示输入 a 及其面积大小，然后选择长度/宽度输入指定值即可。

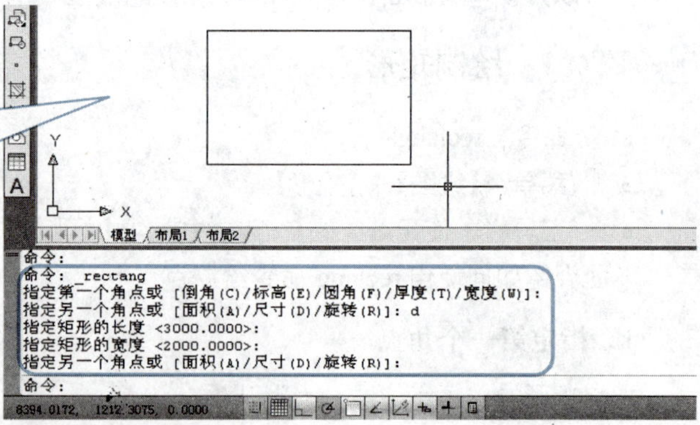

指定矩形的第一个角点后，利用其尺寸绘制矩形。方法是：按提示输入 d 及其长度、宽度，然后指定下一角点的大致位置即可。

```
命令:
命令: _rectang
指定第一个角点或 [倒角(C)/标高(E)/圆角(F)/厚度(T)/宽度(W)]:
指定另一个角点或 [面积(A)/尺寸(D)/旋转(R)]: d
指定矩形的长度 <3000.0000>:
指定矩形的宽度 <2000.0000>:
指定另一个角点或 [面积(A)/尺寸(D)/旋转(R)]:
命令:
```


视野拓展

利用 rectang 命令绘制出的矩形是一条闭合的多段线。如果要单独编辑某一条边，则必须使用 exolode 命令将其分开以后才能进行单独操作。

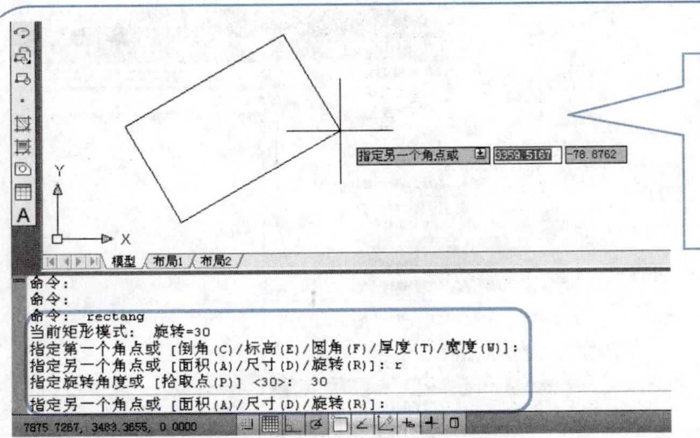

指定矩形的第一个角点后，利用【旋转】选项绘制具有倾斜角的矩形。方法是：按提示输入 r 及其旋转角或拾取点，然后按上面介绍方法即可绘制与水平轴有夹角的矩形。

2．倒角（C）

设置矩形的倒角尺寸，使所绘矩形在各角点处按指定的尺寸倒角。

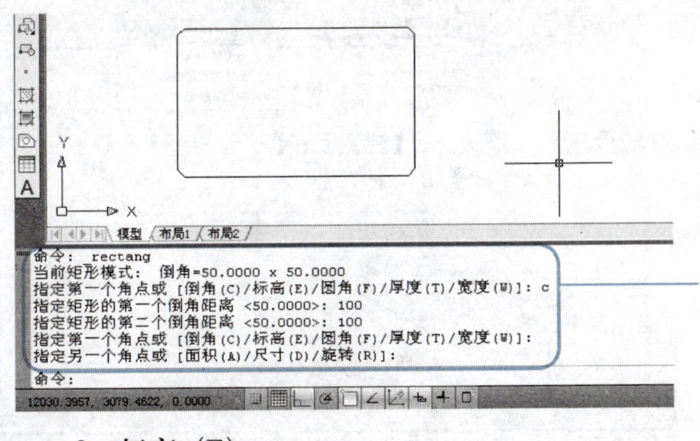

执行命令 rectang 后，选择【倒角(C)】，输入两个倒角距离，以后的操作同上，即可绘制出有倒角的矩形。

3．标高（E）

设置矩形的绘图高度，即所绘矩形的平面与当前坐标系的 XY 面之间的距离。此功能一般用于三维绘图，下面详细介绍设置标高的具体方法。

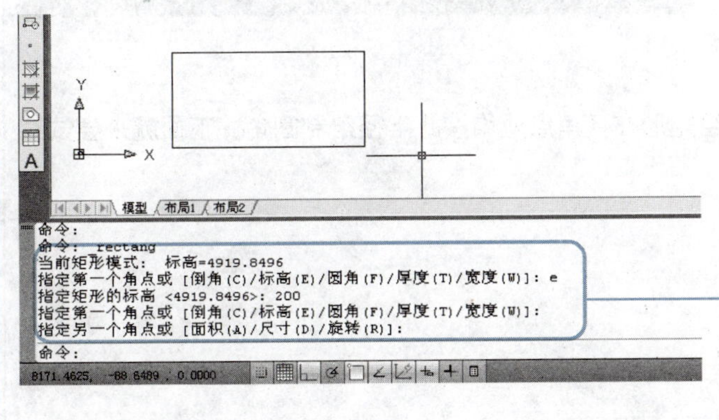

1 执行命令 rectang 后选择【标高(E)】，输入矩形的标高（200），以后的操作同上

在绘制带圆角或倒角的矩形时，如果矩形的长度和宽度太小而无法使用当前设置创建矩形时，那么绘制出的矩形将不进行圆角或倒角。

这是将矩形标高设为200的显示效果，即矩形所在面高出XY面200个单位。

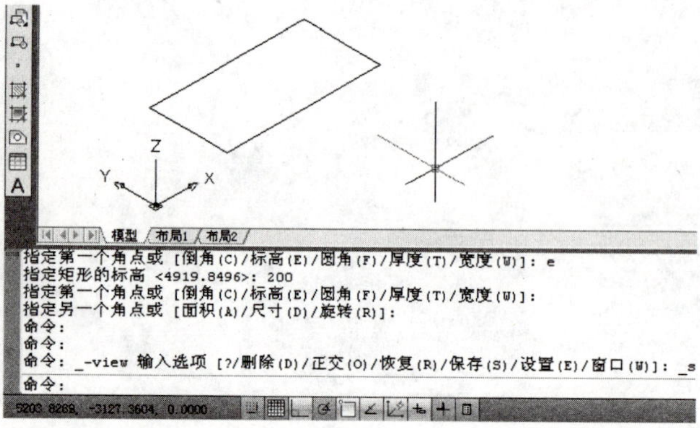

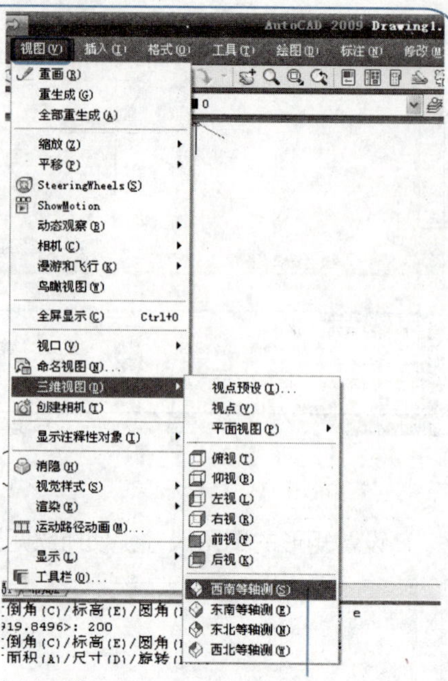

2 选择【视图】|【三维视图】|【西南等轴测】命令

这是将矩形标高设为0的显示效果，即矩形所在面和XY面重合。

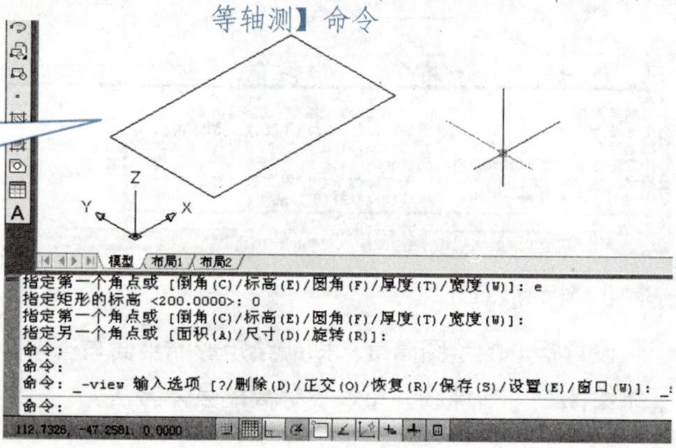

4．圆角（F）

设置矩形在角点处的圆角半径，使所绘矩形在各角点处均按此半径绘制圆角。下面就来尝试绘制具有特定圆角半径的矩形。

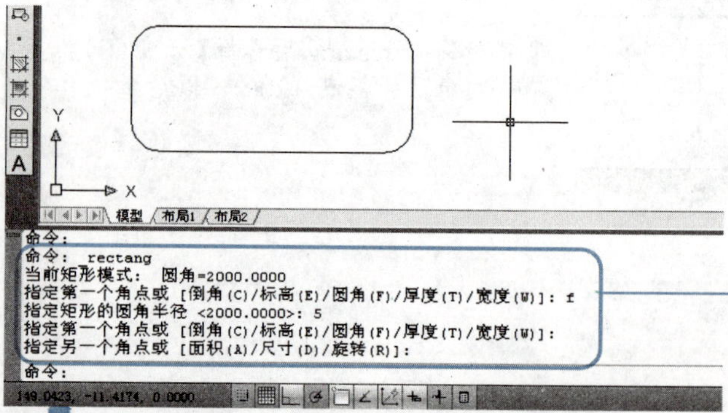

执行命令rectang后，指定圆角半径，其他操作同上

视野拓展

三维绘图时，绘制长方体的方法一般不采用rectang命令，更方便的是直接绘制长方体。

5．厚度（T）

设置矩形的绘图厚度，即矩形沿 Z 轴方向的厚度尺寸，使所绘矩形沿当前坐标系的 Z 方向具有一定的厚度。此功能一般用于三维绘图。好像和选项【标高】（E）相似哦，下面就来看看有什么不同吧！

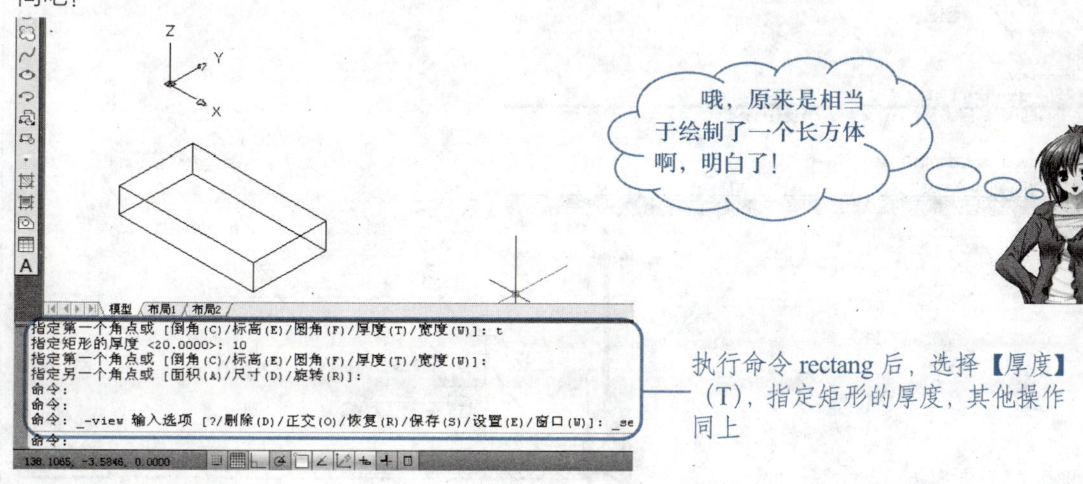

6．宽度（W）

设置矩形的线宽，使所绘矩形的各边具有宽度。下面来详细看看矩形线宽的绘制方法。

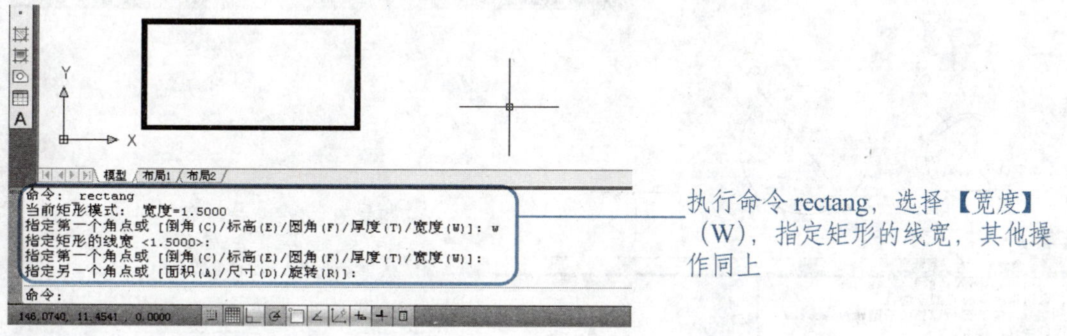

注意： 很显然，当绘制有特殊要求的矩形时（如有倒角或圆角要求等），一般应首先进行对应的设置，然后再确定矩形的角点位置。

2.4.2　绘制正多边形

- 命令：polygon。
- 菜单：【绘图】|【正多边形】。
- 工具栏：使用【绘图】工具栏中的【正多边形】按钮⬠。

执行命令 polygon 后，AutoCAD 提示输入正多边形的变数后，便会有两个选项，下面进行一一介绍。

1．指定正多边形的中心点

此默认选项要求用户确定正多边形的中心点位置，以便根据多边形的假设外接圆或内切圆来绘制正多边形。下面将介绍如何根据正多边形的中心点来绘制。

按 Enter 键绘制矩形时，当前绘制的矩形将承接上次的设定结果。

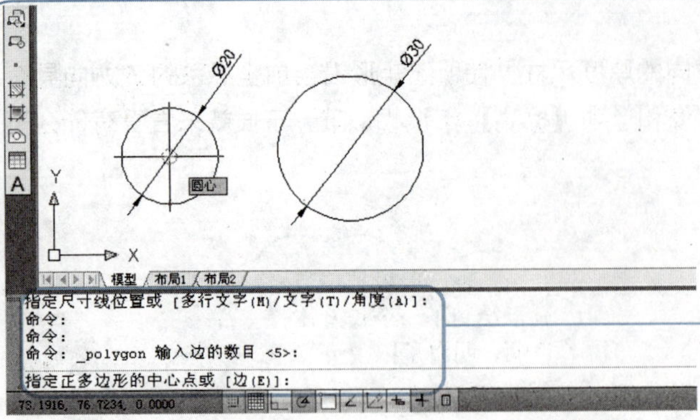

```
指定尺寸线位置或 [多行文字(M)/文字(T)/角度(A)]:
命令:
命令:
命令: _polygon 输入边的数目 <5>:
指定正多边形的中心点或 [边(E)]:
```

1 执行命令 polygon 后，输入正多边形的变数，系统提示指定中心点

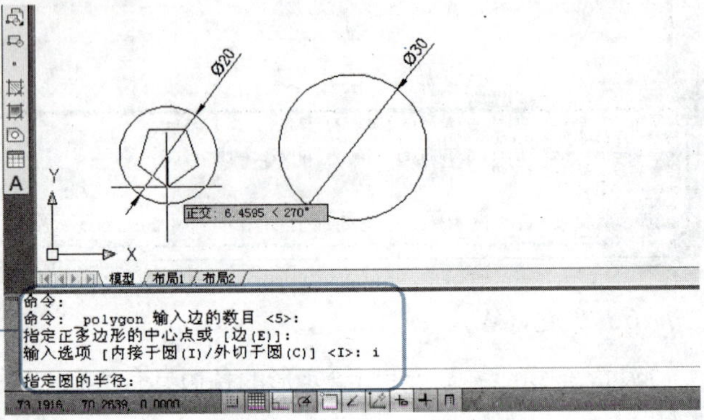

```
命令:
命令: _polygon 输入边的数目 <5>:
指定正多边形的中心点或 [边(E)]:
输入选项 [内接于圆(I)/外切于圆(C)] <I>: i
指定圆的半径:
```

2 指定正多边形的中心点后，系统提示输入选项:【内接于圆（I）/外切于圆（C)】，暂时选择I，即内接于圆

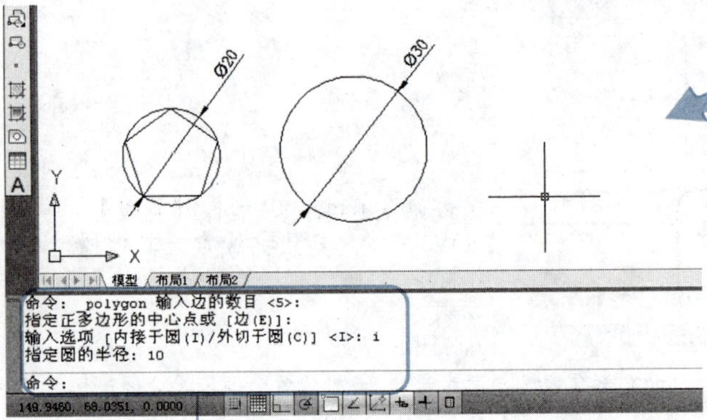

```
命令: _polygon 输入边的数目 <5>:
指定正多边形的中心点或 [边(E)]:
输入选项 [内接于圆(I)/外切于圆(C)] <I>: i
指定圆的半径: 10
命令:
```

3 指定圆的半径，即可绘制出一个内接于半径为定值的正多边形

如果在步骤 2 中，选择的是外切于圆，同样指定圆半径后，即可绘制出一个外切于半径为定值的圆的正多边形。

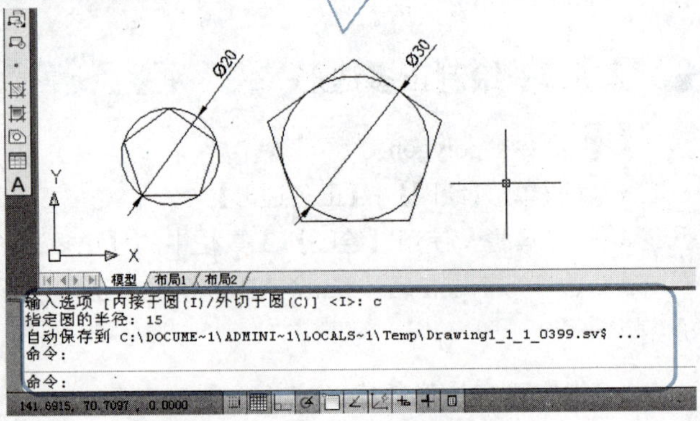

```
输入选项 [内接于圆(I)/外切于圆(C)] <I>: c
指定圆的半径: 15
自动保存到 C:\DOCUME~1\ADMINI~1\LOCALS~1\Temp\Drawing1_1_1_0399.sv$ ...
命令:
命令:
```


2. 边（E）

根据正多边形某一条边的两个端点绘制正多边形。此时，就不用和圆有关系了。

视野拓展

在创建正多边形的过程中，用户如果已知正多边形中心与每条边（内接）端点之间的距离，则可以指定其内接半径。

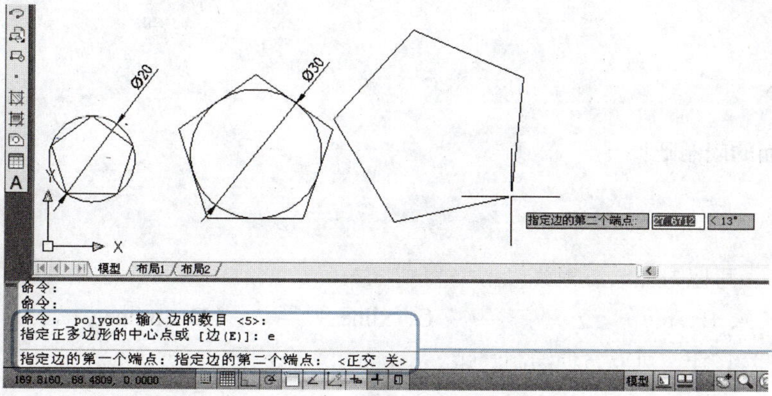

1 执行命令 polygon 后，输入正多边形的变数，选择【边（E)】

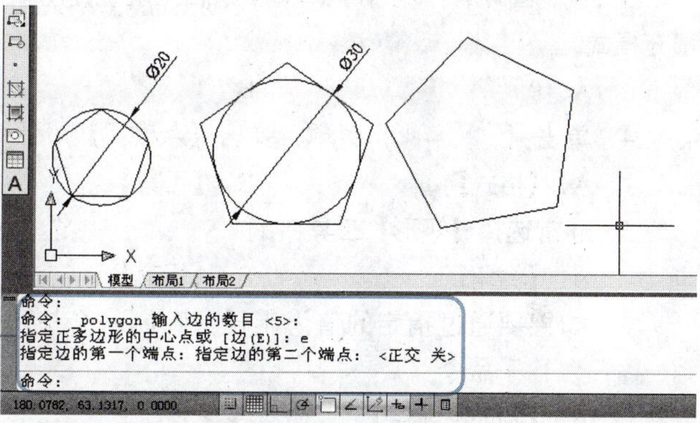

2 指定边的两个端点后，即可绘制出符合要求的正多边形

提示：通过【边（E)】选项绘制正多边形时，AutoCAD 总是从指定的第一端点向第二端点、沿逆时针方向绘制正多边形。

2.5 本章小结

本章以最简单的二维图形“直线”开始讲起，主要是结合命令栏的提示、菜单及工具栏的用法来讲述其绘制方法，然后介绍了绘图常用的辅助线——射线和构造线的绘制方法。

实际生活中，用户会碰到很多曲线，如圆、圆弧、椭圆、椭圆弧及圆环等。这些二维图形的绘制方法相对复杂，绘制这些图形时，AutoCAD 提示有多种选项，这里均做了一一讲解。

看似很简单的点，但是在 AutoCAD 中不然。本章介绍了设置点样式及定数等分点、定距点的绘制方法。

矩形的绘制方法相对复杂，开始绘制时，系统提示多达 6 种选项：指定第一个角点、倒角、标高、圆角、厚度、宽度，本章也针对这些选项全部进行了直观的讲解。最后，还结合正多边形和圆的特定依赖关系，介绍了其绘制方法。

在创建正多边形的过程中，如果已知正多边形中心与每条边（外切）中点之间的距离，则指定其外切半径。

2.6 趁热打铁

现在用学到的知识解决下面的问题吧！

2.6.1 选择题

1．使用命令（　　　　），可以方便绘制射线。

A．line　　B．ray　　C．xline　　D．mline

2．使用工具栏（　　　　）按钮，可以方便绘制圆弧。

A．　　B．　　C．　　D．

3．绘制圆环时，执行fillmode命令后，系统提示输入fillmode的新值，用（　　　　）相应关闭填充模式。

A．0　　B．1　　C．-1　　D．2

4．单击（　　　　）菜单，弹出【点样式】对话框。

A．【格式】　　B．【工具】　　C．【绘图】　　D．【编辑】

5．通常选择【矩形】工具中的（　　　　）选项来绘制三维图形。

A．【倒角】　　B．【标高】　　C．【厚度】　　D．【宽度】

6．如果要通过指定的值为半径，绘制一个与两个对象相切的圆，应选择【圆】命令中的（　　　　）子命令。

A．【圆心、半径】　　B．【相切、相切、相切】

C．【三点】　　D．【相切、相切、半径】

2.6.2 实践题

1．绘制如下图所示的图形（尺寸由读者确定，绘出近似图形即可）。

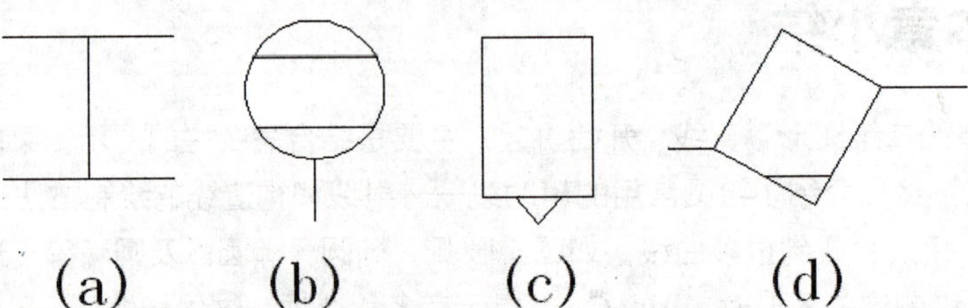

(a)　(b)　(c)　(d)

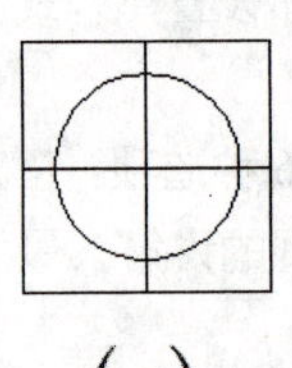

(e)

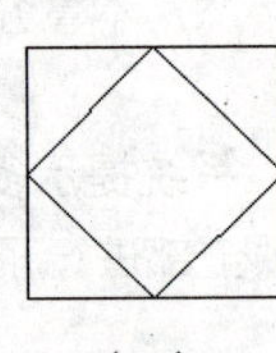

(f)

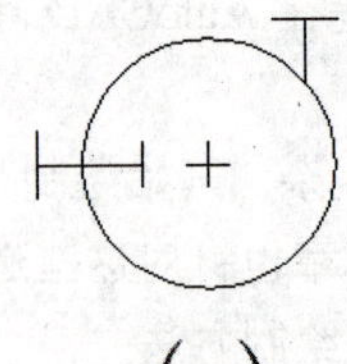

(g)

2．绘制如下图所示的图形（尺寸由读者确定，绘出近似图形即可）。

视野拓展　在创建正多边形的过程中，也可以指定边的长度和放置边的位置。

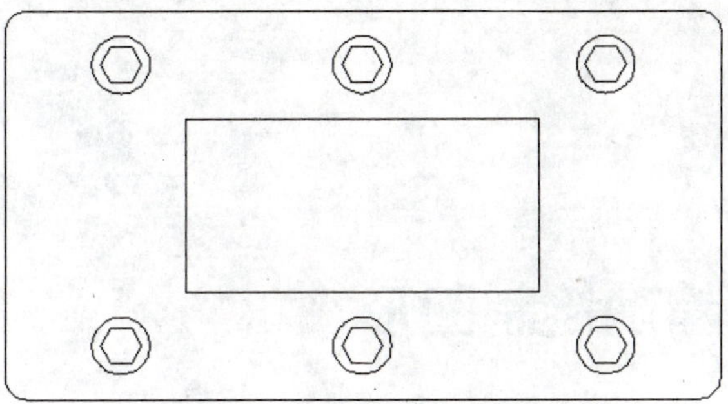

3．绘制如下图所示的图形（尺寸由读者确定，绘出近似图形即可）。

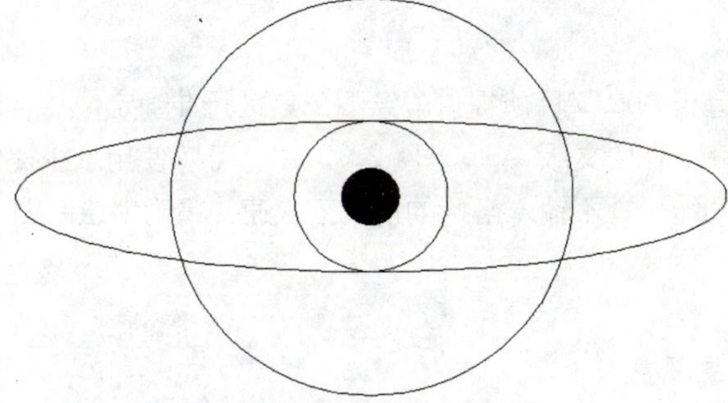

4．绘制如下图所示的图形（尺寸按图示确定，不需要标注，绘出图形即可）。

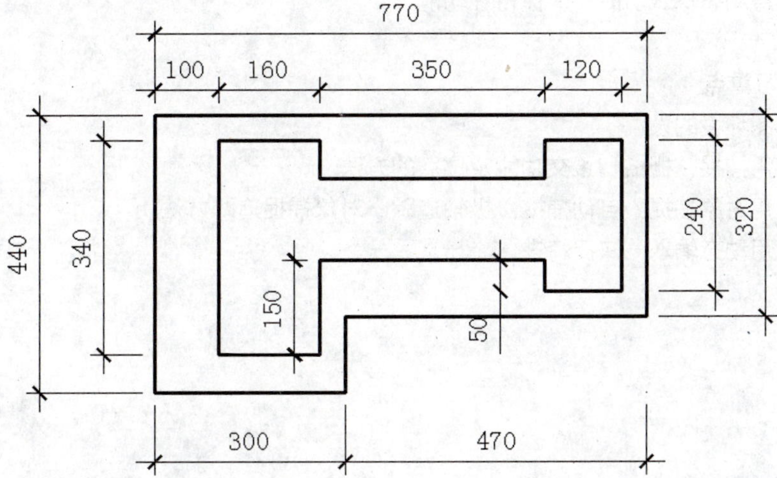

正交模式和极轴模式是互锁的，当正交打开时极轴就自动关闭，同样当极轴打开时正交就自动关闭。

第3章 精确绘制图形

本章导读

在绘图时，灵活运用 AutoCAD 所提供的绘图工具进行准确定位，可以有效地提高绘图的精确性和效率。在中文版 AutoCAD 2009 中，可以使用系统提供的对象捕捉、对象捕捉追踪等功能，在不输入坐标的情况下快速、精确地绘制图形。

本章学习目标

- 学会设置绘图环境
- 掌握各种捕捉功能及相关设置
- 知道动态输入功能和快捷特性功能

本章学习重点

- 绘图环境的设置
- 使用捕捉、栅格和正交功能定位点的方法
- 使用对象捕捉、自动捕捉、极轴追踪、对象捕捉追踪方法
- 使用动态输入、快捷特性

3.1　设置绘图环境

在使用 AutoCAD 绘图前，经常需要对绘图环境的某些参数进行设置，使其更符合自己的使用习惯，从而提高绘图效率。

3.1.1　设置图形单位

在 AutoCAD 中，可以采用 1:1 的比例因子绘图，因此所有的直线、圆和其他对象都可以以真实大小来绘制。例如，一个零件长 200mm，可以按 200mm 的真实大小来绘制，在需要打印时，再将图形按图纸大小进行缩放。常用图形单位的设置方法有以下两种。

- 命令：units。
- 菜单：选择【格式】|【单位】命令。

执行上述方法后，都会弹出【图形单位】对话框，此时可以对图形单位进行各种设置。

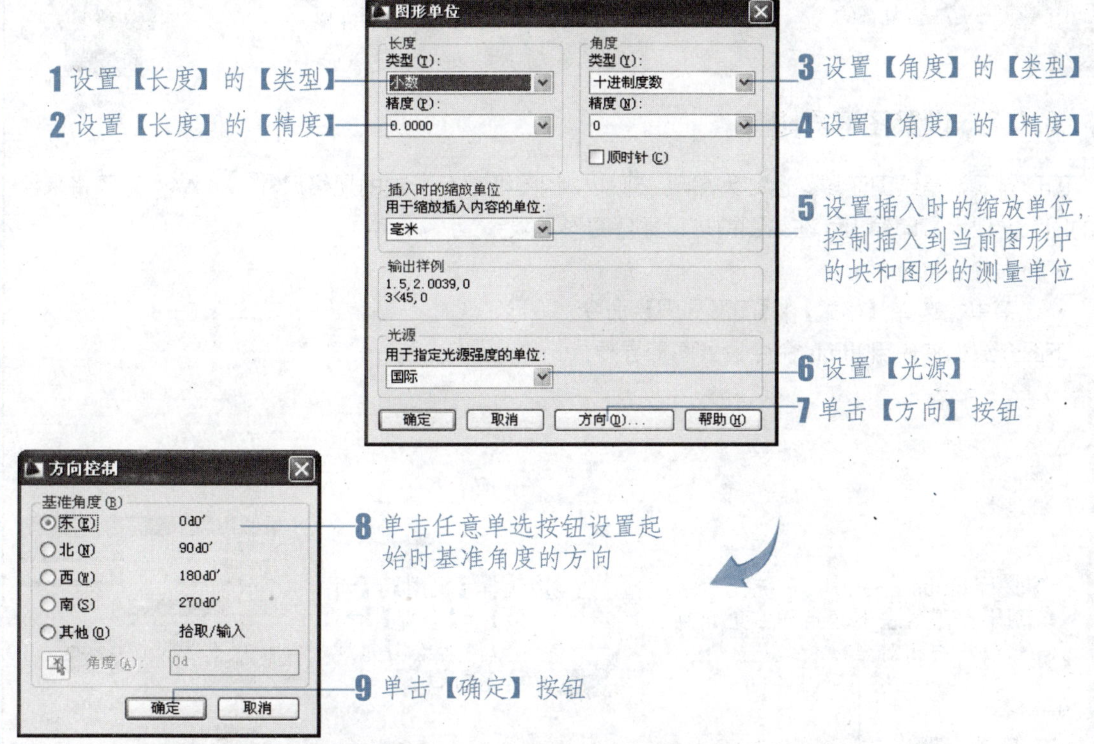

【图形单位】对话框中参数比较多，含义也不同，下面进行一一介绍。

1.【长度】区域

各参数选项的内容如下。

- 【类型】下拉列表框：提供了：【分数】、【工程】、【建筑】、【科学】、【小数】5 个选项。其中，【工程】和【建筑】格式提供英尺和英寸显示，并假设每个图形单位表示 1 英寸；其他格式则可以表示任何真实的单位。

在角度的默认正方向设置下，正角度值沿逆时针方向确定，反之沿顺时针方向确定。角度的默认正方向就是通过此【顺时针】复选框确定的。

- 【精度】下拉列表框：用来设置长度单位的精度，如：小数单位格式的位数。

2.【角度】区域

各参数选项的内容如下。

- 【类型】下拉列表框：提供了【百分度】、【度/分/秒】、【弧度】、【勘测单位】、【十进制度数】5 个选项，选择所需即可。
- 【精度】下拉表框：用来设置长度单位的精度，如小数单位格式的小数位数。
- 【顺时针】复选框：用来确定角度的正方向。如果不选中此复选框，表示逆时针方向为角度的正方向。

提示：设置绘图单位后，AutoCAD 在状态栏上以对应的格式和精度显示光标的坐标。【图形单位】对话框中的【光源】设置一般作用于三维图形的渲染。

关于图形单位的设置原来还蛮复杂的。

是的。初学者不要轻易更改默认设置，否则会因为对相关设置不熟悉带来不必要的麻烦。

3.1.2 设置图形界限

图形界限就是绘图区域，也称为图限。现实中的图纸都有一定的规格尺寸，如 A4，为了将来绘制的图纸方便地打印输出，在绘图前应设置好图形界限。

- 命令：limits。
- 菜单：选择【格式】|【图形界限】命令。

下图介绍如何使用 limits 命令设置图形界限。

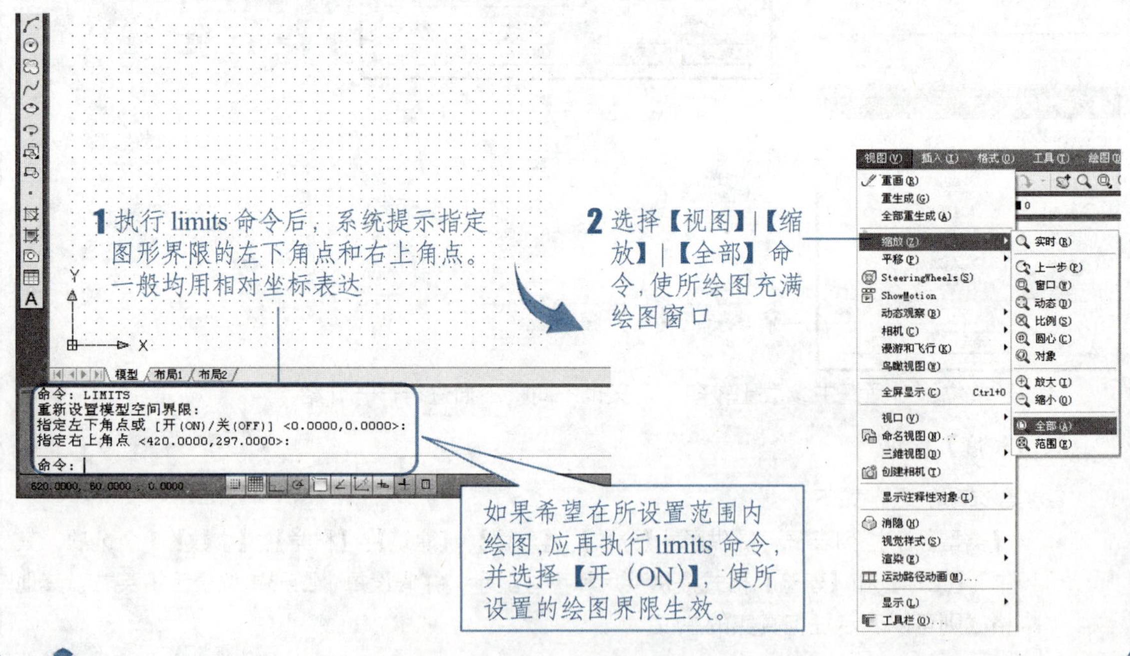

视野拓展

打开图形界限检查时，无法在图形界限之外指定点。因为界限检查只是检查输入点，所以对象的某些部分可能会延伸出图形界限。

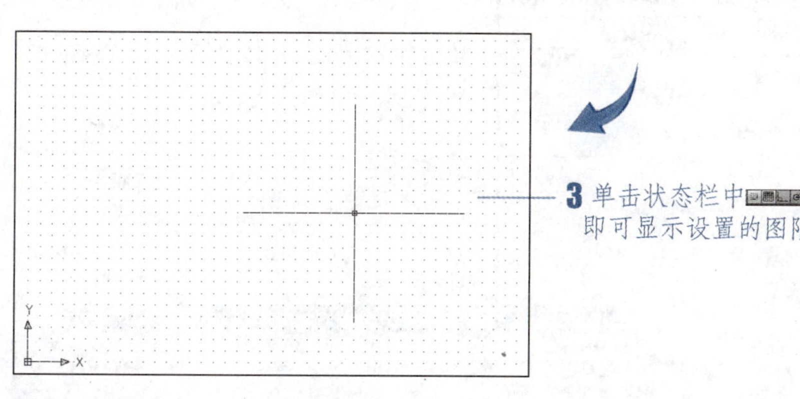

3 单击状态栏中的按钮，即可显示设置的图限区域。

3.1.3 设置参数选项

系统的参数选项提供了十分丰富的定值内容，定值涉及的内容很广。初学者通常只需要使用默认设置。但为了引导用户用好 AutoCAD，克服学习中的一些迷惑，本节集中介绍与初学者有关的设置。

下图是介绍如何设置参数选项的。

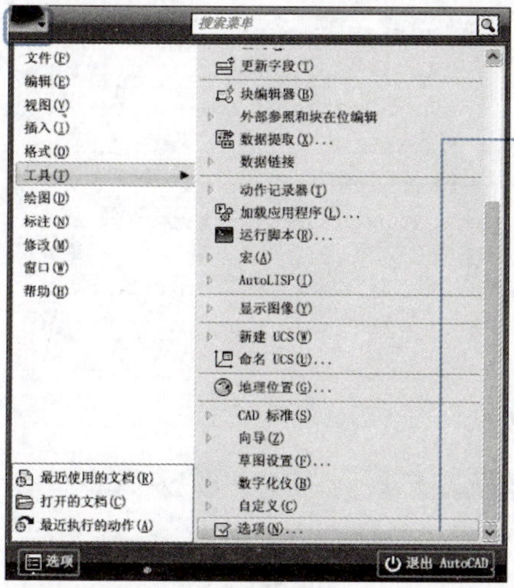

1 单击【菜单浏览器】按钮，执行【工具】|【选项】命令。

2 切换到【显示】选项卡

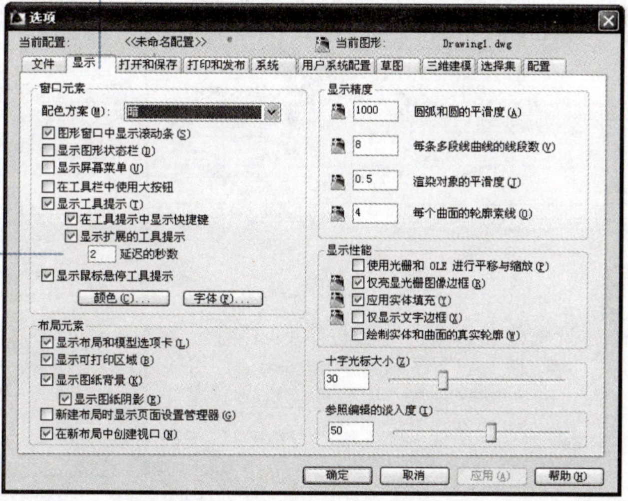

3 在此对话框中可以设置窗口元素、布局元素、显示精度、显示性能、十字光标大小和参照编辑的褪色度等显示属性

用 limits 命令设置图形界限后，选择【视图】|【缩放】|【全部】命令，即执行 zoom 命令的【全部（A）】选项，可以使所设置的图形界限尽可能充满绘图窗口。

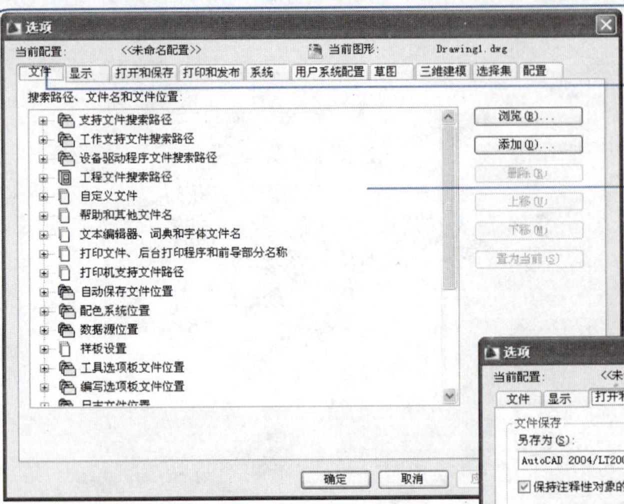

4 切换到【文件】选项卡

5 在此确定 AutoCAD 搜索支持文件、驱动程序文件、菜单文件和其他文件时的路径，以及用户定义的一些设置

6 切换到【打开和保存】选项卡

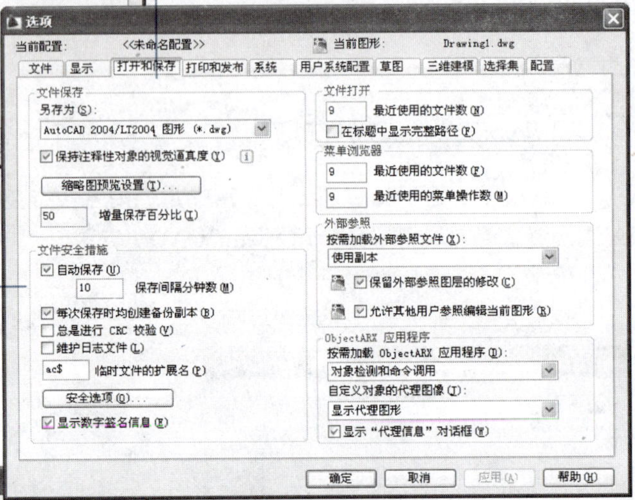

7 在此设置是否自动保存文件，以及自动保存文件时的时间间隔，是否维护日志，以及是否加载外部参照等

8 切换到【打印和发布】选项卡

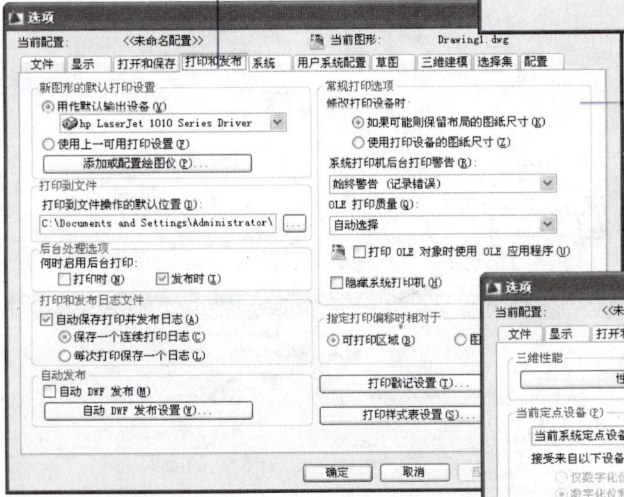

9 在此设置 AutoCAD 的输出设备。默认情况下，输出设备为 Windows 打印机。但在很多情况下，为了输出较大幅面的图形，也可能使用专门的绘图仪

10 切换到【系统】选项卡

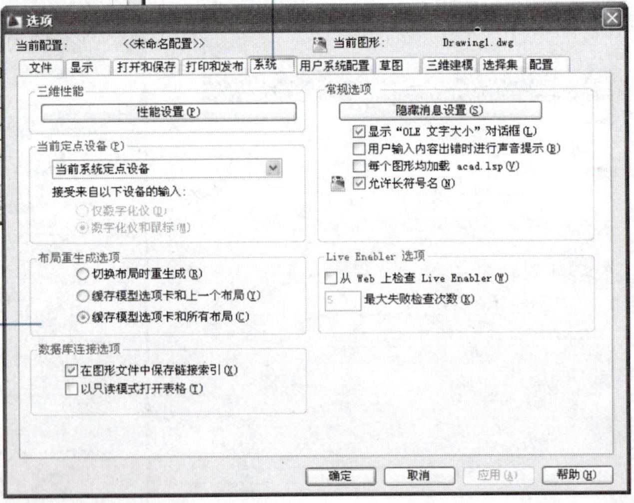

11 在此设置当前三维图形的显示特性，设置定点设备、是否显示 OLE 特性对话框、是否显示所有警告信息、是否检查网络连接、是否显示启动对话框、是否允许长符号名

视野拓展

设置绘图单位后，AutoCAD 在状态栏上以对应的格式和精度显示光标的坐标。

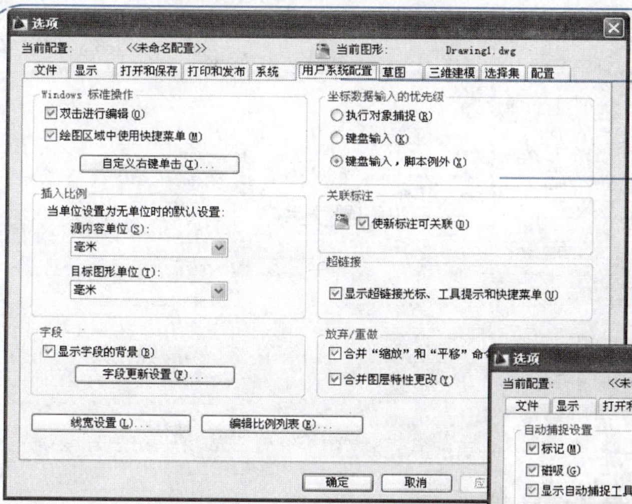

12 切换到【用户系统配置】选项卡

13 在此设置是否使用快捷菜单和对象的排序方式

14 切换到【草图】选项卡

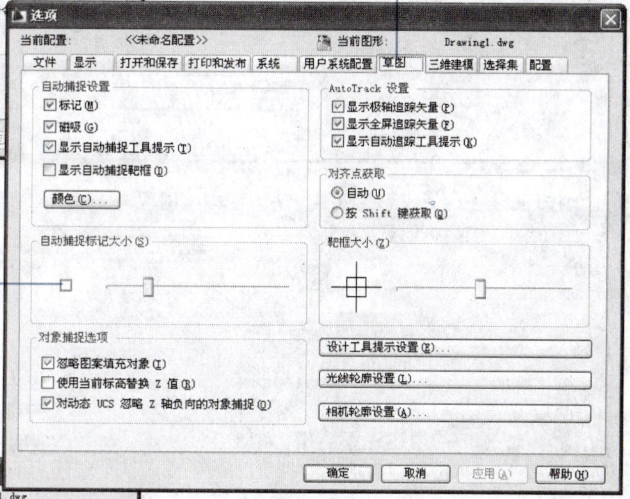

15 在此设置自动捕捉、自动追踪、自动捕捉标记框颜色和大小、靶框大小

16 切换到【三维建模】选项卡

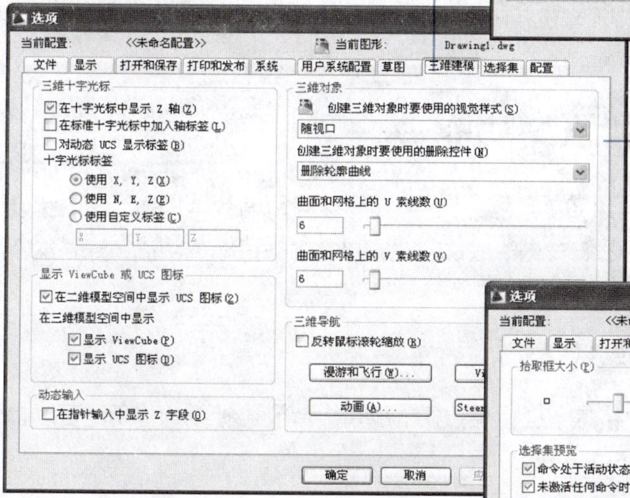

17 在此对三维绘图模式下的三维十字光标、UCS图标、动态输入、三维对象、三维导航等选项进行设置

18 切换到【选择集】选项卡

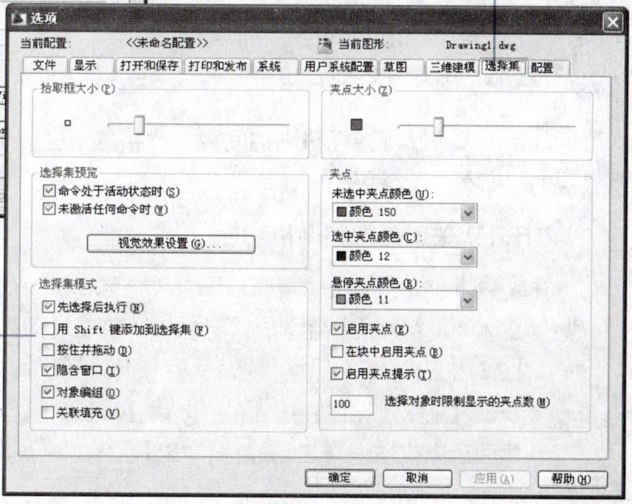

19 在此设置选择集模式、拾取框大小及夹点大小等

一般可以把十字光标设置成最大，粗略绘图时，将其作为辅助线使用。

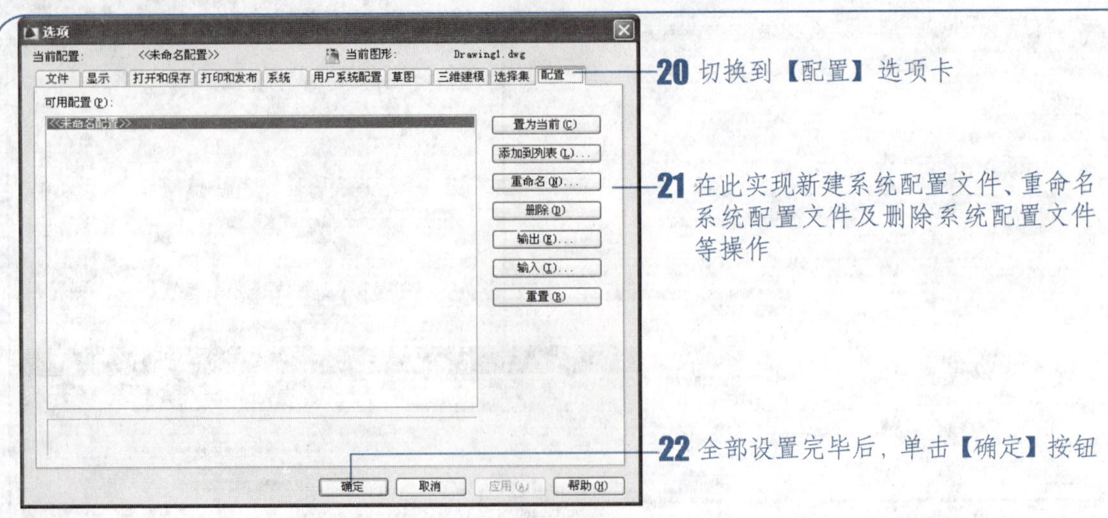

技巧：在没有执行任何命令时，可在绘图区域或命令行窗口中右击，在弹出的快捷菜单中选择【选项】命令，也可打开【选项】对话框。

博学先生,【选项】对话框中的好多参数的用途还不清楚,如何进行设置呢?

别担心，这里只是告诉大家设置 AutoCAD 的内部参数的途径，等基本的绘图命令使用熟练了，这些参数也会很熟悉的。

3.2 使用捕捉、栅格和正交功能

在绘图时，灵活运用 AutoCAD 所提供的绘图工具能进行准确定位，可以有效地提高绘图的精确性和效率。在 AutoCAD 2009 中，可以使用系统提供的对象捕捉、对象捕捉追踪等功能，在不输入坐标的情况下快速、精确地绘制图形。

3.2.1 设置栅格和捕捉

捕捉用于设定鼠标光标移动的间距。栅格是一些标定位置的小点，起到坐标纸的作用，可以提供直观的距离和位置参照。

1. 打开或关闭捕捉和栅格功能

打开或关闭捕捉和栅格功能有以下几种方法。

- 在 AutoCAD 程序窗口的状态栏中，单击【捕捉】按钮和【栅格】按钮。
- 按 F7 打开或关闭栅格，按 F9 打开或关闭捕捉。
- 单击【菜单浏览器】按钮，选择【工具】|【草图设置】命令，打开【草图设置】对话框，然后选中或取消【启用捕捉】和【启用栅格】复选框，如下图所示。

视野拓展

如果设置的栅格间距太小，当通过某一方式启用栅格功能时，AutoCAD 会提示：栅格太密，无法显示。此时不显示栅格。

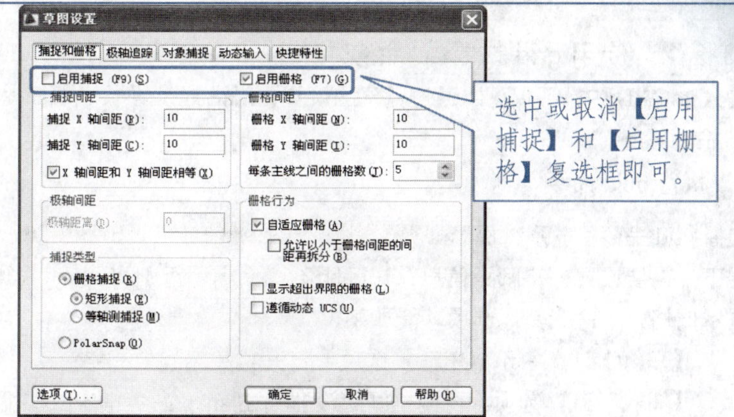

2．设置捕捉和栅格参数

利用【草图设置】对话框中的【捕捉和栅格】选项卡，如上图所示，可以设置捕捉和栅格的相关参数，各选项的功能如下。

- 【启用捕捉】复选框：打开或关闭捕捉方式。
- 【捕捉间距】选项区域：设置捕捉间距、捕捉角及捕捉基点坐标。
- 【启用栅格】复选框：打开或关闭栅格显示。
- 【栅格间距】选项区域：设置栅格间距。如果栅格的 X 轴和 Y 轴间距值为 0，则栅格采用捕捉 X 轴和 Y 轴间距的值。
- 【捕捉类型】选项区域：可以设置捕捉类型和样式，包括【栅格捕捉】和【极轴捕捉】。
  (i) 如果选用【栅格捕捉】，当选中【矩形捕捉】单选按钮时，会将捕捉方式设为矩形捕捉模式，即光标要沿 X 和 Y 方向移动；当选中【等轴测捕捉】单选按钮时，可以将捕捉方式设置成等轴测捕捉模式。
  (ii) 如果选用【极轴捕捉】，在启用捕捉功能并启用极轴追踪（见 3.4 节）或对象捕捉追踪（见 3.5 节）后，指定了一点，光标将沿极轴角或对象捕捉追踪角度方向捕捉，使光标沿指定的方向按指定的间距移动。启用【极轴捕捉】后，可以通过【极轴距离】文本框设置极轴捕捉时的光标移动间距。
- 【栅格行为】选项区域：用于设置【视觉样式】下栅格线的显示样式（三维线框除外）。
  (i)【自适应栅格】复选框：用于限制缩放时栅格的密度。
  (ii)【允许以小于栅格间距的间距再拆分】复选框：用于是否能够以小于栅格间距的间距来拆分栅格。
  (iii)【显示超出界限的栅格】复选框：用于确定是否显示图像限定之外的栅格。
  (iv)【跟随动态 UCS】复选框：跟随动态 UCS 的 XY 平面而改变栅格平面。

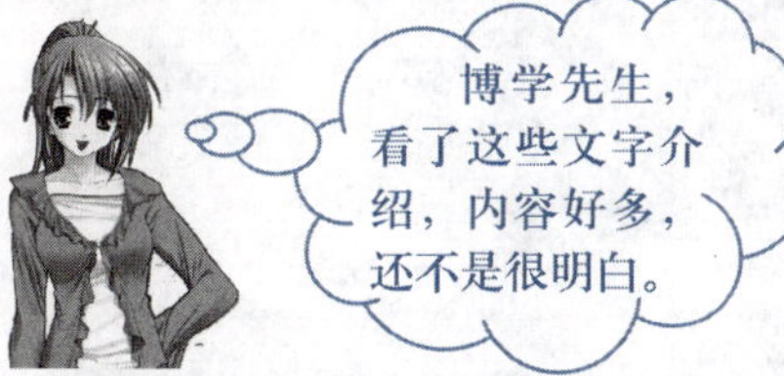

不用着急，文字介绍看起来比较枯燥，后面我们会结合实例来讲解这些设置如何应用。

在【草图设置】对话框中，单击右下角的【选项】按钮，同样可以打开【选项】对话框，进行相关参数的设置。

3.2.2 使用 grid 与 snap 命令

在 AutoCAD 中，不仅可以通过【草图设置】对话框设置栅格和捕捉参数，还可以通过执行 grid 与 snap 命令设置。

1．执行 geid 命令

选择 grid 命令后，系统提示：指定栅格间距(X) 或 [开(ON)/关(OFF)/捕捉(S)/主(M)/自适应(D)/界限(L)/跟随(F)/纵横向间距(A)] <10.0000>:。默认情况下，需要设置栅格间距信息。该间距不可太小，否则将导致图形模糊及屏幕重画太慢，甚至无法显示栅格。该命令其他选项功能如下。

- 【开（ON）/关闭（OFF）】选项：打开或关闭当前栅格。
- 【捕捉（S）】选项：将栅格间距设置为由 snap 命令指定的捕捉间距。
- 【主（M）】选项：设置每个主栅格线的栅格分块数。
- 【自适应（D）】选项：设置是否允许以小于栅格间距的间距拆分栅格。
- 【界限（L）】选项：设置是否显示超出界限的栅格。
- 【纵横向间距（A）】选项：设置捕捉的 X 轴和 Y 轴间距值。

博学先生，绘图时，我的鼠标在绘图屏幕上显得不是很灵敏，这是为什么？

这是因为打开了【栅格】功能，可以适当减小栅格的间距，问题就会解决。

2．执行 snap 命令

执行 snap 命令后，系统提示：命令：snap 指定捕捉间距或 [开(ON)/关(OFF)/纵横向间距(A)/样式(S)/类型(T)] <10.0000>:。默认情况下，需要设置捕捉间距，并使用【开（ON）】选项，以当前栅格的分辨率、旋转角和样式激活捕捉模式；使用【关（OFF）】选项，关闭捕捉模式，但保留当前设置。此外，该命令提示中的其他选项功能如下。

- 【纵横向间距（A）】选项：在 X 和 Y 方向上指定不同的间距。如果当前捕捉模式为等轴测，则不能使用该选项。
- 【样式（S）】选项：设置【捕捉】栅格的样式为【标准】或【等轴测】。【标准】样式显示与当前 UCS 的 XY 平面平行的矩形栅格，X 间距与 Y 间距可能不同；【等轴测】样式显示等轴测栅格，栅格点初始化为 30° 和 150° 角。等轴测捕捉可以旋转，但不能有不同的纵横向间距值。等轴测包括上等轴测平面（30° 和 150° 角）、左等轴测（90° 和 150° 角）和右等轴测平面（30° 和 90° 角），即下图所示效果。

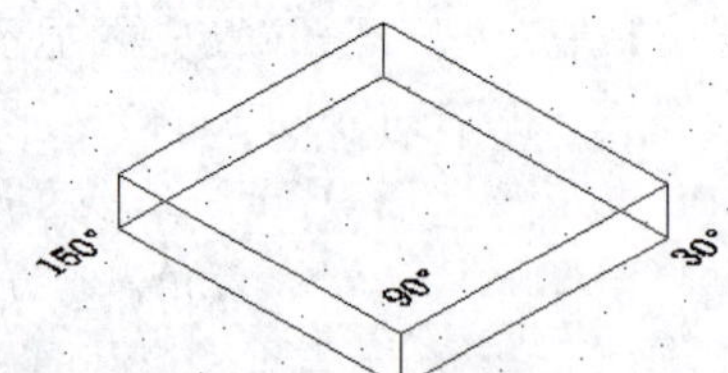

- 【类型（T）】选项：指定捕捉类型为极轴或栅格。

视野拓展

绘图过程中，可以根据需要随时启用或关闭正交功能（F8）。

提示：

执行 gird 和 snap 命令和【草图设置】对话框中设置的结果是完全一样的。建议初学者先学习【草图设置】对话框的设置方法，熟悉相关选项的功能后，可以尝试执行 grid 和 snap 命令来加快绘图速度。

绘图过程中，可以根据需要随时启用或关闭捕捉、栅格功能。

绘图时，利用栅格功能可以方便地实现图形之间的对齐、确定图形对象之间的距离等。

3.2.3 使用正交模式

利用正交功能，可以方便地绘制与当前坐标系的 X 轴或 Y 轴平行的直线。

用户也许有这样的感觉：用鼠标指定端点的方式绘制水平线或垂直线时，虽然在指定直线的另一端点时十分小心，但绘出的线可能仍然是斜线（虽然倾斜程度很小）。利用正交功能，则可以轻而易举地绘出水平线或垂直线。

- 命令：ortho。
- 单击状态栏上的正交按钮 。
- 按 F8 键。

启用正交模式后，绘直线时，会出现下图效果。

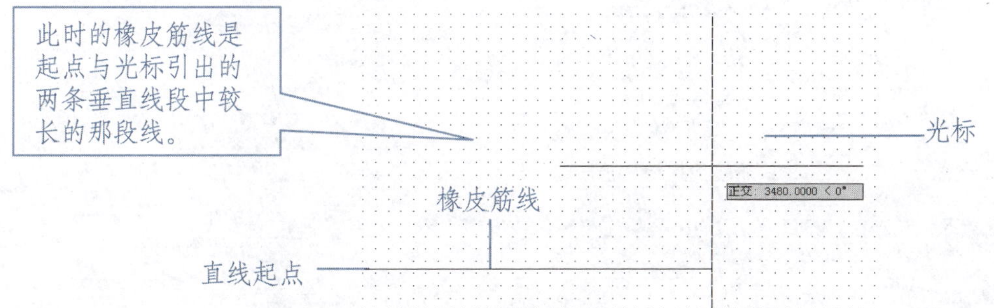

3.3 使用对象捕捉功能

本节介绍的【对象捕捉】与 3.2 节介绍的【捕捉】功能不同。3.2 节介绍的捕捉功能可以使光标指定的步距移动，而利用对象捕捉功能，在绘图过程中可以快速、准确地确定一些特殊点，如圆心、端点、中点、切点、交点及垂足等。

可以通过【对象捕捉】工具栏和【草图设置】对话框等方法来设置对象捕捉模式。

默认情况下，【对象捕捉】工具栏并没有出现在 AutoCAD 经典界面中，调出其的具体方法如下。

只有当 AutoCAD 提示用户指定点的时候（如指定圆心、端点等），才可以使用对象捕捉功能。

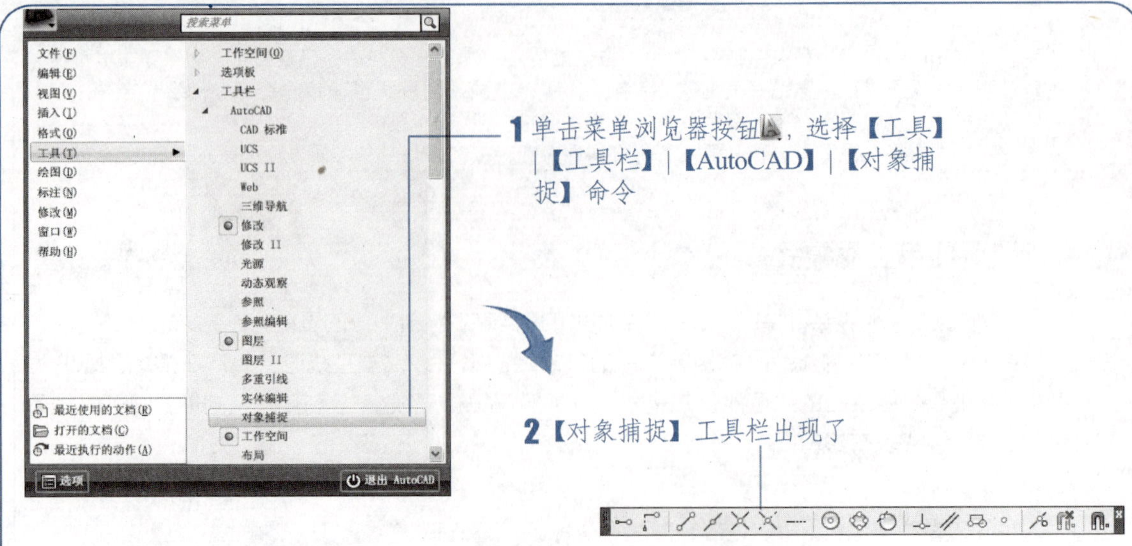

提示：将鼠标放在这些工具栏按钮处停留片刻，即有中文提示其名称和功能及对应命令，如下图所示。

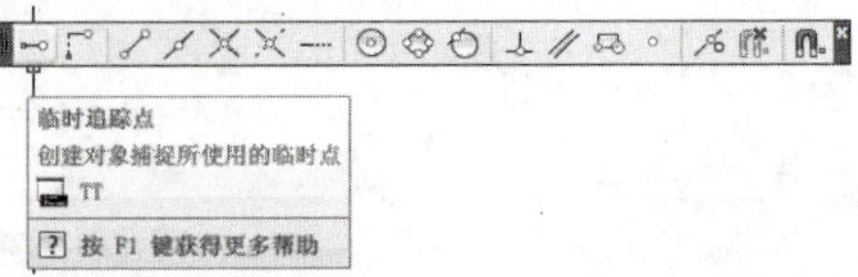

当要求指定点时，可以按下 Shift 或 Ctrl 键，鼠标右键可以打开对象捕捉快捷菜单，与【对象捕捉】工具栏上的对应按钮是完全相同的，如下图所示。

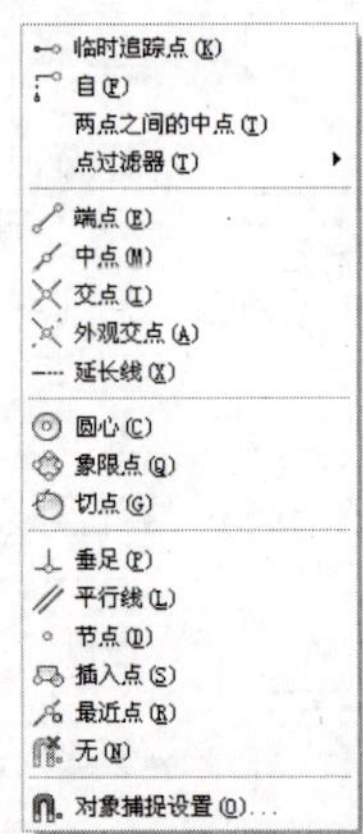

下面介绍【对象捕捉】工具栏和对象捕捉菜单上各按钮的功能。

1. 捕捉端点

按钮 (捕捉到端点) 用于捕捉直线段、圆弧等对象上离光标最近的端点。当 AutoCAD 提示用户指定点的位置且用户此时希望指定端点时，单击按钮或选择相应的菜单项。

例如，在已有直线的一个端点继续绘制直线。

视野拓展

当用户同时设置了多种捕捉方式时，AutoCAD 默认模式为【快速】，即捕捉发现的第一个点。

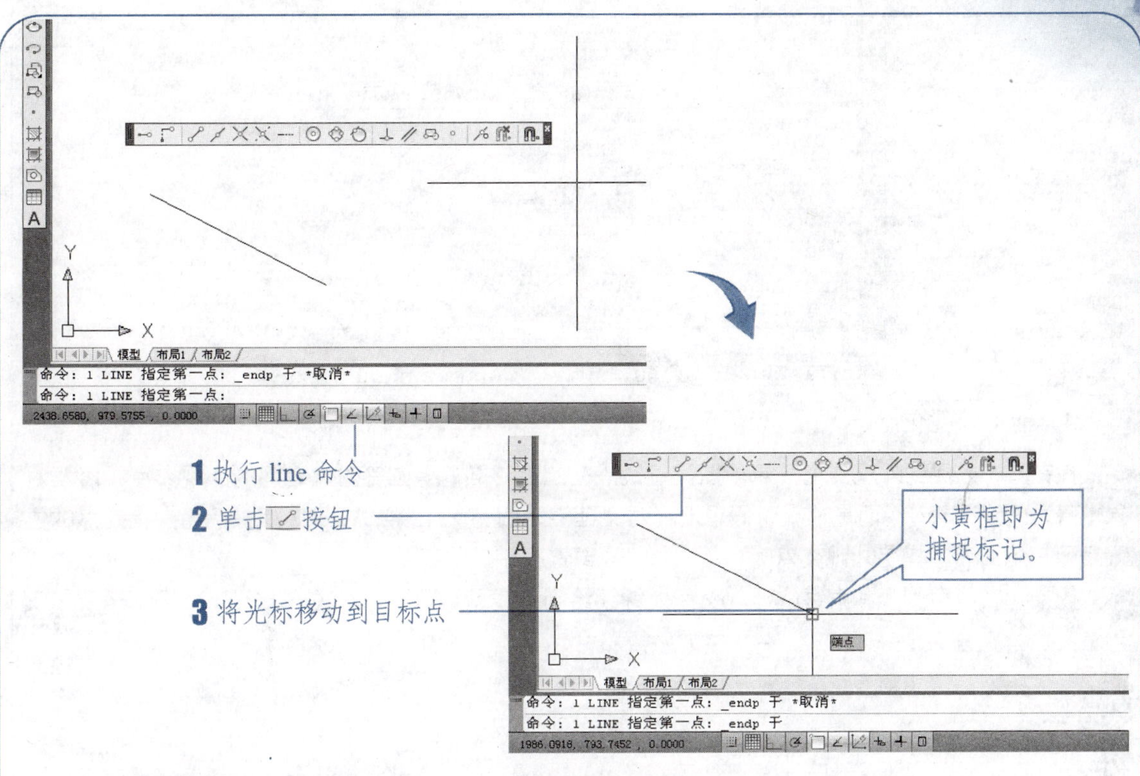

2．捕捉中点

按钮 （捕捉到中点）用于捕捉直线段、圆弧等对象距离光标最近的中点。当 AutoCAD 提示用户指定点的位置且用户此时希望指定中点时，单击按钮 或选择相应的菜单项。

例如，在已有圆弧的中点上继续绘制直线，用同上的方法。

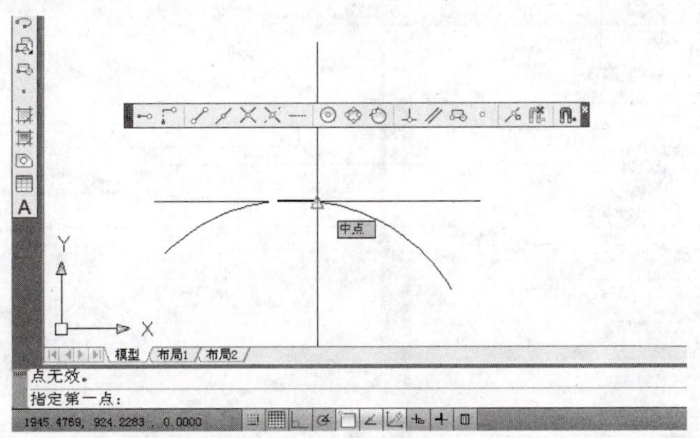

3．捕捉交点

按钮 （捕捉到中点）用于捕捉直线段、圆弧、圆、椭圆等对象之间的交点。当 AutoCAD 提示用户指定点的位置且用户此时希望指定交点时，单击按钮 或选择相应的菜单项。

例如，在已有圆弧和直线的交点处继续绘制直线，用同上的方法。

在【草图设置】对话框的【对象捕捉】选项卡中，设置的对象捕捉模式始终处于运行状态，直到关闭为止，称为运行捕捉模式。

视野拓展

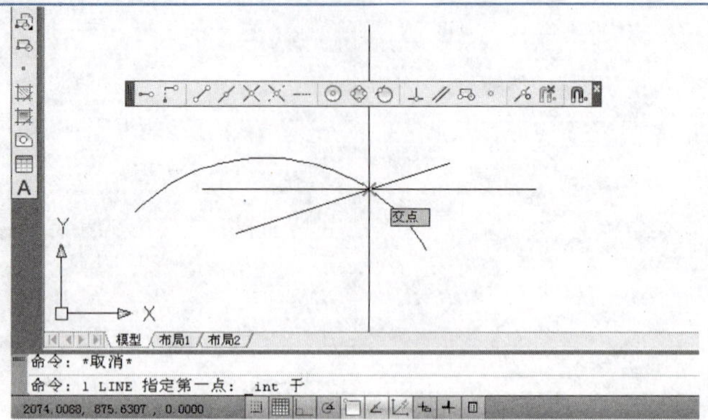

4．捕捉外观交点

按钮 （捕捉到外观交点）用于捕捉直线段、圆弧、圆、椭圆等对象之间的外观交点，以及对象本身之间没有相交，而是捕捉时假想地将对象延伸之后的交点。当AutoCAD提示用户指定点的位置且用户此时希望指定外观交点时，单击按钮 或选择相应的菜单项。

例如，在已有圆弧和直线的外观交点处继续绘制直线，用同上的方法。

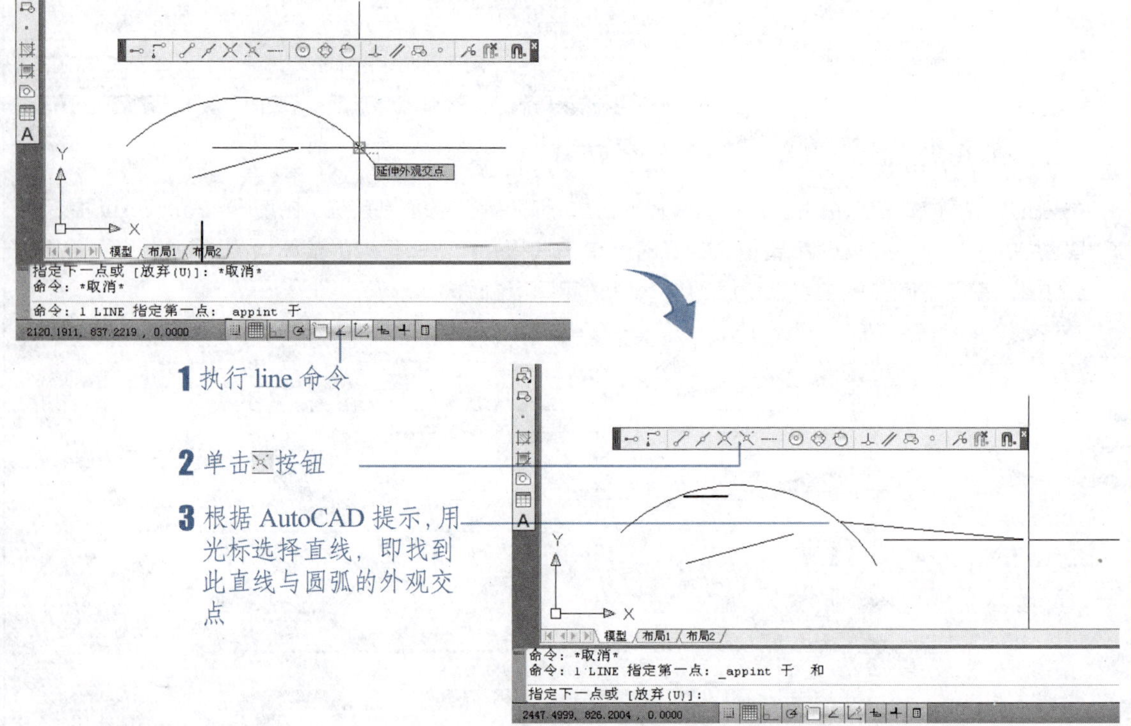

5．捕捉延伸点

按钮 （捕捉到延长线）用于捕捉直线段、圆弧延长一定距离后的对应点。当用户希望指定延长线上的点时，单击按钮 或选择相应的菜单项。

例如，在已有圆弧延长线上的某点处继续绘制直线，用同上的方法。

视野拓展

如果在点的命令行提示下输入关键字（如MID、CEN和QUA等），单击【对象捕捉】工具栏中的工具或在对象捕捉快捷菜单中选择相应命令，只是临时打开捕捉模式，称为覆盖捕捉模式，仅对本次捕捉点有效，在命令行中显示一个【于】标记。

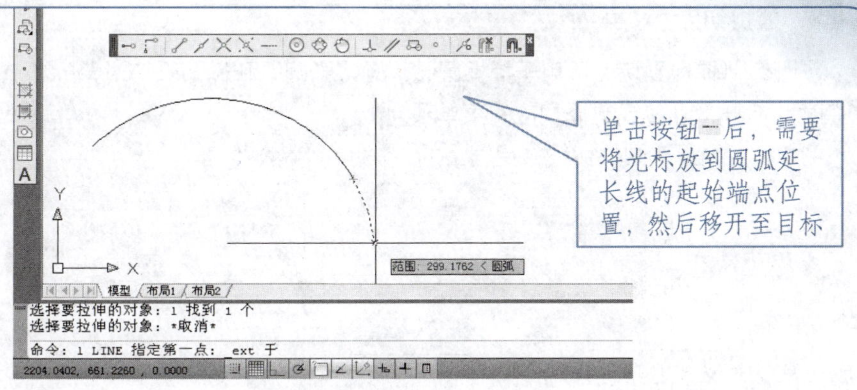

6．捕捉圆心

按钮◎（捕捉到圆心）用于捕捉圆弧或圆的圆心。当用户希望指定圆心时，单击按钮◎或选择相应的菜单项。

例如，在已有圆弧的圆心上继续绘制直线，用同上的方法。

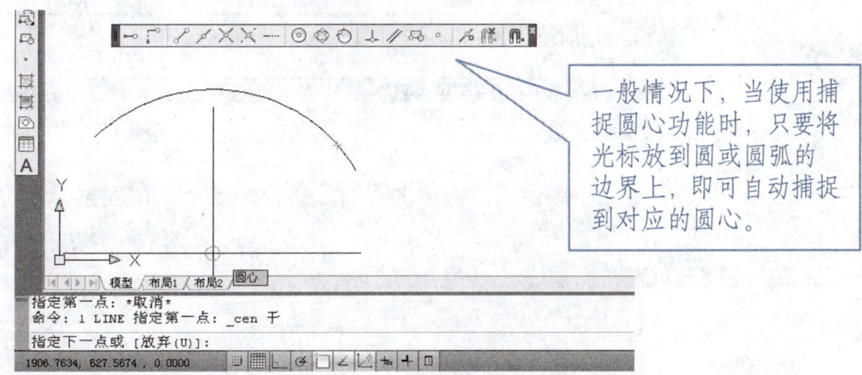

7．捕捉象限点

按钮◇（捕捉到象限点）用于捕捉圆弧、圆、椭圆弧和椭圆弧上离光标最近的象限点，即周边上位于 0°、90°、180°、270° 位置的点。当用户希望指定这些点时，单击按钮◇或选择相应的菜单项。

例如，在已有圆的水平直径的由端点继续绘制直线，用同上的方法。

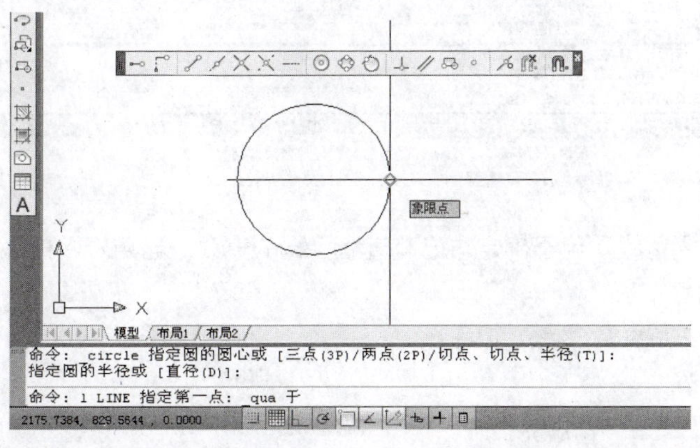

设置覆盖捕捉模式后，系统将暂时覆盖运行捕捉模式。

8. 捕捉切点

按钮（捕捉到切点）用于捕捉圆弧、圆、椭圆弧和椭圆弧等对象的切点。当用户希望指定这些点时，单击按钮或选择相应的菜单项。

例如，绘制已有圆的切线，用同上的方法。

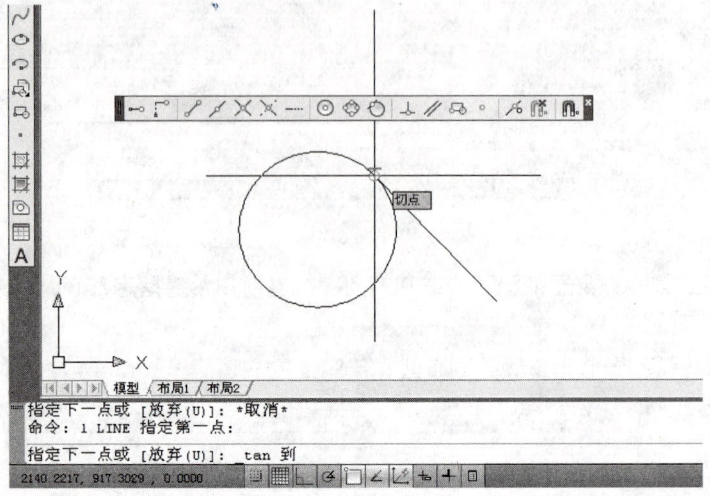

9. 捕捉垂足

按钮（捕捉到垂足）用于捕捉对象之间的正交点。当用户希望指定这些点时，单击按钮或选择相应的菜单项。

例如，绘制已有直线的垂线，用同上的方法。

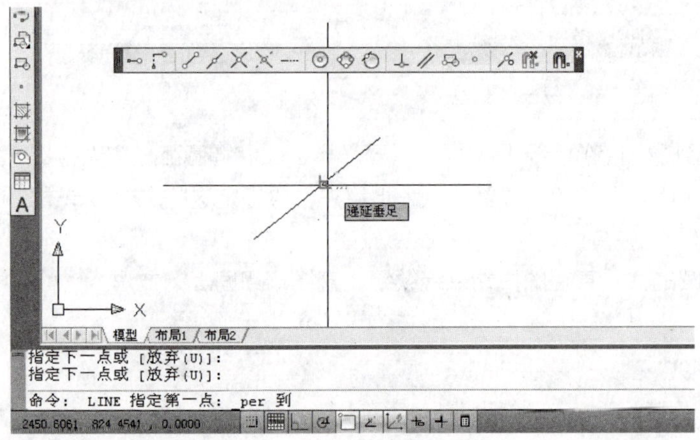

10. 捕捉平行线

按钮（捕捉到平行线）用于确定与已有直线平行的直线。当用户希望做这些平行线时，单击按钮或选择相应的菜单项。

例如，绘制已有直线的平行线，用同上的方法。

视野拓展

在使用相对坐标指定下一个应用点时，【捕捉自】命令提示用户输入基点，并将该点作为临时参考点，与通过输入前缀@来使用最后一个点作为参考点类似。

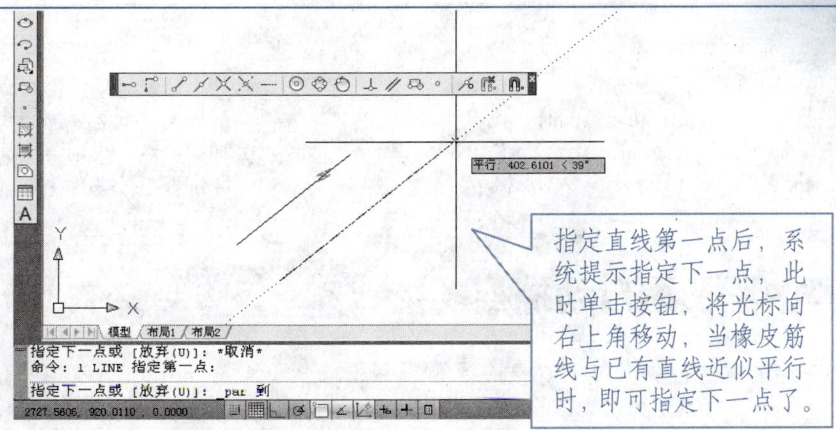

11．捕捉插入点

按钮（捕捉到插入点）用于捕捉文字、属性和块等对象的一定点或插入点。当用户希望指定这些点时，单击按钮或选择相应的菜单项。

12．捕捉节点

按钮（捕捉到插入点）用于捕捉节点，即用 point、divide、measure 命令绘制的点。当用户希望指定这些点时，单击按钮或选择相应的菜单项。

13．捕捉最近点

按钮（捕捉到插入点）用于捕捉对象上与光标最接近的点。当用户希望指定这些点时，单击按钮或选择相应的菜单项。

14．临时追踪点

按钮（捕捉到临时追踪点）用于确定临时追踪点。当用户希望指定这些点时，单击按钮或选择相应的菜单项。有关临时追踪点的概念，我们在后续章节详细介绍。

15．相对于已有点确定特殊点

按钮（捕捉自）用于指定相对于指定的点确定另一点。

例如，在与已有直线一端点的相对坐标为（100，50）的点开始绘制直线，用同上的方法。

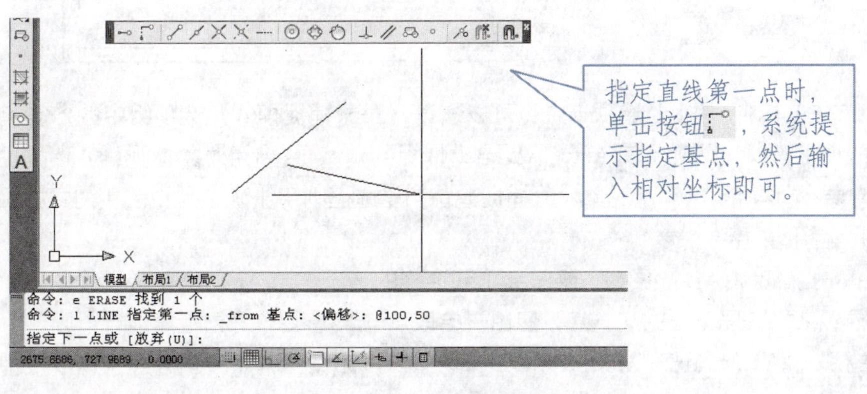

绘图过程中，可以通过单击状态栏上的【对象捕捉】按钮、或按 F3 键的方式，随时启用或关闭自动对象捕捉功能。

博学先生，打开【捕捉】功能绘图时，执行相关命令后，绘图屏幕上出现好多不需要的点提示。

设置对象捕捉时，最好是根据需要选择要捕捉的点，否则会给绘图带来不必要的麻烦。

3.4　使用自动捕捉功能

在绘图的过程中，使用对象捕捉的频率非常高。为此，AutoCAD 又提供了一种自动对象捕捉模式。

自动捕捉就是把光标放在一个对象上，系统自动捕捉到对象所有符合条件的几何特征点，并显示相应的标记。如果把光标放在捕捉点上多停留一会，系统还会显示捕捉的提示。这样，在选择点之前，就可以预览和确认捕捉点。

下面介绍如何通过【草图设置对话框】设置自动对象捕捉的捕捉模式。

- 单击菜单浏览器按钮，选择【工具】|【草图设置】命令，打开【草图设置】对话框。
- 右击态栏上的按钮，选择【设置】命令，打开【草图设置】对话框。
- 无任何命令状态下，按住 Ctrl 或 Shift 键，在绘图界面中右击，选择【对象捕捉设置】命令，打开【草图设置】对话框。

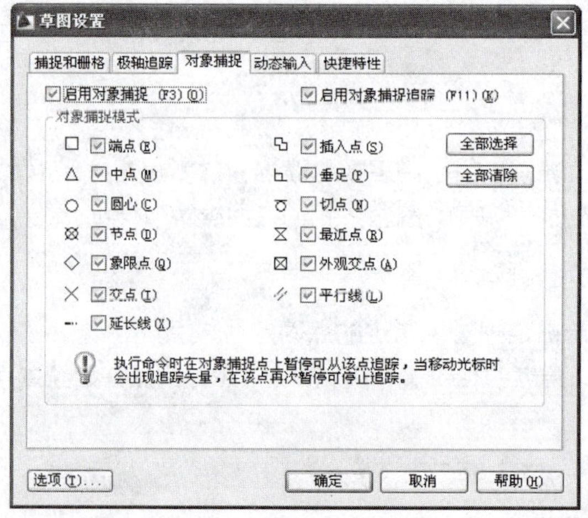

在【对象捕捉】选项卡中，可以通过【对象捕捉模式】选项组中的各复选框确定自动对象捕捉的捕捉模式，即确定使 AutoCAD 自动捕捉到的点；【启用对象捕捉】复选框用于确定是否启用自动对象捕捉功能；【启用对象对象捕捉追踪】复选框则用于确定是否启用对象捕捉追踪功能，后续章节将介绍此内容。

用 AutoCAD 绘图时，经常会出现这样的情况：当 AutoCAD 提示确定点时，用户可能希望通过鼠标来拾取屏幕上的某一点，但由于拾取点与某些图形对象距离很近。因而得到的点并不是所拾取的那一点，而是已有对象上的某一特殊点，如端点、中点、圆心等。造成这种结果的原因是启用了

视野拓展

绘图过程中，可以通过单击状态栏上的【极轴】按钮或按 F10 键的方式，随时启用或关闭极轴追踪功能。

自动对象捕捉功能，使 AutoCAD 自动捕捉到默认捕捉点。如果事先单击状态栏上的【对象捕捉】按钮关闭自动对象捕捉功能，就可以避免上述情况的发生。所以在绘图时，在绘图时需要不断地调整自动对象捕捉功能，以避免上述情况的发生。或者是按下 F3 键，也可以启用或关闭自动对象捕捉功能。

3.5　使用极轴追踪功能

极轴追踪是指在某些操作中，当指定了一点而确定另一点时，如果拖动光标，使光标接近预先设定的方向时，AutoCAD 会自动将橡皮筋线吸附到该方向，同时从前一点沿该方向显示出一条极轴追踪矢量，并浮出标签，说明当前光标位置相对于前一点的极坐标，如下图所示。

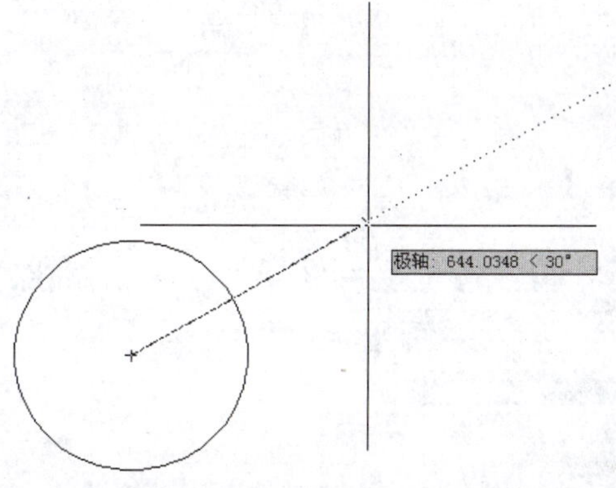

极轴追踪矢量的起始点成为追踪点。从上图可以看出，当前光标位置相对于前一点的极坐标为 664.0<30°，即两点之间的距离为 664.0，极轴追踪矢量与 X 轴正方向的夹角为 30°。此时单击鼠标拾取键，AutoCAD 会将该点作为绘图所需点；如果直接输入一个数值（如输入 650）后按 Enter 键，AutoCAD 会沿极轴追踪矢量方向按此长度值确定出点的位置；如果沿极轴追踪矢量方向拖动鼠标，AutoCAD 会通过浮出的标签动态显示出沿极轴追踪矢量方向的光标坐标值，即显示【距离<角度】。

博学先生，【极轴追踪】的功能真强大，不知该如何启用？

别着急，下面我就来讲解启用和设置它的具体方法。

用户可以设置是否启用极轴追踪功能以及极轴追踪方向等性能参数。

- 单击菜单浏览器按钮，选择【工具】|【草图设置】命令，打开【草图设置】对话框。
- 右击态栏上的按钮，选择【设置】命令，打开【草图设置】对话框。
- 无任何命令状态下，按住 Ctrl 或 Shift，在绘图界面中右击，选择【对象捕捉设置】命令，打开【草图设置】对话框。

利用【对象捕捉】工具栏上的【临时追踪点】按钮以及对象捕捉快捷菜单上的【临时追踪点】命令，可以单独设置对象捕捉追踪时的临时追踪点。

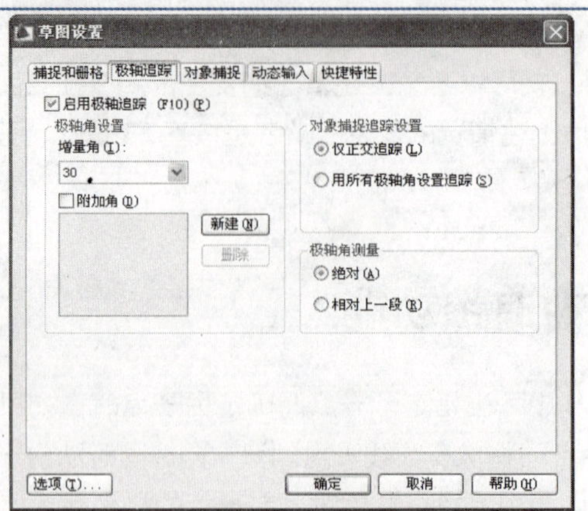

在【草图设置】对话框中，【启用极轴追踪】复选框用于确定是否启用极轴追踪。【极轴角设置】选项组用于确定极轴追踪的追踪方向。可以通过【增量角】下拉列表框确定追踪方向的角度增量，列表中有 90、45、30、22.5、18、15、10、5 几种选择。【附加角】复选框用于确定除由【增量角】下拉列表框设置追踪方向外，是否再附加追踪方向。如果选中此复选框，可以通过【新建】按钮确定附加追踪方向的角度，通过【删除】按钮删除已有的附加角度。

提示： 启用极轴追踪后，如果在【捕捉和栅格】选项卡中选用【极轴捕捉】，并通过【极轴距离】文本框设置了距离值，同时启用了【捕捉】功能，那么当光标沿极轴追踪方向移动时，光标会以【极轴距离】文本框设置的值为步距移动，如下图所示。

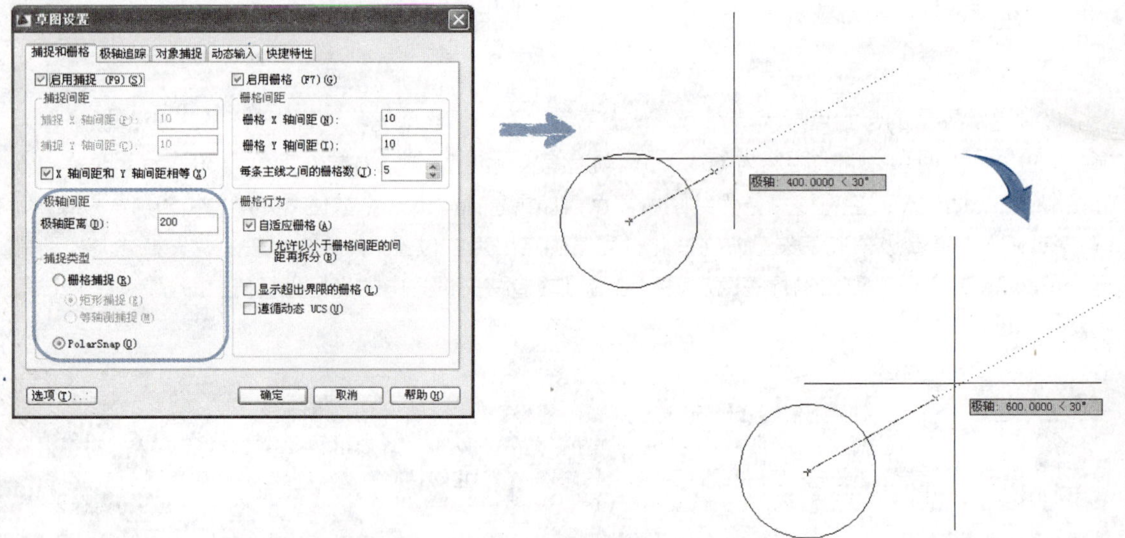

3.6 使用对象捕捉追踪功能

对象捕捉追踪是对象捕捉与极轴追踪的综合，用于捕捉一些特殊点。如下图所示，已有一个正六边形和一条直线，当执行 line 命令确定新绘直线的起点时，利用对象捕捉追踪则可以找到一些特殊点。

视野拓展

与对象捕捉一样使用对象捕捉追踪，必须设置对象捕捉，才能从对象的捕捉点进行追踪。

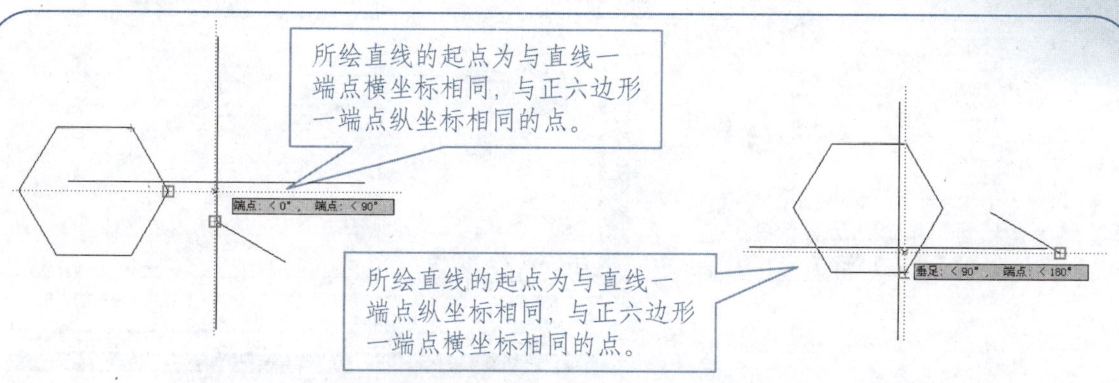

3.6.1　启用对象捕捉追踪

使用对象捕捉追踪功能时，应首先启用极轴追踪和自动对象捕捉功能，并根据绘图需要设置极轴追踪的增量，以及自动对象捕捉的默认捕捉模式。

在【草图设置】对话框中的【对象捕捉】选项卡中，【启用对象捕捉追踪】复选框用于确定是否启用对象捕捉追踪。

技巧：绘图过程中，利用 F11 键，或单击状态栏中的【对象追踪】按钮，可以随时启用或关闭对象捕捉追踪功能。

3.6.2　使用对象捕捉追踪

以下图为例讲述如何使用对象捕捉追踪。设已启用了自动对象捕捉和对象捕捉追踪功能，并通过【对象捕捉】选项卡将自动对象捕捉模式设成捕捉端点、中点、圆心等。

已知图　　目标图

下面通过捕捉圆心绘出目标圆。

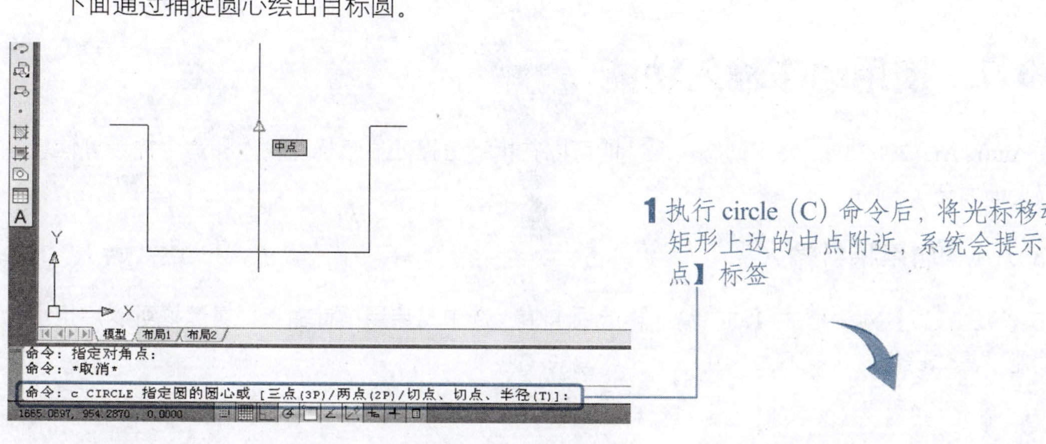

【增量角】输入框中设置的角度在绘图时，极轴自动捕捉输入框中角度的倍数，而【附加角】中设置的角度在绘图时极轴仅捕捉设置的附加角。

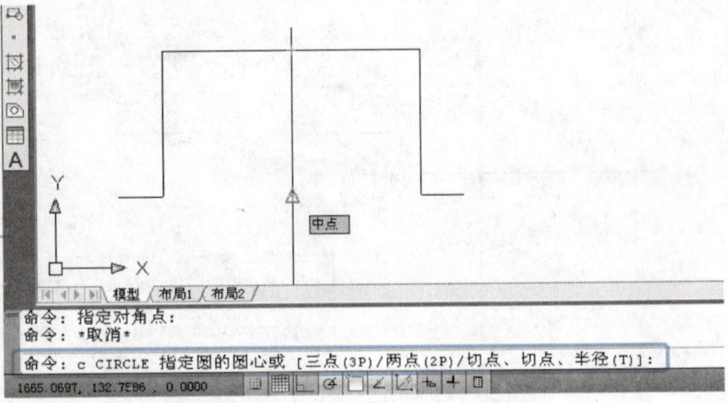

2 将光标移动到矩形下边的中点附近，系统会提示【中点】标签

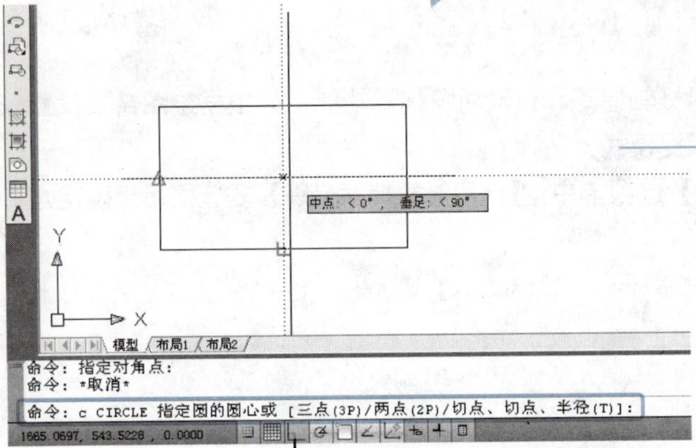

3 依次将光标移动到矩形左、右边的中点附近后，向矩形的中心靠近，系统会提示【中点】标签，按下鼠标

4 拖动鼠标至矩形下边的中点附近时，系统会提示【中点】标签，按下鼠标即可绘出目标圆

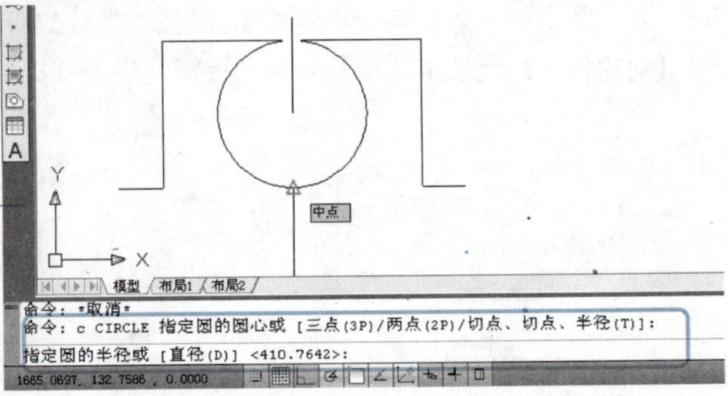

3.7 使用动态输入功能

在 AutoCAD 2009 中，使用动态输入功能可以在指针位置处显示标注输入和命令提示等信息，从而极大地方便了绘图。

3.7.1 启用指针输入

在【草图设置】对话框的【动态输入】选项卡中，选中【启用指针输入】复选框可以启用指针输入功能，具体操作方法如下。

视野拓展

默认情况下，对象捕捉追踪设置为正交。对齐路径显示在已获取对象的 0°、90°、180°和 270°方向上。这时可以使用极轴追踪角代替；对于对象捕捉追踪，将自动获取对象点，可以选择在按 Shift 键时才获取点。

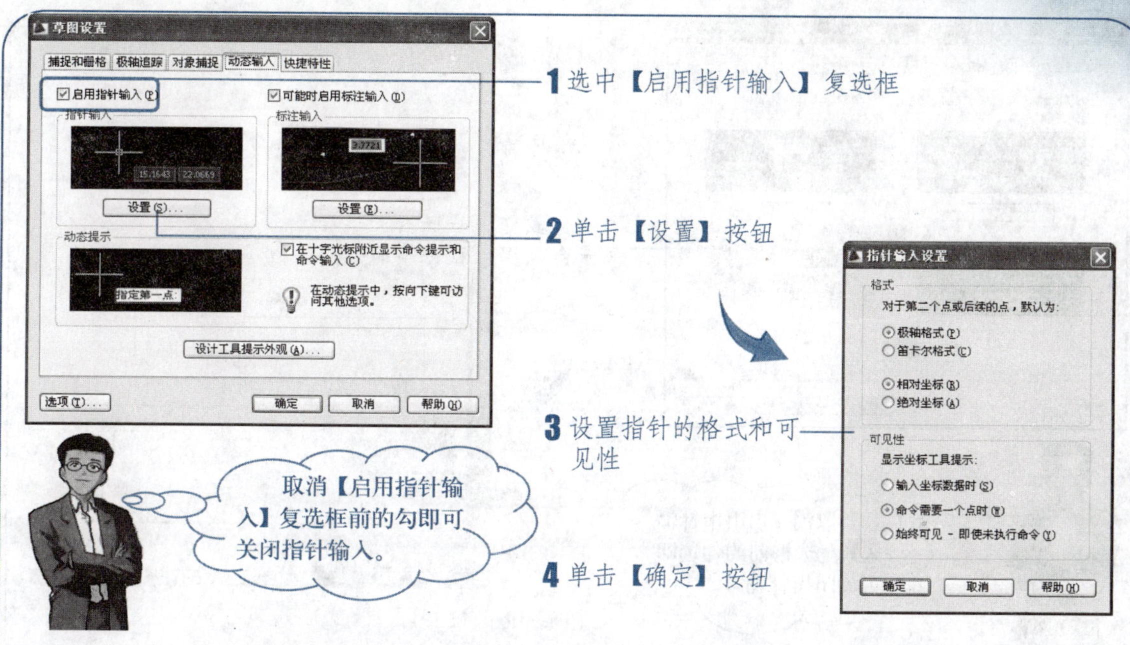

3.7.2 启用标注输入

在【草图设置】对话框的【动态输入】选项卡中，选中【可能时启用标注输入】复选框可以启用标注输入功能，具体操作方法如下。

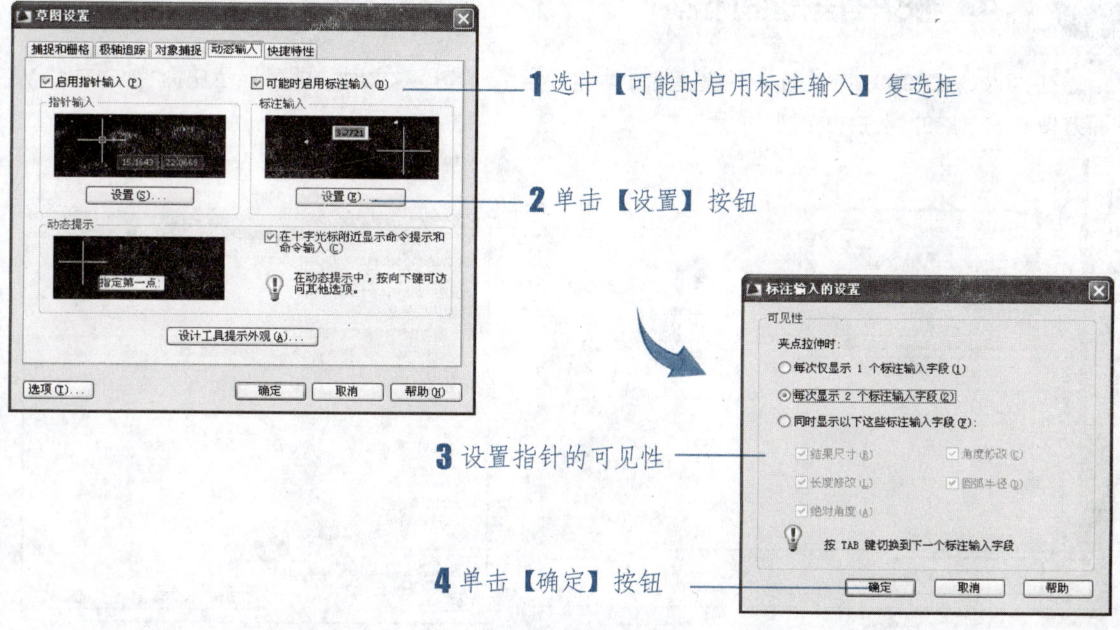

3.7.3 显示动态提示

在【草图设置】对话框的【动态输入】选项卡中，选中【动态提示】选项区域中的【在十字光标附近显示命令提示和命令输入】复选框，可以在光标附近显示命令提示。

要打开动态输入，也可以按F12键。

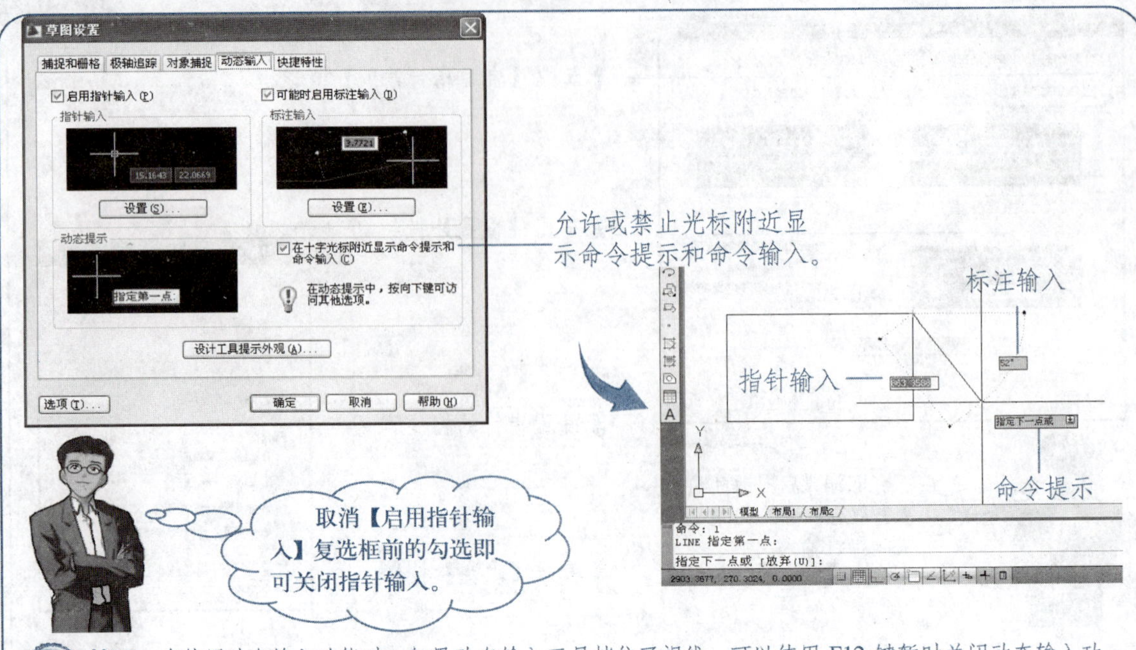

技巧： 在使用动态输入功能时，如果动态输入工具挡住了视线，可以使用 F12 键暂时关闭动态输入功能。

3.8 使用快捷特性

在 AutoCAD 2009 中，新增了快捷特性功能，当用户选择对象时，即可显示快捷特性面板，从而方便修改对象的属性，如下图所示。

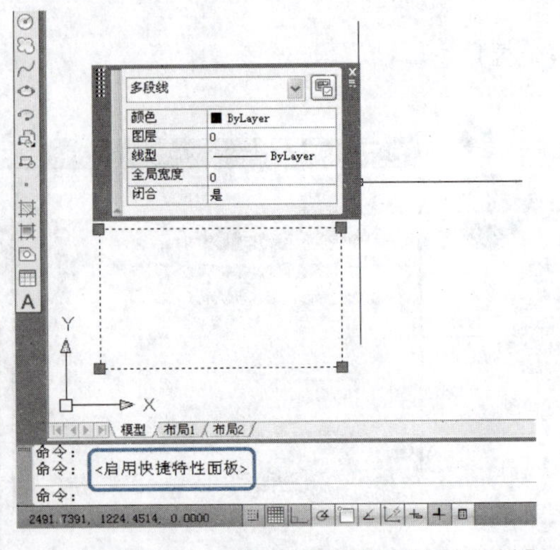

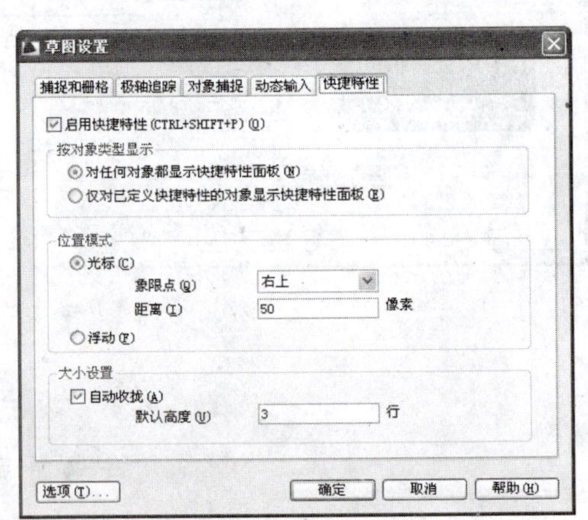

在【草图设置】对话框的【快捷特性】选项卡中，选中【启用快捷特性】复选框可以启用快捷特性功能，选项卡中其他各选项的含义如下所示。

- 【按对象类型显示】选项区域：可以设置显示所有对象的快捷特性面板或显示已定义快捷

视野拓展

使用动态输入功能时，根据提示在输入字段中输入值并按 Tab 键后，该字段将显示一个锁定图标，并且光标会受用户输入的值约束。随后可以在第二个输入字段中输入值。另外，如果用户输入值然后按 Enter 键，则第二个输入字段将被忽略，且该值将被视为直接距离。

特性的对象的快捷特性面板。

- 【位置模式】选项区域：可以设置快捷特性面板的位置。选择【光标】单选按钮，快捷特性面板将根据【象限点】和【距离】的值显示在某个位置；选择【浮动】单选按钮，快捷特性面板将显示在上一次关闭时的位置处。
- 【大小设置】选项区域：可以设置快捷特性面板显示的高度，以及是否自动收拢。

博学先生，刚开始学 AutoCAD 不习惯用这么多捕捉功能，还是比较喜欢绘制辅助线。

绘制辅助线可以达到同样的目的，但是这些捕捉功能是必须要掌握的，可以大大提高绘图效率。

3.9　本章小结

本章在第 1、2 章的基础上，详细介绍了如何精确地绘制二维图形。

首先，对 AutoCAD 的绘图环境做了简要介绍，包括图形单位、图形界限和 AutoCAD 系统的参数选项，对了解 AutoCAD 后台环境有很大的帮助。

然后，针对最常用的捕捉和栅格功能展开表述。在此可以学会如何启用或关闭栅格、各种捕捉功能及相关设置。重点介绍了对象捕捉、自动捕捉、极轴追踪及对象捕捉追踪功能的使用方法和参数设置。

最后，简要介绍了动态输入功能的使用以及 AutoCAD 2009 新增功能——快捷特性的使用方法。

3.10　趁热打铁

现在用学到的知识解决下面的问题吧！

3.10.1　选择题

1．在 AutoCAD 2009 中，不能用（　　　　）方法打开【捕捉】功能。

A．在状态栏中单击【捕捉】按钮　　B．按 F7 键

C．按 F9 键　　D．在【捕捉和栅格】选项卡中选中【启用捕捉】

2．在 AutoCAD 中，要打开或关闭栅格功能，可按（　　　　）键。

A．F7　　B．F9　　C．F2　　D．F12

3．【捕捉自】工具可以提示输入基点，并将该点作为临时参照点，这与通过输入前缀@使用（　　　　）作为参照点类似。

A．第一个点　　B．第二个点　　C．第三个点　　D．最后一个点

4．【对象捕捉工具栏】中，按钮（　　　　）表示捕捉到外观交点。

A．　　B．　　C．　　D．

5．单击菜单（　　　　）选择【草图设置】命令，打开【草图设置】对话框。

使用 Ctrl+9 组合键可以打开/关闭传统命令行窗口。

视野拓展

A.【编辑】　　B.【格式】　　C.【工具】　　D.【绘图】

6．在状态栏中，单击按钮（　　），可以启用或关闭自动捕捉功能。

A.　　B.　　C.　　D.

3.10.2 实践题

1．绘制如下图所示的图形（图中给出了主要尺寸，其余尺寸由用户确定）。

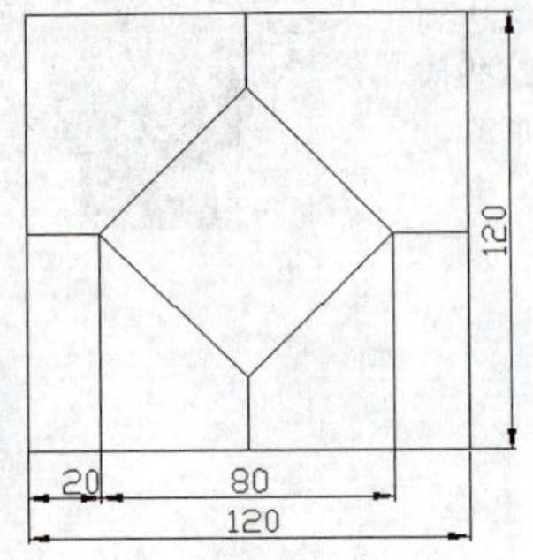

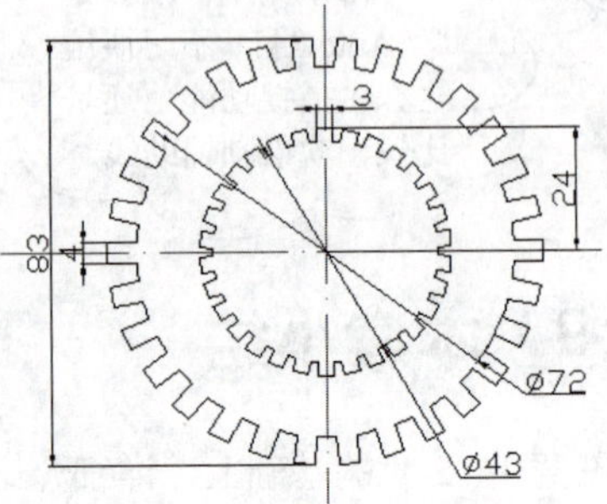

2．利用极轴追踪和对象捕捉追踪等功能绘制如下图所示的图形。

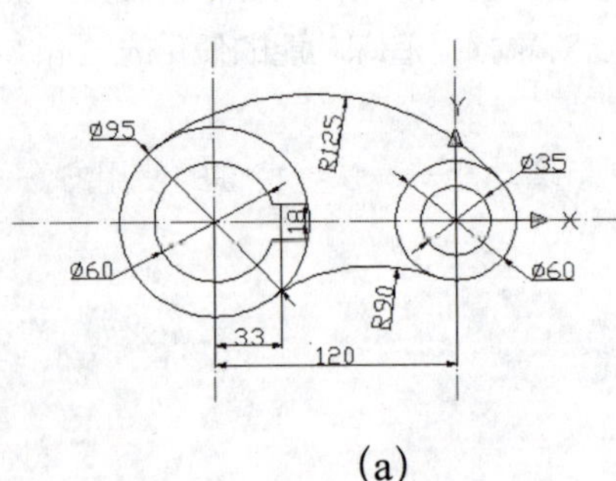

(a)

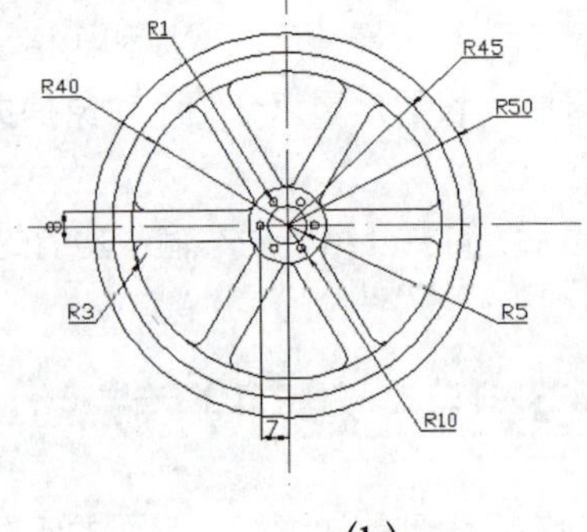

(b)

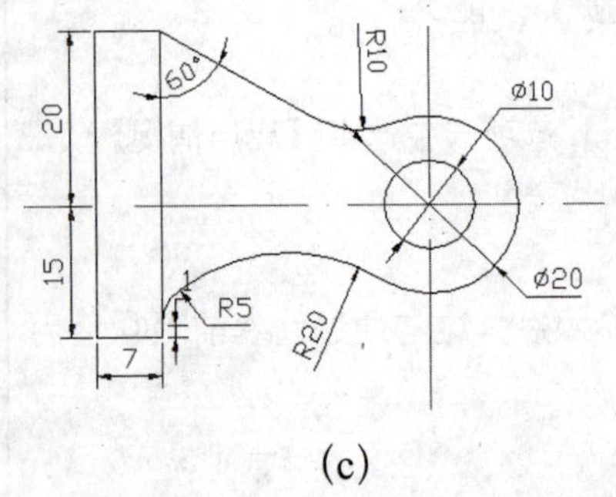

(c)

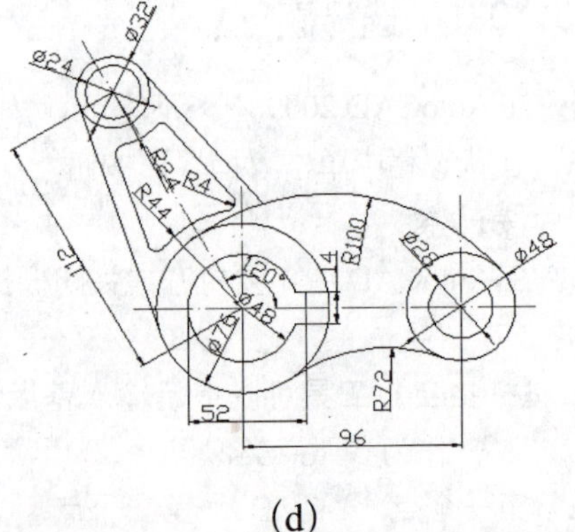

(d)

视野拓展

使用夹点拉伸或创建新对象时，标注输入仅显示锐角，即所有角度都显示为≤180°。因此，无论【图形单位】对话框中如何设置角度，270°的角度将显示为90°。创建新对象时指定的角度需要根据光标位置决定角度的正方向。

第 4 章　图层、线型、颜色

本章导读

在 AutoCAD 中，图形中通常包含多个图层，每个图层都标明了一种图形对象的特性，包括颜色、线型和线宽等属性；图形显示控制功能是设计人员必须掌握的技术。在绘图过程中，使用不同的图层和图形显示控制功能可以方便地控制对象的显示和编辑，提高绘图效率。

本章学习目标

- 学会设置图层
- 学会运用图层工具
- 掌握颜色、线型、线宽的设置方法

本章学习重点

- 创建图层及管理图层
- 使用图层工具
- 如何设置新绘图形的颜色、线型、线宽
- 特性工具栏的使用方法

4.1 认识图层

在一个复杂的图形中，有许多不同类型的图形对象，为了方便区分和管理，可以通过创建多个图层，将特性相似的对象绘制在同一个图层上。

4.1.1 图层的特点

在 AutoCAD 2009 中，图层具有一下特点。

- 在一幅图中可指定任意数量的图层。系统对图层数没有限制，对每一图层上的对象数也没有任何限制。
- 每个图层有一个名称，加以区别。当开始绘制新图时，AutoCAD 自动创建名为 0 的图层，这是 AutoCAD 的默认图层，其余图层需要自定义。
- 一般情况下，相同图层上的对象应该具有相同的线型、颜色。可以改变各图层的线型、颜色和状态。
- AutoCAD 允许建立多个图层，但只能在当前图层上绘图。
- 各图层具有相同的坐标系、绘图界限及显示时的缩放倍数。可以对位于不同图层上的对象同时进行编辑操作。
- 可以对各图层进行打开、关闭、冻结、解冻、锁定与解锁等操作，以决定各图层的可见性与可操作性。

提示：每个图形都包括名为 0 的图层，该图层不能删除或者命名。它有两个用途：确保每个图形中至少包括一个图层；提供与块中的控制颜色相关的特殊图层。

4.1.2 创建和设置图层

在绘图过程中，如果要使用更多的图层来组织图形，就需要先创建新图层。下面我们一起来学习吧！

- 命令：layer。
- 菜单：单击菜单浏览器按钮，选择【格式】|【图层】命令。
- 工具栏：单击【图层】按钮。

下图介绍如何使用 layer 命令创建图层。

视野拓展

当要建立的图层不只一个时，可以在建立一个新图层并命名后，直接输入【,(逗号)】，系统会自动新建一个图层。另外，还可以按 Enter 键两次来新建。

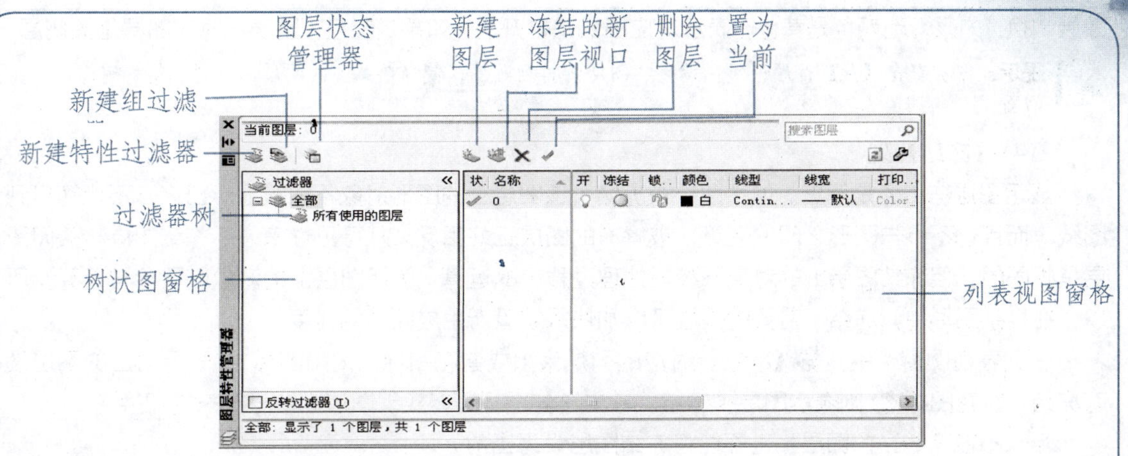

下面介绍上述对话框中主要项的功能。

1. 树状图窗格

显示图形中图层和过滤器的层次结构列表。顶层节点【全部】可以显示图形中的所有图层。【所有使用的图层】过滤器是只读过滤器。用户可以通过【新建特性过滤器】按钮等创建过滤器，打开【图层过滤器特性】对话框，以便在列表视图中显示满足过滤条件的图层，如下图所示。

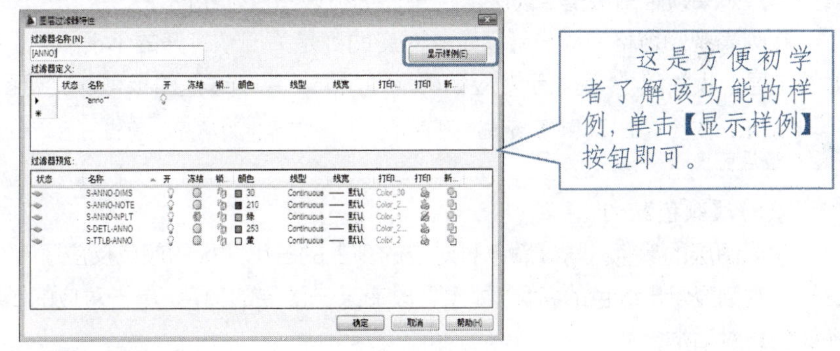

2. 列表视图窗格

列表视图窗格内的列表显示出满足过滤条件的已有图层（或新建图层）及相关设置。窗格中的第1列为标题行，与各标题所对应的列的含义如下。

（1）【状态】列

通过图标显示图层的当前状态。当图标为时，该图层为当前层。系统默认0图层是当前图层。选中一图层，然后单击【置为当前】按钮，即可将该图层设为当前图层。

（2）【名称】列

显示各图层的名称。用户可以根据实际情况，双击图层名称，更改相应图层的名称。

（3）【开】列

显示图层打开还是关闭。如果图层被打开，可以在显示器上显示或在绘图仪上绘制该图层上的图形。被关闭的图层仍然是图形的一部分，但关闭图层上的图形并不显示出来，也不能通过绘图仪输出到图纸。用户可以根据需要打开或关闭相应图层。

在列表视图窗格中，与【开】对应的列是小灯泡图标。通过单击该图标可以实现打开或关闭

图层名称最长可达255个字符，且是唯一的；图层名中不允许含有大于号、小于号、斜杠、反斜杠、引号、冒号、句号、问好、逗号和等号等符号。

图层切换。如果灯泡颜色是黄色，表示对应图层是打开层；如果是灰色，则表示对应图层是关闭层。

提示：依次单击【开】标题，可以调整各图层的排列顺序，使当前关闭的图层放在列表的最前面或最后面。

（4）【冻结】列

显示图层冻结还是解冻。如果图层被冻结，该图层上的图形对象不能被显示出来，不能输出到图纸，而且也不参与图形之间的运算。被解冻的图层正好相反。从可见性来说，冻结图层与关闭图层是相同的，但冻结图层上的对象不参与处理过程中的运算，关闭图层上的对象则要参与运算。所以，在复杂图形中，冻结不需要的图层可以加快系统重新生成图形的速度。

在列表视图窗格中，与【冻结】对应的列是太阳或雪花图标。太阳图标表示对应的图层没有冻结，雪花图标则表示图层被冻结。单击这些图标可以实现图层冻结与解冻的切换。

用户不能冻结当前图层，也不能将冻结图层设为当前。

提示：依次单击【冻结】标题，可以调整各图层的排列顺序，使当前冻结的图层放在列表的最前面或最后面。

（5）【锁定】列

显示图层锁定还是解锁。锁定图层后并不影响该图层上图形对象的显示，即锁定图层上的图形仍可以显示出来（但图形颜色的亮度会降低），但用户不能改变锁定图层上的对象，不能对其进行编辑操作。如果锁定图层是当前层，用户仍可在该图层上绘图。

在列表视图窗格中，与【锁定】对应的列是关闭或打开的小锁图标。锁打开表示该图层是非锁定层；锁关闭则表示对应图层是锁定层。单击这些图标可以实现图层锁定与解锁的切换。

提示：依次单击【锁定】标题，可以调整各图层的排列顺序，使当前锁定的图层放在列表的最前面或最后面。

（6）【颜色】列

说明图层的颜色。与【颜色】对应的列上的各小图标的颜色反应了对应图层的颜色。同时还在图标的右侧显示出颜色的名称。如果要改变某一图层的颜色，单击对应的图标，AutoCAD会弹出【选择颜色】对话框。

所谓图层的颜色是指当在某图层上绘图时，将绘图颜色设为随层（默认设置）时所绘出的图形对象的颜色。

视野拓展

如果在创建新图层时选择了一个现有图层，或为新建图层是指定了图层特性，那么以下创建的新图层将继承先前图层的一切特点，如颜色、状态、线型等。

提示：

- 图层的颜色并不是指该图层具有某一颜色，而是在一定条件下，在该图层上所绘图形对象的颜色。不同的图层可以设置成相同的颜色，亦可以设置成不同的颜色。
- 在工程制图中，我们用的更多是，利用图层的颜色来区分线宽、线型等。例如将粗实线定义为红色，细实线定义为绿色，点划线定义为蓝色等。

(7)【线型】列

说明图层的线型。所谓图层的线型是指在某图层上绘图时，将绘图线型设置为随层（默认设置）时所绘出的图形对象所采用的线型。不同的图层可以设成不同的线型，以可以设成相同线型。

如果要关闭某一图层的线型，单击该图层上的原有线型名称，AutoCAD会弹出【选择线型】对话框，从中选择即可。

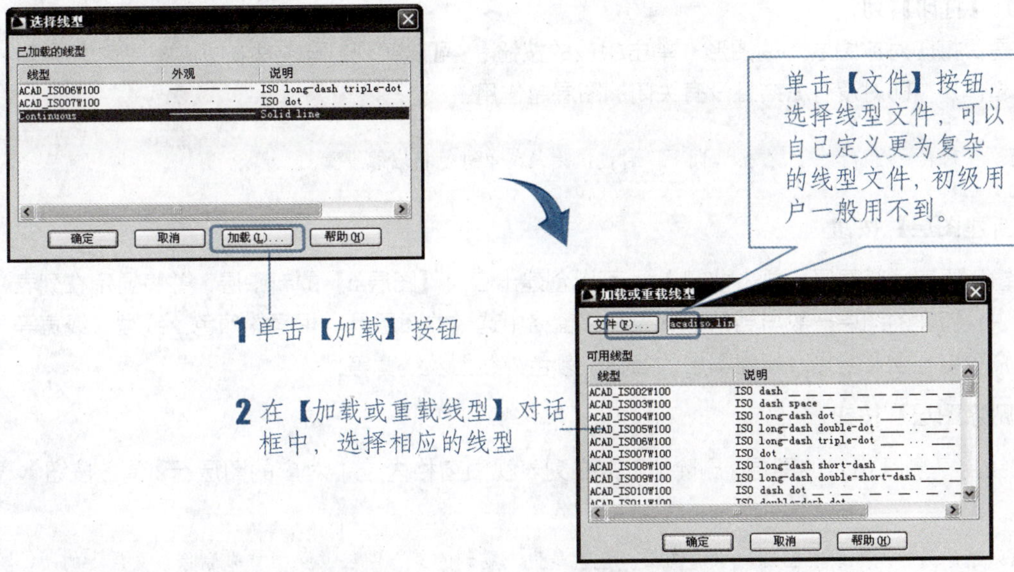

AutoCAD将线型保存在线型文件中。线型文件的扩展名是.lin。

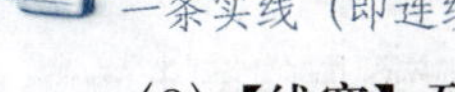

提示：如果一条线太短，AutoCAD不能用指定的线型将其绘出，那么AutoCAD会在两端点之间绘出一条实线（即连续线）。

(8)【线宽】列

说明图层的线宽。如果要改变某一图层的线宽，单击该图层上的对应项，AutoCAD会弹出【线宽】对话框，从中选择即可。

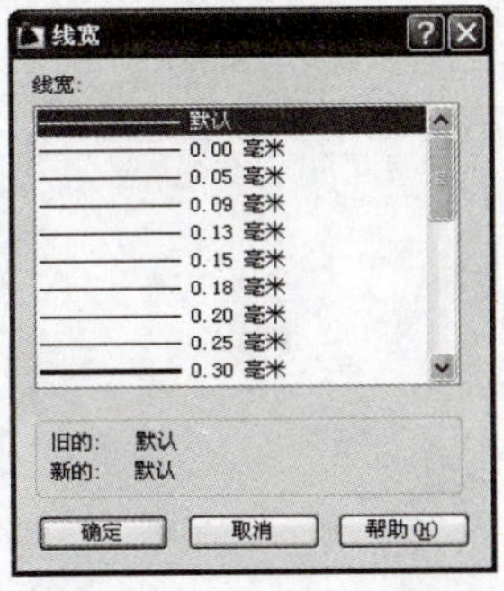

AutoCAD中的线型包含在新型库定义文件acad.lin和acadiso.lin中。其中，在英制测量下，使用线型库定义文件acad.lin；在公制测量系统下，使用线型库定义文件acadiso.lin。

视野拓展

所谓图层的线宽是指在某图层上绘图时，将绘图线宽设为随层（默认设置）时所绘出的图形对象的线条宽度（即默认线宽）。不同的图层可以设成不同的线宽，也可以设成相同的线宽。

**技巧：** 单击状态栏上的【线宽】按钮 + 可以实现是否使用所绘图形按指定的线宽来显示的切换。

我国制图标准对不同的绘图线型均有对应的线宽要求。常用的图线有 4 种：粗实线、细实线、虚线、细点划线。图线又分粗、细两种，粗线的宽度应按图样的大小和图形复杂程度来确定，可以在 0.5~2mm 之间选择，细线的宽度约为粗线的 1/3。

（9）【打印样式】列

修改与选中图层相关联的打印样式。

（10）【打印】列

确定是否打印对应图层上的图形，单击相应的按钮可以实现打印与否的切换。此功能只对可见图层起作用，即对没有冻结且没有关闭的图层起作用。

**技巧：** 在列表视图窗格中，右击，也可以通过快捷菜菜单进行相应的设置。

3.【新建图层】按钮

该按钮用于建立新图层。单击按钮，可以创建出名为【图层 n】的新图层，并将显示在列表视图窗格中。新建的图层一般与当前在列表视图窗格中选中的图层具有相同的颜色、线型、线宽等设置。用户可以根据需要更改新建图层的名称、颜色、线型及线宽等。

4.【删除图层】按钮

该按钮用于删除指定的图层。删除方法：在列表视图窗格内选中对应的图层行，单击按钮✕即可。

**注意：** 用户只能删除没有图像对象的图层。也就是说，要删除某一图层，必须首先删除该图层上的所有对象（如果有的话），然后才可以通过按钮✕删除图层。

5.【置为当前】按钮

该按钮用于激活某一图层，用户在此基础上绘图时，其对象的特性都符合该图层的特性。

将图层置为当前层的方法：在列表视图窗格内选中对应的图层行，单击按钮✔即可；在列表视图窗格内某图层行上双击与【状态】列对应的图标。

6.【新建特性过滤器】按钮

该按钮用于基于一个或多个图层特性创建图层过滤器。单击此按钮，AutoCAD 弹出【图层过滤器特性】对话框，从中选择即可。

视野拓展

绘图时一般不在系统提供的 Defoints 层上绘图，因为此层绘制的图形系统默认不打印；另外 0 图层不能重命名。

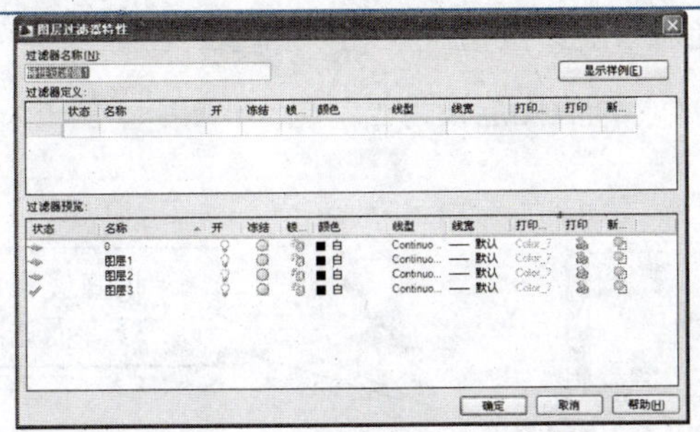

提示： 一旦创建了新的图层过滤器，该过滤器就会显示在树状图窗格中，如下图所示。

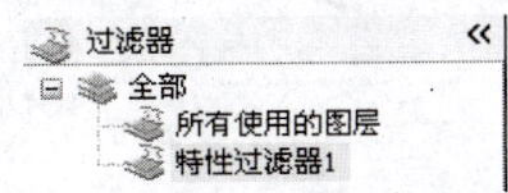

7.【新建组特性过滤器】按钮

该按钮 用于创建一个图层组过滤器，该过滤器中包含用户选定并添加到该过滤器的图层。

哈哈，这样我可以轻松区别图形对象的各种线型了。

的确，使用图层可以令图形在视觉上更加明朗，起不同作用的线型更加清晰化。

4.2　【图层】工具栏

同其他绘图方法相似，不仅可以通过命令来设置和管理图层，工具栏可以起到同样的作用。AutoCAD 提供了专门用于管理图层的【图层】工具栏，如下图所示。

下面介绍工具栏各项的功能。

1.【图层特性管理器】按钮

此按钮 用于打开【图层特性管理器】对话框，以使用户进行相关的操作。

2.【图层控制下拉列表框】

此下拉列表中列有当前满足过滤条件的已有图层及其图层状态。用户在列表中单击对应的图层名即可将该图层设为当前层。同样可以将指定的图层设成打开或关闭、冻结或解冻、锁定与解锁等状态，方法也是在下拉列表中单击对应的图标即可，不再需要打开【图层特性管理器】对话框进行设置。

另外，选中要更改图层的图形对象，在图层控制下拉列表中选择对应的图层项，然后按 Esc 键，即可将此图形对象更改图层。

不要将图层里提供的线型与某些绘图仪提供的硬件线型混为一谈，这两种类型的虚线产生的效果相似。不要同时使用这两种类型，否则可能会产生不可预料的后果。

3.【将对象的图层置为当前】按钮

此按钮用于将指定对象所在图层设为当前层。下图所示例子为将一直线所在图层设为当前图层，一起来学习吧！

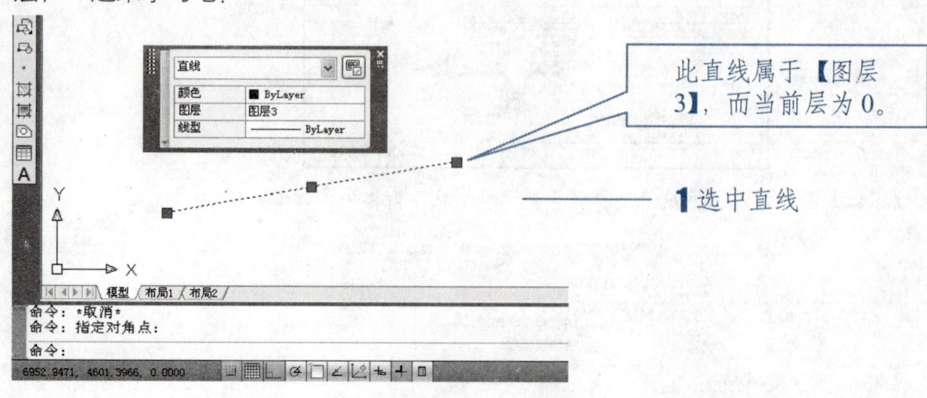

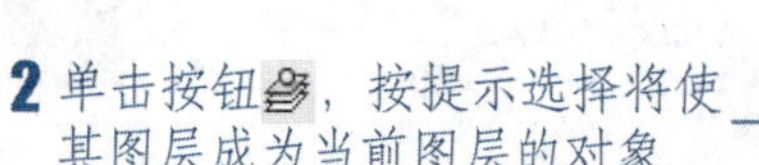

命令：
命令：_Laymcur
选择将使其图层成为当前图层的对象：

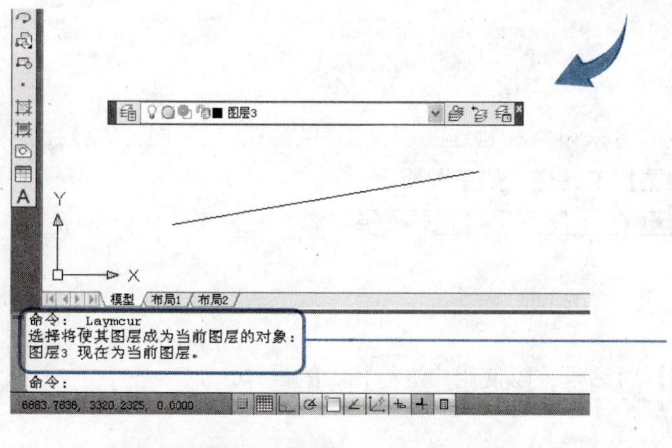

3 成功将直线所在图层，即【图层3】，设为当前层

4.【上一个图层】按钮

此按钮用于恢复上一个图层设置，即将当前图形的图层设置恢复为前一个图层设置。

视野拓展

处于打开的图层是可见的，而处于关闭状态的图层是不可见的，也不能被编辑或打印。当图形重新生成时，被关闭的图层将一起被生成。

嗯，【图层】工具栏用起来要比【图层特性管理器】对话框更方便点！

在绘图之前，我们最好先规划下图形所需图层，在【图层特性管理器】对话框中统一管理。然后，在绘图过程中，利用【图层】工具栏更方便。

 4.3　图层工具

前两节分别用命令和工具栏的形式介绍了设置和管理图层的方法，当然 AutoCAD 还提供了菜单执行的方法，这些图层管理工具大都和相应的命令、工具栏功能相同。本节主要介绍其他图层工具。

使用这些图层工具的方法。

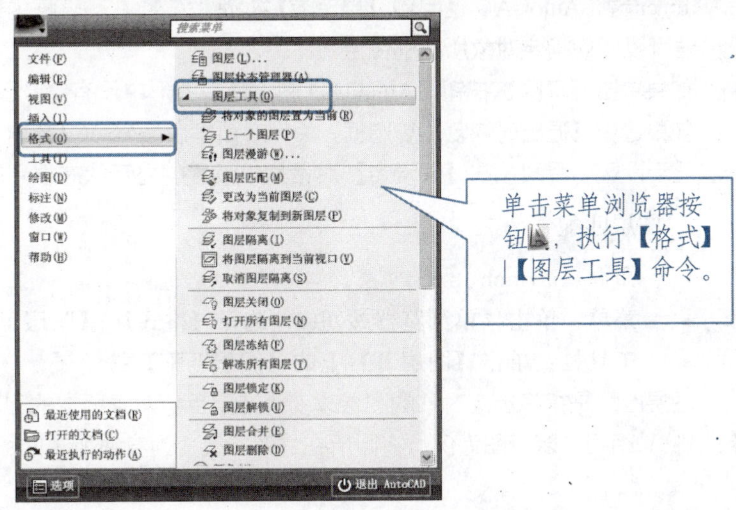

1．层漫游

- **命令：laywalk。**
- **菜单：单击菜单浏览器按钮，选择【格式】|【图层工具】|【层漫游】命令。**
- **工具栏：单击【图层 II】上的【层漫游】按钮。**

【图层 II】工具栏有可能不在绘图界面，调出方法：单击菜单浏览器按钮，选择【工具】|【工具栏】|【AutoCAD】|【图层 II】命令。

层漫游用于动态显示图形中位于各图层上的对象。

执行 laywalk 命令，弹出【图层漫游】对话框。

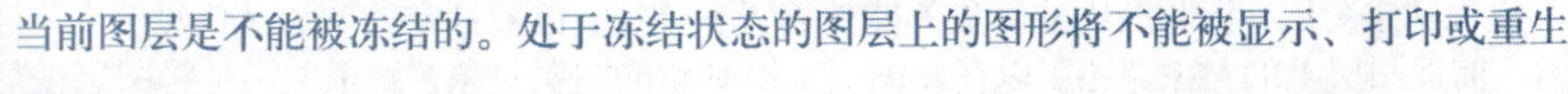

当前图层是不能被冻结的。处于冻结状态的图层上的图形将不能被显示、打印或重生。

视野拓展

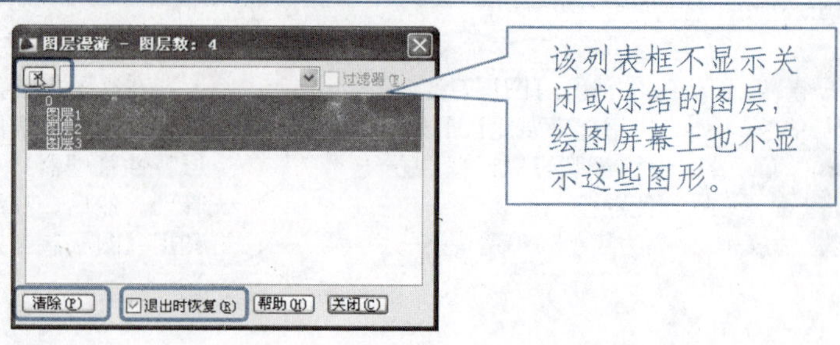

如果在打列表框内选中某一个或几个图层名（按下 Ctrl 或 Shift 键可以选择多个项），则在绘图屏幕只显示位于这些选中图层内的图形。可以用这种方法动态观看位于各图层上的对象。

提示：如果双击大列表框中的某一图层名，会在该图层名的前面显示一个星号（*），并在绘图屏幕内总显示位于该图层内的对象，与在列表框选中此图层名与否没有关系。双击有星号的图层名，星号取消。

如果单击【选择对象】按钮，AutoCAD 临时切换到绘图屏幕，提示用户选择对象。选择对象后按 Enter 键，AutoCAD 返回到【层漫游】对话框，并在列表框内选中所选对象所在的图层。利用此方法可以了解指定对象所在的图层。

如果单击【清除】按钮，AutoCAD 删除当前图形中没有绘制图形的图层。

如果选中【退出时恢复】复选框，关闭对话框后，AutoCAD 恢复成打开【层漫游】对话框前的图层显示设置，否则按在【层漫游】对话框中设置的显示状态显示图形。

2. 图层匹配

- 命令：laymch。
- **菜单：单击菜单浏览器按钮，选择【格式】|【图层工具】|【图层匹配】命令。**
- **工具栏：单击【图层Ⅱ】上的【图层匹配】按钮。**

图层匹配是指将选定对象的图层改变为选定目标对象所在的图层，这个工具与 Word 软件中的格式刷相同。以下图为例，将圆所在的图层改变为直线所在的图层。

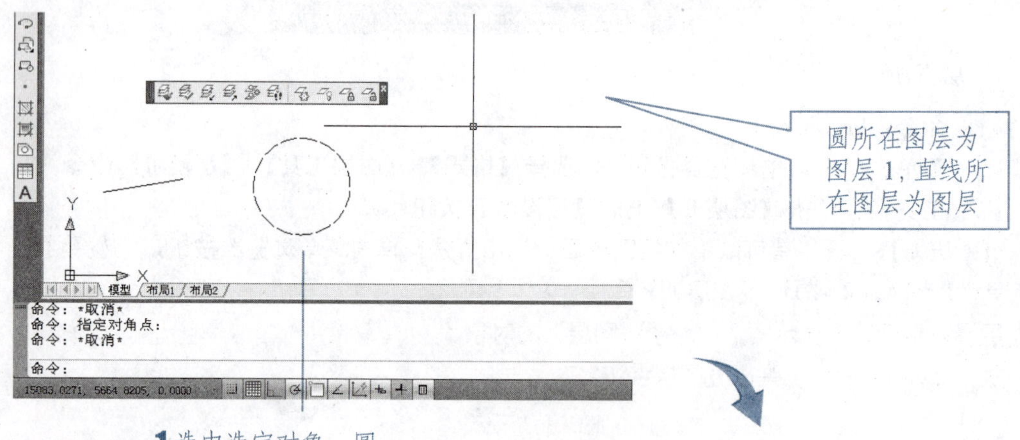

1 选中选定对象：圆

视野拓展

通过锁定图层，使图层中的对象不能被编辑和选择。但被锁定的图层是可见的，并且可以查看、捕捉图层上的对象，还可以在此图层上绘制新的图层对象。解锁图层是将图层恢复为可编辑和选择的状态。

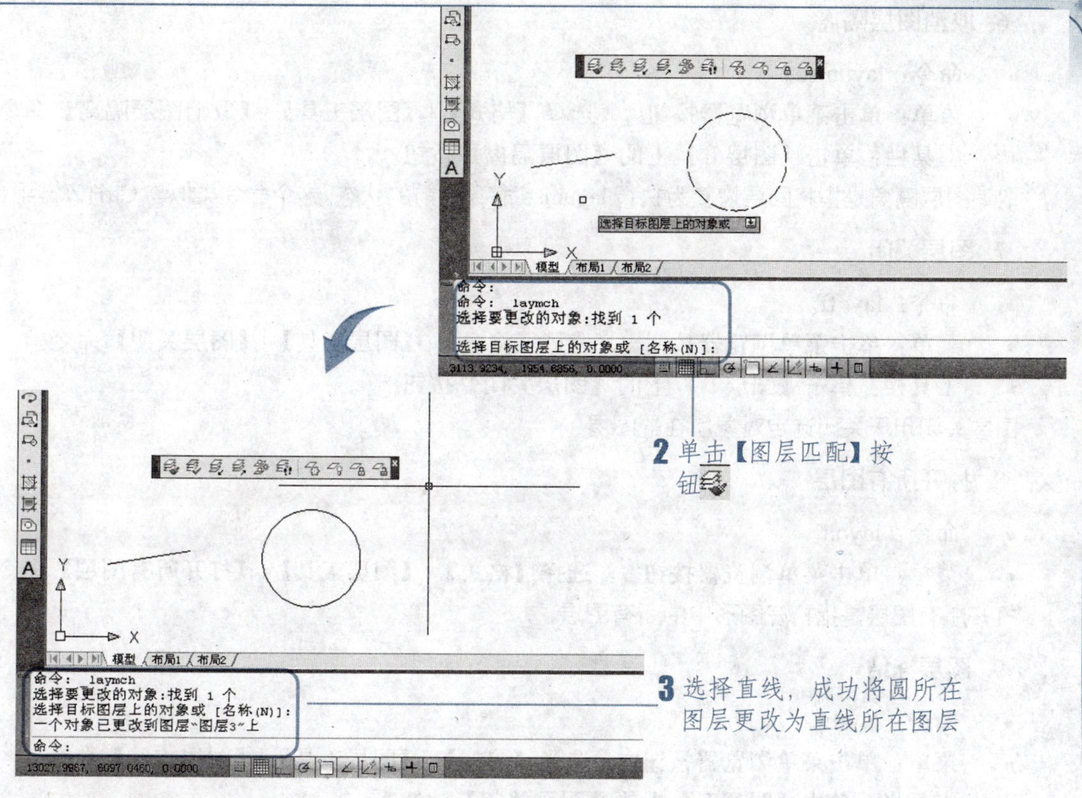

3. 更改为当前层

- 命令：laycur。
- 菜单：单击菜单浏览器按钮，选择【格式】|【图层工具】|【更改为当前层】命令。
- 工具栏：单击【图层 II】上的【更改为当前层】按钮。

更改为当前层是指将选定对象的图层更改为当前层。

4. 将对象复制到新图层

- 命令：copytolayer。
- 菜单：单击菜单浏览器按钮，选择【格式】|【图层工具】|【将对象复制到新图层】命令。
- 工具栏：单击【图层 II】上的【将对象复制到新图层】按钮。

将对象复制到新图层指将对象复制到不同的图层。

5. 图层隔离

- 命令：layiso。
- 菜单：单击菜单浏览器按钮，选择【格式】|【图层工具】|【图层隔离】命令。
- 工具栏：单击【图层 II】上的【图层隔离】按钮。

图层隔离是指隔离选定对象所在的图层，即关闭其他所有图层。

在【线型管理器】对话框的【线型】列表中显示了已加载的线型，双击线型名称可以对其进行重命名。但是 ByLayer、ByBlock、Continuous 和依赖外部参照的线型不能重命名。

6. 取消图层隔离

- 命令：layuniso。
- 菜单：单击菜单浏览器按钮，选择【格式】|【图层工具】|【取消图层隔离】命令。
- 工具栏：单击【图层Ⅱ】上的【图层隔离】按钮。

取消图层隔离是指将图层恢复为执行 layuniso 命令之前的状态。这个命令类似与 Ctrl+Z 键组合。

7. 图层关闭

- 命令：layoff。
- 菜单：单击菜单浏览器按钮，选择【格式】|【图层工具】|【图层关闭】命令。
- 工具栏：单击【图层Ⅱ】上的【图层关闭】按钮。

图层关闭用于关闭选定对象所在的图层。

8. 打开所有图层

- 命令：layon。
- 菜单：单击菜单浏览器按钮，选择【格式】|【图层工具】|【打开所有图层】命令。

打开所有图层是指打开图形中的所有图层。

9. 图层冻结

- 命令：layfrz。
- 菜单：单击菜单浏览器按钮，选择【格式】|【图层工具】|【图层冻结】命令。
- 工具栏：单击【图层Ⅱ】上的【图层关闭】按钮。

图层冻结是指冻结选定对象所在的图层。

10. 结冻所有图层

- 命令：laythw。
- 菜单：单击菜单浏览器按钮，选择【格式】|【图层工具】|【解冻所有图层】命令。

解冻所有图层是指将所有冻结图层解冻。

11. 图层锁定

- 命令：laylck。
- 菜单：单击菜单浏览器按钮，选择【格式】|【图层工具】|【图层锁定】命令。
- 工具栏：单击【图层Ⅱ】上的【图层锁定】按钮。

图层锁定指锁定选定对象所在的图层。

12. 图层解锁

- 命令：layulk。
- 菜单：单击菜单浏览器按钮，选择【格式】|【图层工具】|【图层解锁】命令。
- 工具栏：单击【图层Ⅱ】上的【图层解锁】按钮。

图层解锁是指解锁选定对象所在的图层。

视野拓展

创建图层后，可以按照名称、可见性、颜色、线宽、打印样式或线型对其排序。在【图层特性管理器】选项板中，单击列标题可以按该列中的特性对图层排序。图层名可以按字母的升序或降序排列。

4.4　设置图形对象的颜色、线型与线宽

在复杂的工程图纸中，需要将繁杂的对象设置成不同的颜色以方便区分。同时，制图标准里也规定，特定的对象有特定的线型与线宽要求。既然设计人员避免不了这些设置，所以必须学好哦！

4.4.1　设置颜色

- **命令**：color。
- **菜单：单击菜单浏览器按钮，选择【格式】|【颜色】命令。**

执行 color 命令，AutoCAD 弹出【选择颜色】对话框。

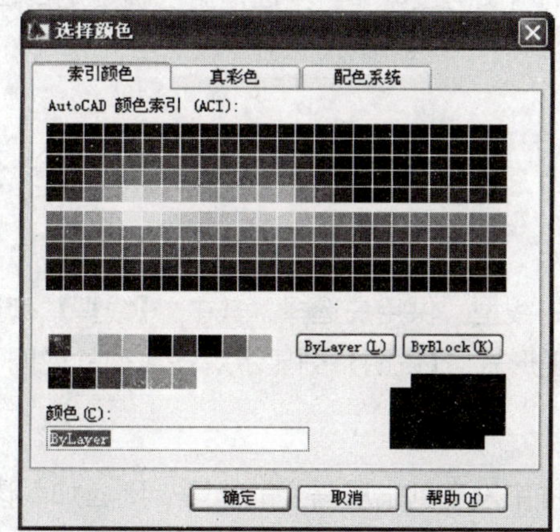

对话框中有【索引颜色】、【真彩色】和【配色系统】3 个选项卡，分别用于以不同的方式确定的绘图颜色。在【索引颜色】选项卡中，可以将绘图颜色设为 Bylayer（随层）或某一具体颜色，其中 Bylayer 指所绘对象的颜色总是与对象所在图层设置的图层颜色一致，这是最常用的设置。

提示：如果通过【选择颜色】对话框设置了某一具体颜色，那么在此之后所绘图形对象的颜色总为该颜色，不再受图层颜色的控制。但建议读者将绘图颜色设为 Bylayer（随层）。

4.4.2　设置线型

- **命令**：linetype。
- **菜单：单击菜单浏览器按钮，选择【格式】|【线型】命令。**

用户可以单独设置新绘图形对象的线型。

执行 linetype 命令，AutoCAD 弹出【线型管理器】对话框。

图层的颜色并不是指该图层具有某一颜色，而是在一定条件下，在该图层上所绘图形对象的颜色。不同的图层可以设置相同的颜色，也可以设置成不同的颜色。

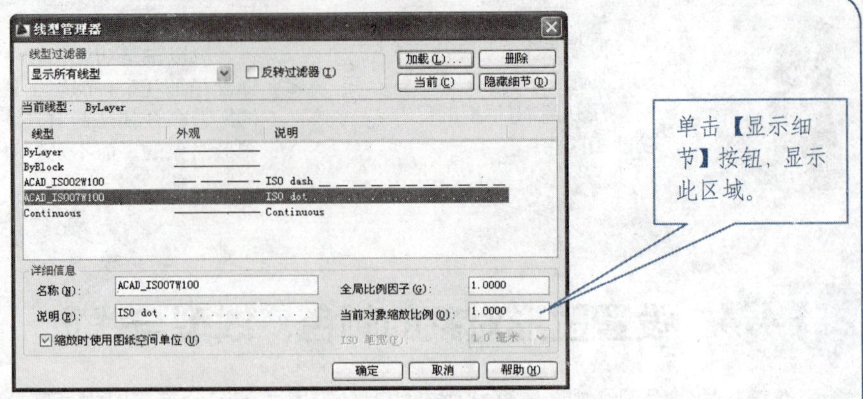

在对话框中，位于中间位置的线型列表框中列出了当前可以使用的线型。对话框中主要项的功能如下。

1.【线型过滤器】选项组

在【显示所有线型】和【显示所有使用的线型】等选项之间选择。设置过滤条件后，AutoCAD在线型列表框中只显示满足条件的线型。

【线型过滤器】选项组中的【反向过滤器】复选框用于确定是否在线型列表框中显示与过滤条件相反的线型。

2.【当前线型】标签框

显示当前绘图时使用的线型。

3.线型列表框

列表显示出满足过滤条件的线型，供用户选择。其中，【线型】列显示线型的设置或线型名称，【外观】列显示出各线型的外观形式，【说明】列显示对各线型的说明。

4.【加载】按钮

加载线型。如果线型列表框中没有列出所需要的线型，则应加载该线型。单击【加载】按钮，AutoCAD 弹出【加载或重载线型】对话框。

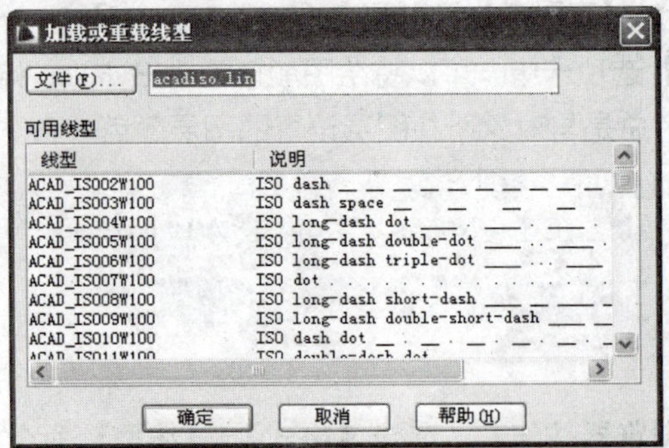

可通过单击该对话框中的【文件】按钮选择线型文件，通过【可用线型】列表框选择要加载的线型。

视野拓展 在使用平移命令平移视图时，视图的显示比例不变。

5.【删除】按钮

删除不需要的线型。删除方法：在线型列表中选择线型，单击【删除】按钮即可。

同样，要删除的线型必须是没有使用的线型，即当前图形中没有用到该线型，否则 AutoCAD 拒绝删除此线型，并给出对应的提示信息。

6.【当前】按钮

设置当前绘图线型。设置方法：在线型列表中选择某一线型，单击【当前】按钮即可。

设置当前线型时，可以通过线型列表框在 Bylayer（随层）、某一具体线型之间选择，其中 Bylayer（随层）表示绘图线型始终与图形对象所在图层线型一致，这是最常用到的线型设置。

7.【隐藏细节】按钮

单击该按钮，AutoCAD 在【线型管理器】对话框中不再显示【详细信息】选项组部分。

8.【详细信息】选项组

说明或设置线型的细节。

- 【名称】、【说明】文本框：显示或修改指定线型的名称与说明。在线型列表中选择某一线型，其名称和说明会分别显示在【名称】和【说明】文本框中。
- 【全局比例因子】文本框：设置线型的全局比例因子，即所有线型的比例因子。用各种线型绘图时，除连续线外，每一种线型一般由实线段、空白段、点等组成。线型中定义了这些小段的长度。当在屏幕上显示或在图纸上输出的线型不合适时，可以通过改变线型比例的方法放大或缩小所有线型的每一小段的长度。全局比例因子对已有线型和新绘图形的线型均有效。也可以用系统量 LTSCALE 更改线型的比例因子。下图说明了线型比例的视觉效果。

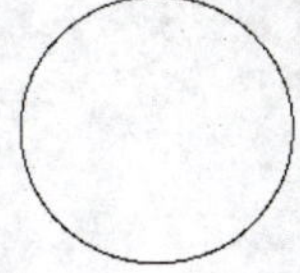

线型比例：1

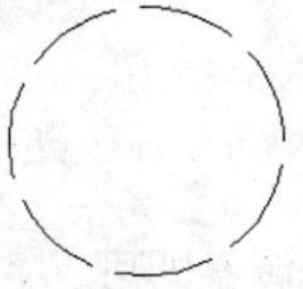

线型比例：30

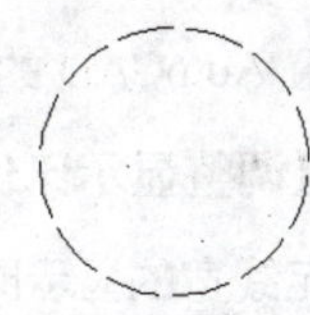

线型比例：50

- 【当前对象缩放比例】文本框：设置新绘图形对象所用线型的比例因子。通过该文本框设置了线型比例后，所绘图形的线型比例均为此线形比例。利用系统变形 CELTSCALE 也可以实现此设置。

提示： 如果通过【线型管理器】对话框设置了某一具体线型，那么在此之后所绘图形的线性总为该线型，与图层的线型没有任何关系。但建议读者将绘图类型设为 Bylayer（随层）。

4.4.3　设置线宽

- 命令：lweight。
- 单击菜单浏览器按钮，选择【格式】|【线宽】命令。

执行 lweight 命令，AutoCAD 弹出【线宽设置】对话框。

只有在【转换自】选项区域和【转换为】选项区域中都选择了对应的转换图层后，【映射】按钮才可以使用。

视野拓展

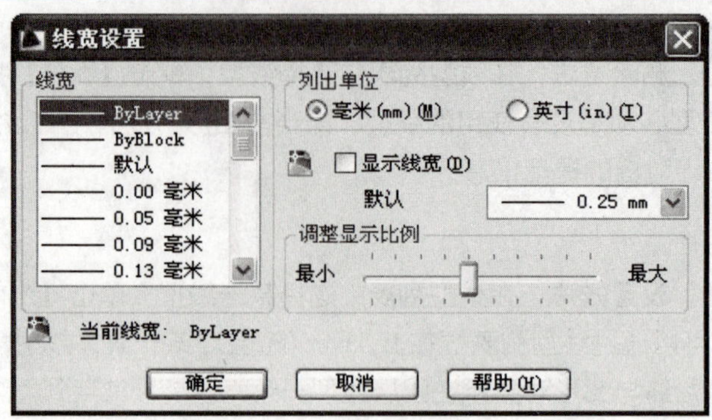

对话框中各主要项的功能如下。

1.【线宽】列表框

设置绘图线宽。列表框中列出了 AutoCAD209 提供的 20 余种线宽，用户可以选择 Bylayer（随层）或某一具体线宽。Bylayer（随层）表示绘图线宽始终与图形对象所在图层设置的图层线宽一致，这是最常用的设置。

2.【列出单位】选项组

确定线宽的单位。AutoCAD 提供了毫米和英寸两种单位，供用户选择。

3.【显示线宽】复选框

确定是否按用户设置的线宽显示所绘图形。

也可以通过单击状态栏上的【线宽】按钮，实现是否使所绘图形按指定的线宽显示。

4.【默认】下拉列表框

设置 AutoCAD 的默认绘图线宽。

5.【调整显示比例】滑块

确定线宽的显示比例，通过对应的滑块调整即可。

提示： 如果通过【线宽设置】对话框设置了某一具体线宽，那么在此之后所绘图形对象的线宽总是该线宽，与图层的线宽没有任何关系。但建议读者将绘图线宽设为 Bylayer（随层）。

4.4.4 更改对象特性

这里的更改对象特性是指将对象的某些特性更改为 Bylayer（随层）。

- **命令：setbylayer。**
- **单击菜单浏览器按钮，选择【修改】|【更改为 Bylayer】命令。**

执行 setbylayer 命令，根据 AutoCAD 提示 命令：SETBYLAYER 当前活动设置：颜色 线型 线宽 材质 选择对象或［设置(S)］:，按默认相应确认，修改对象的所有特性：颜色、线型、线宽和材质等。否则选择【设置（S）】选项。

视野拓展 受线型影响的图形对象有直线、构造线、射线、圆、圆弧、椭圆、矩形、正多边形及样条曲线等。

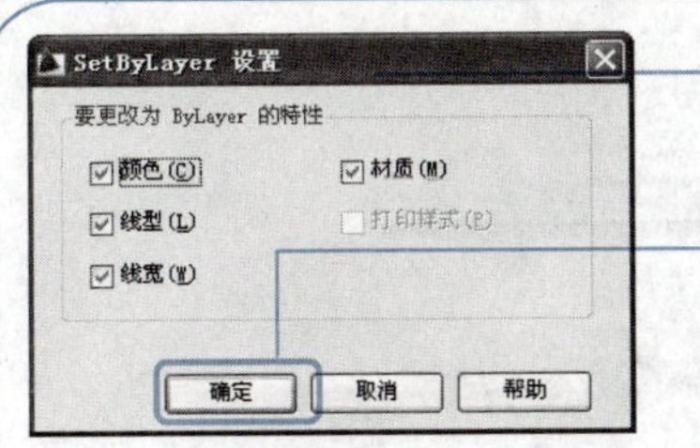

1 选择【设置（S）】选项，弹出【SetBylayer 设置】对话框

2 从对话框中选择要更改为随层的特性后，单击【确定】按钮

接着根据 AutoCAD 提示，选择要更改的图形对象即可。

博学先生，我在设置图形对象的线型时，发现有时的点划线怎么还是实线呢？

这个是线型的比例问题，适当增加或减小该线型的比例，可以得到视觉上满意的点划线、虚线等。

4.5 【特性】工具栏

AutoCAD 提供了【特性工具栏】ByLayer ByLayer ByLayer BYCOLOR，利用它可以快速、方便地设置绘图颜色、线型及线宽。

下面介绍【特性】工具栏上主要项的功能。

1.【颜色控制】下拉列表框

设置绘图颜色。单击列表框，AutoCAD 弹出下拉列表（下图所示），用户可以通过该列表框设置绘图颜色（一般应选择随层）或修改当前图形的颜色。修改图形对象颜色的方法：首先选择图形，然后通过该下拉列表框选择对应的颜色即可。

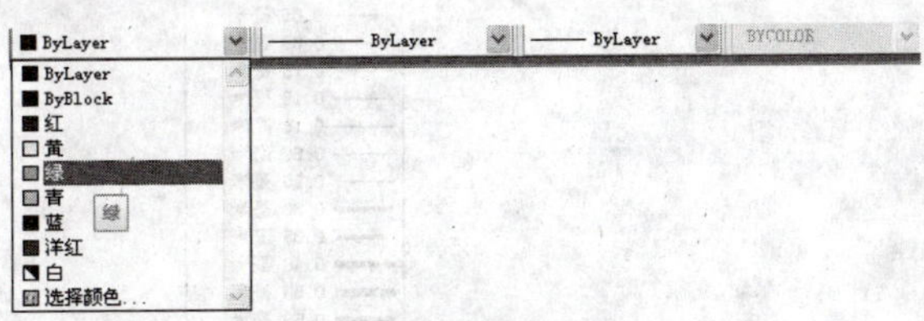

技巧：如果颜色控制下拉列表中没有用户需要的颜色，单击【选择颜色】项即可弹出【选择颜色】对话框（下图所示），供用户选择颜色用。

如果一条线太短，AutoCAD 不能用指定的线型将其绘出，那么 AutoCAD 会在两端点之间绘出一条实线（即连续线）。

2.【线型控制】下拉列表框

设置绘图线型。单击此列表框，AutoCAD弹出下拉列表。

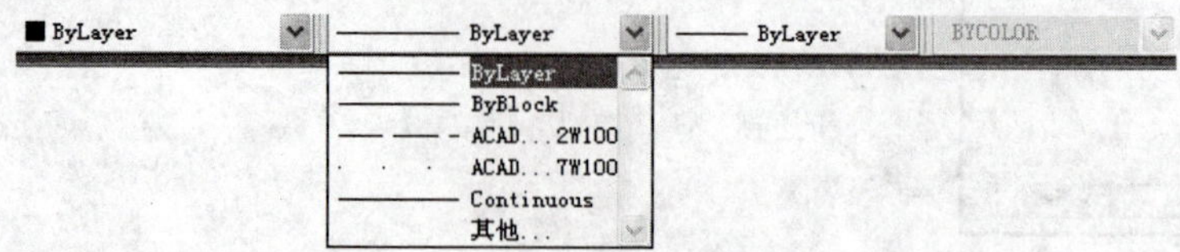

可以通过该列表设置绘图线型（一般应选择随层）或修改当前图形的线型。修改图形对象线型的方法：选择对应的图形，然后通过线性控制列表选择对应的线型即可。

技巧：单击线型控制下拉列表中的【其他】项，AutoCAD弹出【线型管理器】对话框（下图所示），供用户选择线型用。

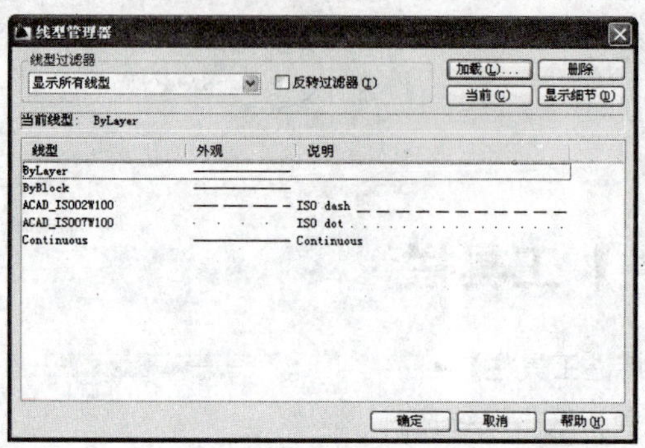

3.【线宽控制】列表框

设置绘图线宽。单击此列表框，AutoCAD弹出下拉列表。

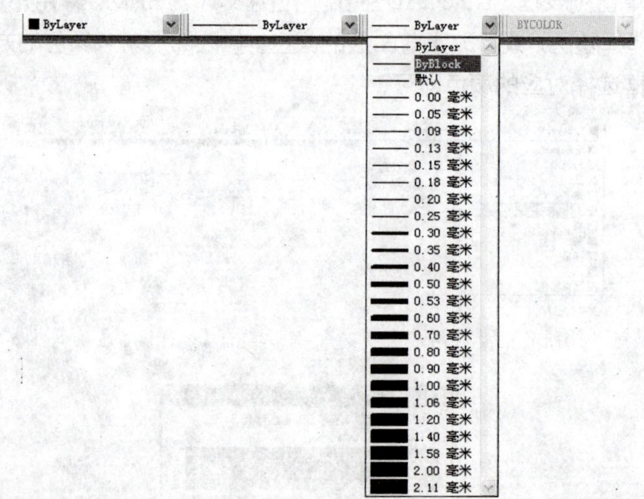

可以通过该列表设置绘图线宽（一般应选择随层）或修改当前图形的线宽。修改图形对象线宽的方法：选择对应的图形，然后通过线宽控制列表选择对应的线宽。

视野拓展

在列表视图窗格中，还可以通过快捷菜单进行相应的设置。

提示：如果通过【特性】工具栏设置了具体的绘图颜色、线型或线宽，而不是采用【随层】设置，那么在此之后用 AutoCAD 绘制出的新图形独享的颜色、线型或线宽均会采用新的设置，不再受图层颜色、线型或线宽的限制，那么就失去了图层的功能。因此，建议读者采用【随层】设置。

博学先生，有些线段的线宽已经设置了较大的宽度，怎么看起来仍然是细线呢？

这是因为线宽按钮没打开。单击状态栏上的【线宽】按钮 +，可以显示/隐藏线宽。

4.6　本章小结

本章主要针对图层的设置和管理展开介绍。

首先介绍了如何创建图层以及管理图层，包括【图层】对话框中各图标的含义。然后对【图层】工具栏、图层工具加以详细介绍。最后介绍了如何设置新绘图形的颜色、线型、线宽及【特性】工具栏的使用方法。

通过本章内容的学习，学会创建和管理图层，使用不同的图层和图形显示控制功能，从而方便地控制对象的显示和编辑，提高绘图效率。

4.7　趁热打铁

现在用学到的知识解决下面的问题吧！

4.7.1　选择题

1．在中文版 AutoCAD 2009 中设置图层颜色时，在【索引颜色】选项卡中可以使用（　　　）种标准颜色。

A．6　　B．9　　C．240　　D．255

2．下列选项中，不属于图层特性的是（　　　）。

A．颜色　　B．线宽　　C．打印样式　　D．锁定

3．在下列（　　　）菜单中，可以找到【图层工具】命令。

A．【工具】　　B．【格式】　　C．【绘图】　　D．【修改】

4．执行（　　　）命令，可以实现【层漫游】功能。

A．laywalk　　B．laycur　　C．laymch　　D．layiso

5．执行（　　　）命令，可以关闭其他所有图层。

A．layiso　　B．layoff　　C．laythw　　D．laylck

一旦创建了新的图层过滤器，该过滤器就会显示在树状图窗格中。

4.7.2 实践题

1．参照下表所示的要求创建各图层。

表 4–1 图层的设置要求

图层名	线型	颜色
轮廓线层	Continuous	绿色
中心线层	Center	红色
辅助线层	Dashed	蓝色

2．AutoCAD2009 提供了一些示例图形文件(位于 AutoCAD2009 安装目录下的 Sample 子目录)，打开其中的某个图形，将各图层设置成关闭或打开、冻结或解冻、锁定或解锁，观看设置效果。

3．按下表所示要求建立新图层，并绘制下图所示的图形，然后执行关闭、冻结、锁定等操作，观看执行结果。

表 4–2 图层的设置要求

图层名	线型	线宽	颜色
粗实线	Continuous	0.7	白色
细实线	Continuous	0.25	蓝色
细点划线	Center	0.25	红色
虚线	Dashed	0.25	黄色
双点划线	Divide	0.25	洋色
文字	Continuous	0.25	绿色

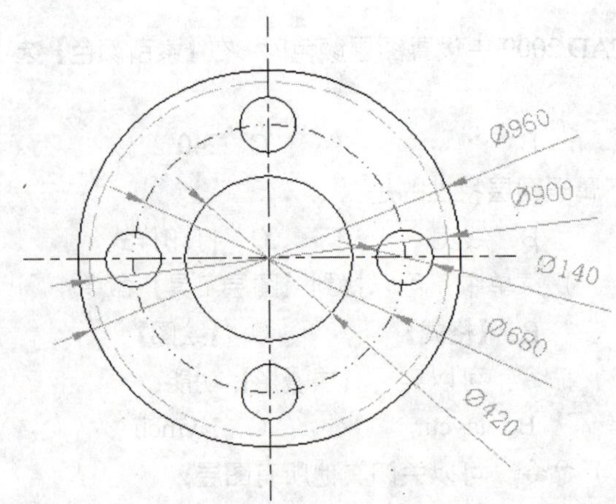

视野拓展

绘图过程中，要养成良好的图层建立习惯，在绘图前就规划好图层。对于复杂图形在修改和编辑时可利用冻结、关闭图层等功能。

第 5 章　编辑二维图形

本章导读

在 AutoCAD 中，单纯地使用绘图命令或绘图工具只能绘制一些基本的图形对象。如果要绘制复杂图形，很多情况下都必须借助图形编辑命令。AutoCAD 2009 提供了丰富的图形编辑命令，使用这些命令可以修改已有图形或通过已有图形构造新的复杂图形。

本章学习目标

- 学会选择对象
- 掌握使用夹点编辑图形
- 掌握各种图形编辑命令

本章学习重点

- 删除、移动和旋转对象
- 复制、阵列、偏移和镜像对象
- 修剪、延伸、缩放、拉伸和拉长对象
- 倒角、圆角和打断、分解、合并对象

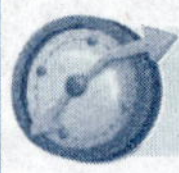

5.1 选择对象

在编辑图形之前，首先需要选择编辑的对象。AutoCAD 用虚线亮显所选的对象，这些对象就构成选择集。选择集可以包含单个对象，也可以包含复杂的对象编组。

5.1.1 选择对象的方法

在 AutoCAD 中，选择对象的方法很多。例如，可以通过单击对象逐个拾取，也可以利用矩形窗口或交叉窗口选择；可以选择最近创建的对象、前面的选择集或图形中的所有对象，也可以向选择集中添加对象或从中删除对象。

在命令行输入 select 命令，按 Enter 键，并且在命令行的提示下输入“？”，将显示如下的提示信息。

```
需要点或窗口(W)/上一个(L)/窗交(C)/框(BOX)/全部(ALL)/栏选(F)/圈围(WP)/圈交(CP)/编组(G)/添加(A)/删除(R)/多个(M
)/前一个(P)/放弃(U)/自动(AU)/单个(SI)/子对象(SU)/对象(O)
```

根据提示信息，输入其中的大写字母即可指定对象选择模式。例如，要设置矩形窗口的选择模式，在命令行的提示下输入 W 即可。其中，常用的选择模式主要有以下几种。

- 默认情况下，可以直接选择对象，此时光标变为一个小方框（即拾取框），利用该方框可逐个拾取所需对象。该方法每次只能选取一个对象，不便选取大量对象。
- 【窗口（W）】选项：可以通过绘制一个矩形区域来选择对象。当指定了矩形窗口的两个对角点时，位于这个矩形窗口的对象将被选中，不在该窗口内或只有部分位于该窗口内的对象则不被选中，如下图所示。

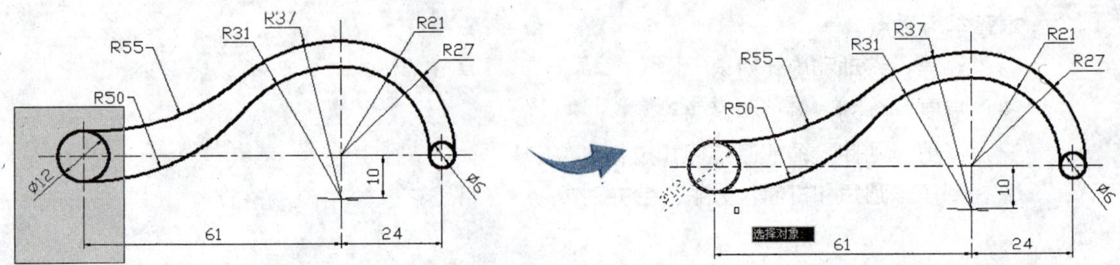

- 【窗交（C）】选项：使用交叉窗口选择对象，与用窗口选择对象的方法类似。但全部位于窗口之内或与窗口边界相交的对象都被选中。在定义交叉的矩形窗口时，以虚线方式显示矩形，以区别于窗口的选择方法，如下图所示。

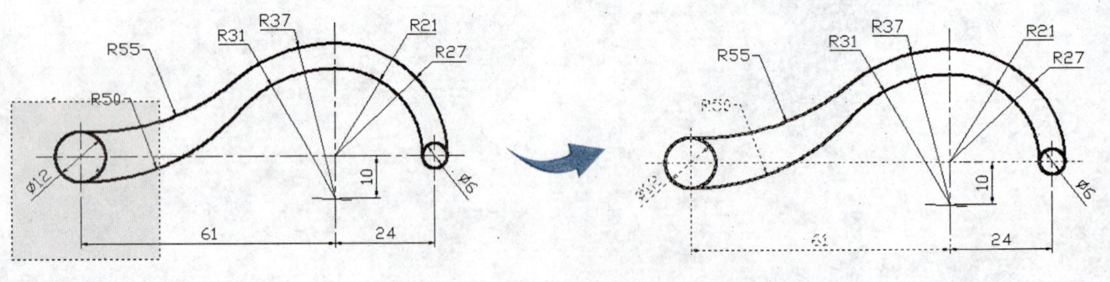

视野拓展

利用 oops 命令（此命令没有对应的菜单和工具栏），可以恢复最后一次用 erase 命令删除的对象，即把用 erase 命令删除掉的对象再显示出来。请注意，用 oops 命令只能恢复最后一次用 erase 命令删除的对象。

- 【编组（G）】选项：使用组名称来选择一个已定义的对象编组。

5.1.2　过滤选择

在命令行提示下输入 filter 命令，将打开【对象选择过滤器】对话框。

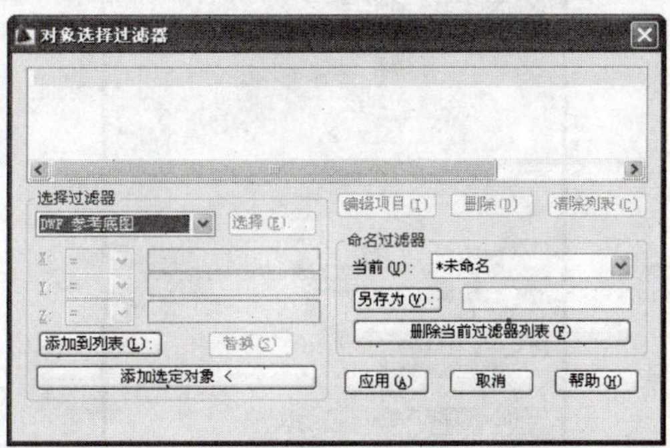

【对象选择过滤器】对话框上面的列表框中显示了当前设置的过滤条件。其他各选项的功能如下。

- 【选择过滤器】下拉列表框：选择过滤器类型，如直线、圆、圆弧、图层、颜色、线型及线宽等对象特性，以及关系语句。
- 【X、Y、Z】下拉列表框：可以设置与选择条件对应的关系运算符。关系运算符包括=、=!、<、<=、>、>=和*。例如，当创建【块位置】过滤器时，在对应的文本框中可以设置对象的位置坐标。
- 【添加列表】按钮：单击该按钮，将选择的过滤器及附加条件添加到过滤器列表中。
- 【替换】按钮：单击该按钮，用当前【选择过滤器】选项区域中的设置代替列表中选定的过滤器。
- 【添加选定对象】按钮：单击该按钮将切换到绘图窗口中，然后选择一个对象，把选中的对象特性添加到过滤器列表框中。
- 【编辑项目】按钮：单击该按钮，可编辑过滤器列表框中选中的项目。
- 【删除】按钮：单击该按钮，可删除过滤器列表框中选中的项目。
- 【清除列表】按钮：单击该按钮，可删除过滤器列表框中的所有项目。
- 【当前】下拉列表框：列举了可用的已命名的过滤器；
- 【另存为】按钮：单击该按钮，并在其后的文本框中输入名称，可以保存当前设置的过滤器。
- 【删除当前过滤器列表】按钮：单击该按钮，可从 FILTER.NFL 文件中删除当前的过滤器集。

5.1.3　快速选择

在 AutoCAD 中，选择具有某些共同特性的对象时，可利用【快速选择】对话框，根据对象的图层、线型、颜色、图案填充等特性和类型，创建选择集。

- 命令：qselect。
- 菜单：单击菜单浏览器按钮，选择【工具】|【快速选择】命令。

在选择较为复杂对象时，可以利用图层的关闭和冻结功能，将不相干的图形隐藏起来，使复杂的选择变得更简单。

- 工具栏：单击菜单浏览器按钮，选择【工具】|【选项板】|【功能区】命令，调出【功能区】选项板，单击【实用程序】面板中的【快速选择】按钮。

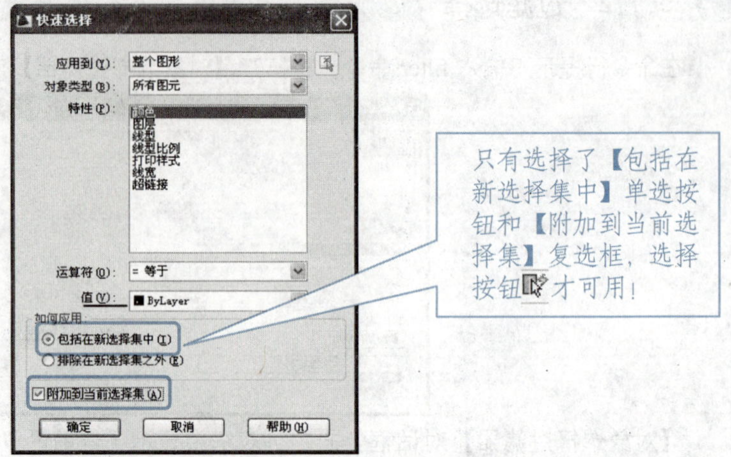

对话框中各选项的功能如下。

- 【应用到】下拉列表框：选择过滤条件的应用范围，可以应用于整个图形，也可以应用到当前选择集中。如果有当前选择集，则【当前选择】选项为默认选项；如果没有当前选择集，则【整个图形】选项为默认选项。
- 【选择对象】按钮：单击该按钮将切换到绘图窗口中，可以根据当前所指定的过滤条件来选择对象。选择完毕后，按 Enter 键结束选择，并回到【快速选择】对话框中，同时 AutoCAD 会将【应用到】下拉列表框中的选项设置为【当前选择】。
- 【对象类型】下拉列表框：指定要过滤的对象类型。如果当前没有选择集，在该下拉列表框中将包含 AutoCAD 所有可用的对象类型；如果有一个选择集，则包含所选对象的对象类型。
- 【特性】列表框：指定作为过滤条件的对象特性。
- 【运算符】下拉列表框：控制过滤的范围。运算符包括：=、<、>、<>、全部选择等。其中<和>运算符对某些特性是不可用的。
- 【值】下拉列表框：指定过滤的特性值。
- 【如何应用】选项区域：选择其中的【包括在新选择集中】单选按钮，则由满足过滤条件的对象构成选择集；选择【排除在新选择集外】单选按钮，则由不满足过滤条件的对象构成选择集。
- 【附加到当前选择集】复选框：指定由 qselect 命令所创建的选择集是追加到当前选择集中，还是替代当前选择集。

5.1.4 使用编组

在 AutoCAD 2009 中，可以将图形对象进行编组以创建一种选择集，使编辑对象变得更为灵活。

1. 创建对象编组

编组是已命名的对象选择集，随图形一起保存。一个对象可以作为多个编组的成员。

视野拓展

快速选择命令与利用图层功能选择目标对象极为相似，是先将具有某一共性的对象圈到一个集合，然后进行整体操作。

执行命令 group，可打开【对象编组】对话框。

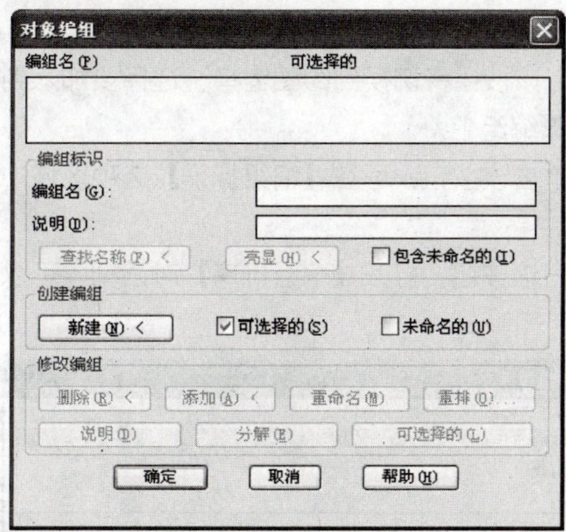

- 【编组名】下拉列表框：显示了当前图形中已存在的对象编组名称。其中【可选择的】列表示对象编组是否可选。如果一个对象编组是可选的，当选择该对象编组的一个成员对象时所有成员都将被选中（处于锁定层上的对象除外）；如果对象编组是不可选的，则只有选择的对象编组成员被选中。
- 【编组名】文本框：输入或显示选中的对象编组的名称。组名最长可有 21 个字符，包括字母、数字及特殊符号*、! 等。
- 【说明】文本框：显示选中的对象编组的说明信息。
- 【查找名称】按钮：单击该按钮将切换到绘图窗口，拾取要查找的对象后，该对象所属的组名即显示在【编组成员】对话框中，如下图所示。

- 【亮显】按钮：在【编组名】列表框中选择一个对象编组，单击该按钮可以在绘图窗口中亮显对象编组的所有成员对象。
- 【包含未命名的】复选框：控制是否在【编组名】列表框中列出未命名的编组。
- 【新建】按钮：单击该按钮可以切换到绘图区，并可选择要创建编组的图形对象。
- 【可选择的】复选框：选中该复选框后，当选择对象编组中的一个成员对象时，该对象编组的所有成员都将被选中。
- 【未命名的】复选框：确定是否要创建未命名的对象编组。

2. 修改编组

在【对象编组】对话框中，使用【修改编组】选项区域中的选项可以修改对象编组中的单个成员或者对象编组本身。只有在【编组名】列表框中选择了一个对象编组后，该选项区域中的按钮才可用，包括以下选项。

编组命令与快速选择命令略有不同。编组命令也是将具有某一共性的对象圈到一个集合，但是该命令针对的是相同的对象，如圆、矩形等，编为一组。

视野拓展

- 【删除】按钮：单击该按钮将切换到绘图窗口，选择要从对象编组中删除的对象，然后按 Enter 键或空格键结束选择对象并删除已选对象。
- 【添加】按钮：单击该按钮将切换到绘图窗口，选择要加入到对象编组中的对象，选中的对象将被加入到对象编组中。
- 【重命名】按钮：单击该按钮，可在【编组标识】选项区域中的【编组名】文本框中输入新的编组名。
- 【重排】按钮：单击该按钮，打开【编组排序】对话框，可以重排编组中的对象顺序，如下图所示。

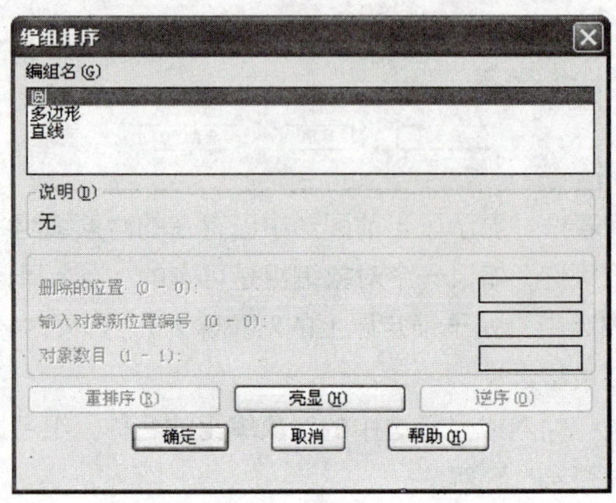

其中各选项的功能如下。

【编组名】列表框：显示当前图形中定义的所有对象编组名字。对象编组中的成员从 0 开始顺序编号。

【删除的位置】文本框：输入要删除的对象位置。

【输入对象新位置编号】文本框：输入对象的新位置。

【对象数目】文本框：输入对象重新排序的序号。

【重排序】和【逆序】按钮：单击这两个按钮，可以指定数字改变对象的顺序或按相反的顺序排序。

【亮显】按钮：单击该按钮，可以使所选对象编组中的成员在绘图区中加亮显示。

- 【说明】按钮：单击该按钮，可以在【编组标识】选项区域中的【说明】文本框中修改所选对象编组的说明描述。
- 【分解】按钮：单击该按钮，可以删除所选的对象编组，但不删除图形对象。
- 【可选择的】按钮：单击该按钮，可以控制对象编组的可选择性。

提示：

- 如果要选择的对象与其他对象相距很近时，也可以先将图形放大显示比例，然后再选择。
- 有些 AutoCAD 命令只能对一个对象进行操作，如 break（打断）命令等，这时只能通过直接拾取的方法来选择对象。还有些命令只能采用特殊的选择对象方法选择对象。例如，stretch（拉伸）命令一般只能通过交叉矩形窗口或不规则交叉窗口方法选择对象。

选择对象后，按 Esc 键可以取消选择。执行其他命令后，也会取消刚刚的选择。

博学先生，选择对象时，我只要用鼠标拾取就行了，为什么还有这么多复杂的方法？

选择对象也是很重要的操作。初学者遇到的图形都较为简单，鼠标拾取还算方便。当要选择复杂的图形时，那些特殊的选择方法就会提高绘图效率。

5.2　使用夹点编辑图形

AutoCAD 提供了利用夹点编辑图形对象的功能。用户可能已经注意到：在没有执行任何命令的时候直接选择图形对象，通常在被选中图形对象上的某些部位出现实心小方框，即夹点，如下图所示。

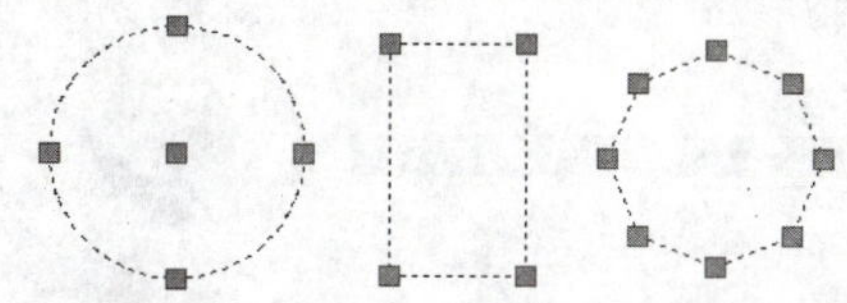

夹点是一种集成的编辑模式，提供了一种方便快捷的编辑操作途径。

5.2.1　拉伸对象

下面以下图为例说明如何利用夹点进行拉伸，将两直线的交点拉伸到另一位置。

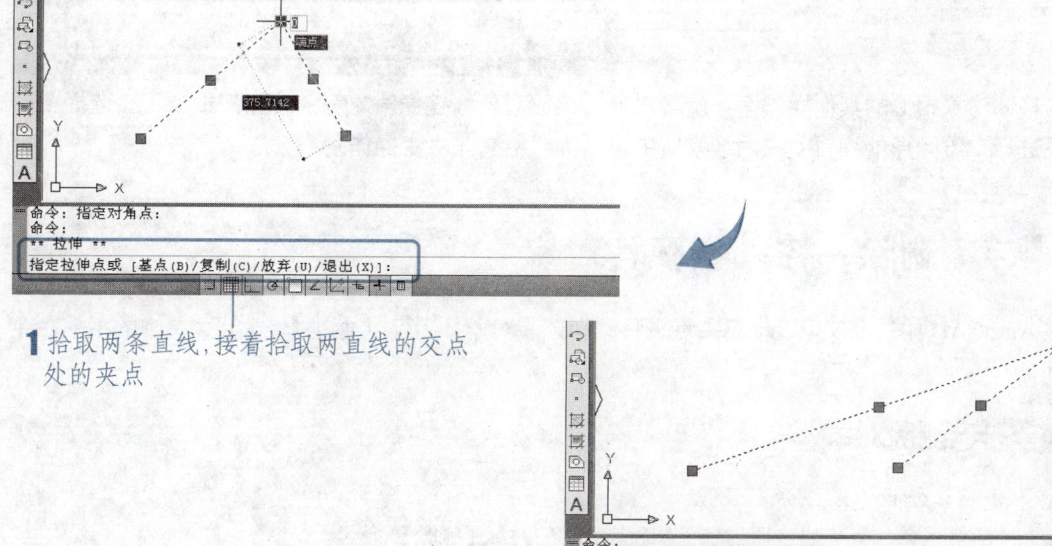

1 拾取两条直线，接着拾取两直线的交点处的夹点

2 移动光标到目标点，完成拉伸操作

AutoCAD 显示出夹点后，按 Esc 键可以取消夹点的显示。

视野拓展

其他选项的功能如下。

- 【基点（B）】选项：重新确定拉伸基点。
- 【复制（C）】选项：允许确定一系列的拉伸点，以实现多次拉伸。
- 【放弃（U）】选项：取消上一次操作。
- 【退出（X）】选项：退出当前的操作。

5.2.2 移动对象

用夹点编辑模式，在命令行提示下输入 M 进入移动模式。

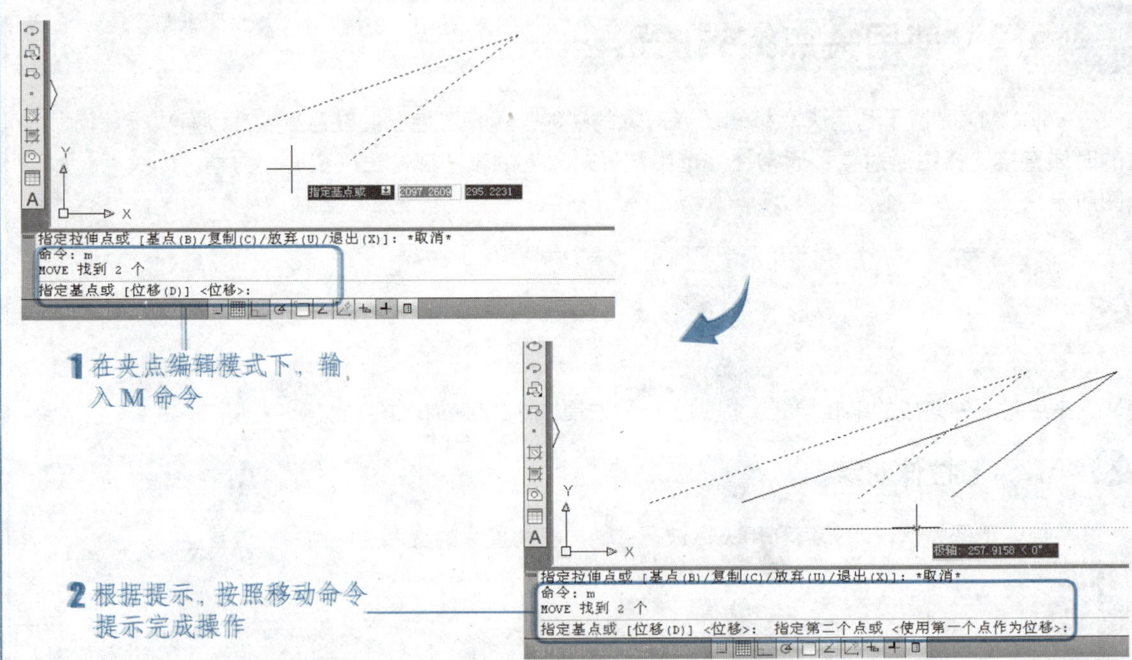

与移动对象相似的其他操作有：旋转对象、缩放对象、镜像对象等，这些都相当于在选择图形对象后进行二维图形的编辑，在后续章节中将详细介绍这些命令操作。

5.3 删除、移动和旋转对象

在 AutoCAD 中，不仅可以使用夹点来移动和选装对象，还可以通过【修改】菜单中的相关命令来实现。

5.3.1 删除对象

- 命令：erase（E）。
- 菜单：单击菜单浏览器按钮，选择【修改】|【删除】命令。
- 工具栏：【功能区】选项板中，单击【修改】面板中的【删除】按钮。

通常，发出删除命令后，需要选择要删除的对象，然后按 Enter 键或空格键结束对象选择。当然

视野拓展

无论目前处于夹点编辑的何种模式，都可以通过单击鼠标右键、从弹出的快捷菜单选择某一夹点编辑模式。

也可以先选择要删除的对象，然后执行删除命令。

AutoCAD 中这样的编辑命令都是同样情况，下面在讲解中不再重复是先发出命令后选择对象，还是先选择对象后发出命令。

5.3.2 移动对象

- 命令：move（M）。
- 菜单：单击菜单浏览器按钮，选择【修改】|【移动】命令。
- 工具栏：【功能区】选项板中，单击【修改】面板中的【移动】按钮。

输入命令 M 后，选择目标对象，根据提示移动对象。

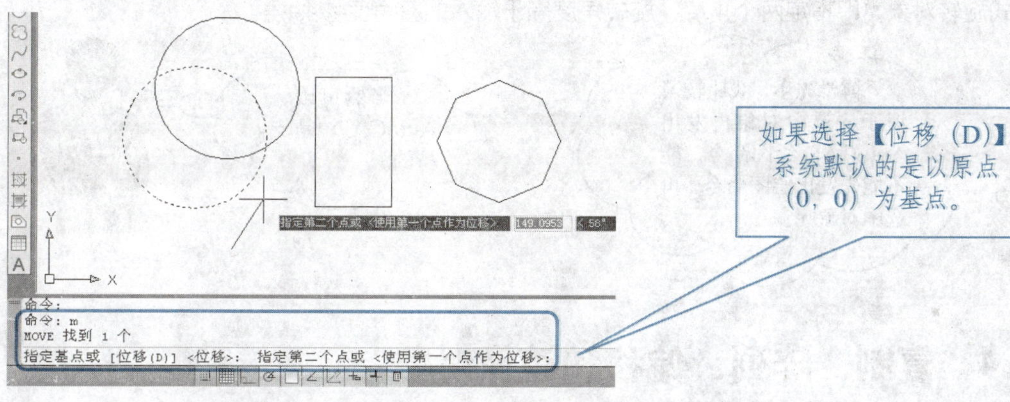

5.3.3 旋转对象

- 命令：rotate（RO）。
- 菜单：单击菜单浏览器按钮，选择【修改】|【旋转】命令。
- 工具栏：【功能区】选项板中，单击【修改】面板中的【旋转】按钮。

输入命令 RO 后，选择目标对象，根据提示旋转对象。

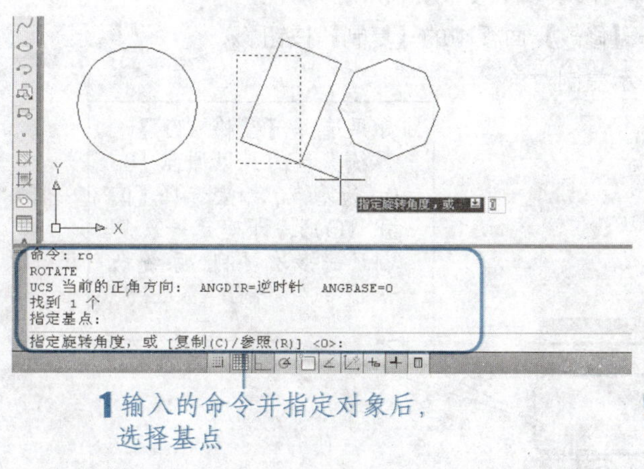

1 输入的命令并指定对象后，选择基点

在默认设置下，角度为正时沿逆时针方向旋转，反之沿顺时针旋转。

视野拓展

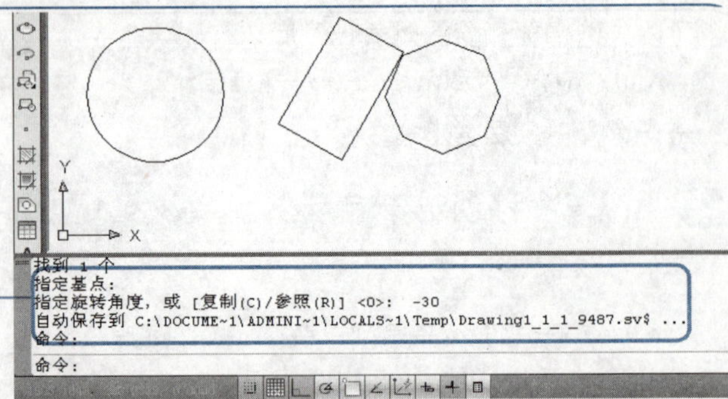

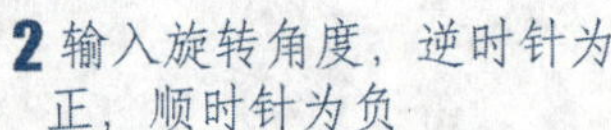

如果选择了【复制（C)】，创建出旋转对象后，原位置仍保留原对象；如果选择了【参照（R)】，以参照方式旋转对象，即指定两个角度，旋转角度等于输入的新角度-参照角。

博学先生，我比较习惯于先选中对象再发出AutoCAD绘图命令。能不能先发出绘图命令，再选中对象呢?

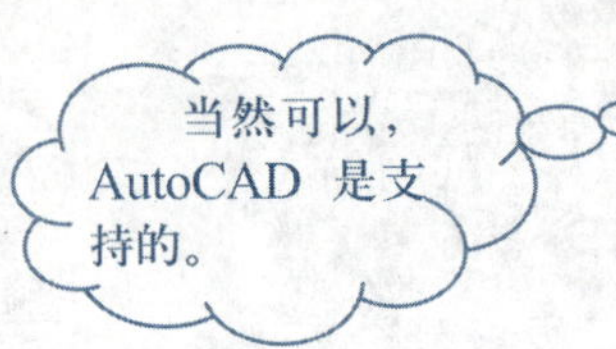

5.4 复制、阵列、偏移和镜像对象

在 AutoCAD 中，可以通过使用【复制】、【阵列】、【偏移】和【镜像】命令创建与原对象相同或相似的图形。

5.4.1 复制对象

- 命令：copy（CO）。
- 菜单：单击菜单浏览器按钮，选择【修改】|【复制】命令。
- 工具栏：【功能区】选项板中，单击【修改】面板中的【复制】按钮。

输入命令 CO 后，选择目标对象，根据提示复制对象。

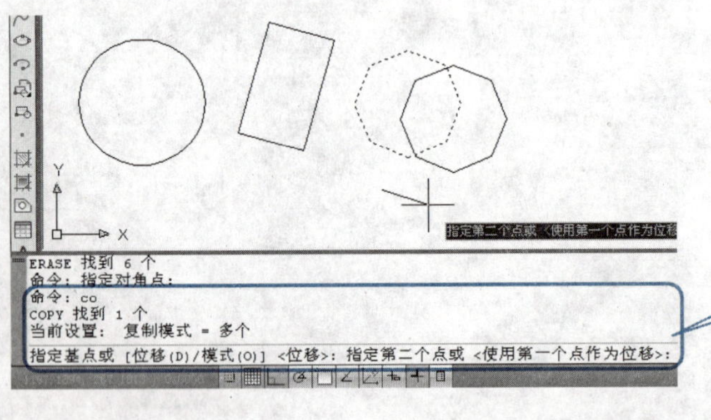

如果选择【位移（D)】，系统默认的是以原点（0，0）为基点；如果选择【模式（O)】，即确定一次复制还是多次复制，系统默认是多次复制。

视野拓展

要用 AutoCAD 在一幅图像中绘制多个相同的图形时，可以先绘出一个图形，然后通过复制的方法得到其他图形。

 5.4.2 阵列对象

- 命令：array。
- 菜单：单击菜单浏览器按钮，选择【修改】|【阵列】命令。
- 工具栏：【功能区】选项板中，单击【修改】面板中的【阵列】按钮。

输入命令 array，弹出【阵列】对话框。

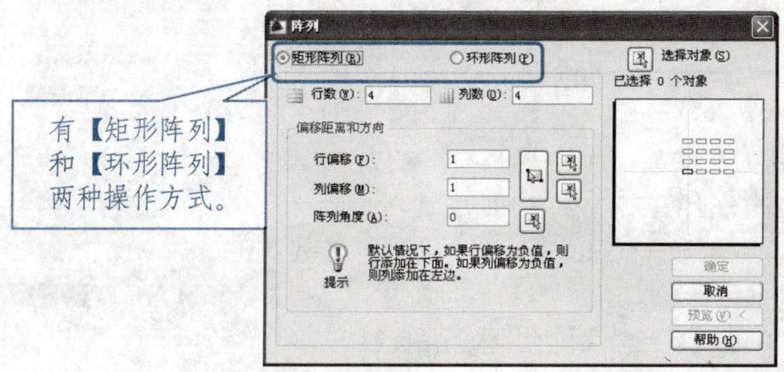

1. 矩形阵列

其各选项的功能介绍如下。

- 【行数】、【列数】文本框：用于指定矩形阵列的行数和列数。
- 【偏移距离和方向】选项组：设置偏移的行间距、列间距及阵列角度。
- 选择对象按钮：选择阵列对象。单击该按钮，AutoCAD 临时切换到绘图窗口。
- 预览区域：显示满足对话框当前设置的阵列的预览图像。
- 【预览】按钮：预览阵列效果。

下图为将一圆按 2 行、4 列进行行偏移和列偏移均为 200 的矩形阵列。

提示：

- 通过【行偏移】和【列偏移】文本框设置阵列行间距和列间距时，距离值可正可负，其含义为：在默认坐标系设置下，如果行间距为正值，相对于原对象向上阵列，否则向下阵列；如果列间距为正值，相对于原对象向右阵列，否则向左阵列。
- 阵列时还可以旋转指定的角度。

2. 环形阵列

选择【环形阵列】选项后，【阵列】对话框如下图所示。

镜像功能特别适合绘制对称图形。

视野拓展

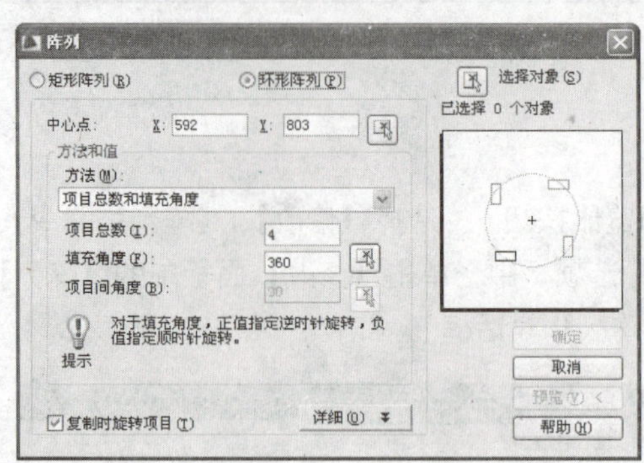

其各选项的功能介绍如下。

【中心点】文本框：确定环形阵列时的阵列中心点。可以在文本框中直接输入坐标值，也可以单击对应的按钮，从屏幕上指定（较为常用的方式）。

【方法和值】选项组：确定环形阵列后的项目总数以及阵列角度范围。

- 【方法】下拉列表框用于设置定位对象所用的方法：【项目总数和填充角度】、【项目总数和项目间的角度】以及【填充角度和项目间的角度】。
- 【项目总数】、【填充角度】和【项目间角度】文本框：项目总数表示环形阵列后的对象个数（包括原对象），填充角度用于设置环形阵列的范围，项目间角度用于设置环形阵列后相邻两对象之间的夹角。

【复制时旋转项目】复选框：确定环形阵列对象时对象本身是否绕其基点旋转。

下图为将一矩形按项目总数为 4、填充角度为 360 的环形阵列。

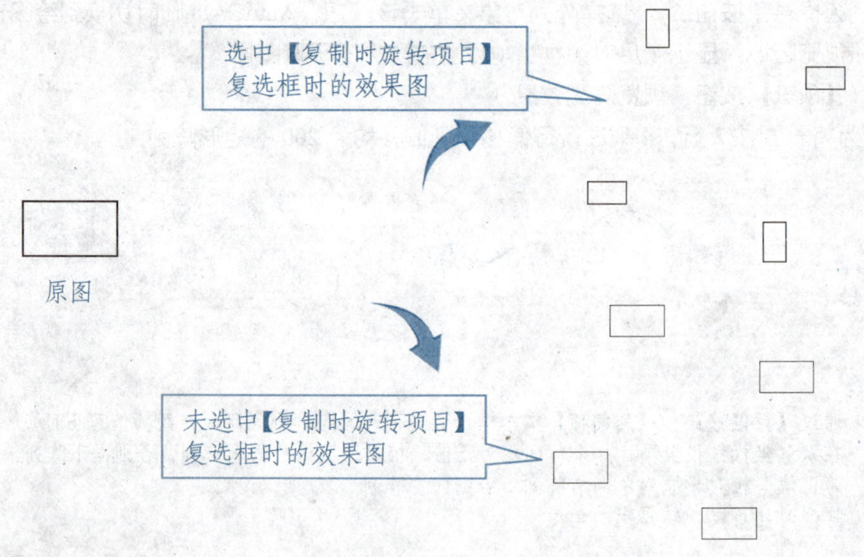

5.4.3 偏移对象

- 命令：offset。
- 菜单：单击菜单浏览器按钮，选择【修改】|【偏移】命令。

视野拓展

用给定偏移距离的方式复制对象时，距离值必须大于零。

- 工具栏：【功能区】选项板中，单击【修改】面板中的【偏移】按钮。

输入命令 offset 后，系统提示如下：

```
命令: o OFFSET
当前设置: 删除源=否  图层=源  OFFSETGAPTYPE=0
指定偏移距离或 [通过(T)/删除(E)/图层(L)] <通过>:
```

默认情况下，需要指定偏移距离，再选择要偏移复制的对象，然后指定偏移方向（用光标单击目标侧即可）。其他各选项的功能如下。

- 【通过（T）】选项：使对象偏移复制后通过指定的点。
- 【删除（E）】选项：确定偏移后是否删除原对象。
- 【图层（L）】选项：确定将偏移后得到的对象创建在当前图层还是原对象所在图层。

下图是将一圆弧偏移，偏移后的圆弧要经过矩形的右上角节点的例子。

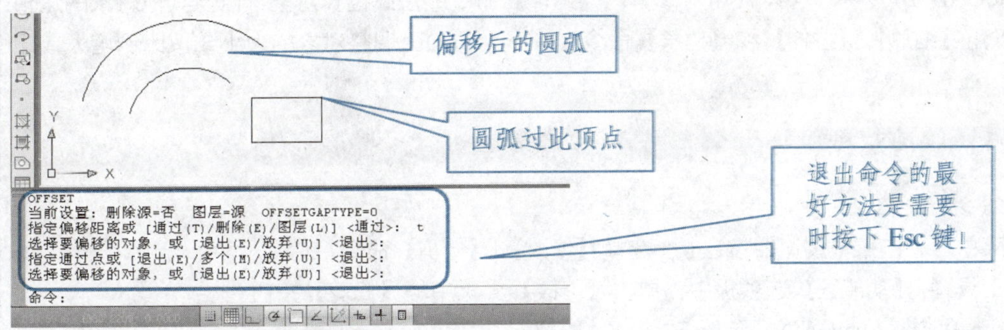

5.4.4　镜像对象

- 命令：mirror。
- 菜单：单击菜单浏览器按钮，选择【修改】|【镜像】命令。
- 工具栏：【功能区】选项板中，单击【修改】面板中的【镜像】按钮。

镜像对象是指将选定的对象相对于镜像线进行镜像复制（可以理解为对称），下图的例子可以说明。

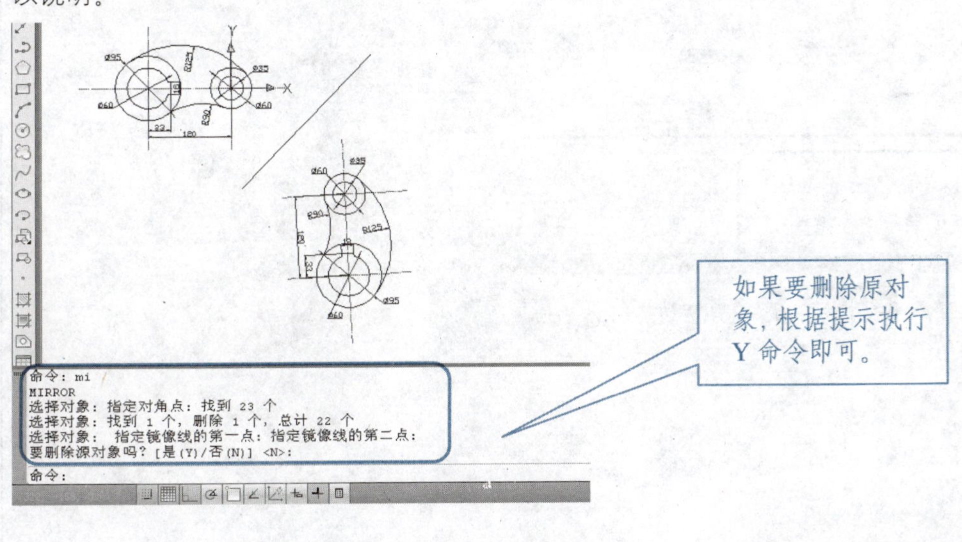

用户可以根据需要确定镜像时是否绘制镜像线。有时可以直接通过指定两点的方式确定镜像线；也可以直接以已有图形上的某条直线作为镜像线。

博学先生，我不是很喜欢用阵列命令。总是想用复制来逐个生成目标对象。

这样的操作固然是可以的。但是，建议要掌握阵列命令，这样可以加快绘图速度，毕竟绘图的效率是非常重要的。

5.5 修改对象的形状和大小

在 AutoCAD 2009 中，可以使用【修剪】、【延伸】命令缩短或拉长对象，以与其他对象的边相接。也可以用【缩放】、【拉伸】和【拉长】命令，在一个方向上调整对象的大小或按比例增大或缩小对象。

5.5.1 修剪对象

- 命令：trim。
- 菜单：单击菜单浏览器按钮，选择【修改】|【修剪】命令。
- 工具栏：【功能区】选项板中，单击【修改】面板中的【修剪】按钮。

执行 trim 命令，AutoCAD 提示如下：

```
命令：tr TRIM
当前设置:投影=UCS，边=无
选择剪切边...
选择对象或 <全部选择>:
```


这里的【选择剪切边】，就是指定参照的对象，超出此对象的部分就将被剪掉。

下面以修剪两圆弧为例说明 trim 的使用方法。

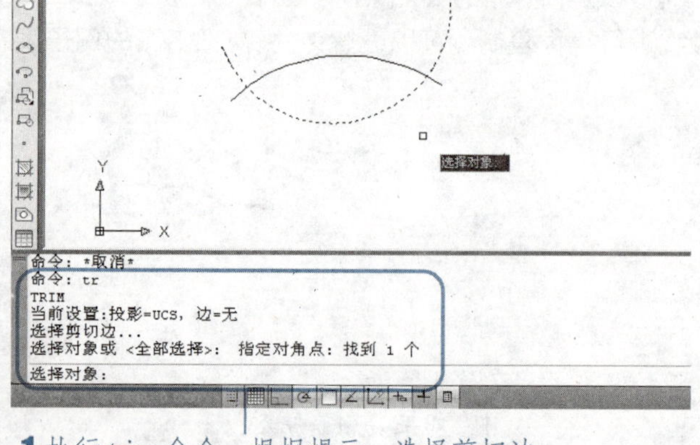

1 执行 trim 命令，根据提示，选择剪切边

视野拓展

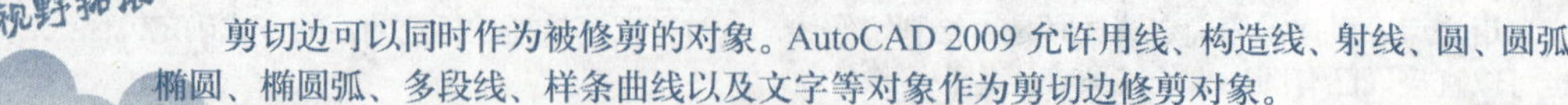

剪切边可以同时作为被修剪的对象。AutoCAD 2009 允许用线、构造线、射线、圆、圆弧、椭圆、椭圆弧、多段线、样条曲线以及文字等对象作为剪切边修剪对象。

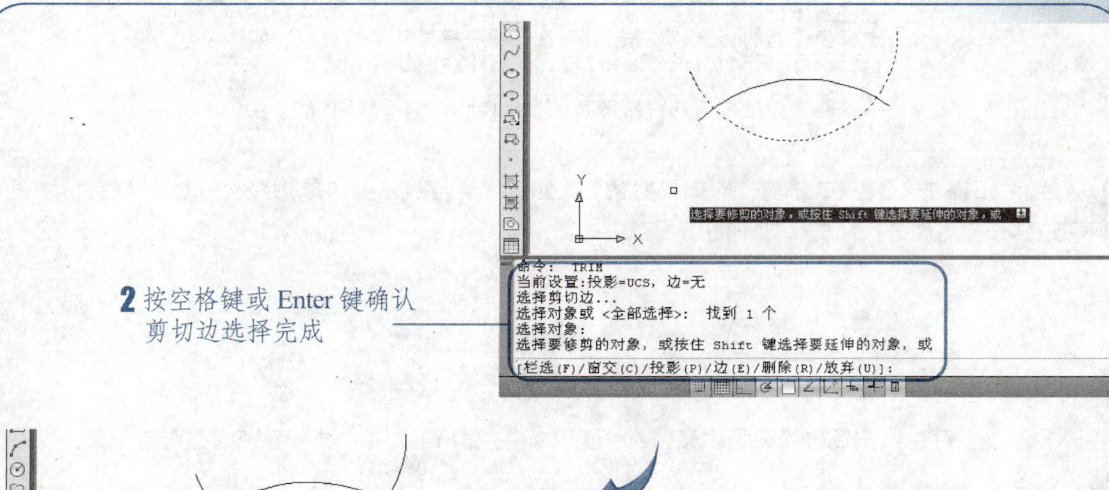


```
命令： TRIM
当前设置:投影=UCS，边=无
选择剪切边...
选择对象或 <全部选择>： 找到 1 个
选择对象：
选择要修剪的对象，或按住 Shift 键选择要延伸的对象，或
[栏选(F)/窗交(C)/投影(P)/边(E)/删除(R)/放弃(U)]:
选择要修剪的对象，或按住 Shift 键选择要延伸的对象，或
[栏选(F)/窗交(C)/投影(P)/边(E)/删除(R)/放弃(U)]:
选择要修剪的对象，或按住 Shift 键选择要延伸的对象，或
[栏选(F)/窗交(C)/投影(P)/边(E)/删除(R)/放弃(U)]:
自动保存到 C:\DOCUME~1\ADMINI~1\LOCALS~1\Temp\Drawing1_1_1_3747.sv$ ...
命令：
命令：
```

3 根据提示，选择要修剪的对象，然后按空格键或 Enter 键，剪切结束

该命令提示中主要选项的功能如下。

- 【栏选（F）】：以栏选方式确定被修剪对象并进行修剪。
- 【窗交（C）】：使与矩形选择窗口边界相交的对象作为被修剪对象并进行修剪。
- 【投影（P）】：确定修剪时的操作空间，执行该选项后，AutoCAD 提示如下：

```
选择对象：
选择要修剪的对象，或按住 Shift 键选择要延伸的对象，或
[栏选(F)/窗交(C)/投影(P)/边(E)/删除(R)/放弃(U)]: p
输入投影选项 [无(N)/UCS(U)/视图(V)] <UCS>:
```

无（N）：按实际三维空间的相互关系修剪，即只有在三维空间实际能够相交的对象才能进行修剪或延伸，而不是按它们在平面上的投影关系修剪在三维空间中并不相交的对象（一般用于三维绘图）。

UCS(U)：在当前 UCS 的 XY 面上修剪。选择该选项后，可以在当前 XY 面上按图形的投影关系修剪在三维空间中并不相交的对象（一般用于三维绘图）。

视图（V）：在当前视图平面上按相交关系修剪（一般用于三维绘图）。

- 【边（E）】：确定剪切边的隐含延伸模式。执行该选项后，AutoCAD 提示如下：

选择【栏选】方法可以进行一系列修剪对象。如果未指定边界并在【选择对象】提示下按 Enter 键，则所有对象都将可能成为边界，这称为隐含选择。要选择块内的几何对象作为边界，必须使用单一、交叉、栏框或隐含边界。

视野拓展

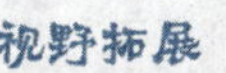

```
选择对象:
选择要修剪的对象，或按住 Shift 键选择要延伸的对象，或
[栏选(F)/窗交(C)/投影(P)/边(E)/删除(R)/放弃(U)]: e

输入隐含边延伸模式 [延伸(E)/不延伸(N)] <不延伸>:
```

延伸（E）：按延伸模式修剪，即如果剪切边太短、没有与被修剪对象相交，AutoCAD 会自动将剪切边延长，然后进行修剪，如下图所示。

不延伸（N）：只按各边的实际相交情况修剪，如果剪切边太短、没有与被修剪对象相交，则不修剪。

- 【删除（R）】：删除指定的对象。
- 【放弃（U）】：取消上一次的操作。按 Esc 有同样的效果。

5.5.2 延伸对象

- 命令：extend。
- 菜单：单击菜单浏览器按钮，选择【修改】|【延伸】命令。
- 工具栏：【功能区】选项板中，单击【修改】面板中的【延伸】按钮。

延伸命令的使用方法和修剪命令的使用方法相似，不同之处在于：使用延伸命令时，如果在按下 Shift 键的同时选择对象，则执行修剪命令；使用修剪命令时，如果在按下 Shift 键的同时选择对象，则执行延伸命令。

修剪效果如下图所示。

5.5.3 缩放对象

- 命令：scale。
- 菜单：单击菜单浏览器按钮，选择【修改】|【缩放】命令。
- 工具栏：【功能区】选项板中，单击【修改】面板中的【缩放】按钮。

下图以将一六边形放大 1.5 倍为例说明缩放命令的使用方法。

视野拓展

使用参照时，AutoCAD 根据参照长度与新长度的值自动计算比例因子（比例因子 a=新长度值/参考长度值），然后按该比例进行相应的缩放。

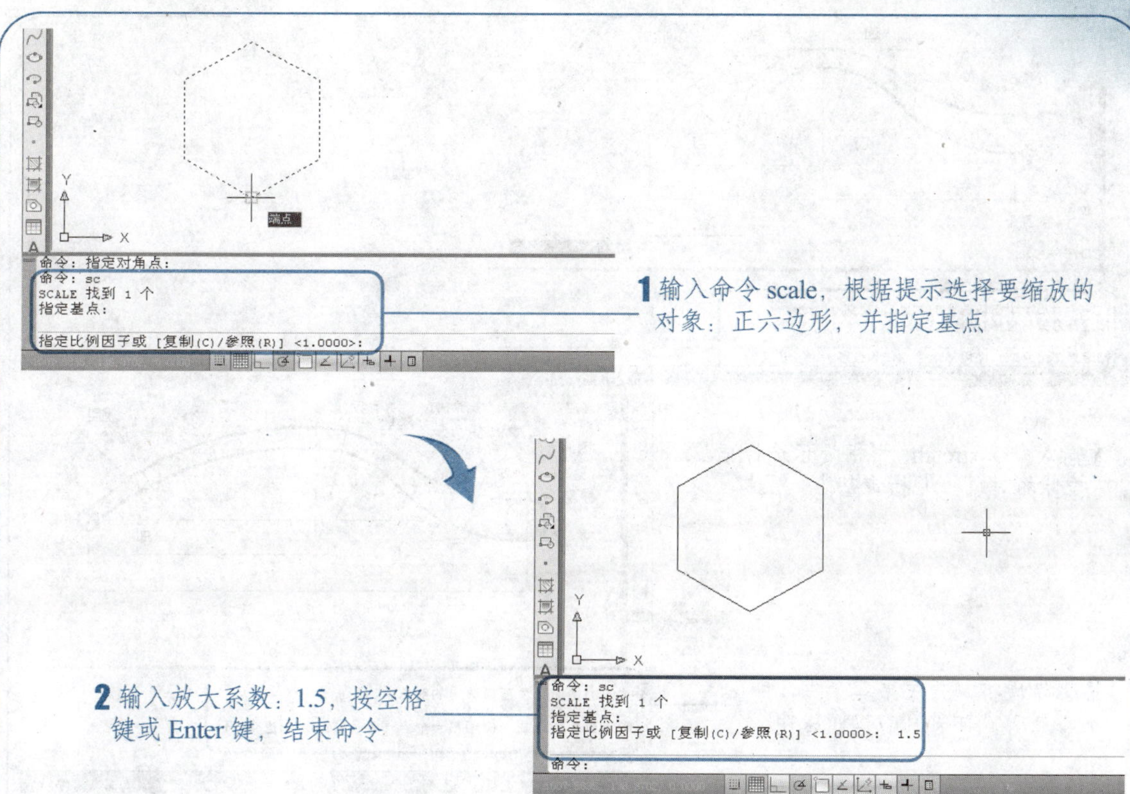

该命令提示中主要选项的功能如下。

- 【复制（C）】：执行该选项，缩放原对象后，原对象仍保留，如下图所示。

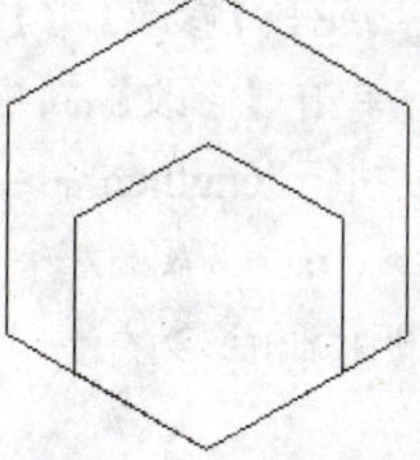

- 【参照（R）】：执行该选项，用绘图界面中的对象实际长度作为比例因子。

5.5.4 拉伸对象

- 命令：stretch。
- 菜单：单击菜单浏览器按钮，选择【修改】|【拉伸】命令。
- 工具栏：【功能区】选项板中，单击【修改】面板中的【拉伸】按钮。

下图以将图形右半部分拉伸到另一位置为例说明拉伸命令的使用方法。

在指定基点时常常输入一个坐标值，当命令提示输入第二个点或<使用第一个点作为位移>时，按 Enter 键则以第一输入的坐标值为距离进行拉伸。

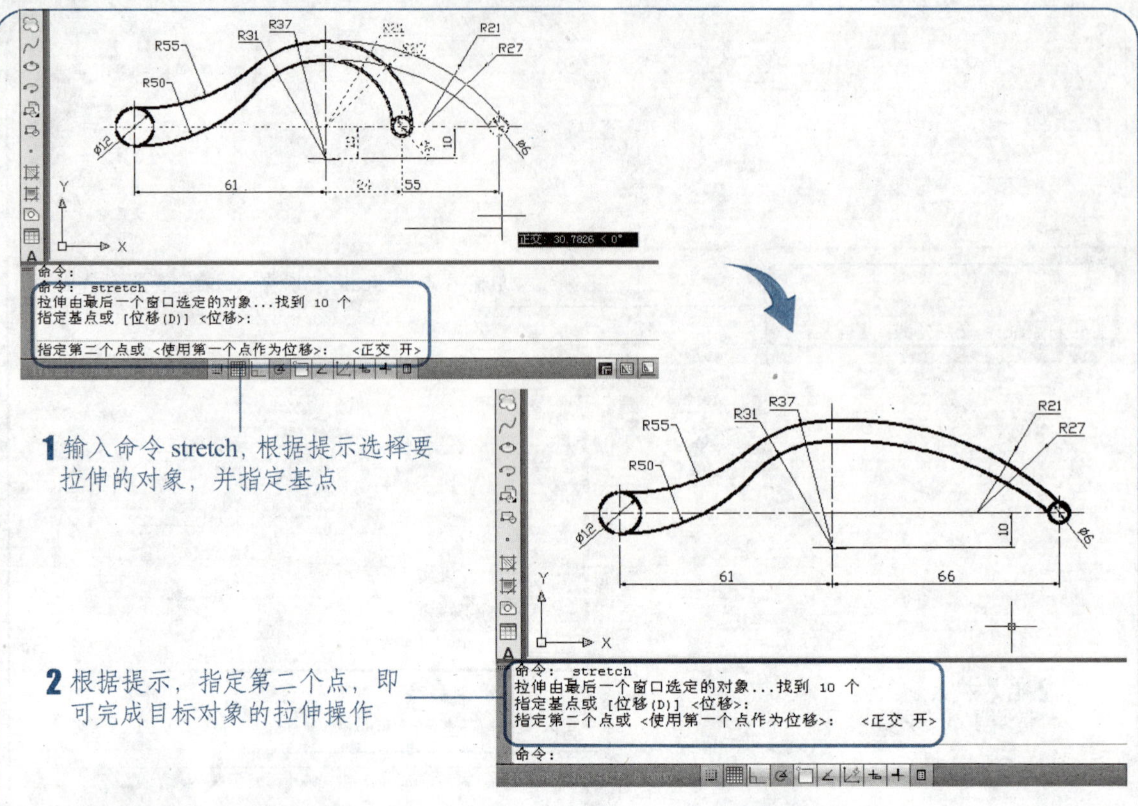

5.5.5 拉长对象

- 命令：lengthen。
- 菜单：单击菜单浏览器按钮，选择【修改】|【拉长】命令。
- 工具栏：【功能区】选项板中，单击【修改】面板中的【拉长】按钮。

该命令用于改变直线或圆弧的长度。执行 lengthen 命令后，AutoCAD 提示如下：

选择对象或 [增量(DE)/百分数(P)/全部(T)/动态(DY)]:

下图以将一圆弧长度增加 50 为例说明拉伸命令的使用方法。

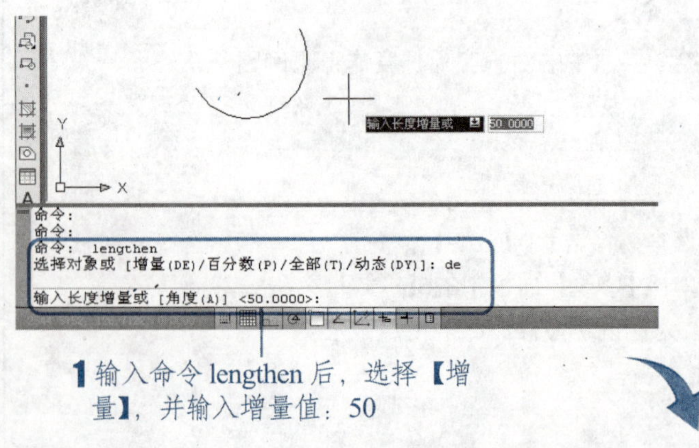

视野拓展

双击某一图形对象，AutoCAD 一般会自动打开特性窗口，并在窗口中显示出该对象的特性，供用户修改。

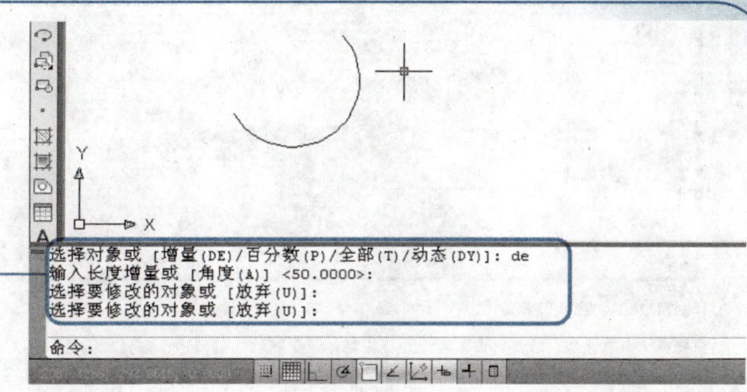

2 单击要延长的圆弧一侧，按空格键或 Enter 键结束要延长的对象，再按空格键或 Enter 键结束拉长命令

其余选项的功能如下。

- 【增量（DE）】：通过设定长度增量或角度增量来改变对象的长度。可以直接输入长度或角度增量来拉长直线或圆弧，长度或角度增量为正值时拉长，长度或角度增量为负值时缩短。
- 【百分数（P）】：以相对于原长度的百分比来修改直线或者圆弧的长度。
- 【全部（T）】：以给定直线新的总长度或圆弧的新包含角来改变长度。
- 【动态（DY）】：允许动态地改变圆弧或者直线的长度。

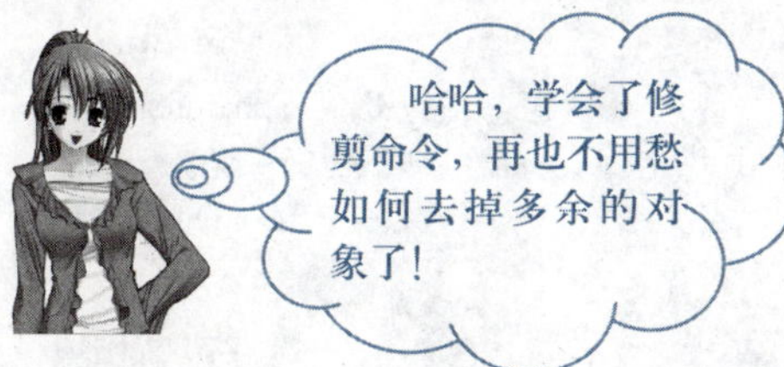

是的，不仅是修剪命令。掌握了修改对象的基本命令后，就可以非常方便地精确绘制图形了。

5.6　修改倒角、圆角和打断

在 AutoCAD 2009 中，可以使用倒角、圆角命令来修改对象使其以平角或圆角相接，使用打断命令在对象上创建间距。

5.6.1　倒角对象

- 命令：chamfer。
- 菜单：单击菜单浏览器按钮，选择【修改】|【倒角】命令。
- 工具栏：【功能区】选项板中，单击【修改】面板中的【倒角】按钮。

执行 chamfer 命令创建倒角时，一般应先利用【距离（D）】、【角度（A）】等选项设置倒角尺寸。

视野拓展

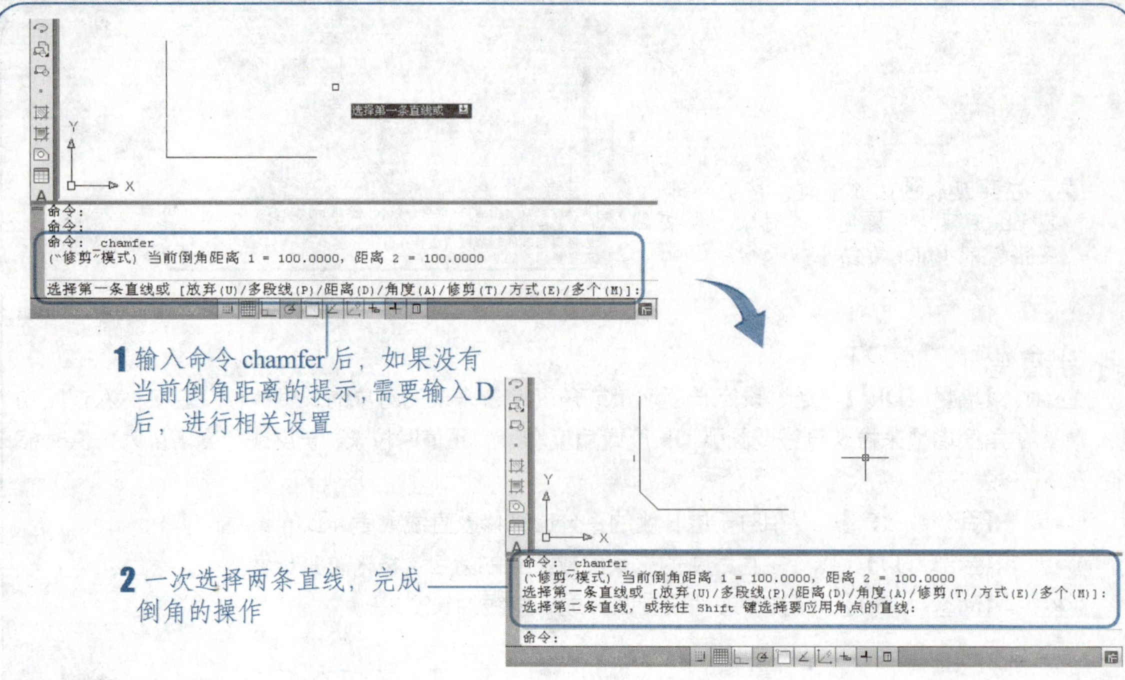

提示:

- 修倒角时，倒角距离或倒角角度不能太大，否则无效。当两个倒角距离均为 0 时，chamfer 命令将延伸两条直线使之相交，不产生倒角。此外，如果两直线平行或发散，则不能修倒角。
- 在默认情况下，倒角距离可能为 0，执行 chamfer 命令后，需要在 AutoCAD 提示中输入 D（距离），设定下两个倒角的距离。

该命令提示中主要选项的功能如下。

- 【多段线（P）】：以当前设置的倒角大小对多段线的各顶点（交角）修倒角。
- 【距离（D）】：设置倒角距离尺寸。
- 【角度（A）】：根据第一个倒角距离和角度来设置倒角尺寸。
- 【修剪（T）】：设置倒角后是否保留原拐角边。
- 【方法（E）】：设置倒角的方法，有【距离】和【角度】两个选择。
- 【多个（M）】：对多个对象修倒角。

5.6.2 圆角对象

- 命令：fillet。
- 菜单：单击菜单浏览器按钮，选择【修改】|【圆角】命令。
- 工具栏：【功能区】选项板中，单击【修改】面板中的【圆角】按钮。

修圆角的方法与修倒角的方法相似，执行 fillet 命令后，AutoCAD 提示如下：选择第一个对象或 [放弃(U)/多段线(P)/半径(R)/修剪(T)/多个(M)]:。选择【半径（R）】选项，即可设置圆角的半径大小。

提示: 在 AutoCAD 2009 中，允许对两条平行线倒圆角，圆角半径为两条平行线距离的一半。

视野拓展

如果将圆角半径设为零，则创建圆角时 AutoCAD 将延伸或修剪所操作的两个对象，使它们相交（如果能够相交的话）。

5.6.3　打断

在 AutoCAD 2009 中，使用打断命令可部分删除对象或把对象分解成两部分，还可以使用打断于点命令将对象在一点处断开成两个对象。

1. 打断对象

- 命令：break。
- 菜单：单击菜单浏览器按钮，选择【修改】|【打断】命令。
- 工具栏：【功能区】选项板中，单击【修改】面板中的【打断】按钮。

以下图为例说明如何打断一圆。

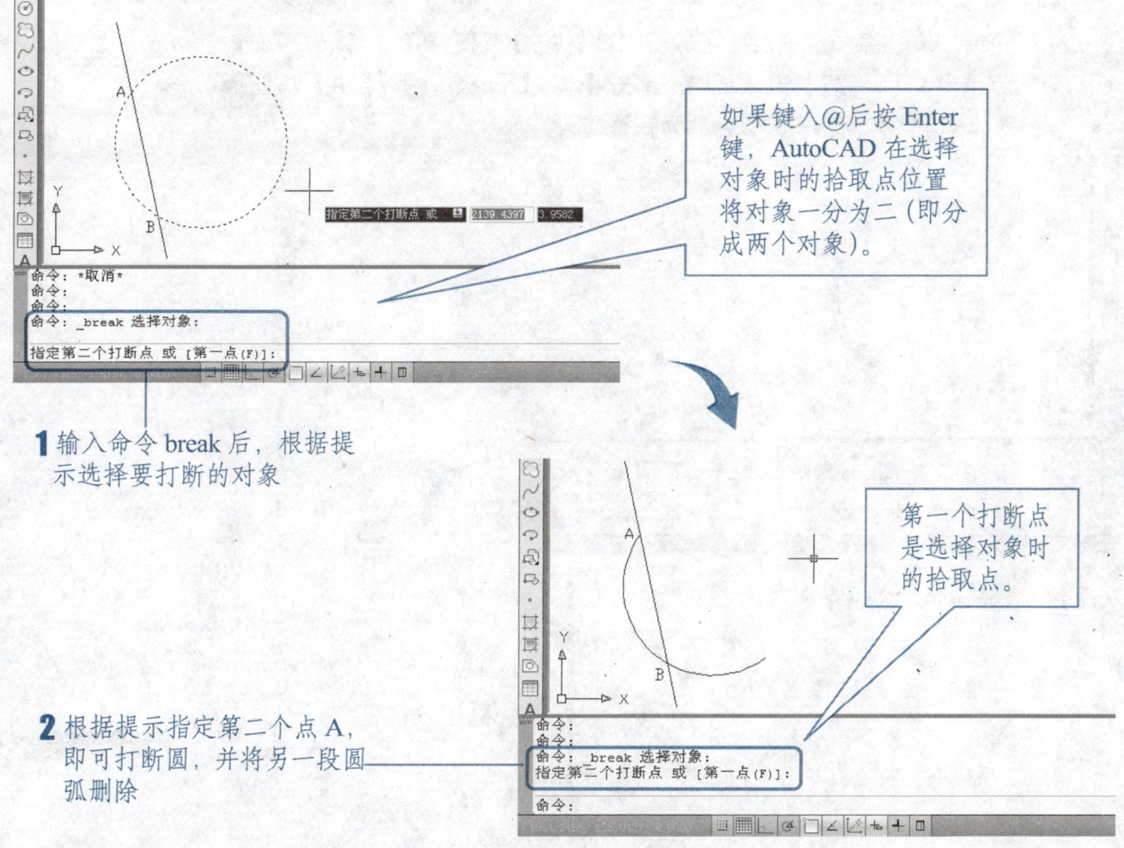

如果选择【第一点（F）】，则重新确定第一点。

2. 打断于点

在【功能区】选项板中，单击【修改】面板中的【打断于点】按钮，该命令是从【打断】命令中派生出来的。执行该命令时，选择要被打断的对象，然后指定打断点即可从该点打断对象。

下图是将一圆弧从点 C 处打断。

执行 break 命令时，只能用直接拾取的方式选择一个操作对象。

视野拓展

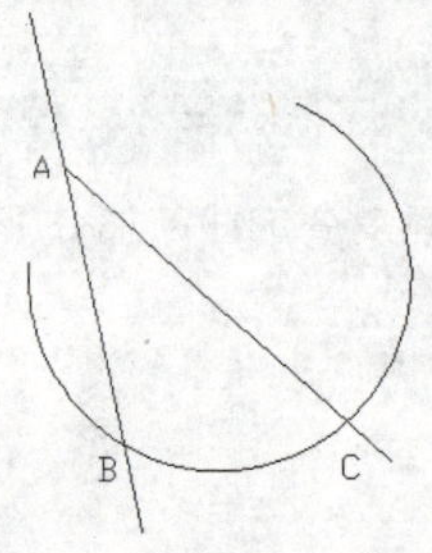

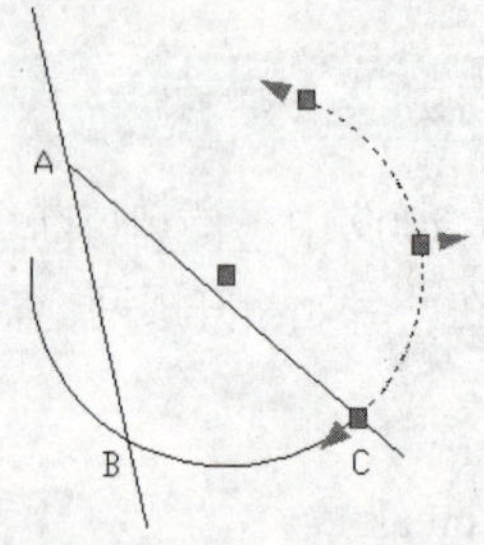

5.6.4 合并对象

合并对象是指将多个对象合并成一个整体。

- 命令：join。
- 菜单：单击菜单浏览器按钮，选择【修改】|【合并】命令。
- 工具栏：【功能区】选项板中，单击【修改】面板中的【合并】按钮。

以下图为例说明如何将一圆弧合并为完整的圆。

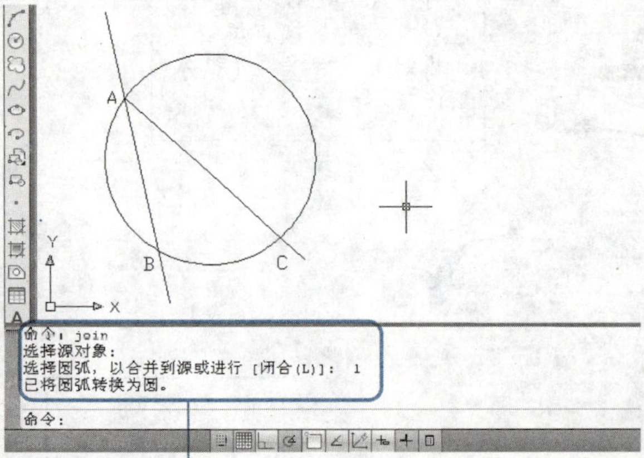

1 输入命令 join，选择圆弧

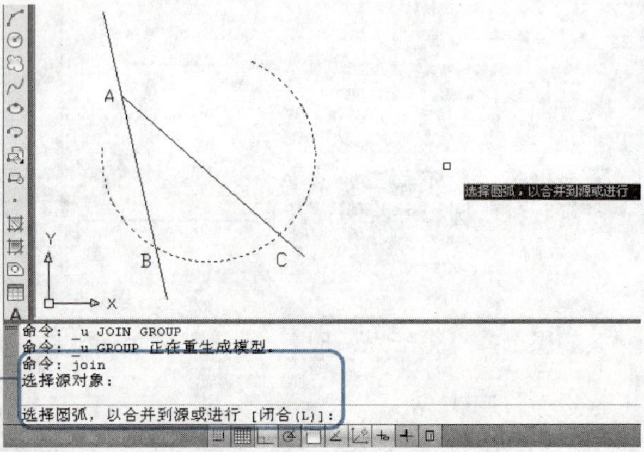

2 选择【闭合（L）】完成操作

5.6.5 分解对象

对于矩形、块等由多个对象编组成的组合对象，如果需要对单个成员进行编辑，就需要先将它

视野拓展

对相交两条边倒角、且倒角后要修剪倒角边时，执行倒角操作后，AutoCAD 总是保留选择倒角对象时所拾取的那一部分对象。

分解开。

- 命令：explode。
- 菜单：单击菜单浏览器按钮，选择【修改】|【分解】命令。
- 工具栏：【功能区】选项板中，单击【修改】面板中的【分解】按钮。

输入命令 explode 后，选择要分解的对象后按空格键或 Enter 键，即可分解图形并结束该命令。下图将一矩形分解为四段线段。

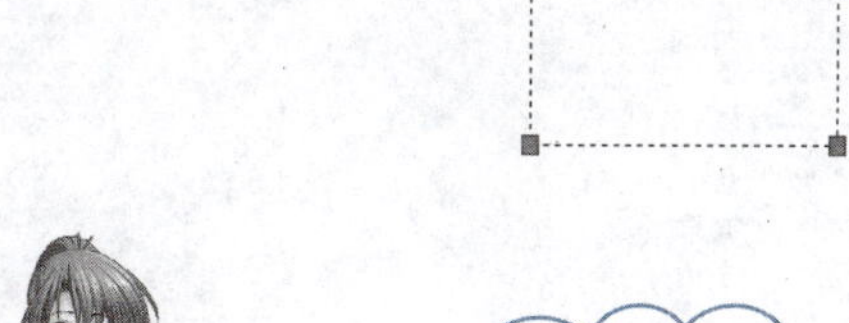

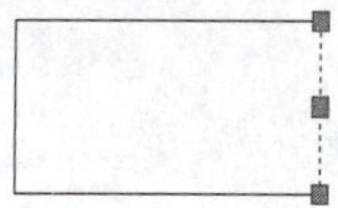

5.7　本章小结

借助图形编辑命令。可以修改已有图形或通过已有图形构造新的复杂图形。在绘制图形过程中，熟练运用各种命令，可以提高绘图效率。

通过本章的学习，学会了快速选择图形，在选择图形的基础上就可以用夹点编辑。可以运用【复制】、【阵列】、【偏移】和【镜像】命令提高绘图效率，绘出多个相似的图形对象。如果对绘出的图形不满意，可以使用【修剪】、【延伸】、【缩放】、【拉伸】和【拉长】命令了，方便地改变对象的长度、形状等。最后，通过【倒角】、【圆角】、【打断】、【合并】和【分解】命令修饰出合适的图形。

5.8　趁热打铁

现在用学到的知识解决下面的问题吧！

5.8.1　选择题

1．对于同一平面上的两条不平行且无交点的线段，可以仅通过一个（　　　　）命令来延长原线段使两条线段相交一点。

A．extend　　　　B．fillet

C．stretch　　　　D．lengthen

2．一组同心圆可由一个已画好的圆用（　　　　）命令来实现。

A．stretch　　　　B．move

如果将两个倒角距离设成不同的值，那么当根据提示依次选择两条倒角直线时，选择的第一条直线将按第一倒角距离、第二条直线将按第二倒角距离倒角。如果将两个倒角的距离均设为 0，则可以延伸或修剪两条倒角直线，使它们相交于一点。

视野拓展

C．extend　　D．offset

3．对象编组中的成员从（　　　）开始编号。

A．0　　B．1

C．不确定　　D．2

4．单击（　　　）按钮，可以实现【修剪】命令。

A．-/-　　B．--/

C．□　　D．⋰

5.8.2　实践题

1．绘制如下图所示的图形（尺寸由读者自定）。

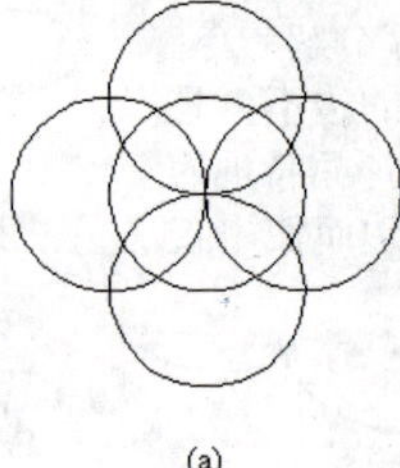

(a)

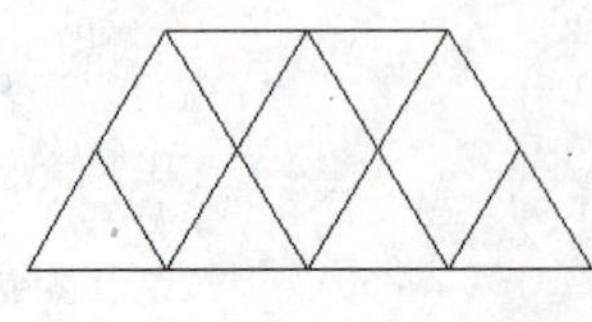

(b)

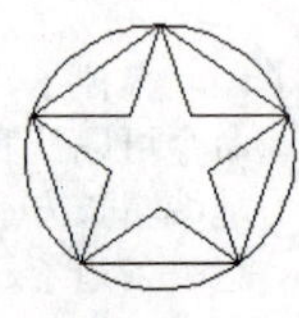

(c)

2．绘制如下图所示的图形。

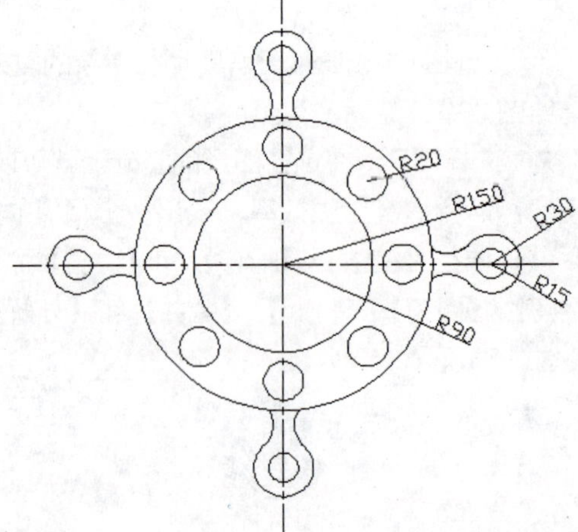

视野拓展　在合并两条或多条圆弧时，AutoCAD从原对象开始沿逆时针方向合并对象。

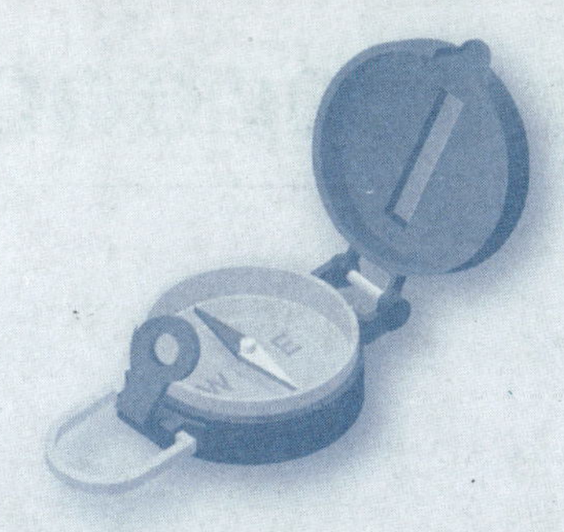

第6章　创建文字与表格

本章导读

文字对象是AutoCAD图形中很重要的图形元素，是机械制图和工程制图中不可缺少的组成部分。在一个完整的图样中，通常使用一些文字标注图样中的一些非图形信息。另外，在AutoCAD 2009中，使用表格功能可以创建不同类型的表格，以简化制图操作。

本章学习目标

- 学会设置文字样式
- 学会文字与表格的创建与编辑

本章学习重点

- 文字样式的设置方法
- 创建与编辑单、多行文字
- 创建表格样式和表格

6.1 设置文字样式

在 AutoCAD 中，所有文字都有与之相关联的文字样式。在创建文字注释和尺寸标注时，AutoCAD 通常使用当前的文字样式。也可以根据具体要求重新设置文字样式或创建新的样式。

6.1.1 新建文字样式

下面介绍如何新建文字样式。

- 命令：style。
- 菜单：单击菜单浏览器按钮，选择【格式】|【文字样式】命令。
- 工具栏：在【功能区】选项板中，单击【文字】面板中的【文字样式】按钮。

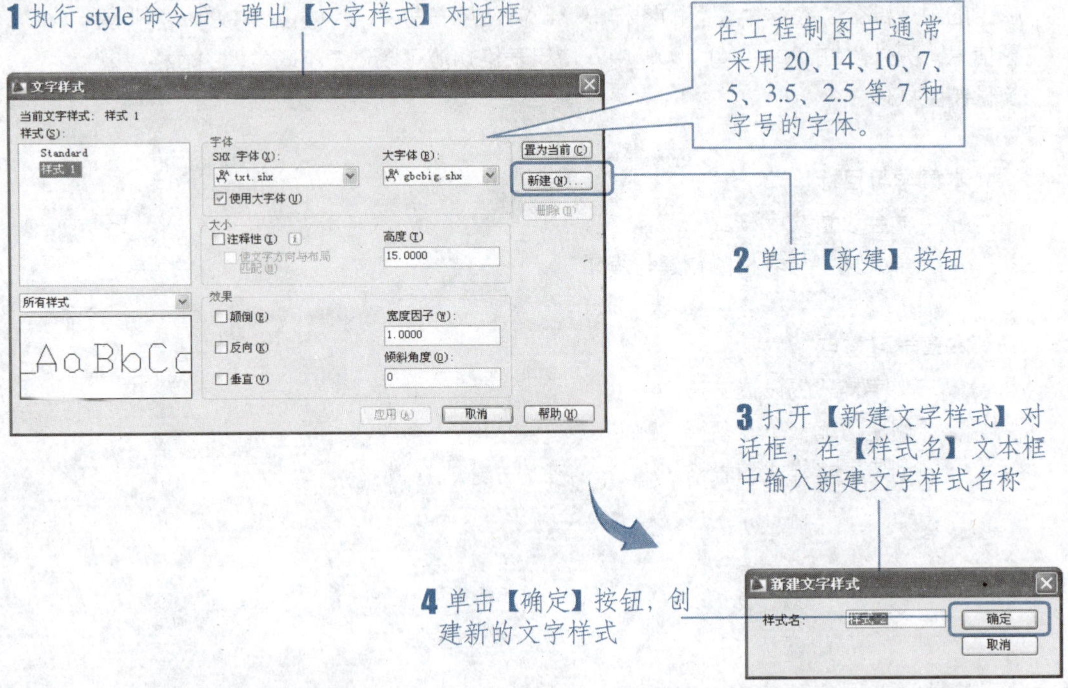

在【文字样式】对话框中可以显示文字样式的名称、创建新的文字样式，为已有的文字样式重命名以及删除文字样式。该对话框中部分选项含义如下。

- 【样式】列表：列出了当前可以使用的文字样式，默认文字样式为 Standard（标准）。
- 【置为当前】按钮：单击该按钮，可将选择的文字样式设置为当前的文字样式。
- 【删除】按钮：单击该按钮，可以删除所选择的文字样式，但无法删除已经被使用了的文字样式和默认的 Standard 样式。

提示： 如果要重命名文字样式，可在【样式】列表中右击要重命名的文字样式，在弹出的快捷菜单中选择【重命名】命令即可，但无法重命名默认的 Standard 样式。

视野拓展 建筑绘图中，用户可以根据规定将书写文字简化为 3 种字体，即为长形字体尺寸、方形字体尺寸、宽形字体尺寸。

6.1.2 设置字体和大小

【文字样式】对话框中的【字体】选项区域用于设置文字样式使用的字体属性。

- 【字体名】下拉列表框用于选择字体;
- 【字体样式】下拉列表框用于选择字体格式，如斜体、粗体和常规字体等。选中【使用大字体】复选框，【字体样式】下拉列表框变为【大字体】下拉列表框，用于选择大字体文件。
- 【大小】选项区域用于设置文字样式使用的字高属性。【高度】文本框用于设置文字的高度。选中【注释性】复选框，文字将被定义成可注释行的对象。

6.1.3 设置与预览文字效果

在【文字样式】对话框中的【效果】区域中，可以设置文字的显示效果，在【预览】选项区域中，可以预览所选择或所设置的文字样式效果。如下图所示。

选中【颠倒】复选框可以将文字倒过。

选中【反向】复选框可以将文字反方向。

选中【垂直】复选框可以将文字垂直书写，但垂直效果对汉字字体无效。

在【宽度因子（F）】文本框输入相应的因子，可以调节文字的大小。

在【倾斜角度（0）】文本框中可以进行文字角度的设置。

- 【宽度因子】文本框：用于设置文字字符的高度和宽度之比。当宽度比例为1时，将按系统定义的高度比书写文字；当宽度比例小于1时，字符会变窄；当宽度比例大于1时，字符会变宽。
- 【倾斜角度（0)】文本框：用于设置文字的倾斜角度。角度为0时不倾斜，角度为正值时向右倾斜，为负值时向左倾斜。

6.1.4 应用文字样式

设置完文字样式后，单击【应用】按钮即可应用文字样式。然后单击【关闭】按钮，关闭【文字样式】对话框。

在【字体名】下拉列表框中，有两种字体文件，一种是由AutoCAD设计的字体形文件，扩展名为.shx；另一种是Windows系统的TureType字体。书写数字、字母时使用字体形文件，书写汉字时则用TureType字体。

博学先生，【文字样式】对话框里【字体名】下拉列表框里的字体名称有前缀@，这是为何？

如果选择有前缀@的字体，标注的多行文字将会是竖直排列的。

6.2 创建与编辑单行文字

在 AutoCAD 2009 中，使用【文字】工具栏和【注释】选项卡中的【文字】面板都可以创建和编辑文字，如下图所示。

对于单行字来说，每一行都是一个文字对象，因此可以用来创建文字内容比较简短的文字对象，如标签，并且可以单独编辑。

技巧：

- 有时在输入中文汉字时，会显示为乱码或？符号，出现此现象的原因是由于选取的字体不恰当，该字体无法显示中文汉字，此时，只要重新选择合适的字体即可。
- 默认情况下，【文字】工具栏不出现在绘图界面。调出方法：单击菜单浏览器按钮 ，选择【工具】|【工具栏】|【AutoCAD】|【文字】命令。

6.2.1 创建单行文字

- 命令：dtext。
- 菜单：单击菜单浏览器按钮，选择【绘图】|【文字】|【单行文字】命令。
- 工具栏：【功能区】选项板中，单击【文字】面板中的【单行文字】按钮AI。

执行 dtext 命令后，AutoCAD 提示：

```
命令: DTEXT
当前文字样式:  "Standard"  文字高度:  2.5000  注释性:  否
指定文字的起点或 [对正(J)/样式(S)]:
```

1. **指定文字的起点**

默认情况下，通过指定单行文字基线的起点位置创建文字。AutoCAD 为文字行定义了顶线、中线、基线和底线 4 条线，用于确定文字行的位置。这 4 条线与文字串的关系如下图所示。

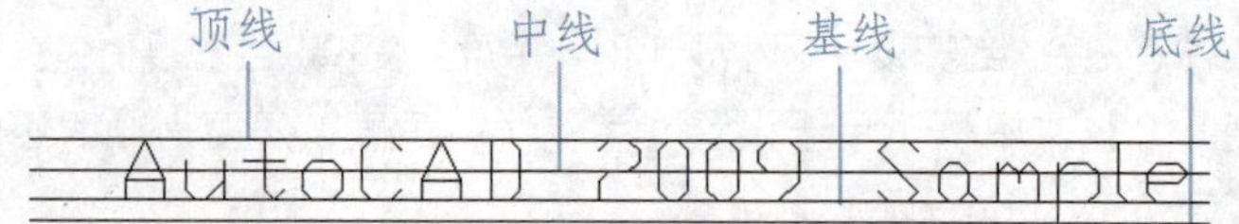

如果文字样式的高度设置为 0，系统将显示【指定高度:】提示信息，要求指定文字高度，否则不提示该信息，而使用【文字样式】对话框中设置的文字高度。下图为完整创建单行文字的提示，结束后按空格键或 Enter 键确认退出命令。

视野拓展

【字体样式】下拉列表中有 3 种格式：常规、斜体、粗体，但是只有选择了 TureType 字体文件下的某种字体时才可部分或全部使用。

```
命令: DTEXT
当前文字样式: "Standard" 文字高度: 2.5000 注释性: 否
指定文字的起点或 [对正(J)/样式(S)]:
指定高度 <2.5000>: 25
指定文字的旋转角度 <0>:
命令: 指定对角点:
```

2. 设置对正方式

在创建单行文字时，根据提示选择【对正（J）】，可以设置文字的对正方式。此时命令行显示提示信息如下：

```
输入选项
[对齐(A)/布满(F)/居中(C)/中间(M)/右对齐(R)/左上(TL)/中上(TC)/右上(TR)/左中(ML)/正中(MC)/右中
(MR)/左下(BL)/中下(BC)/右下(BR)]:
```

在 AutoCAD 2009 中，系统为文字提供了多种对正方式，显示效果如下图所示。

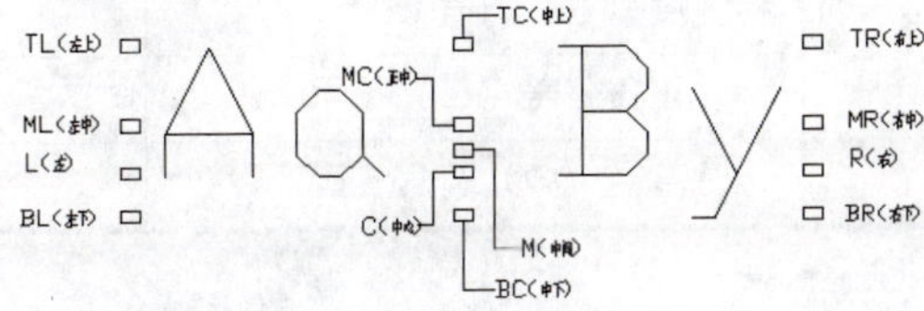

技巧：这里的对齐方式很多，没有必要一一去操作演习。更多情况下，是在绘图区域适当的位置创建单行文字，然后利用复制、移动等命令，将其放到合适的标注位置即可。

3. 设置当前文字样式

在创建单行文字时，根据提示选择【样式（S）】，作为文字样式的设置方式。此时命令行显示提示信息如下：

```
命令: dt TEXT
当前文字样式: "Standard" 文字高度: 24.7667 注释性: 否
指定文字的起点或 [对正(J)/样式(S)]: s
输入样式名或 [?] <Standard>:
```

可以直接输入文字样式的名称，也可输入“?”，在 AutoCAD 文本窗口中显示当前图形已有的文字样式，如下图所示。

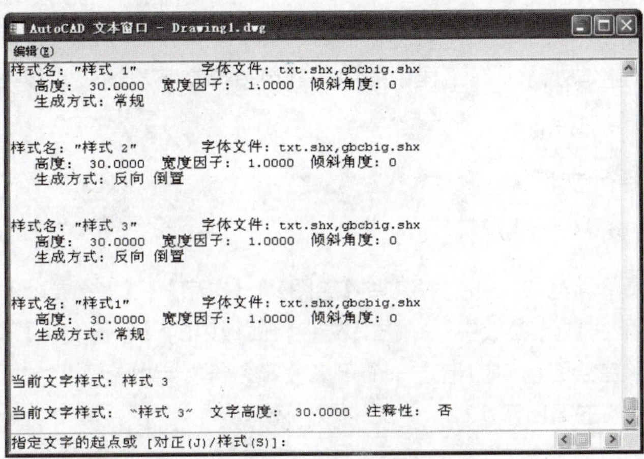

6.2.2 使用文字控制符

在实际绘图中，往往需要标注一些特殊的字符。例如，在文字上方或下方添加划线、标注度（°）、

根据长期绘制工程图形的经验，一般【文字样式】对话框中的【字高】使用缺省值【0】，然后在书写文字时根据提示输入自己想要的文字高度，这样比较机动灵活，同时也增大了文字样式的使用范围。

视野拓展

±、Φ等符号。这些特殊字符不能从键盘上直接输入，因此 AutoCAD 提供了相应的控制符，以实现这些标注要求。

AutoCAD 的控制符由两个百分号（%%）及在后面紧接一个字符构成，常用的控制符如下表所示。

表 6-1　AutoCAD 2009 常用的标注控制符

控制符	功能	显示效果
%%O	打开或关闭文字上划线	$\overline{a}$
%%U	打开或关闭文字下划线	$\underline{b}$
%%D	标注度（°）符号	60°
%%P	标注正负公差（±）符号	±3.5
%%C	标注直径（Φ）符号	Ø12

博学先生，工程图纸中如何插入复杂的熟悉公式呢，比如积分、求和符号等？

复杂的数学公式的编辑与 Office 中差不多，选择【插入】/【OLE 对象】命令，打开【插入对象】对话框，选择已安装的公式编辑器即可。

6.3 创建与编辑多行文字

多行文字又称为段落文字，是一种更易于管理的文字对象，可以由两行以上的文字组成，而且各行文字都是作为一个整体处理。在工程制图中，常用多行文字表达较为复杂的文字说明，如图样的技术要求等。

6.3.1 创建多行文字

- 命令：mtext。
- 菜单：单击菜单浏览器按钮，选择【绘图】|【文字】|【多行文字】命令。
- 工具栏：【功能区】选项板中，单击【文字】面板中的【多行文字】按钮A。

执行 mtext 命令，在绘图窗口中指定一个用来放置多行文字的矩形区域，打开文字输入窗口和【多行文字】选项卡，如下图所示。

视野拓展

【倾斜角度】选项与输入文字时【旋转角度（R)】的区别在于：【倾斜角度】是指字体本身的倾斜度，【旋转角度（R)】是指文字行的倾斜度。

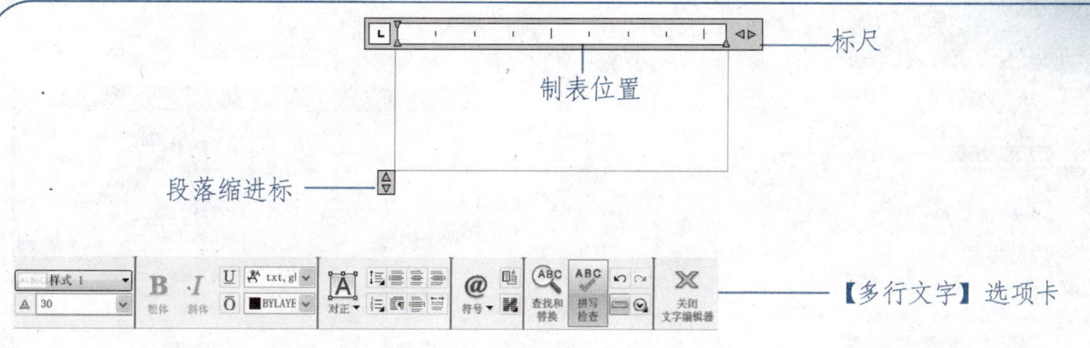

1.　使用【多行文字】选项卡

使用【多行文字】选项卡，可以设置文字样式、文字字体、文字高度、加粗、倾斜或加下划线效果，与 Word 中的字体格式设置极为相似。

如果要创建堆叠文字（堆叠文字是一种垂直对齐的文字或分数），应在文字输入窗口中要堆叠的字符间输入/、#或^分隔。并可以对堆叠文字进行特性设置，如下图所示。

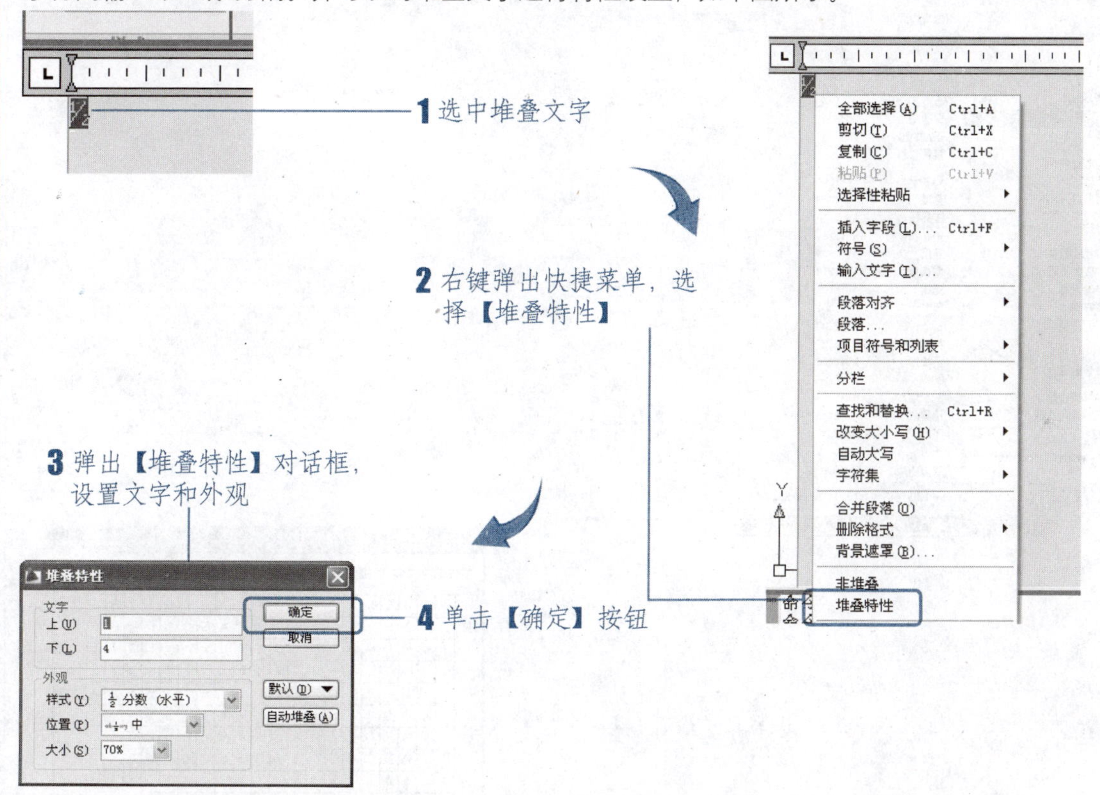

2.　设置缩进、制表位和多行文字宽度

跟 Word 类似，用户可以在文字输入窗口设置段落的格式，其操作步骤如下。

用于单行文字的文字样式与用于多行文字的文字样式相同。如果需要将格式应用到独立的词语和字符，则应该使用多行文字而不是单行文字。

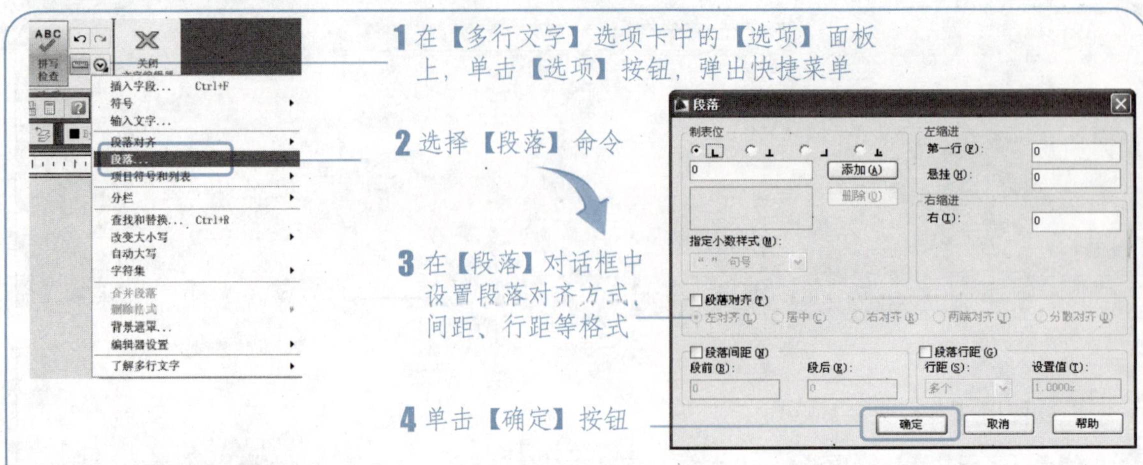

3. 使用快捷菜单

下面我们通过使用快捷菜单进行具体的操作。

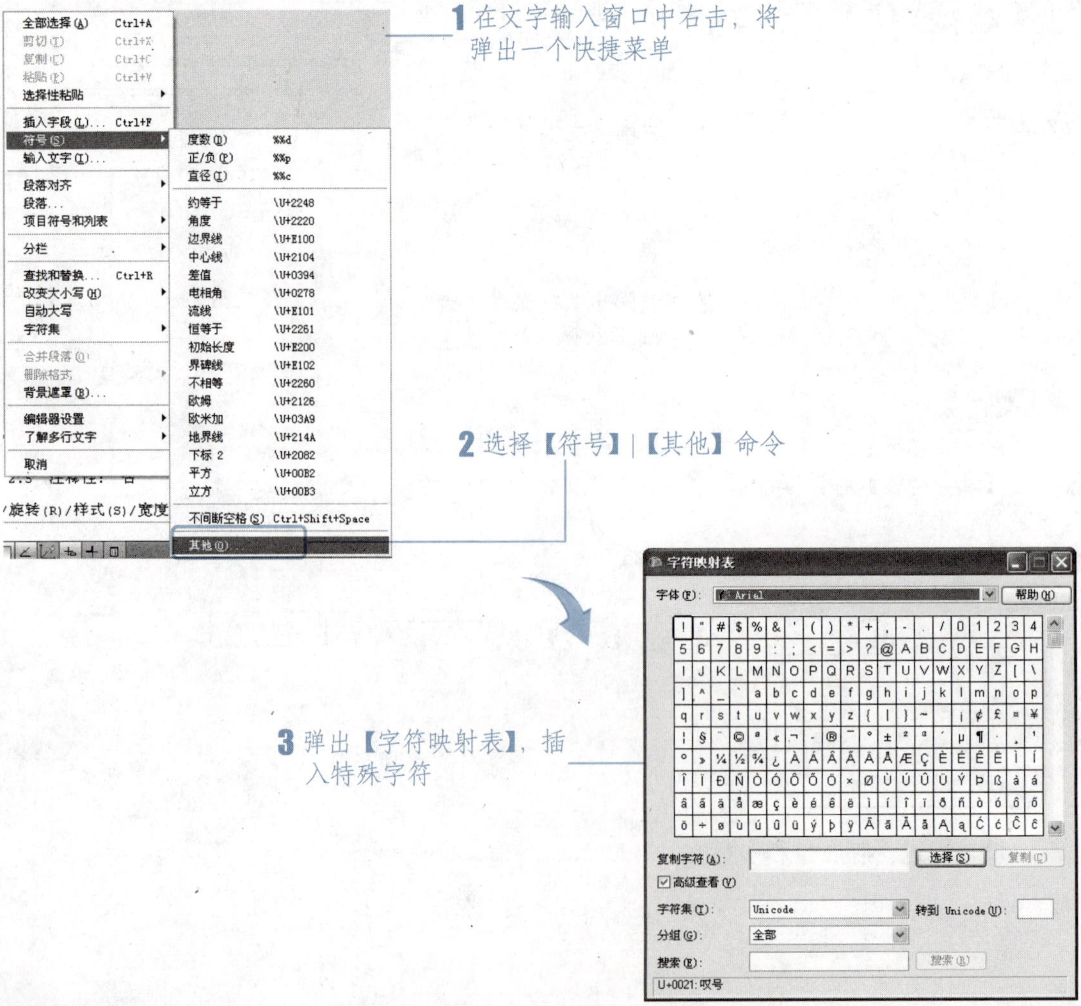

1 在文字输入窗口中右击，将弹出一个快捷菜单

2 选择【符号】|【其他】命令

3 弹出【字符映射表】，插入特殊字符

视野拓展

在编辑器中，直径符号显示为%%C，而不间断空格显示为空心矩形，两者在图形中会正确显示。但是不间断空格在双字节操作系统中不适用。

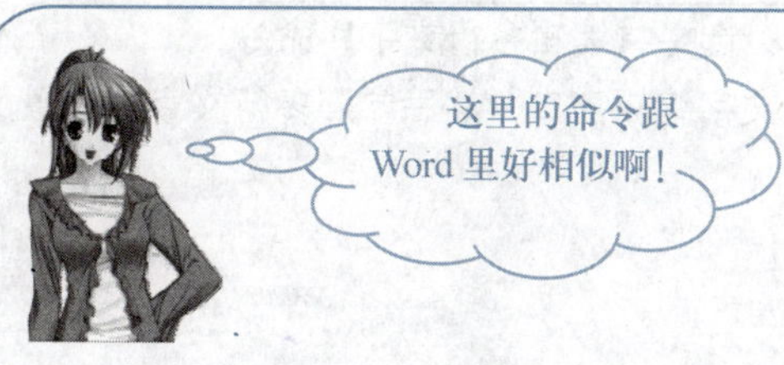

是的，用 Word 里较为熟悉的文字和段落设置格式的方法即可。

4.　**输入文字**

在多行文字的输入窗口中，可以直接输入多行文字，也可以在文字输入窗口中右击，从弹出的快捷菜单中选择【输入文字】命令，将已经在其他文字编辑器中创建的字体内容直接导入到当前图形中，如下图所示。

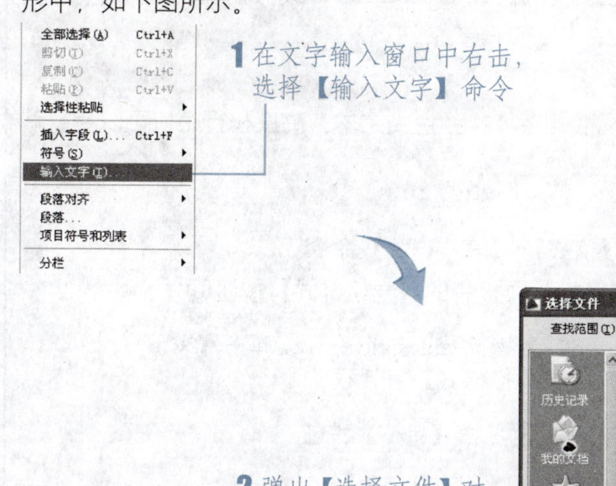

2 弹出【选择文件】对话框，找出已创建好的文件

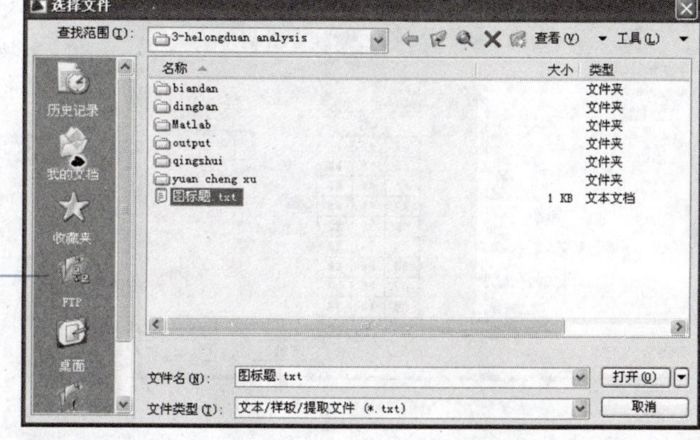

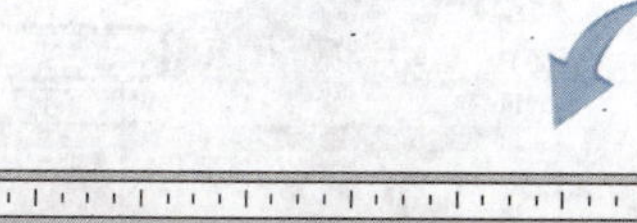

3 还可以对已创建的文字，进行相应编辑

6.3.2　编辑多行文字

- 命令：ddedit。
- 菜单：单击菜单浏览器按钮，选择【修改】|【对象】|【文字】命令。
- 工具栏：【功能区】选项板中，单击【文字】面板中的【编辑】按钮。
- 在绘图窗口中双击输入的多行文字。

边界偏移因子用于指定文字周围不透明背景的大小，其值基于文字高度。比例设为 1.0 时，正好布满多行文字对象；比例设为 1.5 时，背景宽度是文字高度的 1.5 倍。

视野拓展

- 在输入的多行文字上右击，在弹出的快捷菜单中，选择【编辑多行文字】命令。

执行 ddedit 命令，并选择创建的多行文字，打开多行文字编辑窗口，然后参照多行文字的设置方法，修改并编辑文字。

6.4 创建表格样式和表格

在 AutoCAD 2009 中，可以直接使用命令创建表格，也可以从 Microsoft Excel 中复制表格，并将其作为 AutoCAD 表格对象粘贴到图形中，还可以从外部导入表格对象。

此外，还可以将 AutoCAD 的表格数据输出，以供在 Microsoft Excel 或其他应用程序中使用。

6.4.1 新建表格样式

表格样式控制一个表格的外观，用于保证标准的字体、颜色、文本、高度和行距。可以用默认的表格样式，也可以根据需要自定义表格样式。

- 命令：tablestyle。
- 菜单：单击菜单浏览器按钮，选择【格式】|【表格样式】命令。
- 工具栏：【功能区】选项板中，单击【表格】面板中的【表格样式】按钮。

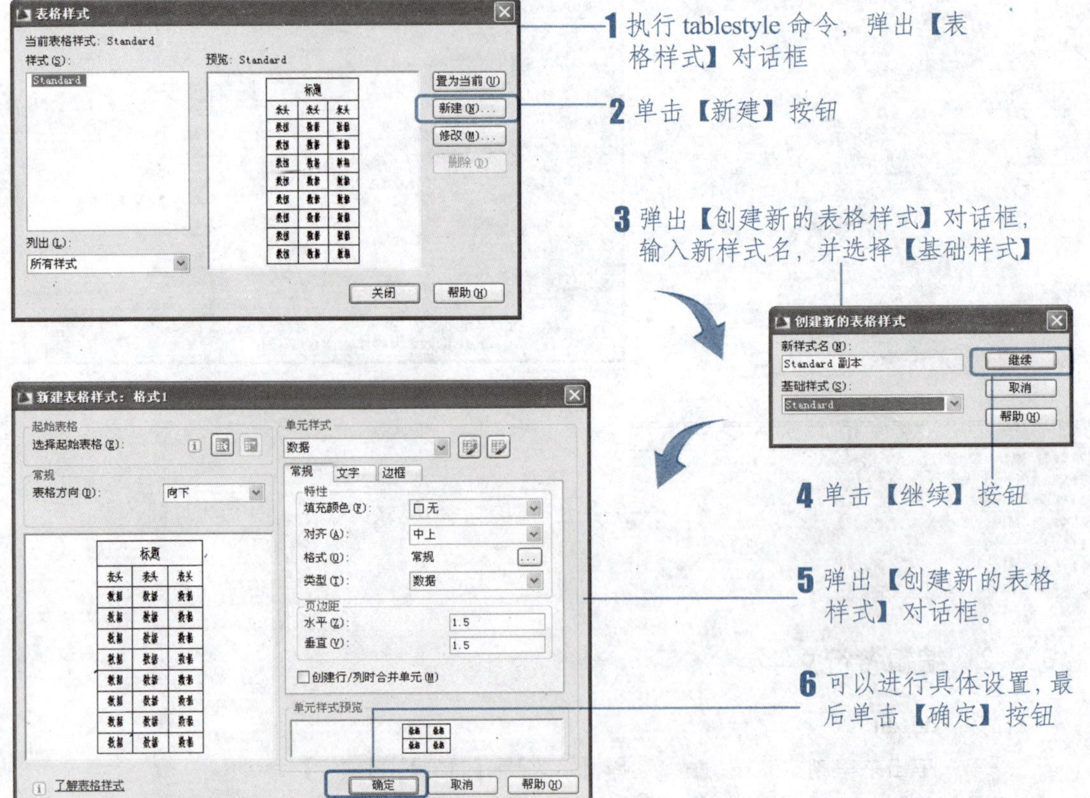

视野拓展 背景只在编辑框中可见，且表格单元不能使用此选项。

6.4.2　设置表格的数据、标题和表头样式

在【新建表格样式】对话框的【单元样式】区域下拉列表框中选择【数据】、【标题】和【表头】选项分别设置表格的数据、标题和表头对应的样式。

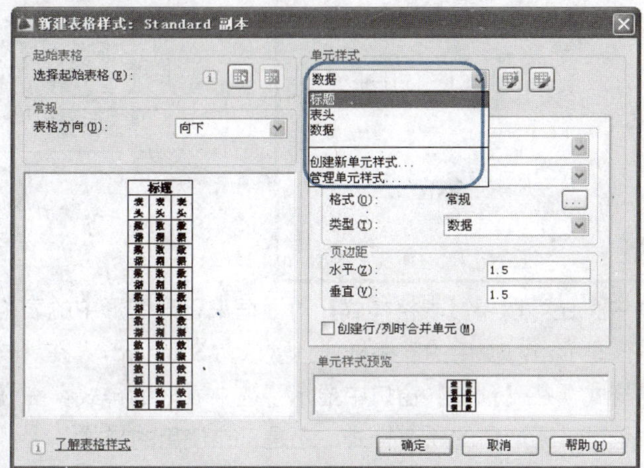

具体设置如下图所示。

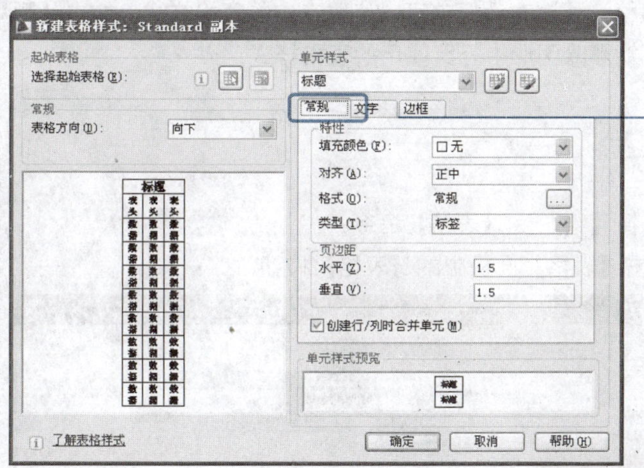

1 选择【常规】选项卡，设置表格的填充颜色、对齐方向、格式、类型及页边距等特性

2 选择【文字】选项卡，设置表格单元中的文字样式、高度、颜色和角度等特性

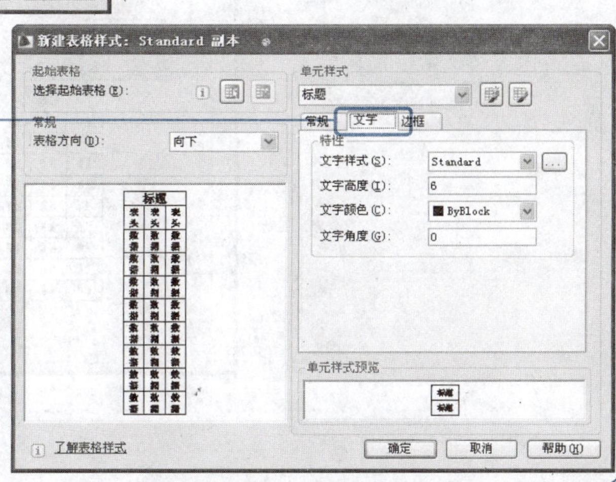

修改表格的高度或宽度时，行或列将按比例变化。修改列的宽度时，表格将加宽或变窄以适应列宽的变化。要维持表的宽度不表，请在使用列夹点时按住 Ctrl 键。

视野拓展

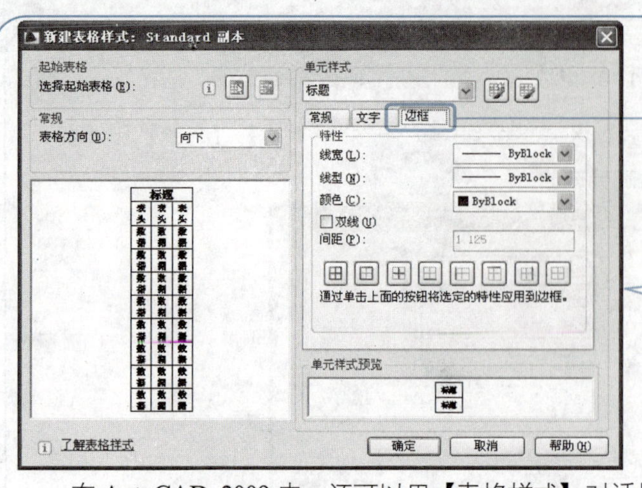

3 选择【边框】选项卡，单击边框设置按钮，可以设置表格的边框是否存在

当表格具有边框时，还可以设置表格的线宽、线型、颜色和间距等特性。

在 AutoCAD 2009 中，还可以用【表格样式】对话框来管理图形中的表格样式。在该对话框的【当前表格样式】后面，显示当前使用的表格样式（默认为 Standard），在【样式】列表中显示了当前图形中所包含的表格样式；在【预览】窗口中显示了选中表格的样式；在【列出】下拉列表中，可以选择【样式】列表是显示图形中的所有样式，还是正在使用的样式。

此外，在【表格样式】对话框中，还可以单击【置为当前】按钮，将选中的表格样式设置为当前；单击【修改】按钮，在打开的【修改表格样式】对话框中可以修改选中的表格样式；单击【删除】按钮，可以删除选中的表格样式，单不能删除图形中已经使用的表格样式。

6.4.3 创建表格

- 命令：table。
- 菜单：单击菜单浏览器按钮，选择【绘图】|【表格】命令。
- 工具栏：【功能区】选项板中，单击【表格】面板中的【表格】按钮。

1 执行 table 命令，弹出【插入表格】对话框

2 选择【自数据链接】单选按钮，可从外部导入数据创建表格

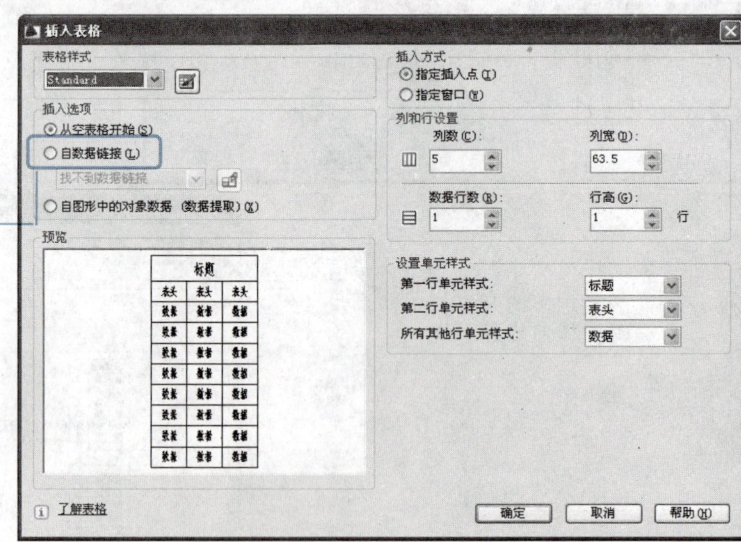

视野拓展

表格样式和列宽、行高可以在后面插入文字时修改，但是行数和列数无法修改。

下面介绍其他选项的含义。

- 【表格样式】选项区域：选择表格样式，或单击后面的按钮，打开【表格样式】对话框，创建新的表格样式。
- 【插入选项】选项区域：选择【从空表格开始】单选按钮，可以创建一个空的表格；选择【自数据链接】单选按钮，可从外部导入数据创建表格；选择【自图形中的对象数据（数据提取）】单选按钮，从可输出的表格或外部文件的图形中提取数据创建表格。
- 【插入方式】选项区域：选择【指定插入点】单选按钮，可以在绘图窗口中的某点插入固定大小的表格；选择【指定窗口】单选按钮，可以在绘图窗口中通过拖动表格边框来创建任意大小的表格。
- 【列和行设置】选项区域：可以通过改变【列数】、【列宽】、【数据行数】和【行高】文本框中的数值来调整表格的外观大小。

6.4.4 编辑表格和表格单元

在 AutoCAD 2009 中，可以使用表格的快捷菜单编辑表格。当选中整个表格或某个单元格时，其快捷菜单如下图所示。

1. 编辑表格

从表格的快捷菜单中可以看到，能对表格进行剪切、复制、删除、移动、缩放和旋转等简单操作，还可以均匀调整表格的行、列大小，删除所有特性替代。当选择【输出】命令时，打开【输出数据】对话框，以.csv 格式输出表格中的数据。

注意选中整个表格和选中某个单元格时右击，弹出的不同快捷菜单。

视野拓展

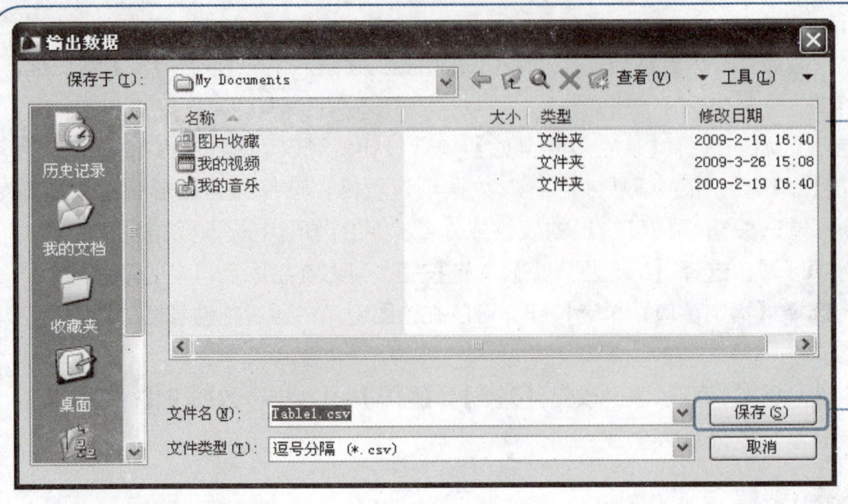

1 在表格的快捷菜单选择【输出】命令，打开【输出数据】对话框

2 确定好文件名，保存路径后，单击【保存】按钮

当选中表格后，在表格的四周、标题行上将显示许多夹点，也可以通过拖动这些夹点来编辑表格，如下图所示。

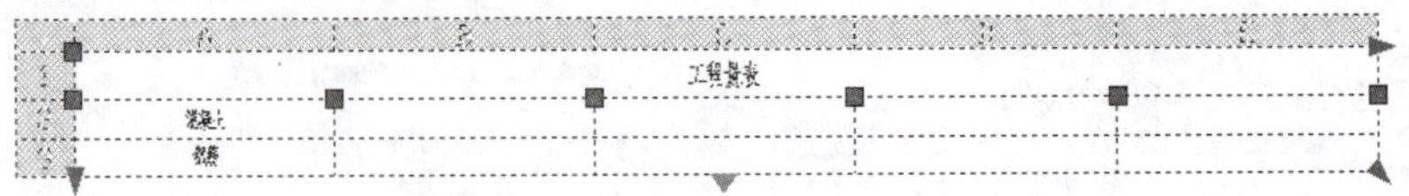

提示：在 AutoCAD 2009 中，选中表格后，打开【功能区】选项板中出现【表格】选项板，使用其中的【行/列】、【合并】、【单元样式】等面板可以编辑表格。

2. 编辑表格单元

使用表格单元快捷菜单可以编辑表格单元，其主要命令选项的功能说明如下。

- 【对齐】命令：在该命令子菜单中可以选择表格单元的对齐方式，如左上、左中、左下等。
- 【边框】命令：选择该命令将打开【单元边框特性】对话框，可以设置单元格边框的线宽、颜色等特性，如下图所示。

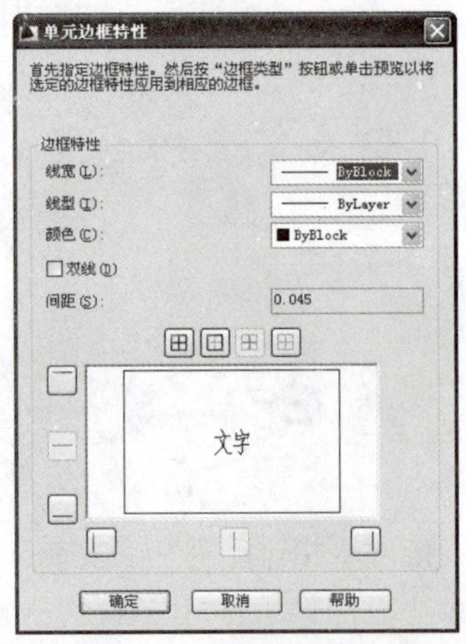

- 【匹配单元】命令：用当前选中的单元格式（源对象）匹配其他表格单元（目标对象），此时鼠标指针变为刷子形状，单击目标对象即可进行匹配。

视野拓展 编辑多行文字时，如果要修改文字样式的垂直、宽度比例与倾斜角度等设置，将影响图形中已有的多行文字，这一点与单行文字是不同的。

- 【插入点】命令：选择该命令的子命令，从中选择插入到表格中的块、字段和公式。例如选择【块】命令，将打开【在表格单元插入块】对话框。

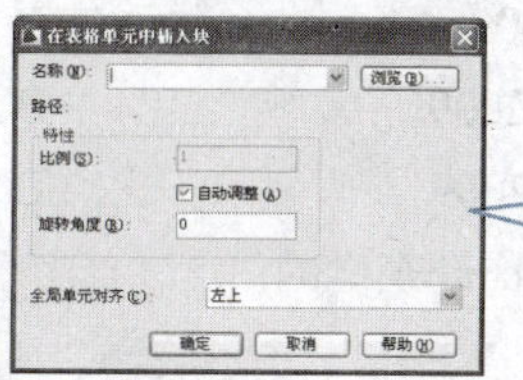

- 【合并】命令：当选中多个连续的表单元格后，使用其子菜单中的命令，可以按列或按行合并单元格。

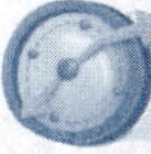

6.5　本章小结

本章针对文字与表格的创建与编辑展开讲述。

首先介绍了如何设置文字样式，包括名称、字体、大小等。然后就如何创建与编辑单行文字做了详细讲述，从中可以掌握文字的起点、对正方式等的操作方法。接着介绍了多行文字的创建与编辑方法，包括工具栏和快捷菜单的使用、段落格式的设置等。表格的创建与编辑也是本章重点介绍的知识。与文字创建有些类似，关键在于表格样式的建立及管理方法。最后就如何利用快捷菜单编辑表格和单元格做了详细介绍。

通过本章的学习，学会使用文字标注图样中的一些非图形信息。同时，学会使用表格功能创建不同类型的表格，以简化制图操作。

6.6　趁热打铁

现在用学到的知识解决下面的问题吧！

6.6.1　选择题

1．在AutoCAD 2009中，使用堆叠方式设置文字的分数形式时，不能使用的分隔符号是(　　)。

A．/　　　　B．#

C．^　　　　D．@

2．在AutoCAD中创建文字时，正负公差（±）符号的表示方法是（　　）。

为了与 AutoCAD 的早期版本兼容，将块和外部参照中的上下文字段插入到图形中时，它们不会更新，而是显示最后的缓存值。因此，要使用块中的上下文字段，必须将其作为一个属性插入。

A．%%D　　B．%%P

C．%%C　　D．%%R

3．要创建字符串AutoCAD 2009，下列命令正确的是（　　）。

A．%%U AutoCAD%%U 2009　　B．%%U AutoCAD2009%%U

C．%%O AutoCAD%%O 2009　　D．%%O AutoCAD 2009%%O

4．在AutoCAD中，可以通过拖动表格的（　　）来编辑表格。

A．边框　　B．列

C．夹点　　D．行

6.6.2　实践题

1. 定义新文字样式，要求：文字样式名为【黑体样式】，字体采用黑体，字高为 5.0，并用 dtext 命令编辑出下图所示标注：

根据计算得以下结果：X=45°，Y=100±0. 05

2. 用 mtext 命令标注一下文字，其中字体采用仿宋；字高为 3.5。

堆叠

如果选定文字中包含堆叠字符，则创建堆叠文字（例如分数）。如果选定堆叠文字，则取消堆叠。使用堆叠字符、插入符（^）、正向斜杠（/）和磅符号（#）时，堆叠字符左侧的文字将堆叠在字符右侧的文字之上。

默认情况下，包含插入符的文字转换为左对正的公差值。包含正斜杠（/）的文字转换为居中对正的分数值，斜杠被转换为一条同较长的字符串长度相同的水平线。包含磅符号（#）的文字转换为被斜线（高度与两个字符串高度相同）分开的分数。斜线上方的文字向右下对齐，斜线下方的文字向左上对齐。

3. 用 mtext 命令标注一下文字，其中字体采用 Times New Roman；字高为 3.5。

The BeginOpen event is triggered as soon as AutoCAD receives a request to open an existing file. This request can come either interactively by a user through the File Open dialog box or programmatically.
The BeginOpen event does not trigger when opening a DXF format file.

4. 定义表格样式并在当前图形中插入如下表所示的表格，其中字高为 3.5，数据均居中，其余参数由读者确定。

工程数量表			
桥墩编号	桩高（m）	C35混凝土（m^3）	原桥墩凿毛（m^2）
13	5.50	47.56	66.40
14	10.70	67.32	102.32
15	12.80	87.32	111.30

5. 建立如下图所示的 Microsoft Excel 数据表，在 AutoCAD 2009 中创建与其对应的表格，并在 AutoCAD 2009 中通过【插入表格】对话框实现该表格的创建，效果图如下图所示。

视野拓展　插入图块时，将图块插入单元格或者指定一个比例因子，表即会自动做相应调整。单击鼠标可以合并单元格、添加和删除行等，还可以使用夹点修改表位置、列宽和行高。

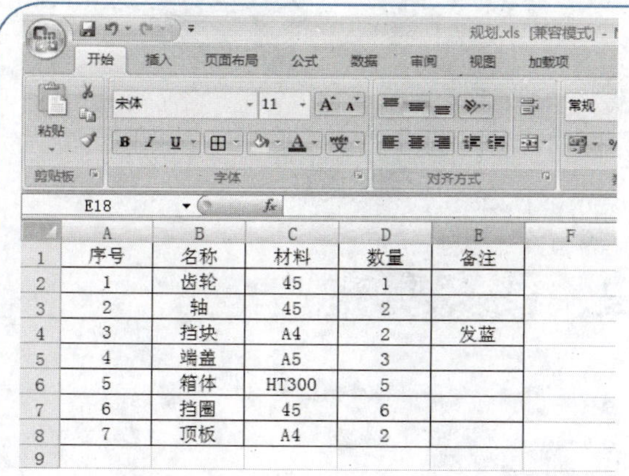

	A	B	C	D	E	F
1	序号	名称	材料	数量	备注	
2	1	齿轮	45	1		
3	2	轴	45	2		
4	3	挡块	A4	2	发蓝	
5	4	端盖	A5	3		
6	5	箱体	HT300	5		
7	6	挡圈	45	6		
8	7	顶板	A4	2		
9						

序号	名称	材料	数量	备注
1	齿轮	45	1	
2	轴	45	2	
3	挡块	A4	2	发蓝
4	端盖	A5	3	
5	箱体	HT300	5	
6	挡圈	45	6	
7	顶板	A4	2	

编辑表格时，用于求和、求平均值和计数的公式，将忽略空单元和没解析为数值的单元。如果在算术表达式中的任何单元为空，或包含非数字数据，使用了不合法的字符时，都将以【#】符号显示错误。

第7章 创建与使用图块、图案填充

本章导读

在绘制图形时，如果图形中有大量相同或相似的内容，就把要重复绘制的图形创建成块，并根据需要为块创建属性，指定块的名称、用途及设计者等信息，在需要时直接插入它们，从而提高绘图效率。

本章学习目标

- 属性块的定义与编辑方法
- 使用图案填充

本章学习重点

- 创建块、存储块的方法
- 属性块的定义方法与编辑属性块的方法
- 图案填充的有关操作

7.1　创建与编辑块

块是一个或多个对象组成的对象集合，常用于绘制复杂、重复的图形。一旦一组对象组合成块，就可以根据绘图需要将这组对象插入到图中任意指定位置，并且可以按不同的比例和旋转角度插入。

7.1.1　创建块

在 AutoCAD 中，使用块可以提高绘图速度、节省存储空间、便于修改图形并能够为其添加属性。下面学习块的创建方法。

- 命令：block。
- 菜单：单击菜单浏览器按钮，选择【绘图】|【块】|【创建】命令。
- 工具栏：【功能区】选项板中，选择【块和参照】选项卡，单击【块】面板中的【创建】按钮。

执行 block 命令，弹出【块定义】对话框。

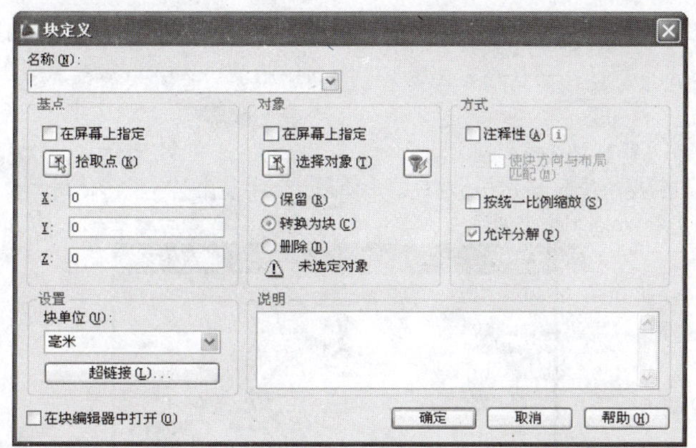

主要选项的功能说明如下。

- 【名称】文本框：输入块的名称，最多可使用 255 个字符。当行中包含多个块时，还可以在下拉列表框中选择已有的块。
- 【基点】选项区域：设置块的插入基点位置。用户可以直接在 X、Y、Z 文本框中输入相应的数值，也可以单击【拾取点】按钮，切换到绘图窗口中并选择基点。一般基点选在块的对称中心、左下角或其他有特征的位置。
- 【对象】选项区域：设置组成块的对象。其中，单击【选择对象】按钮，可切换到绘图窗口中选择组成块的各对象；单击【快速选择】按钮，可以使用弹出的【快速选择】对话框设置所选择的过滤条件；选择【保留】单选按钮，创建块后仍在绘图窗口上保留组成块的各对象；选择【转换为块】单选按钮，创建块后将组成块的各对象保留并把它们转换成块；选择【删除】单选按钮，创建块后删除绘图窗口上组成块的原对象。
- 【方式】选项区域：设置组成块的对象的显示方式。选择【注释性】复选框，可将对象设置成可注释性对象；选择【按同一比例缩放】复选框，设置对象是否按统一的比例进行缩

创建块时，必须首先绘出要创建块的对象。如果新块名与已定义的块名重复，系统将显示警告对话框，要求用户重新定义块名称。

放；选择【允许分解】复选框，设置对象是否允许被分解。

- 【设置】选项区域：设置块的基本属性。单击【块单位】下拉列表框，可以选择从 AutoCAD 设计中心拖动块时的缩放单位；单击【超链接】按钮，将打开【插入超链接】对话框，在该对话框中可以插入超链接文档，如下图所示。

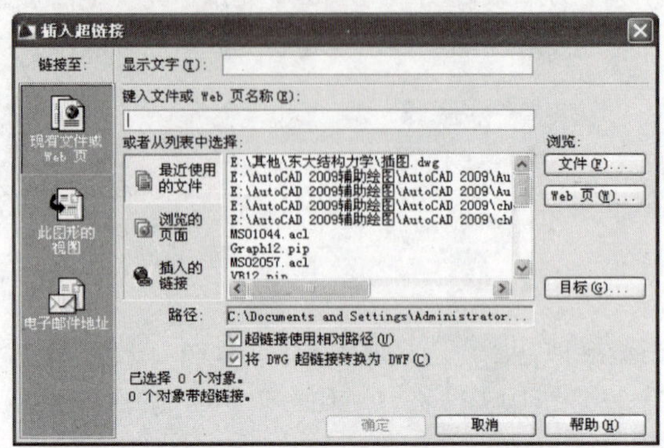

- 【说明】文本框：用来输入当前块的说明部分。

提示：

- 如从理论上讲，可以选择块上或块外的任意一点作为插入基点，但为了以后使块的插入更方便、更准确，一般应根据图形的结构来选择基点。通常将基点选在块的中心点、对称线上某一点或其他有特征的点。
- 如果选中【允许分解】复选框，插入块后，可以用 exploce 命令分解块。
- 使用 block 命令创建的块只能由块所在的图形使用，而不能由其他图形使用。如果希望在其他图形中也使用块，则需使用 wblock 命令创建块，弹出【写块】对话框，后续章节将详细介绍该命令使用方法。

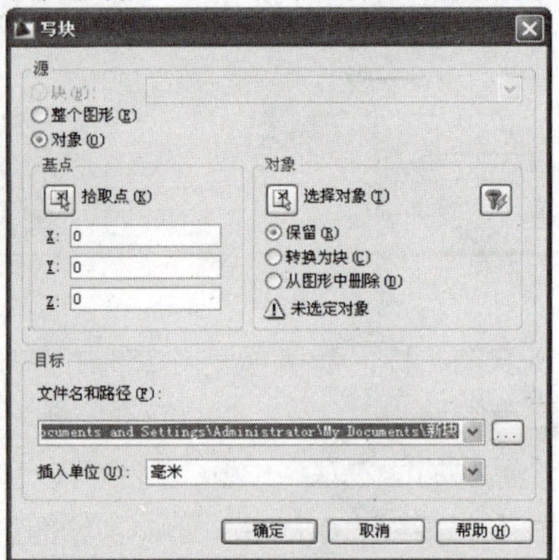

7.1.2 插入块

- 命令：insert。
- 菜单：单击菜单浏览器按钮，选择【插入】|【块】命令。
- 工具栏：【功能区】选项板中，选择【块和参照】选项卡，单击【块】面板中的【插入点】按钮。

执行 insert 命令，弹出【插入】对话框。

视野拓展

如果在【块定义】对话框中选中了【在屏幕上指定】复选框，单击【确定】按钮后，AutoCAD 会给出对应的提示。

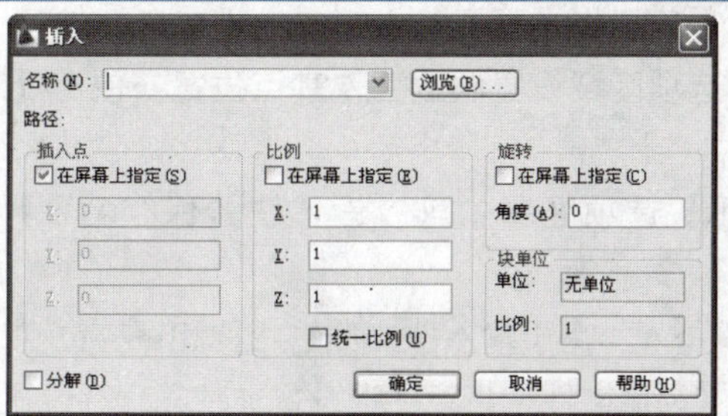

下面介绍其主要选项的功能。

- 【名称】下拉列表框：用于选择块或图形的名称。也可以单击其后的【浏览】按钮，打开【选择图形文件】对话框，选择保存的块和外部图形。
- 【插入点】选项区域：用于设置块的插入点位置。可直接在 X、Y、Z 文本框中输入点的坐标，也可以通过选中【在屏幕上指定】复选框，在屏幕上指定插入点位置。
- 【比例】选项区域：用于设置块的插入比例。可以直接在 X、Y、Z 文本框中输入块在 3 个方向的比例，也可以通过选中【在屏幕上指定】复选框，在屏幕上指定。此外，该选项区域中的【统一比例】复选框用于确定所插入块在 X、Y、Z 等 3 个方向上的插入比例是否相同。
- 【旋转】选项区域：用于设置块插入时的旋转角度。可直接在【角度】文本框中输入角度值，也可以选择【在屏幕上指定】复选框，在屏幕上指定旋转角度。
- 【块单位】选项区域：用于设置块的单位及比例。
- 【分解】复选框：选择该复选框，可以将插入的块分解为组成块的各基本对象。

7.1.3 存储块

在 AutoCAD 2009 中，使用 wblock 命令可以将块以文件的形式写入磁盘。执行 wblock 命令打开【写块】对话框。

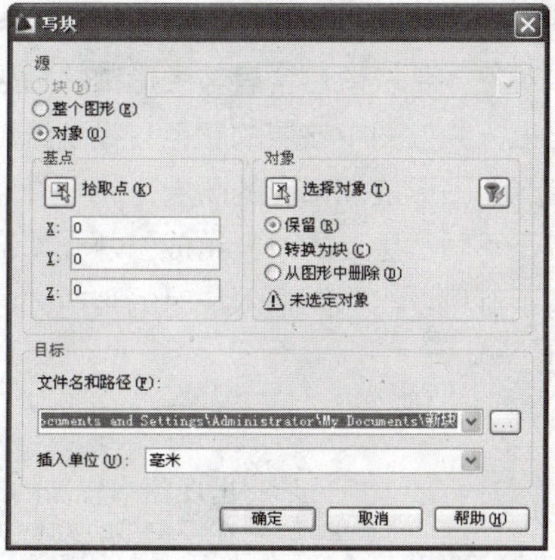

各主要选项的功能如下。

- 【块】单选按钮：使用 wblock 命令创建的块写入磁盘，可在其后的下拉列表框中选择块名称。
- 【整个图形】单选按钮：用于将全部图形写入磁盘。

确定插入点后，系统将以该点为参照点，按照在【文字设置】选项区域的【对正】下拉列表框中确定的文字排列方式放置属性值。

- 【对象】单选按钮：用于指定需要写入磁盘的块对象。选择该单选按钮时，用户可根据需要使用【基点】选项区域设置块的插入基点位置，使用【对象】选项区域设置组成块的对象。

在该对话框中的【目标】选项区域中可以设置块的保存名称和位置，各选项的功能说明如下。

- 【文件名和路径】文本框：用于输入块文件的名称和保存位置，用户也可以单击其后的[...]按钮，使用打开的【浏览文件夹】对话框设置文件的保存位置。
- 【插入单位】下拉列表框：用于选择在 AutoCAD 设计中心中拖动块时的缩放单位。

7.1.4 设置插入点

实际上，利用【插入】对话框不仅可以插入用 block 命令创建块和用 wblock 命令创建的外部块，还可以将任意 AutoCAD 图形文件中的图形插入到当前图形。但是，将某一图形文件中的图形以块的形式插入时，AutoCAD 默认将图形的坐标原点作为块插入基点，这样往往给绘图带来不便。为解决这样的问题，AutoCAD 允许为图形重新指定插入基点。

- 命令：base。
- 菜单：单击菜单浏览器按钮，选择【绘图】|【块】|【基点】命令。
- 工具栏：【功能区】选项板中，选择【块和参照】选项卡，单击【块】面板中的【设置基点】按钮。

执行 base 命令，根据 AutoCAD 提示指定新基点即可，如下所示：

```
命令：BASE 输入基点 <0.0000,0.0000,0.0000>:
```


7.1.5 块与图层的关系

块可以由绘制在若干图层上的对象组成，系统可以将图层的信息保留在其中。当插入这样的块时，AutoCAD 有如下约定。

- 块插入后，原来位于图层上的对象被绘制在当前层，并按当前层的颜色与线型绘出。
- 对于块中其他图层上的对象，若块中包含有与图形中的图层同名的层，块中该层上的对象仍绘制在图中的同名层上，并按图中该层的颜色与线型绘制。块中其他图层上的对象仍在原来的层上绘出，并给当前图形增加相应的图层。
- 如果插入的块由多个位于不同图层上的对象组成，那么冻结某一对象所在的图层后，此图层上属于块上的对象将不可见；当冻结插入块时的当前图层时，不管块中各对象处于哪一图层，整个块将不可见。

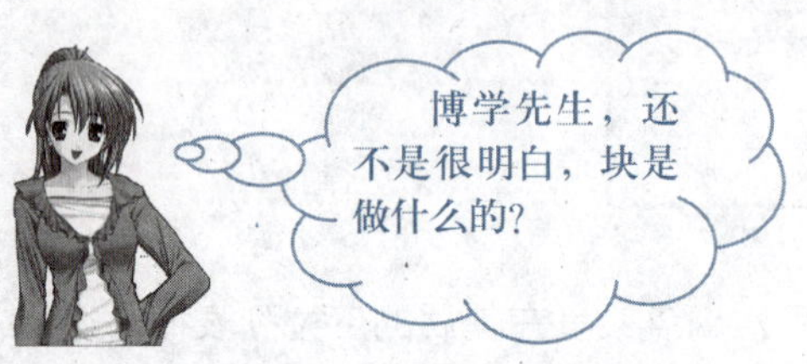

块就是将绘图过程中出现频率较高的图形封装在一起。需要时直接将事先准备好的块插入指定位置即可。

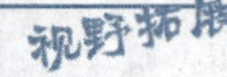

一旦利用块编辑器修改了块，当前图形中插入的对应块均会自动进行相应的修改。

7.2　编辑与管理块属性

块属性是附属于块的非图形信息，是块的组成部分，是特定的可包含在块定义中的文字对象。在定义一个块时，属性必须预先定义而后选定。通常属性用于在块的插入过程中进行自动注释。

7.2.1　定义属性

- 命令：attdef。
- 菜单：单击菜单浏览器按钮，选择【绘图】|【块】|【定义属性】命令。
- 工具栏：【功能区】选项板中，选择【块和参照】选项卡，单击【块】面板中的【定义属性】按钮。

执行 attdef 命令，弹出【属性定义】对话框。

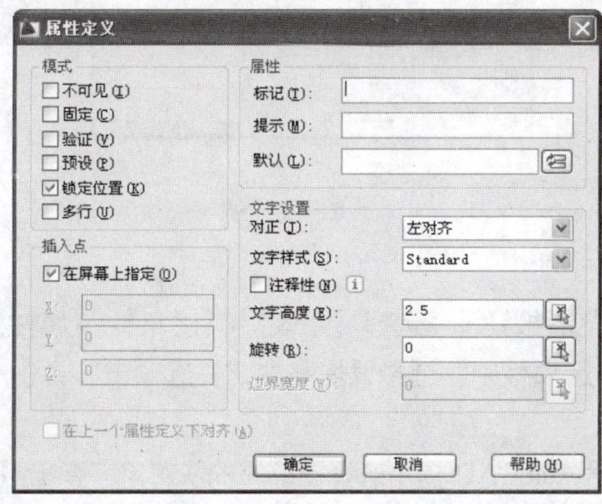

各选项的主要功能如下。

- 【模式】选项区域：用于设置属性的模式。其中，【不可见】复选框用于确定插入块后是否显示其属性值；【固定】复选框用于设置属性是否为固定值，为固定值时，插入块后该属性值不再发生变化；【验证】复选框用于验证所输入的属性是否正确；【预置】复选框用于确定是否将属性值直接预置成它的默认值；【锁定位置】复选框用于固定插入块的坐标位置；【多行】复选框用于使用多段文字来标注块的属性值。
- 【属性】选项区域：用于定义块的属性。其中，【标记】文本框用于输入属性的标记；【提示】文本框用于输入插入块时系统显示的提示信息；【默认】文本框用于输入属性的默认值。
- 【插入点】选项区域：用于设置属性值的插入点，即属性文字排列的参照点。用户可直接在 X、Y、Z 文本框中输入点的坐标，也可以单击【拾取点】按钮，在绘图窗口上拾取一点作为插入点。
- 【文字设置】选项区域：用于设置属性文字的格式，包括对正、文字样式、文字高度及旋转角度等选项。

此外，在【属性定义】对话框中选中【在上一个属性定义下对齐】复选框，可以为当前属性采用上一个属性的文字样式、字高及旋转角度，且另起一行，按上一个属性的对正方式排列。

如果在当前图形中双击某块，也会打开【编辑块定义】对话框，允许用户选择要编辑的块，选择后可以进入块编辑器编辑块定义。

提示：

- 完成属性的定义后，需要执行 block 命令创建块，而且在创建块的过程中，选择作为块的对象时，不仅要选择各图形对象，还应选择全部属性标记。
- 在创建带有附加属性的块时，需要同时选择块属性作为块的成员对象。带有属性的块创建完成后，就可以使用【插入】对话框在文档中插入该块。

7.2.2 修改属性定义

- 命令：ddedit。
- 菜单：单击菜单浏览器按钮，选择【修改】|【对象】|【文字】|【编辑】命令。

执行 ddedit 命令，根据 AutoCAD 提示选择注释对象，弹出【编辑属性定义】对话框，可以通过此对话框修改属性定义的属性标记、提示和默认值等。

7.2.3 编辑块属性

- 命令：eattedit。
- 菜单：单击菜单浏览器按钮，选择【修改】|【对象】|【属性】|【单个】命令。
- 工具栏：【功能区】选项板中，选择【块和参照】选项卡，单击【块】面板中的【编辑单个属性】按钮。

执行 eattedit 命令，并根据 AutoCAD 提示选择要编辑的块对象，弹出【增强属性编辑器】对话框。

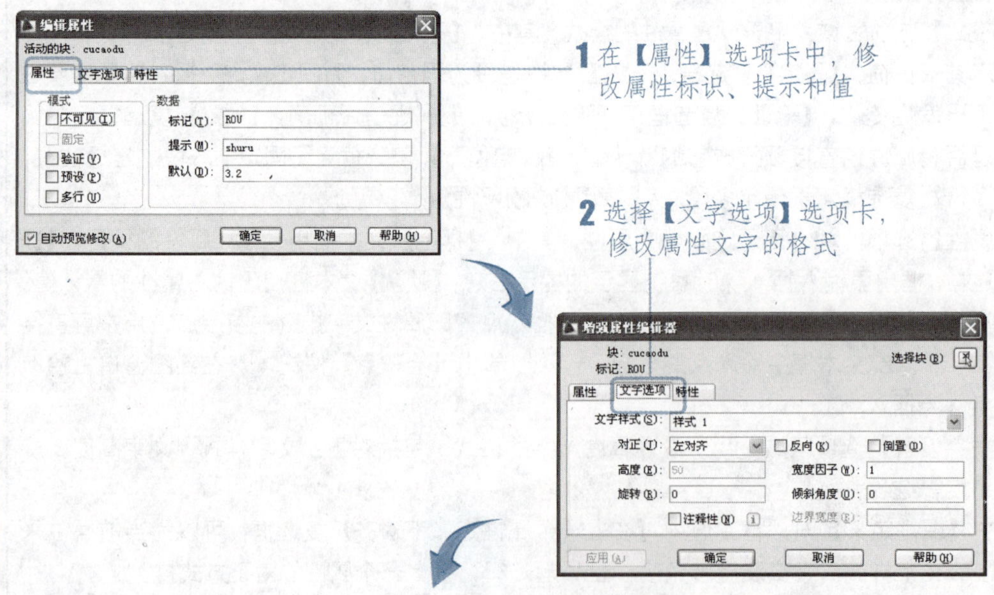

视野拓展

与块的功能类似的是外部参照。以外部参照方式将图形插入到某一图形（称之为主图形）后，被插入图形文件的信息并不直接加入到主图形中，主图形只是记录参照的关系。

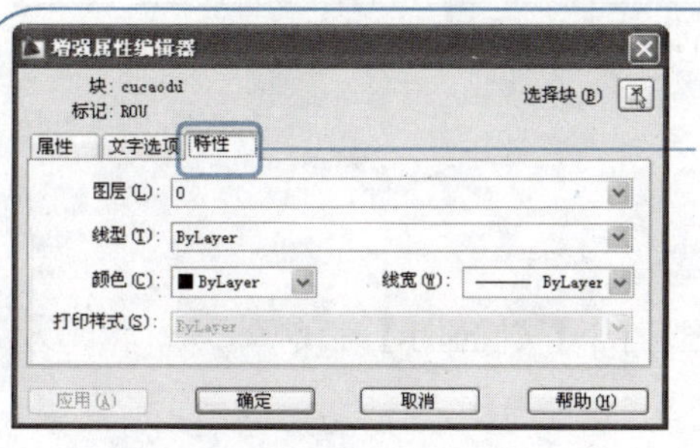

各选项卡的主要功能如下。

- 【属性】选项卡：显示了块中每个属性的标识、提示和值。在列表框中选择某一属性后，在【值】文本框中将显示出该属性对应的属性值，可以通过它来修改属性值。
- 【文字选项】选项卡：用于修改属性文字的格式，可以设置文字样式、对齐方式、高度、旋转角度、宽度比例、倾斜角度等内容。
- 【特性】选项卡：用于修改属性文字的图层以及线宽、线型、颜色及打印样式等。

7.2.4　块属性管理器

- 命令：battman。
- 菜单：单击菜单浏览器按钮，选择【修改】|【对象】|【属性】|【块属性管理器】命令。
- 工具栏：【功能区】选项板中，选择【块和参照】选项卡，单击【属性】面板中的【管理】按钮。

执行 battman 命令，并根据 AutoCAD 提示选择要编辑的块对象，弹出【增强属性编辑器】对话框。

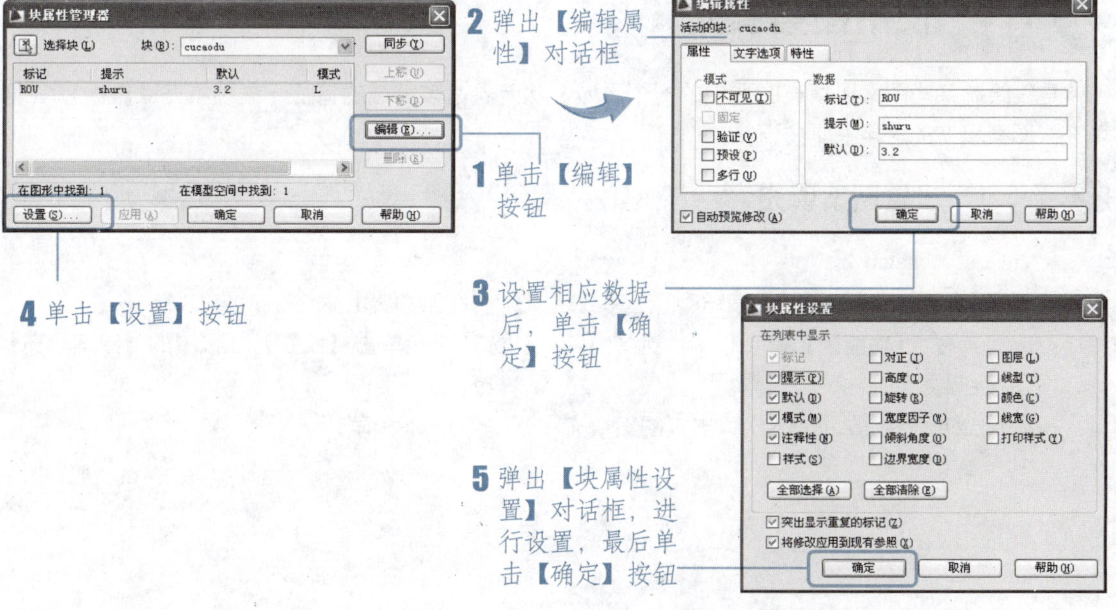

对主图形的操作不会改变外部参照图形文件的内容。当打开具有外部参照的图形时，系统会自动把各外部参照图形文件重新调入内存并在当前图形中显示出来。

7.2.5 属性显示控制

插入含有属性的块后，可以单独控制各属性值的可见性。

- 命令：attdisp。
- 菜单：单击菜单浏览器按钮，选择【视图】|【显示】|【属性显示】命令。

执行 attdisp 命令，AutoCAD 提示如下：

```
命令：attdisp 输入属性的可见性设置 [普通(N)/开(ON)/关(OFF)] <普通>:
```

- 【普通（N）】选项表示将按定义属性时规定的可见性模式显示各属性值；
- 【开（ON）】选项将显示出所有属性值，不再受定义属性时规定的属性可见性的限制；
- 【关（OFF）】选项则不显示任何属性值，也不再受定义属性时规定的属性可见性的限制。

7.3 使用图案填充

重复绘制某些图案以填充图形中的一个区域，从而表达该区域的特征，这种填充操作称为图案填充。图案填充的应用非常广泛。

7.3.1 设置图案填充

- 命令：bhatch。
- 菜单：单击菜单浏览器按钮，选择【绘图】|【图案填充】命令。
- 工具栏：【功能区】选项板中，选择【常用】选项卡，单击【绘图】面板中的【图案填充】按钮。

执行 bhatch 命令，AutoCAD 弹出【图案填充和渐变色】对话框。

视野拓展

实现附着外部参照的操作方法是，单击菜单浏览器按钮，执行【插入】|【外部参照】命令（externalreferences），或在【功能区】选项板的【块和参照】选项卡中，单击【参照】面板中【外部参照】按钮。

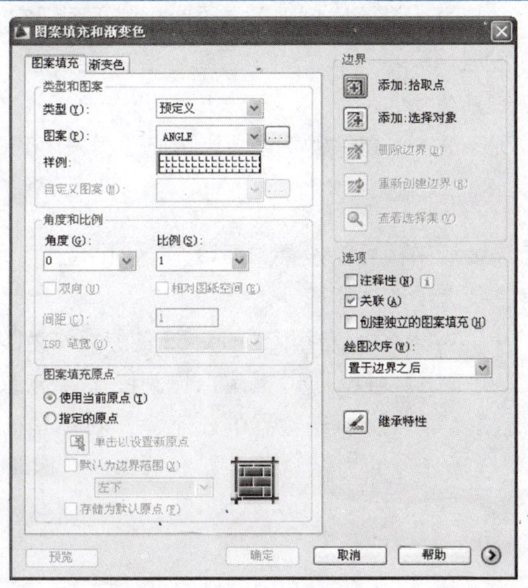

【图案填充和渐变色】对话框中参数比较多，下面进行一一介绍。

1. 类型和图案

在【类型和图案】选项区域中，可以设置图案填充的类型和图案，其主要选项的功能如下。

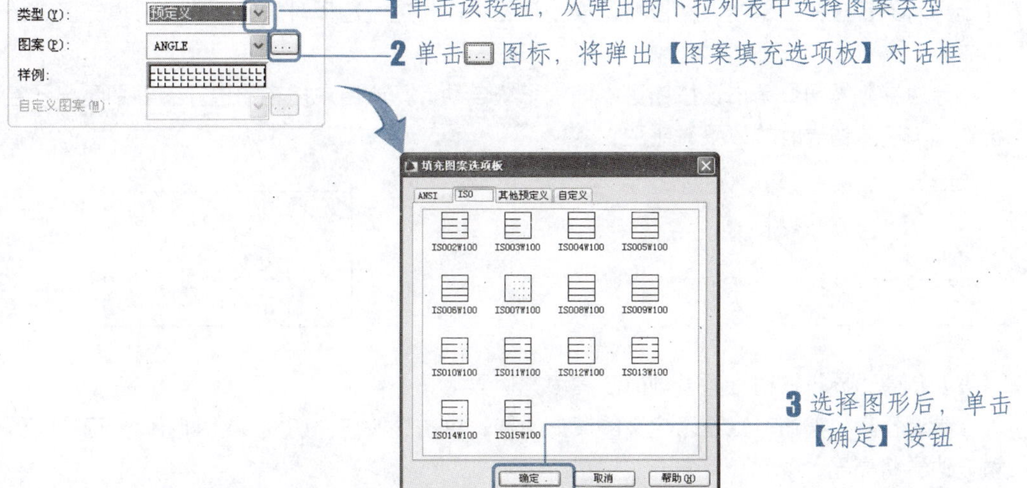

2. 角度和比例

在【角度和比例】选项区域中，可以设置图案填充的类型和图案，其主要选项的功能如下：

- 【角度】下拉列表框：设置图案填充图案的旋转角度，每种图案在定义时的旋转角度都为零。
- 【比例】下拉列表框：设置图案填充时的比例值。每种图案在定义时的初始比例为 1，可以根据需要放大或缩小。在【类型】下拉列表框中选择【用户定义】选项时该选项不可用。
- 【双向】复选框：当在【图案填充】选项卡的【类型】下拉列表框中选择【用户定义】选项时，选中该复选框，可以使用相互垂直的两组平行线填充图形，否则为一组平行线。

面域指的是具有边界的平面区域，它是一个面对象，内部可以包含孔。从外观看，面域和一般的封闭线框没有区别，但实际上面域就像是一张没有厚度的纸。

- 【相对图纸空间】复选框：设置比例因子是否为相对于图纸空间的比例。
- 【间距】文本框：设置填充平行线之间的距离，当在【类型】下拉列表框中选择【用于定义】选项时，该选项才可用。
- 【ISO 笔宽】下拉列表框：设置笔的宽度，当填充图案采用 ISO 图案时，该选项才可用。

3. 图案填充原点

在【图案填充原点】选项区域中，可以设置图案填充原点的位置，因为许多图案填充需要对齐填充边界上的某一个点。其主要选项的功能如下。

- 【使用当前原点】单选按钮：可以使用当前 UCS 的原点作为图案填充原点。
- 【指定的原点】单选按钮：可以通过指定点作为图案填充原点。其中，选择【单击以设置新原点】复选框，可以以填充边界的左下角、右下角、右上角、左上角或圆心作为图案填充原点；选择【存储为默认原点】复选框，可以将指定的点存储为默认的图案填充原点。

4. 边界

在【边界】选项区域中，包括【拾取点】、【选择对象】等按钮，其功能如下。

- 【拾取点】按钮：以拾取点的形式来指定填充区域的边界。单击该按钮切换到绘图窗口，可在需要填充的区域内任意指定一点，系统会自动计算出包围该点的封闭填充边界，同时亮显该边界。如果在拾取点后系统不能形成封闭的填充边界，则会显示错误提示信息。
- 【选择对象】按钮：单击该按钮将切换到绘图窗口，通过选择对象的方式定义填充区域的边界。
- 【删除边界】按钮：单击该按钮可以取消系统自动计算或用户指定的边界，下图示出了包含边界与删除边界时的效果对比图。

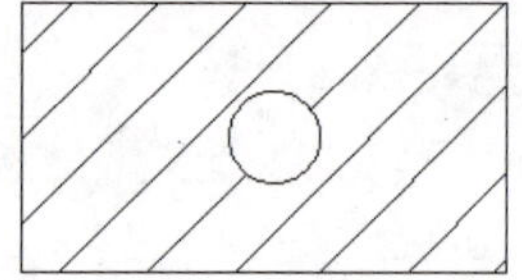

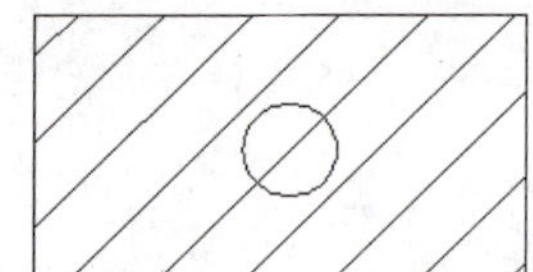

- 【重新创建边界】按钮：重新创建图案填充边界。
- 【查看选择集】按钮：查看已定义的填充边界。单击该按钮，切换到绘图窗口，已定义的填充边界将亮显。

5. 选项及其他功能

在【选项】选项区域中，【注释性】复选框用于将图案定义为可注释性对象；【关联】复选框用于在创建其边界时随之更新图案和填充；【创建独立的图案填充】复选框用于创建独立的图案填充；【绘图次序】下拉列表框用于指定填充图案的绘图顺序，填充图案可以放在图案填充边界及所有其他对象之后或之前。

视野拓展

为了操作方便，可以将由某些对象围成的封闭区域转换为面域，这些封闭区域可以是圆、椭圆、封闭的二维多段线或封闭的样条曲线等对象，也可以是由圆弧、直线、二维多段线、椭圆弧、样条曲线等对象构成的封闭区域。

此外，单击【继承特性】按钮，可以应用现有图案填充或将填充对象的特性应用到其他图案填充或填充对象；单击【预览】按钮，使用当前图案填充设置显示当前定义的边界，单击图形或按 Esc 键返回对话框，单击、右击或按 Enter 键结束图案填充。

7.3.2　设置孤岛

在进行图案填充时，通常将位于一个已定义好的填充区域内的封闭区域称为孤岛。单击【图案填充和渐变色】对话框右下角的⊙按钮，将显示更多选项，可以对孤岛和边界进行设置，如下图所示。

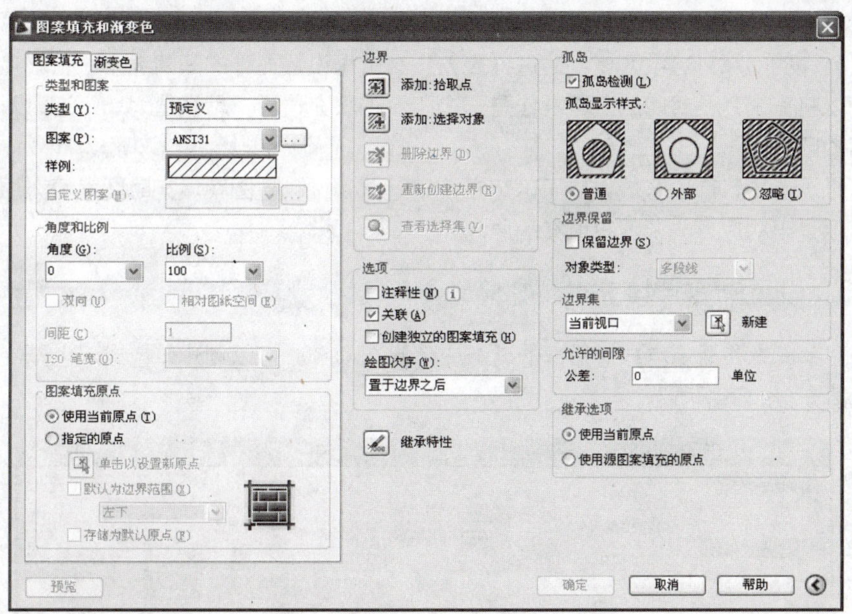

在【孤岛】选项区域中选择【孤岛检测】复选框，可以指定在最外层边界内填充对象的方法，包括【普通】、【外部】和【忽略】3 种填充方式，效果如下图所示。

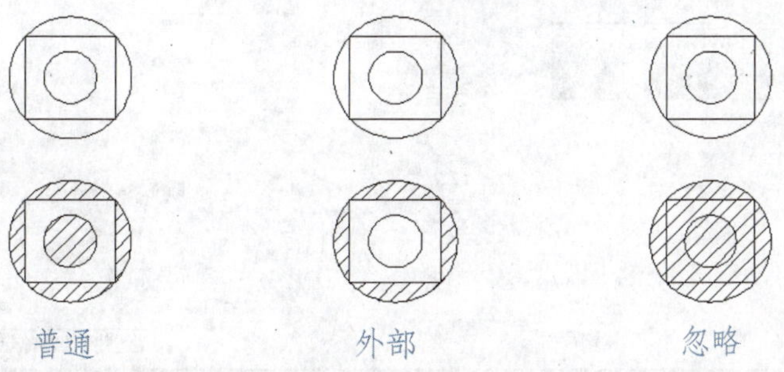

- 【普通】方式：从最外边界向里画填充线，遇到与之相交的内部边界时断开填充线，遇到下一个内部边界时再继续绘制填充线，系统变量 HPNAME 设置为 N。
- 【外部】方式：从最外边界向里画填充线，遇到与之相交的内部边界时断开填充线，不再继续往里绘制填充线，系统变量 HPNAME 设置为 O。

133

创建面域的操作方法是，单击【菜单浏览器】按钮，执行【绘图】|【面域】命令（rengion），或在【功能区】选项板的【常用】选项卡中，单击【绘图】面板中【面域】按钮。

视野拓展

- 【忽略】方式：忽略边界内的对象，所有内部结构都被填充重新覆盖，系统变量 HPNAME 设置为 1。
- 【边界保留】选项区域：选择【保留边界】复选框，可将填充边界以对象的形式保留，并可以从【对象类型】下拉列表框中选择填充边界的保留类型，如【多段线】和【面域】选项等。
- 【边界集】选项区域：可以定义填充边界的对象集，AutoCAD 将根据这些对象来确定填充边界。默认情况下，系统根据【当前视口】中所有可见对象确定填充边界。也可以单击【新建】按钮，切换到绘图窗口，然后通过指定对象定义边界集，此时【边界集】下拉列表框中将显示为【现有集合】选项。
- 【允许的间隙】选项区域：通过【公差】文本框设置允许的间隙大小。在该参数范围内，可以将一个几乎封闭的区域看作是一个闭合的填充边界。默认值为 0，这时对象是完全封闭的区域。
- 【继承选项】选项区域：用于确定在使用继承属性创建图案填充时图案填充原点的位置，可以是当前原点或源图案填充的原点。

7.3.3 设置渐变色填充

使用【图案填充和渐变色】对话框的【渐变色】选项卡，可以创建单色或双色渐变色，并用其对图案进行填充，如下图所示。

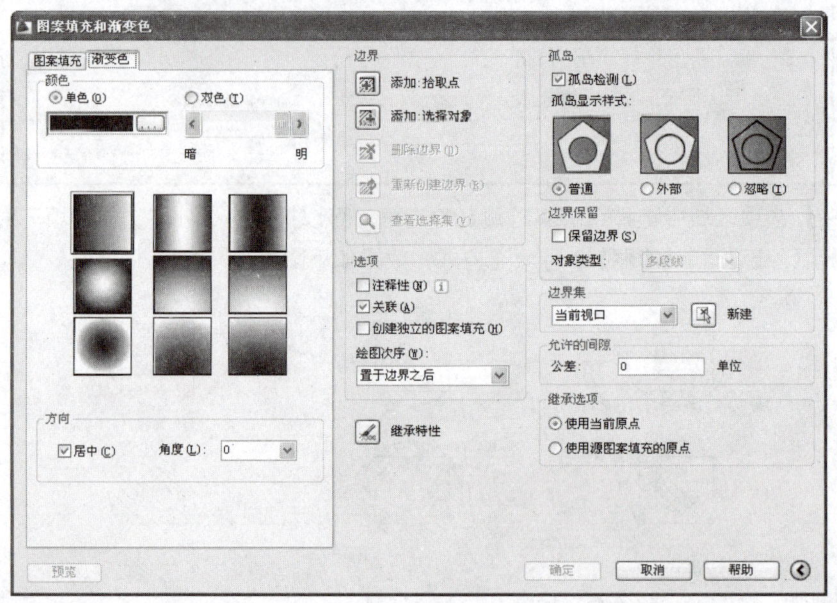

注意：在 AutoCAD 2009 中，尽管可以使用渐变色来填充图形，但该渐变色最多只能由两种颜色创建，并且仍然不能使用位图填充图形。

- 【单色】单选按钮：可以使用从较深着色到较浅色调平滑过渡的单色填充。此时，AutoCAD 显示【浏览】按钮和【色调】滑块。其中，单击【浏览】按钮[...]将弹出【选择颜色】对话框，如左下图所示。在该对话框中可以选择索引颜色、真彩色或配色系统颜色。

视野拓展

创建面域后，可以利用布尔运算（并集、差集、交集等）绘制比较复杂的图形。对普通的线条图形对象，则无法使用布尔运算。

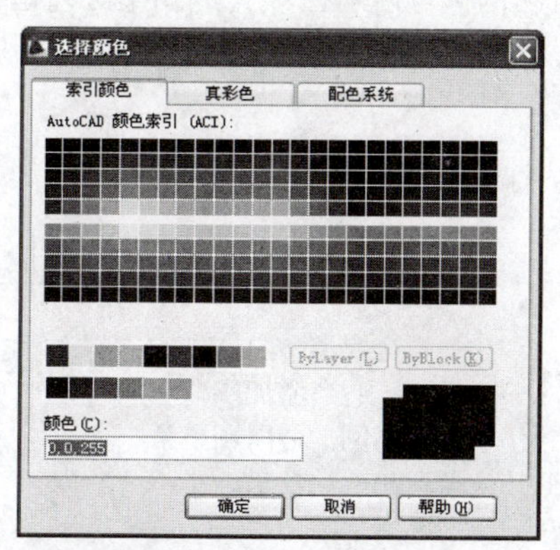

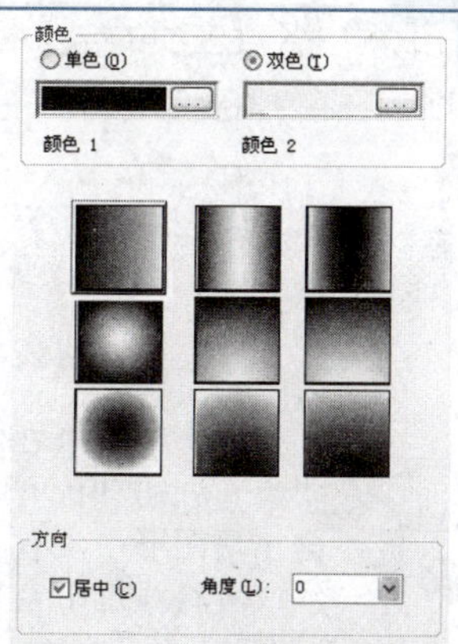

- 【双色】单选按钮：选中该单选按钮，可以指定两种颜色之间平滑过渡的双色渐变填充。此时 AutoCAD 在【颜色 1】和【颜色 2】后分别显示该【浏览】按钮的颜色样本，如右上图所示。
- 【角度】下拉列表框：相对当前 UCS 指定渐变填充的角度，并与指定给图案填充的角度互不影响。
- 【渐变图案】预览窗口：显示当前设置的渐变色效果，共有 9 种效果。

7.3.4　编辑图案填充

- 命令：hatchedit。
- 菜单：单击菜单浏览器按钮，选择【修改】|【对象】|【图案填充】命令。
- 工具栏：【功能区】选项板中，选择【常用】选项卡，单击【绘图】面板中的【编辑图案填充】按钮。

执行 hatchedit 命令，在提示下选择已有的填充图案，AutoCAD 弹出【图案填充编辑】对话框。

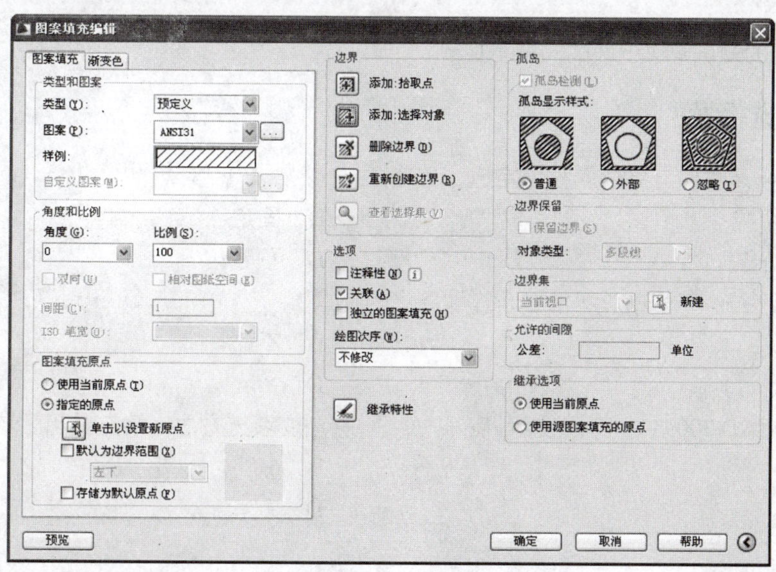

对话框中只有用正常颜色显示的项才可以被用户操作。该对话框中各选项的含义与【图案填充

面域是二维实体模型，它不但包含边的信息，还有边界内的信息。可以利用这些信息计算工程属性，如面积、质心、惯性等。

视野拓展

和渐变色】对话框中各对应项的含义相同。利用此对话框，可以对已填充的图案进行诸如更改填充图案、填充比例及旋转角度等操作。

提示：在绘图屏幕直接双击已有的图案，也可以打开【图案填充编辑】对话框，利用其进行对应的编辑。

博学先生，我在用斜线填充图形时，有时会出现图形中没有斜线或者斜线过于密集的现象，这是为何？

这是填充比例的问题，适当增加或减小填充比例，可以调整至满意的视觉效果。

7.4 本章小结

本章针对块及块属性的创建与编辑、图案填充进行介绍。

首先介绍了如何创建与编辑块，包括创建块、插入块、存储块、设置插入点和块与图层的关系等。接着，就块属性的编辑与管理也做了详细介绍，包括属性的定义、编辑、管理和显示控制。最后，学习了图案填充的方法，主要是【图案填充和渐变色】对话框的使用。

通过本章内容的学习，可以把要重复绘制的图形创建成块，并根据需要为块创建属性，指定块的名称、用途及设计者等信息，在需要时直接插入它们，从而提高绘图效率

7.5 趁热打铁

现在用学到的知识解决下面的问题吧！

7.5.1 选择题

1．在定义块属性时，要使属性为定值，可选择（　　　）模式。

A．不可见　　B．固定

C．验证　　D．预置

2．在下列字符和符号中，不能包含在块名中的是（　　　）。

A．z　　B．Z

C．9　　D．?

3．在AutoCAD 2009中，可以使用（　　　）种渐变填充方法来填充封闭区域。

A．4　　B．6

C．8　　D．9

视野拓展

从面域中提取数据的方法是，单击菜单浏览器按钮，执行【工具】|【查询】|【面域/质量特性】命令（massprop），或在【功能区】选项板的【工具】选项卡中，单击【查询】面板中【面域/质量特性】按钮。

4．在下列图形中，属于【孤岛显示样式】中【普通】的是（　　）。

A．　　　　B．

C．　　　　D．

7.5.2　实践题

1．绘制如下图所示的图形，并将其定义成块（块名称为【旧式窗户】），然后在图形中以不同的比例、旋转角度插入该块。

2. 为下面的图形添加标题属性【零件图】，并将其定义为块，如下图所示。

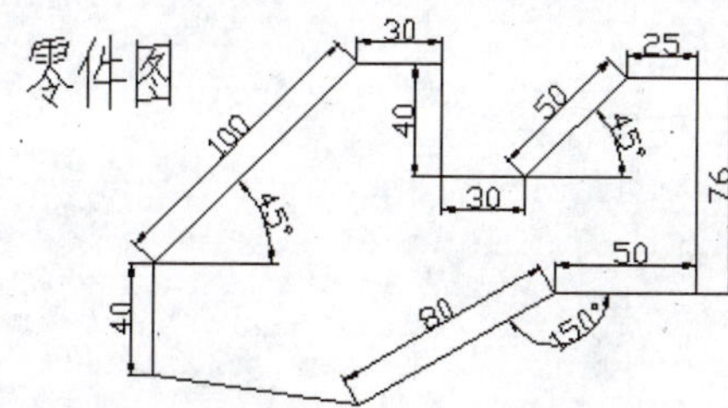

3. 绘制如下图所示的图形。

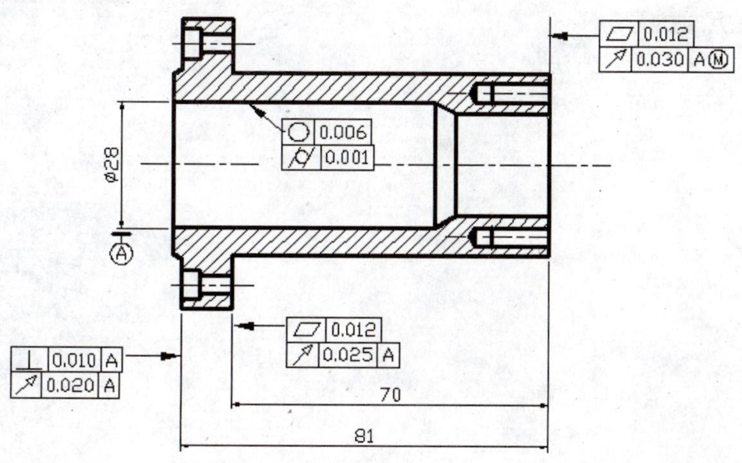

以普通方式填充时，如果填充边界内有诸如文字、属性这样的特殊对象，且在选择填充边界时也选择了它们，填充时这些对象会自动断开，就像用一个比它们略大的看不见的框保护起来一样，以使这些对象更加清晰。

视野拓展

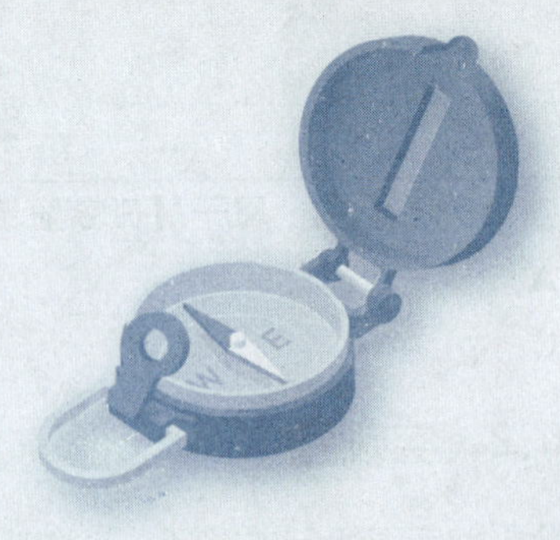

第8章 尺寸标注

本章导读

在图形设计中，尺寸标注是绘图设计工作的一个重要内容，因为绘制图形的根本目的是反映对象的形状，而图形中各个对象的真实大小和相互位置只有经过尺寸标注后才能确定。AutoCAD 包含了一套完整的尺寸标注命令和使用程序，可以轻松完成图纸中要求的尺寸标注。

本章学习目标

- 学会创建与设置标注样式
- 掌握常用标注尺寸的使用方法
- 学会编辑标注对象

本章学习重点

- 尺寸标注的规则与组成
- 创建与设置标注样式
- 标注尺寸的方法
- 形位公差的标注方法
- 编辑标注对象的方法

8.1　尺寸标注的规则与组成

在图形进行标注前，应先了解尺寸标注的组成、类型、规则及步骤等。

8.1.1　尺寸标注的规则

AutoCAD 2009 中，对绘制的图形进行尺寸标注时应遵循以下规则。

- 物体的真实大小应以图样上所标注的尺寸数值为依据，与图形的大小及绘图的准确度无关。
- 图样中的尺寸以 mm 为单位时，不需要标注计量单位的代号或名称。如采用其他单位，则必须注明相应计量单位的代号或名称，如°、m 及 cm 等。
- 图样中所标注的尺寸为该图样所表示的物体的最后完工尺寸，否则应另加说明。

8.1.2　尺寸标注的组成

AutoCAD 中，一个完整的尺寸标注一般由尺寸线（角度标注又称为尺寸弧线）、尺寸界线、尺寸文字（即尺寸值）和尺寸箭头 4 部分组成，如下图所示。

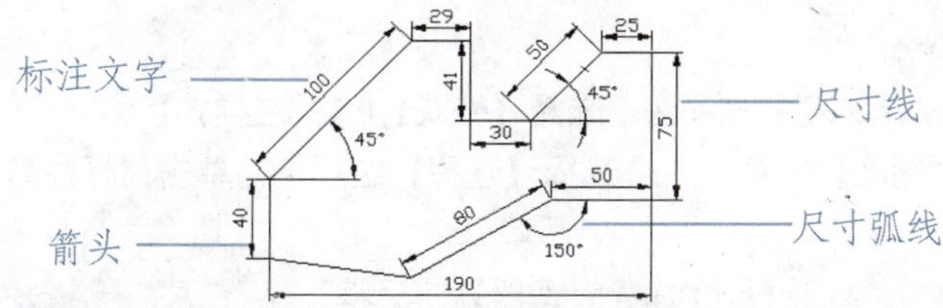

- 标注文字：表明图形的实际测量值。标注文字可以只反映基本尺寸，也可以带尺寸公差。标注文字应按标准字体书写，同一张图纸上的字高要一致。在图中遇到图线时须将图线断开。如果图线断开影响图形表达，则需要调整尺寸标注的位置。
- 尺寸线：表明标注的范围。AutoCAD 通常将尺寸线放置在测量区域中。如果空间不足，则将尺寸线或文字移到测量区域的外部，这取决于标注样式的放置规则。尺寸线是一条带有双箭头的线段，一般分为两段，可以分别控制其显示。对于角度标注，尺寸线是一段圆弧。尺寸线应用细实线绘制。
- 尺寸线的端点符号（即箭头）：箭头显示在尺寸线的末端，用于指出测量的开始和结束位置。AutoCAD 默认使用闭合的填充箭头符号。此外，AutoCAD 还提供了多种箭头符号，以满足不同行业的需求，如建筑标记、小斜线箭头、点和斜杠等。
- 起点：尺寸标注的起点是尺寸标注对象标注的定义点，系统测量的数据均以起点为计算点。起点通常是延伸线的引出点。

8.1.3　尺寸标注的类型

AutoCAD 2009 中提供了十余种标注工具用以标注图形对象，分别位于【标注】菜单或【标注】面板或【标注】工具栏中。使用它们可以进行角度、直径、半径、线性、对齐、连续、圆心及基线等标注，如下图所示。

不同的行业都有自己的图形标注标准，在设定标注样式前应非常熟悉业内的相关规定，绘出满足要求的工程图纸。

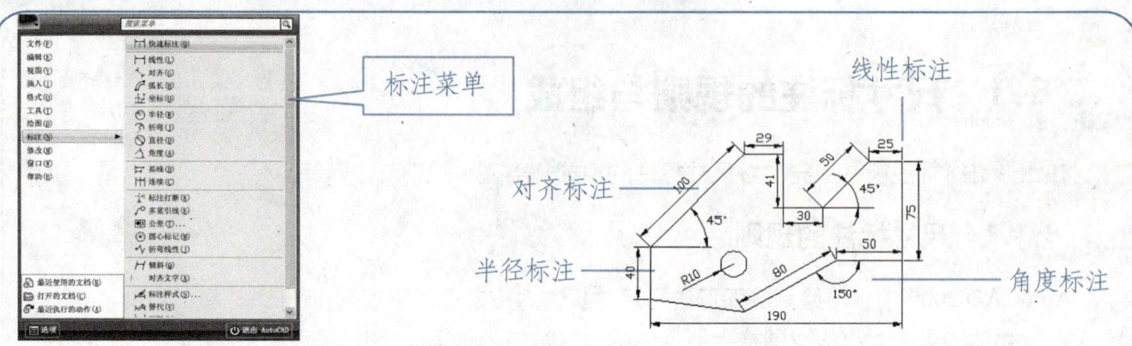

8.2 创建与设置标注样式

在 AutoCAD 中，使用标注样式可以控制标注的格式和外观，建立强制执行的绘图标准，并有利于对标注格式及用途进行修改。本节就【标注样式管理器】对话框创建标注样式展开介绍。

8.2.1 新建标注样式

- 命令：dimstyle。
- 菜单：单击菜单浏览器按钮，选择【格式】|【标注样式】命令。
- 工具栏：【功能区】选项板中，选择【注释】选项卡，单击【标注】面板中的【标注样式】按钮。

执行 dimstyle 命令，弹出【标注样式管理器】对话框。

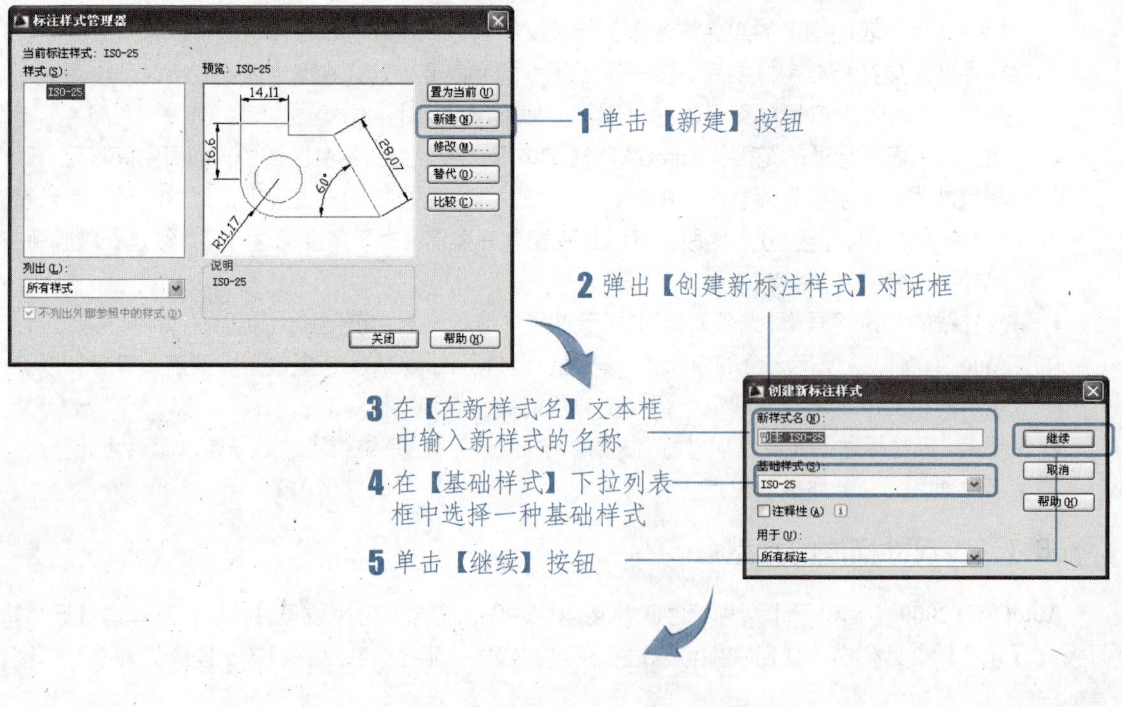

视野拓展

为了操作方便，在标注图形时，需要单独创建标注图层，并以不同的颜色加以区别，达到良好的视觉效果，减轻绘图压力。

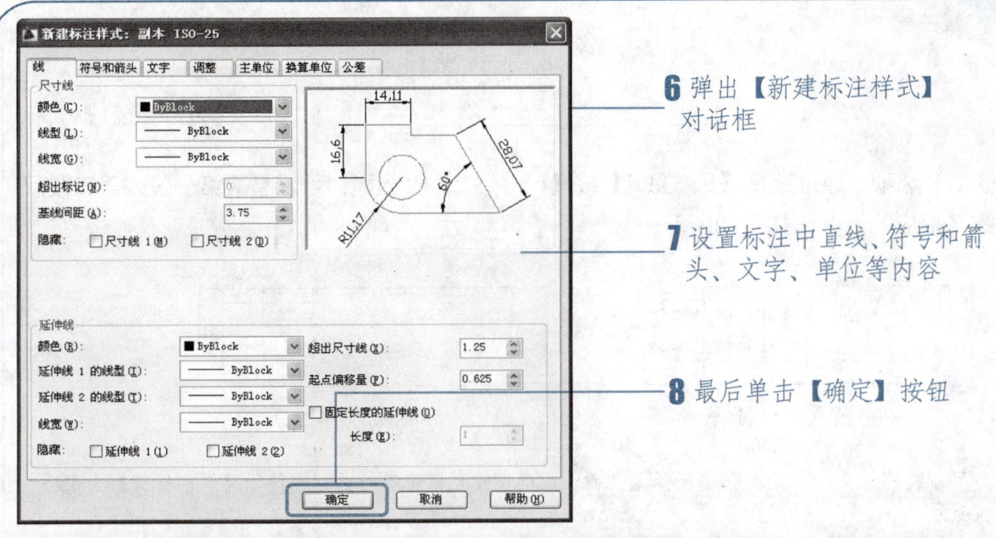

新建标注样式时，可以在【新样式名】文本框中输入新样式的名称。在【基础样式】下拉列表框中选择一种基础样式，新样式将在该基础样式的基础上进行修改。此外，在【用于】下拉列表框中指定新建标注样式的适用范围，包括【所有标注】、【线性标注】、【角度标注】、【半径标注】、【直径标注】、【坐标标注】和【引线与公差】等选项；选择【注释性】复选框，可将标注定义成可注释性对象。

8.2.2　设置线样式

在【新建标注样式】对话框中，使用【线】选项卡可以设置尺寸线和延伸线的格式和位置，如上图所示。

1.　尺寸线

在【尺寸线】选项区域中，可以设置尺寸线的颜色、线宽、超出标记及基线间距等属性。

- 【颜色】下拉列表框：用于设置尺寸线的颜色，默认情况下，尺寸线的颜色随块。
- 【线型】下拉列表框：用于设置尺寸线的线型。
- 【线宽】下拉列表框：用于设置尺寸线的宽度，默认情况下，尺寸线的线宽也是随块。
- 【超出标记】文本框：当尺寸线的箭头采用倾斜、建筑标记、小点、积分或无标记等样式时，使用该文本框可以设置尺寸线超出延伸线的长度，如下图所示。

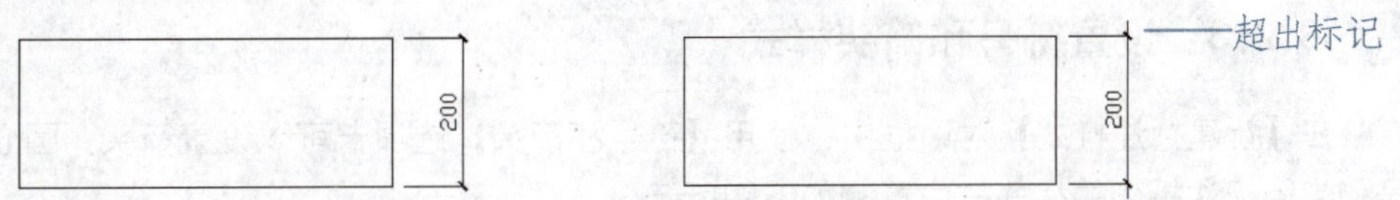

- 【基线间距】文本框：进行基线尺寸标注时可以设置各尺寸线之间的距离，如下图所示。

标注工程图纸时，一般都要创建一个或多个新的标注样式，而不去修改系统默认的标注样式的格式，以免可能引起在不同电脑上标注样式会有不同视觉样式的麻烦。

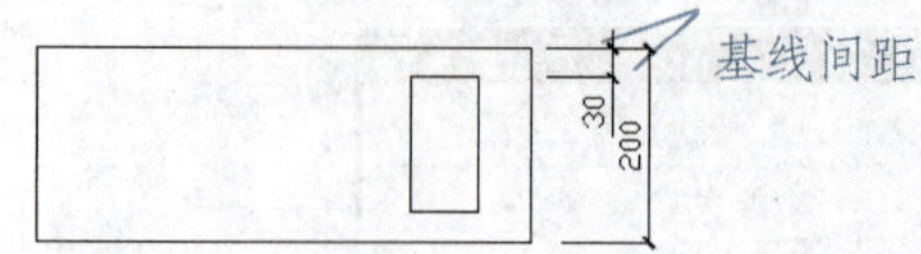

- 【隐藏】选项：通过选择【尺寸线 1】或【尺寸线 2】复选框，可以隐蔽第一段或第二段尺寸线及相应的箭头，如下图所示。

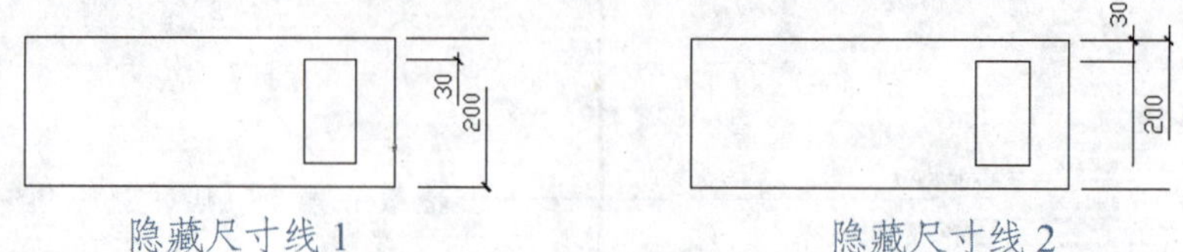

隐藏尺寸线 1　　隐藏尺寸线 2

提示：当尺寸线的箭头采用倾斜、建筑标记、小点、积分或无标记等样式时，使用【超出标记】文本框才可以设置尺寸线超出延伸线的长度。

2. 延伸线

在【延伸线】选项区域中，可以设置延伸线的颜色、线宽、超出尺寸线的长度和起点偏移量，隐藏控制等属性。

- 【颜色】下拉列表框：用于设置延伸线的颜色。
- 【线宽】下拉列表框：用于设置线的宽度。
- 【延伸线 1 的线型】和【延伸线 2 的线型】下拉列表框：用于设置延伸线的线型。
- 【超出尺寸线】文本框：用于设置延伸线超出尺寸线的距离。
- 【起点偏移量】文本框：设置延伸线的起点与标注定义点的距离，如下图所示。

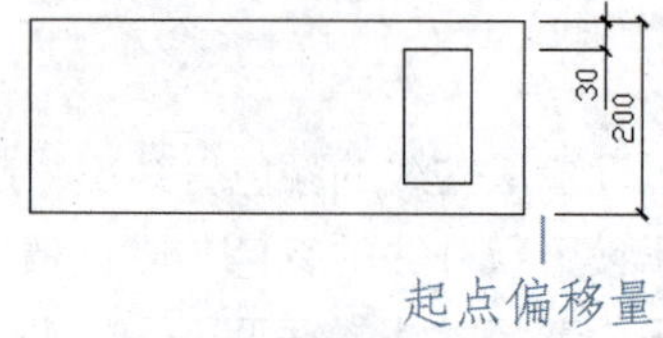

起点偏移量

- 【隐藏】选项：通过选中【延伸线 1】或【延伸线 2】复选框，可以隐藏延伸线。
- 【固定长度的延伸线】复选框：选中该复选框，可以使用具有特定长度的延伸线标注图形，其中在【长度】文本框中可以输入延伸线的数值。

8.2.3 设置符号和箭头样式

在【新建标注样式】对话框中，使用【符号和箭头】选项卡可以设置箭头、圆心标记、弧长符号和半径标注折弯的格式与位置，如下图所示。

1. 箭头

在【箭头】选项区域中可以设置尺寸线和引线箭头的类型及尺寸大小等，其操作步骤如下。通常情况下，尺寸线的两个箭头应一致。

视野拓展

从尺寸线偏移文本框用于设置当前文字间距，文字间距是指当尺寸线断开以容纳标注文字时标注文字周围的距离。

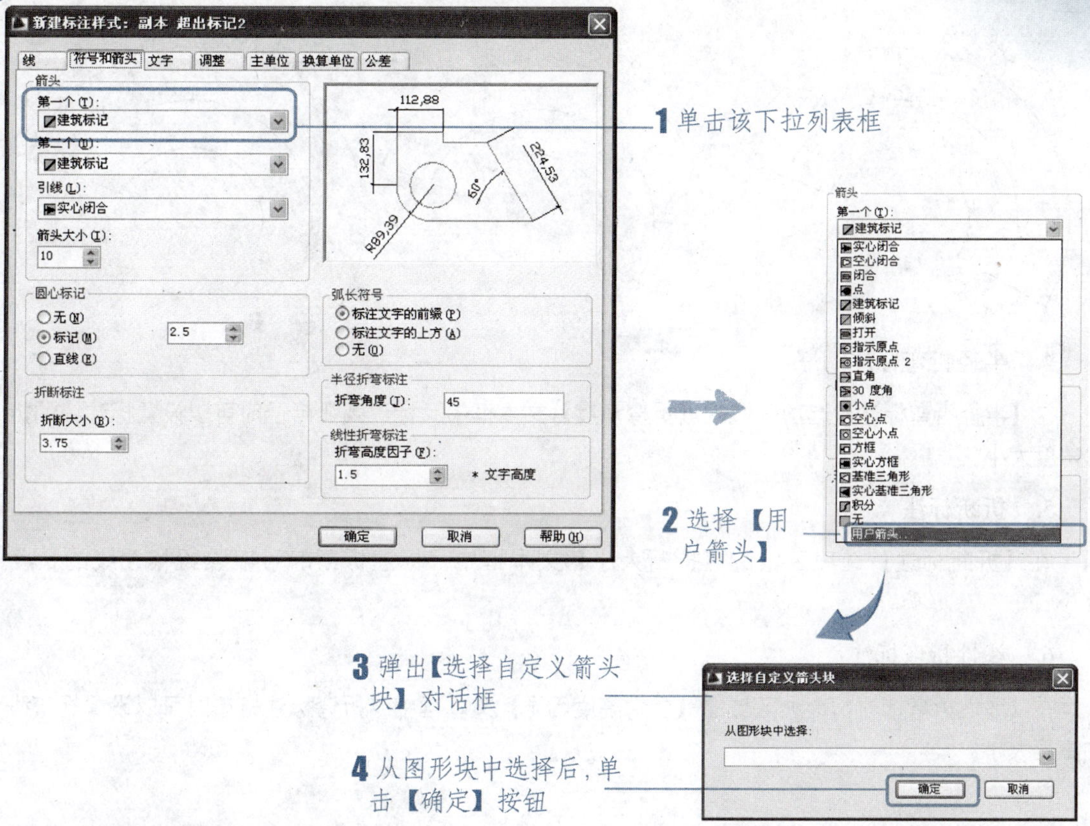

1 单击该下拉列表框

2 选择【用户箭头】

3 弹出【选择自定义箭头块】对话框

4 从图形块中选择后，单击【确定】按钮

2. 圆心标记

在【圆心标记】选项区域中可以设置圆或圆弧的圆心标记类型，如【标记】、【直线】和【无】。其中，选择【标记】单选按钮可对圆或圆弧绘制圆心标记；选择【直线】单选按钮，可对圆或圆弧绘制中心线；选择【无】单选按钮，则没有任何标记，如下图所示。

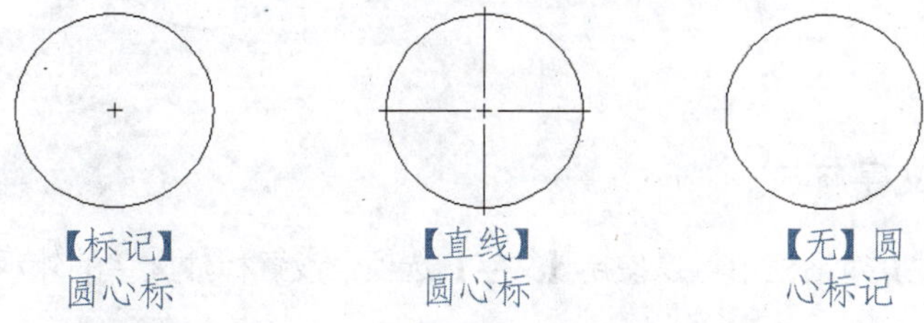

【标记】圆心标　　【直线】圆心标　　【无】圆心标记

3. 弧长符号

在【弧长符号】选项区域中可以设置弧长符号显示的位置，包括【标注文字的前缀】、【标注文字的上方】和【无】3 种方式，如下图所示。

仅当标注的线段至少与文字间隔同样长时，才会将文字放置在尺寸线内侧。

视野拓展

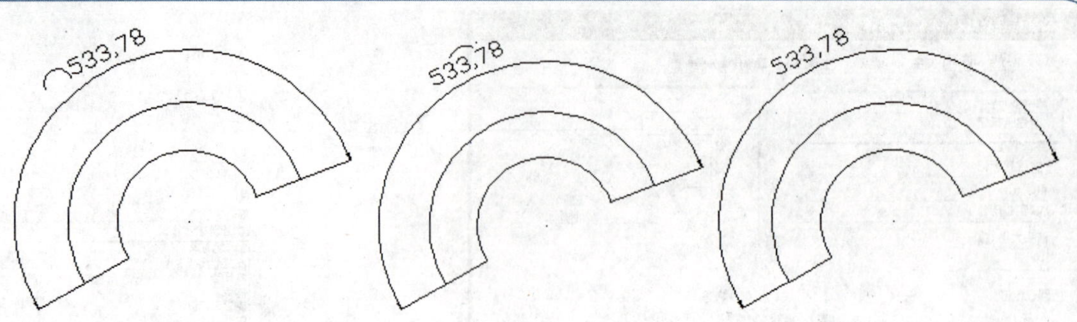

4. **半径折弯标注**

在【半径折弯标注】选项区域的【折弯角度】文本框中，标注圆弧半径时可以设置标注线的折弯角度大小。

5. **折断标注**

在【折断标注】选项区域的【折断大小】文本框中，标注折断时可以设置标注线的长度大小。

6. **线性折弯标注**

在【线性折弯标注】选项区域的【折弯高度因子】文本框中，折弯标注打断时可以设置折弯线的高度大小。

博学先生，在【新建标注样式】的有关文本框里，有好多【大小】的设置，这些数字怎么填写更好呢?

一般情况下是根据经验来填写，或者是频繁更改数字观察效果，找出合适的数值。

8.2.4 设置文字样式

在【新建标注样式】对话框中可以使用【文字】选项卡设置标注文字的外观、位置和对齐方式，如下图所示。

视野拓展

当箭头、标注文字以及页边距有足够的空间容纳文字间距时，才将尺寸线上方或下方文字置于内侧。

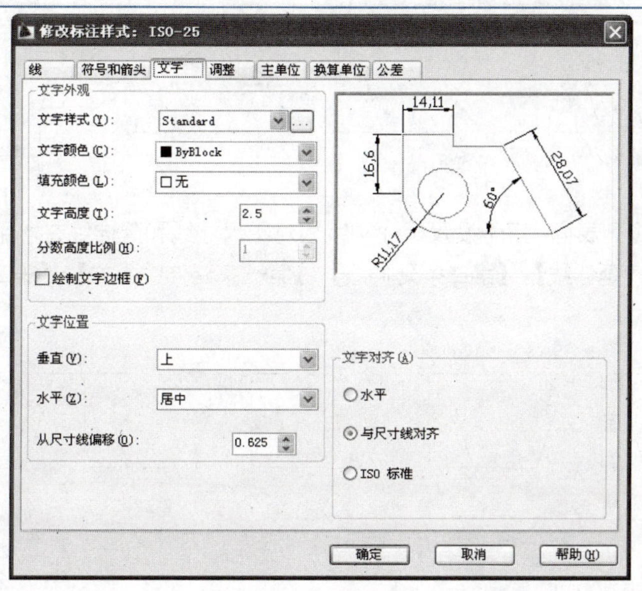

1. 文字外观

在【文字外观】选项区域中可以设置文字的样式、颜色、高度和分数高度比例，以及控制是否绘制文字边框等。各选项的功能说明如下。

- 【文字样式】下拉列表框：用于选择标注的文字样式。也可以单击其后的按钮，打开【文字样式】对话框，选择文字样式或新建文字样式。
- 【文字颜色】下拉列表框：用于设置标注文字的颜色。
- 【填充颜色】下拉列表框：用于设置标注文字的背景色。
- 【文字高度】文本框：用于设置标注文字的高度。
- 【分数高度比例】文本框：设置标注文字中的分数相对于其他标注文字的比例，AutoCAD 将该比例值与标注文字高度的乘积作为分数的高度。
- 【绘制文字边框】复选框：设置是否给标注文字加边框，如下图所示。

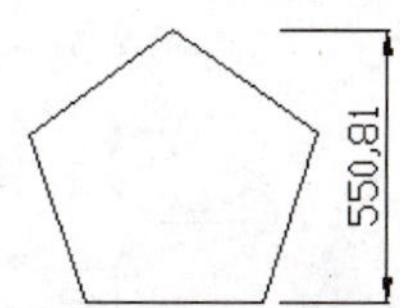

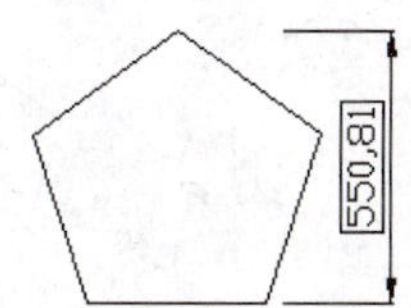

2. 文字位置

在【文字位置】选项区域中可以设置文字的垂直、水平位置及从尺寸线的偏移量，各选项的功能说明如下。

- 【垂直】下拉列表框：用于设置标注文字相对于尺寸线在垂直方向的位置，如【居中】、【上方】、【外部】和 JIS。效果图如下。

标注时，许多因素（如尺寸线间距和箭头大小）都会影响标注文字和箭头在尺寸界线内的调整方式。一般而言，AutoCAD 会自动应用最佳效果（如果指定可用空间）。如果可能，在尺寸界线之间放置文字和箭头，而不考虑所选的调整选项。

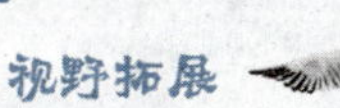

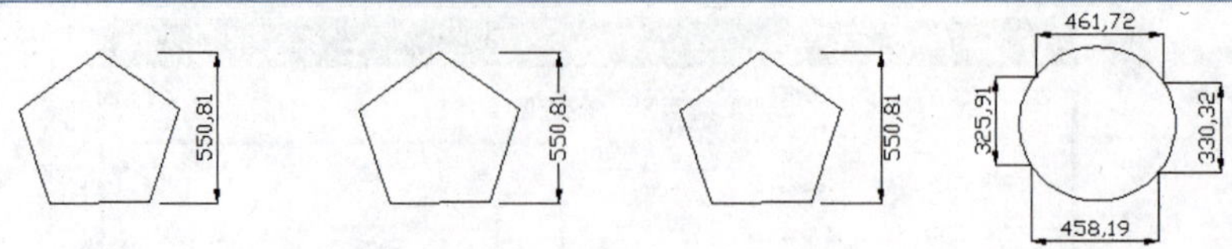

上方　　居中　　外部　　JIS

- 【水平】下拉列表框：用于设置标注文字相对于尺寸线和延伸线在水平方向的位置，如【居中】、【第一条延伸线】、【第二条延伸线】、【第一条延伸线上方】、【第二条延伸线上方】。效果图如下。

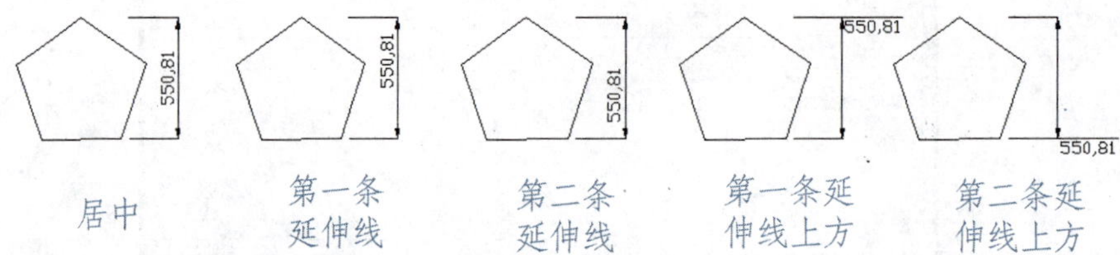

居中　　第一条延伸线　　第二条延伸线　　第一条延伸线上方　　第二条延伸线上方

- 【从尺寸线偏移】文本框：设置标注文字与尺寸线之间的距离。如果标注文字位于尺寸线的中间，则表示断开处尺寸线端点与尺寸文字的间距。如标注文字带有边框，则可以控制文字边框与其中文字的距离。

3. **文字对齐**

在【文字对齐】选项区域中可以设置标注文字是保持水平还是与尺寸线平行。其中 3 个选项的含义如下。

- 【水平】单选按钮：使标注文字水平放置。
- 【与尺寸线对齐】单选按钮：使标注文字方向与尺寸线方向一致。
- 【ISO 标准】单选按钮：使标注文字按 ISO 标准放置，当标注文字在延伸线之内时，它的方向与尺寸线方向一致，而在延伸线之外时将水平放置。

下图显示了上述 3 种文字对齐方式。

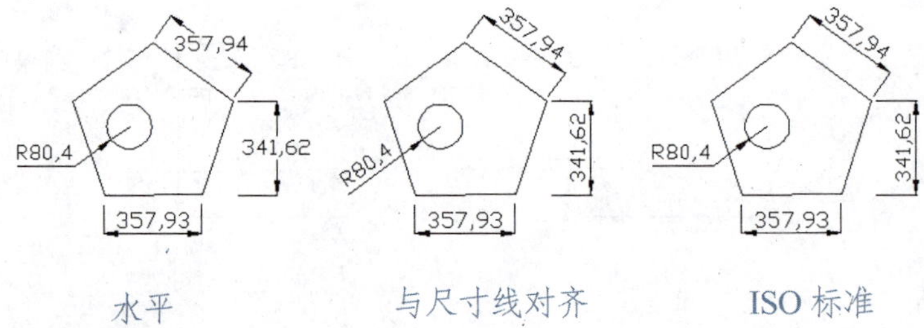

水平　　与尺寸线对齐　　ISO 标准

8.2.5 设置调整样式

在【新建标注样式】对话框中，可以使用【调整】选项卡设置标注文字、尺寸线、尺寸箭头的位置，如下图所示。、

视野拓展

【测量单位比例】选项区域内的【比例因子】文本框可以设置线型标注测量值的缩放比例，AutoCAD 的实际标注值为测量值与该比例的积。

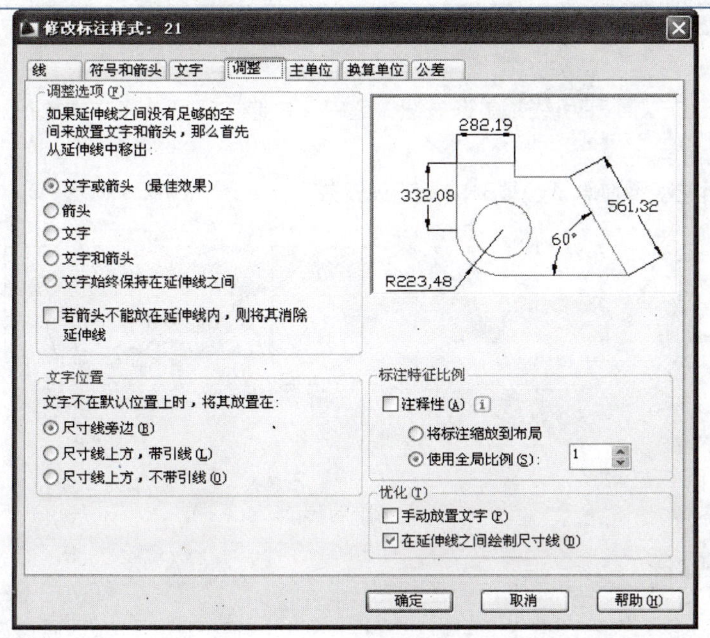

1. 调整选项

在【调整选项】区域中，可以确定当延伸线之间没有足够的空间同时放置标注文字和箭头时，应从延伸线之间移出对象。

- 【文字或箭头（最佳效果）】单选按钮：按最佳效果自动移出文本或箭头。
- 【箭头】单选按钮：首先将箭头移出。
- 【文字】单选按钮：首先将文字移出。
- 【文字和箭头】单选按钮：将文字和箭头都移出。
- 【文字始终保持在延伸线之间】单选按钮：将文本始终保持在延伸线之间。
- 【若不能放在延伸线内，则消除箭头】复选框：如果选中该复选框可以抑制箭头显示。

效果图如下所示。

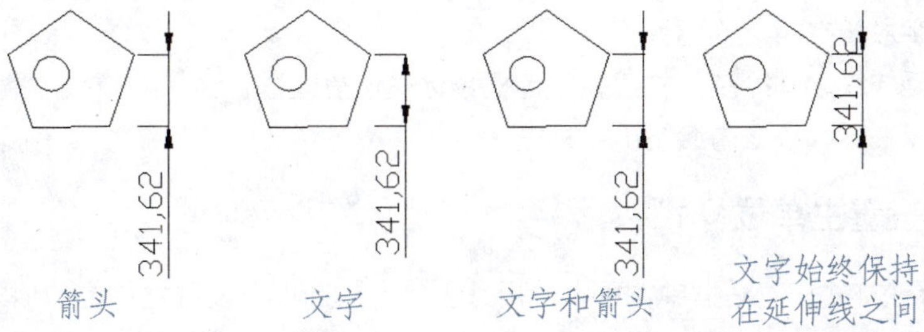

2. 文字位置

在【文字位置】选项区域中，可以设置文字不在默认位置时的位置。其中各选项含义如下。

- 【尺寸线旁边】单选按钮：选中该单选按钮可以将文本放在尺寸线旁边。

建议用户不要更改【比例因子】的默认值 1.00，选择【仅应用到布局标注】复选框，仅将测量单位应用于布局中创建的标注，除特殊情况外，一般保持关闭状态。

- 【尺寸线上方，带引线】单选按钮：选中该单选按钮可以将文本放在尺寸线的上方，并带上引线。
- 【尺寸线上方，不带引线】单选按钮：选中该单选按钮可以将文本放在尺寸的上方，但不带引线。

下图显示了当文字不在默认位置时的上述设置效果。

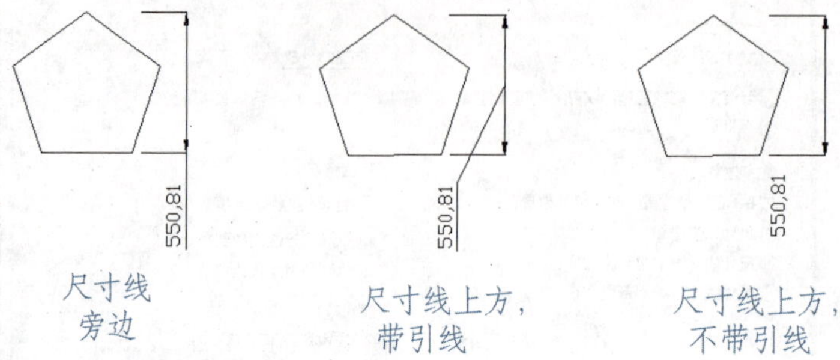

3. **标注特征比例**

在【标注特征比例】选项区域中，可以设置标注尺寸的特征比例，以便通过设置全局比例来增加或减少各标注的大小。各选项的功能如下所示。

- 【注释性】复选框：选择该复选框，可以将标注定义成可注释性对象。
- 【将标注缩放到布局】单选按钮：选择该单选按钮，可以根据当前模型空间视口与图纸空间之间的缩放关系设置比例。
- 【使用全局比例】单选按钮：选择该单选按钮，可以对全部尺寸标注设置缩放比例，该比例不改变尺寸的测量值。

4. **优化**

在【优化】选项区域中，可以对标注文字和尺寸线进行细微调整，该选项区域包括以下两个复选框。

- 【手动放置文字】复选框：选中该复选框，则忽略标注文字的水平位置，在标注时可将标注文字放置在指定的位置。
- 【在延伸线之间绘制尺寸线】复选框：选中该复选框，当尺寸箭头放置在延伸线之外时，也可以在延伸线之内绘制出尺寸线。

8.2.6 设置主单位样式

在【新建标注样式】对话框中，可以使用【主单位】选项卡设置主单位的格式与精度等属性，如下图所示。

视野拓展

在建筑绘图中，需要添加轴线编号，为了在轴线尺寸界线的端部放置轴号，所以需要将超出尺寸线的值适当调大，以保证轴线尺寸和总尺寸线之间有 8mm 左右的距离。

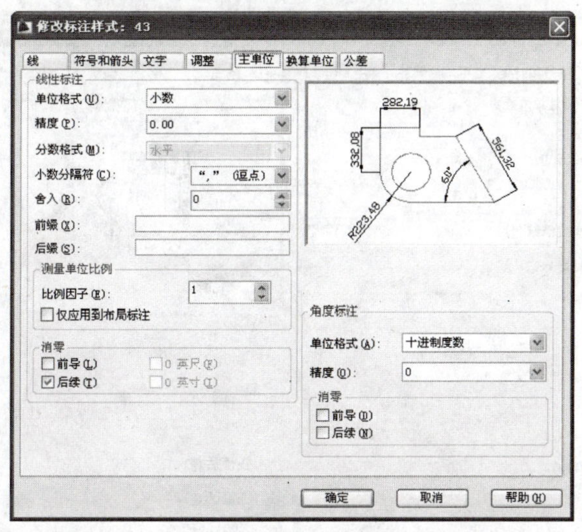

1. 线性标注

在【线性标注】选项区域中可以设置线性标注的单位格式与精度，主要选项的功能如下。

- 【单位格式】下拉列表框：设置除角度标注之外的其余各标注类型的尺寸单位，包括【科学】、【小数】、【工程】、【建筑】、【分数】等选项。
- 【精度】下拉列表框：设置除角度标注之外的其他标注的尺寸精度。
- 【分数格式】下拉列表框：当单位格式是分数时，可以设置分数的格式，包括【水平】、【对角】和【非堆叠】3 种方式。
- 【小数分隔符】下拉列表框：设置小数的分隔符，包括【逗点】、【句点】和【空格】3 种方式。
- 【舍入】文本框：用于设置除角度标注外的尺寸测量值的舍入值。
- 【前缀】和【后缀】文本框：设置标注文字的前缀和后缀，在相应的文本框中输入字符即可。
- 【测量单位比例】选项区域：使用【比例因子】文本框可以设置测量尺寸的缩放比例，AutoCAD 的实际标注值为测量值与该比例的乘积。选中【仅应用到布局标注】复选框，可以设置该比例关系仅适用于布局。
- 【消零】选项区域：可以设置是否显示尺寸标注中的【前导】和【后续】零。

2. 角度标注

在【角度标注】选项区域中，可以使用【单位格式】下拉列表框设置标注角度时的单位，使用【精度】下拉列表框设置标注角度的尺寸精度，使用【消零】选项区域设置是否消除角度尺寸的前导和后续零。

8.2.7 设置换算单位样式

在【新建标注样式】对话框中，还可以使用【换算单位】选项卡设置换算单位的格式，如下图所示。

水平标注、垂直标注并不是只标注水平边或垂直边的尺寸，使用对齐标注时，尺寸线将平行于两尺寸界线原点之间的直线，基线（或平行）和连续标注是一系列基于线性标注的连续标注。

视野拓展

在 AutoCAD 2009 中，通过换算标注单位，可以转换使用不同测量单位制的标注，通常是显示英制标注的等效公制标注，或公制标注的等效英制标注。在标注文字中，换算标注单位显示在主单位旁边的方括号[]中。

选中【显示换算单位】复选框后，对话框的其他选项才可用，可以在【换算单位】选项区域中设置换算单位的【单位格式】、【精度】、【换算单位倍数】、【舍入精度】、【前缀】及【后缀】等，方法与设置主单位的方法相同。

150

在【位置】选项区域中设置换算单位的位置，包括【主值后】和【主值下】两种方式。

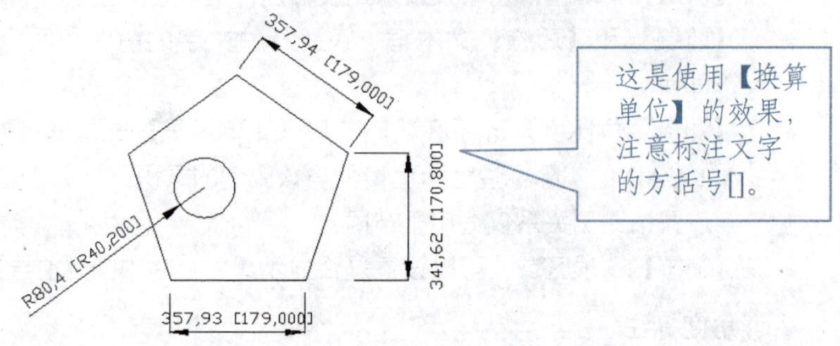

8.2.8 设置公差样式

在【新建标注样式】对话框中使用【公差】选项卡设置是否标注公差，以及以何种方式进行标注，如下图所示。

视野拓展

弧长标注和线性标注的区别，弧长标注默认显示一个圆弧符号。圆弧符号显示在标注文字的上方或前方。仅当圆弧的包含角度小于 90° 时才显示正交尺寸界线。

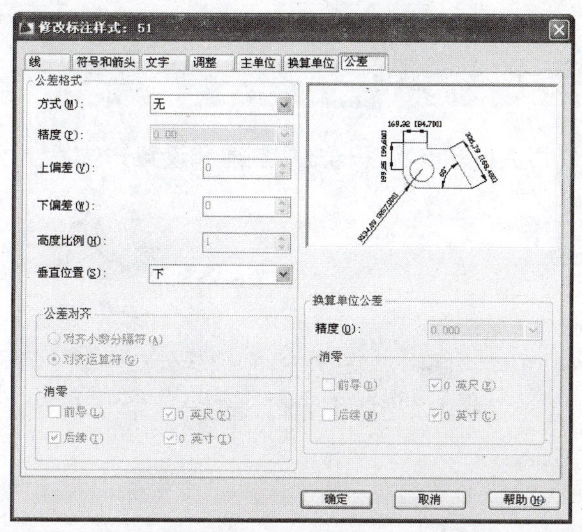

在【公差格式】选项区域中可以设置公差的标注格式，部分选项的功能如下。

- 【方式】下拉列表框：确定以何种方式标注公差，效果图如下所示。

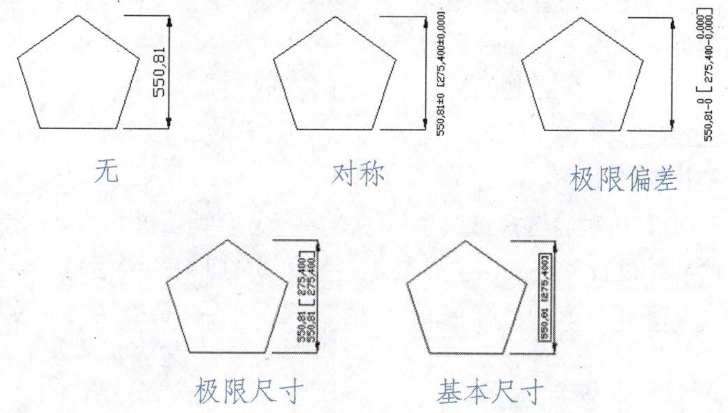

- 【上偏差】、【下偏差】文本框：设置尺寸的上偏差、下偏差。
- 【高度比例】文本框：确定公差文字的高度比例因子。确定后，AutoCAD 将该比例因子与尺寸文字高度之积作为公差文字的高度。
- 【垂直位置】下拉列表框：控制公差文字相对于尺寸文字的位置，包括【上】、【下】和【中】3 种方式。
- 【换算单位公差】选项：当标注换算单位时，可以设置换算单位精度和是否清零。

博学老师，这个【新建标注样式】里的选项卡太多了，怎么学习比较容易掌握呢？

这个对话框内容确实很多，其实我们最常用的就是【线】、【文字和箭头】和【文字】选项卡，其他选项暂时了解即可！

不管当前标注样式定义的文字方向如何，坐标标注文字总是与坐标引线对齐。

8.3 标注尺寸

在了解了尺寸标注的相关概念及标注样式的创建和设置方法后，本节介绍如何在中文版 AutoCAD 2009 中标注图形尺寸。

8.3.1 线性标注

- 命令：dimlinear。
- 菜单：单击菜单浏览器按钮，选择【标注】|【线性】命令。
- 工具栏：【功能区】选项板中，选择【注释】选项卡，单击【标注】面板中的【线性】按钮。

执行 dimlinear 命令，AutoCAD 弹出提示如下：

```
命令：DIMLINEAR
指定第一条延伸线原点或 <选择对象>:
```

1. 指定起点

默认情况下，在命令行提示下直接指定第一条延伸线的原点，并在【指定第二条延伸线原点:】提示下指定了第二条延伸线原点后，命令行提示如下：

```
指定尺寸线位置或
[多行文字(M)/文字(T)/角度(A)/水平(H)/垂直(V)/旋转(R)]:
```

指定了尺寸线的位置后，系统将按自动测量出的两个延伸线起始点间的相应距离标出尺寸。此外，其他各选项的功能说明如下。

- 【多行文字（M）】选项：选择该选项将进入多行文字编辑模式，可以使用【多行文字编辑器】对话框输入并设置标注文字。其中，文字输入窗口中的尖括号（<>）表示系统测量值。

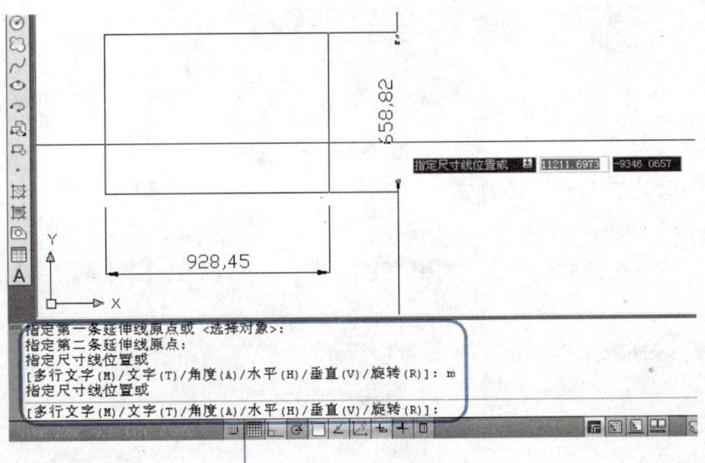

1 根据提示，指定第二条延伸线原点后，输入M

视野拓展

在 AutoCAD 2006 以前的版本中可以查看折弯半径标注，但不能对其进行编辑。

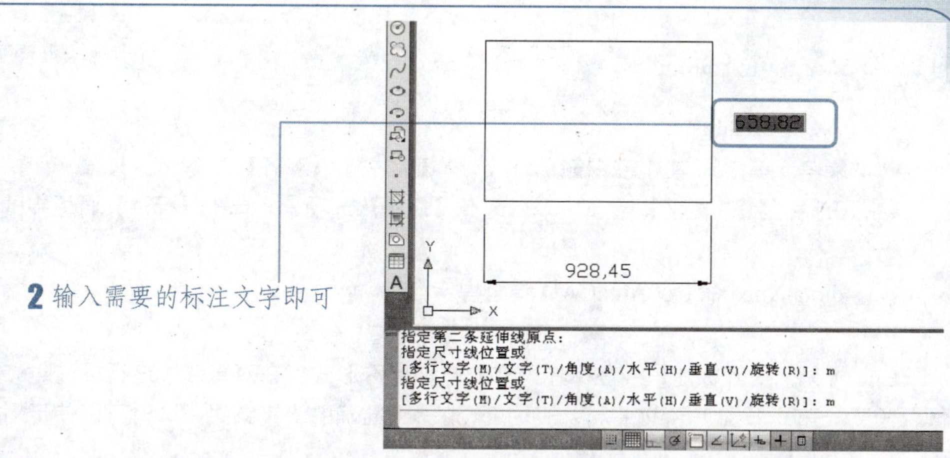

- 【文字(T)】选项：可以以单行文字的形式输入标注文字，此时将显示【输入标注文字<1>:】提示信息，要求输入文字。
- 【角度(A)】选项：设置标注文字的旋转角度。
- 【水平(H)】选项和【垂直(V)】选项：标注水平尺寸和垂直尺寸。可以直接确定尺寸线的位置，也可以选择其他选项来指定标注的标注文字内容或标注文字的旋转角度，提示信息如下：

```
指定第二条延伸线原点:
指定尺寸线位置或
[多行文字(M)/文字(T)/角度(A)/水平(H)/垂直(V)/旋转(R)]: h
指定尺寸线位置或 [多行文字(M)/文字(T)/角度(A)]:
```

- 【旋转(R)】选项：旋转标注对象的尺寸线。

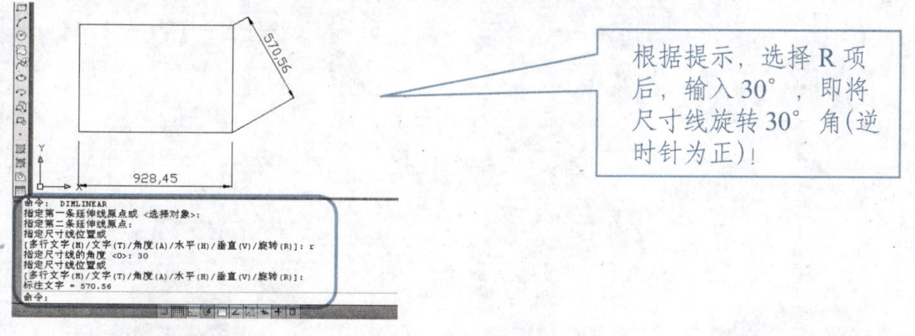

2. 选择对象

如果在线性标注的命令行提示下直接按 Enter 键，系统要求指定标注尺寸的对象。当选择了对象以后，AutoCAD 将该对象的两个端点作为两条延伸线的起点，并显示提示如下（标注对象的方法参考前面的介绍）：

```
命令: DIMLINEAR
指定第一条延伸线原点或 <选择对象>:
选择标注对象:
指定尺寸线位置或
[多行文字(M)/文字(T)/角度(A)/水平(H)/垂直(V)/旋转(R)]:
```

提示：当两个延伸线的起点位于不同水平线或不同垂直线上时，可以通过拖动确定是创建水平标注还是垂直标注。使光标位于两延伸线的起始点之间，上下拖动可引出水平尺寸线；使光标位于两延伸线的起始点之间，左右拖动则可引出垂直尺寸线。

如果对关联的几何图形进行了多处修改，则可能得到不可预料的折弯半径标注的结果。

视野拓展

8.3.2 对齐标注

- 命令：dimaligned。
- 菜单：单击菜单浏览器按钮，选择【标注】|【对齐】命令。
- 工具栏：【功能区】选项板中，选择【注释】选项卡，单击【标注】面板中的【对齐】按钮。

执行 dimaligned 命令，AutoCAD 弹出提示如下：

```
命令: DIMLINEAR
指定第一条延伸线原点或 <选择对象>:
```

由此可见，对齐标注是线性标注尺寸的一种特殊形式。在对直线段进行标注时，如果该直线的倾斜角度未知，那么使用线性标注方法将无法得到准确的测量结果，这时可以使用对齐标注。

8.3.3 弧长标注

- 命令：dimarc。
- 菜单：单击菜单浏览器按钮，选择【标注】|【弧长】命令。
- 工具栏：【功能区】选项板中，选择【注释】选项卡，单击【标注】面板中的【弧长】按钮。

执行 dimarc 命令，选择需要标注的弧段，AutoCAD 弹出提示如下：

```
命令: DIMARC
选择弧线段或多段线弧线段:
指定弧长标注位置或 [多行文字(M)/文字(T)/角度(A)/部分(P)/引线(L)]:
```


在指定了尺寸线的位置后，系统将按实际测量值标注出圆弧的长度。也可以利用【多行文字（M)】、【文字（T)】、【角度（A)】选项，用法与线性标注相同。另外，如果选择【部分（P)】选项，可以标注圆弧某一部分的弧长，如下图所示。

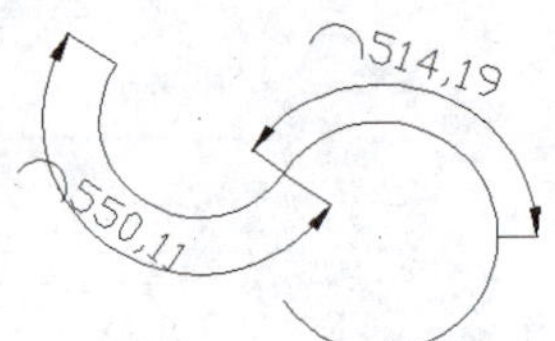

8.3.4 基线标注

- 命令：dimbaseline。
- 菜单：单击菜单浏览器按钮，选择【标注】|【基线】命令。
- 工具栏：【功能区】选项板中，选择【注释】选项卡，单击【标注】面板中的【基线】按钮。

执行 dimbaseline 命令，AutoCAD 弹出提示如下：

```
指定第二条延伸线原点或 [放弃(U)/选择(S)] <选择>:
```

在该提示下，可以直接确定下一个尺寸的第二条延伸线的起始点。AutoCAD 将按基线标注方式标注尺寸，按下 Enter 键或空格键结束命令。

视野拓展

当通过【多行文字】或【文字】选项重新确定尺寸文字时，只有给输入的尺寸文字加前缀【R】才能标注出半径尺寸符号，否则没有此符号。

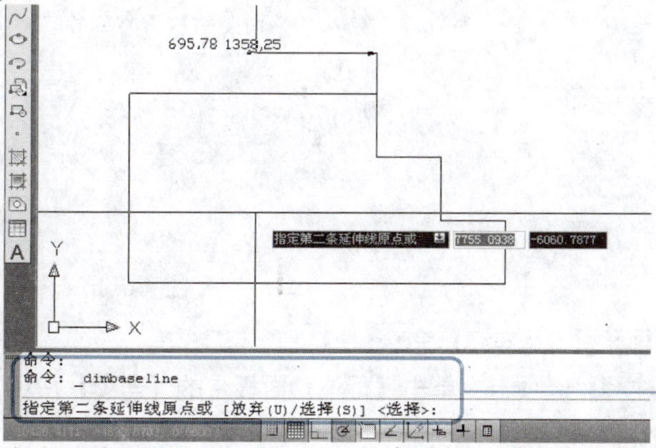

1 在已有的标注尺寸线基础上，执行 dimbaseline 命令

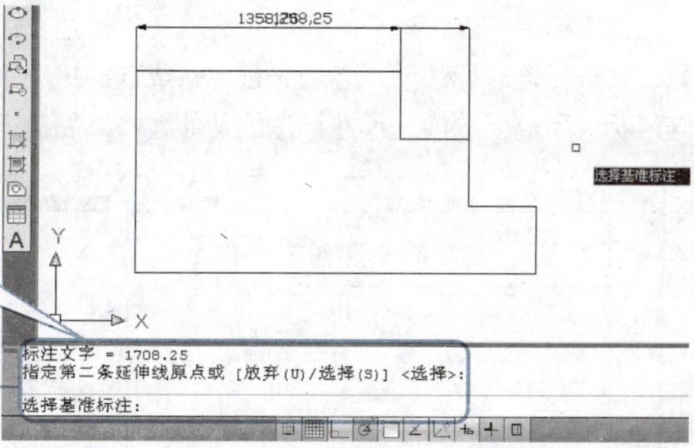

可以选择【选择(S)】用于重新确定基线标注时作为基线标注基准的尺寸界线。

2 选择第二条延伸线原点即可，按 Enter 键或空格键结束命令

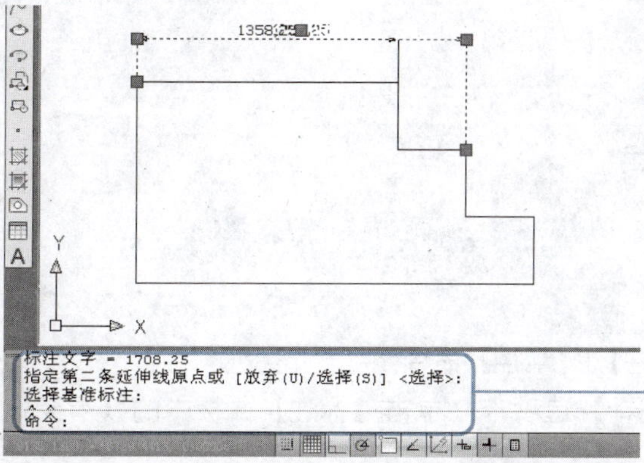

3 选中刚完成的基线标注尺寸线，拉伸夹点，以避免文字的重叠

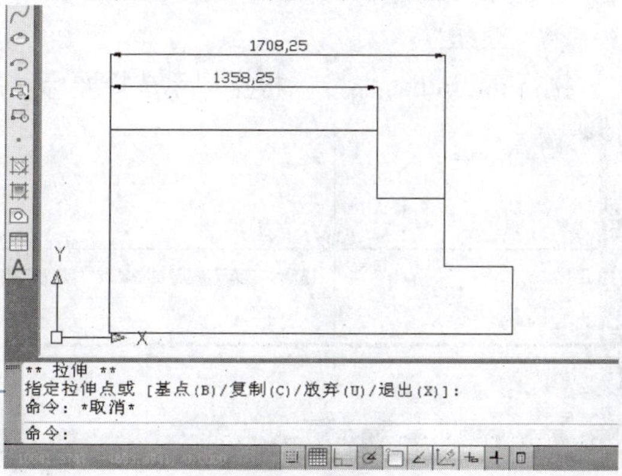

4 拉伸夹点至目标位置，按 Esc 键退出

要编辑标注文字内容，应输入 T（文字）或 M（多行文字）。在括号内编辑或覆盖尖括号（<>）将修改或删除 AutoCAD 计算的标注值。

提示：如果执行基线标注命令之前的操作并不是标注作为基线标注基准的尺寸，而是执行其他操作，那么在执行 dimbaseline 命令后，AutoCAD 有可能会提示：

```
命令: _dimbaseline
选择基准标注:
```

此时应选择作为基线标注基准的尺寸界线。

8.3.5 连续标注

- 命令：dimcontinue。
- 菜单：单击菜单浏览器按钮，选择【标注】|【连续】命令。
- 工具栏：【功能区】选项板中，选择【注释】选项卡，单击【标注】面板中的【连续】按钮。

连续标注可以创建一系列端对端放置的标注，每个连续标注都从前一个标注的第二个延伸线开始。在进行连续标注前，必须先创建（或选择）一个线性、坐标或角度标注作为基线标注，以确定连续标注所需要的前一尺寸标注的延伸线，然后执行 dimcontinue 命令，此时命令行提示如下。

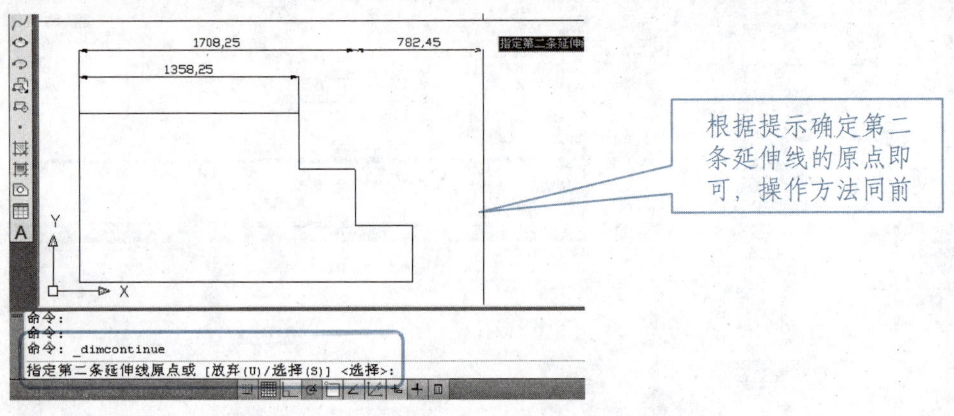

8.3.6 半径标注

- 命令：dimradius。
- 菜单：单击菜单浏览器按钮，选择【标注】|【半径】命令。
- 工具栏：【功能区】选项板中，选择【注释】选项卡，单击【标注】面板中的【半径】按钮。

执行 dimradius 命令，根据提示选择要标注的圆或圆弧，指定尺寸线位置。

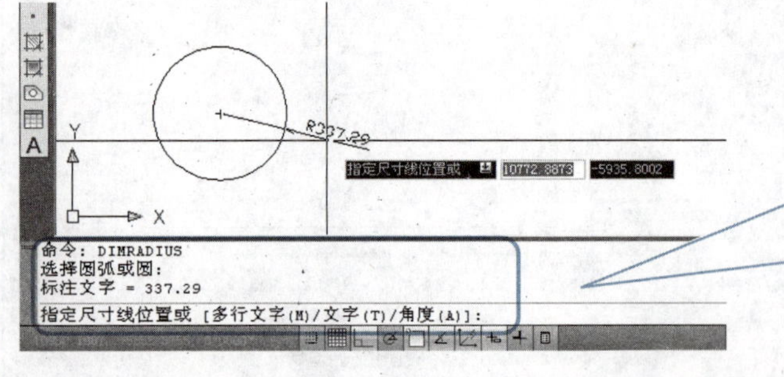

命令提示行的各选项意义同前，但是要注意：通过【多行文字(M)】和【文字（T)】选项重新确定尺寸文字时，只有给输入的尺寸文字加前缀 R，才能使标注的半径尺寸有符号 R，否则没有该符号。

视野拓展

编辑标注文字内容时，可以在括号前后添加文字，也可以在标注值前后附加文字。要编辑标注文字角度，应输入 A（角度）。

8.3.7　折弯标注

- 命令：dimjogged。
- 菜单：单击菜单浏览器按钮，选择【标注】|【折弯】命令。

执行 dimjogged 命令，根据提示选择圆或圆弧及圆心位置后确定尺寸线位置。

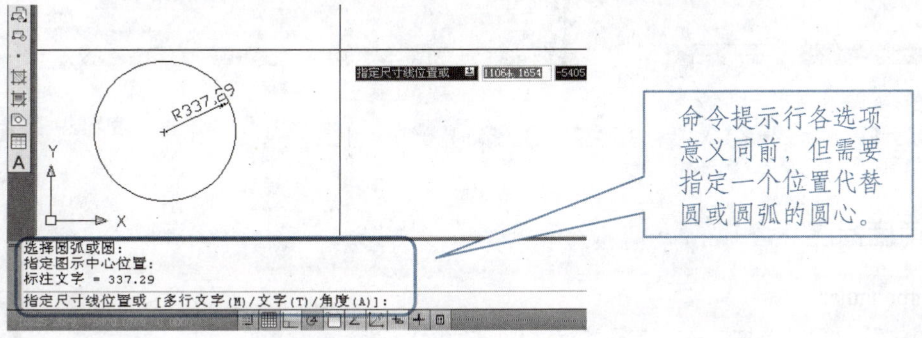

8.3.8　直径标注

- 命令：dimdiameter。
- 菜单：单击菜单浏览器按钮，选择【标注】|【直径】命令。
- 工具栏：【功能区】选项板中，选择【注释】选项卡，单击【标注】面板中的【直径】按钮。

直径标注的方法与半径标注的方法相同。在选择了需要标注直径的圆或圆弧后，直接确定尺寸线的位置，系统将按实际测量值标注出圆或圆弧的直径。如果需要通过【多行文字（M）】和【文字（T）】选项重新确定尺寸文字，应在尺寸文字前加前缀%%C，才能使标注的直径尺寸有直径符号Φ。

8.3.9　圆心标注

- 命令：dimcenter。
- 菜单：单击菜单浏览器按钮，选择【标注】|【圆心标记】命令。
- 工具栏：【功能区】选项板中，选择【注释】选项卡，单击【标注】面板中的【圆心标记】按钮。

执行 dimcenter 命令，选择需要标注的圆或圆弧。

圆心标记的形式可以由系统变量 DIMCEN 设置。当该变量值大于0时，作圆心标记，且该值是圆心标记线长度的一半；当变量的值小于0时，画出中心线，且该值是圆心处小十字线长度的一半，效果图如下。

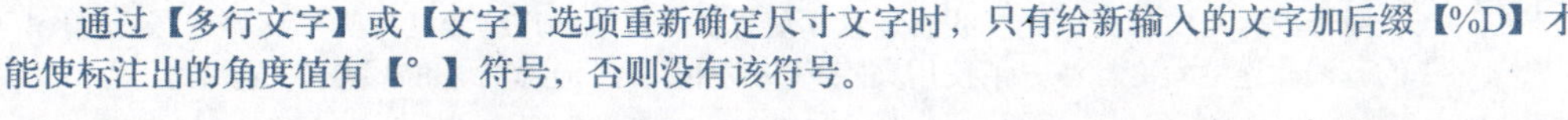

通过【多行文字】或【文字】选项重新确定尺寸文字时，只有给新输入的文字加后缀【%D】才能使标注出的角度值有【°】符号，否则没有该符号。

视野拓展

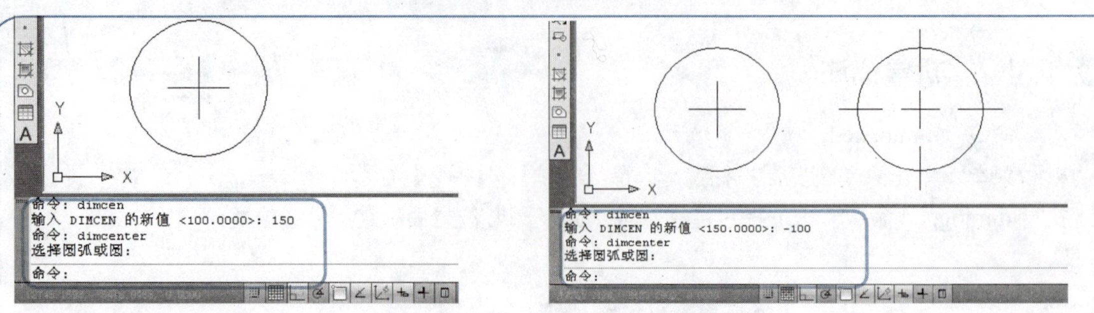

提示：可以通过【新建标注样式】对话框中的【符号和箭头】选项卡设置折弯半径标注时的折弯角度，用【圆心标记】选项组设置圆心标记的样式，前面的章节已有讲述。

8.3.10 角度标注

- 命令：dimangular。
- 菜单：单击菜单浏览器按钮，选择【标注】|【角度】命令。
- 工具栏：【功能区】选项板中，选择【注释】选项卡，单击【标注】面板中的【角度】按钮。

执行 dimangular 命令后，选择要标注的对象即可。下图为标注一段圆弧效果图。

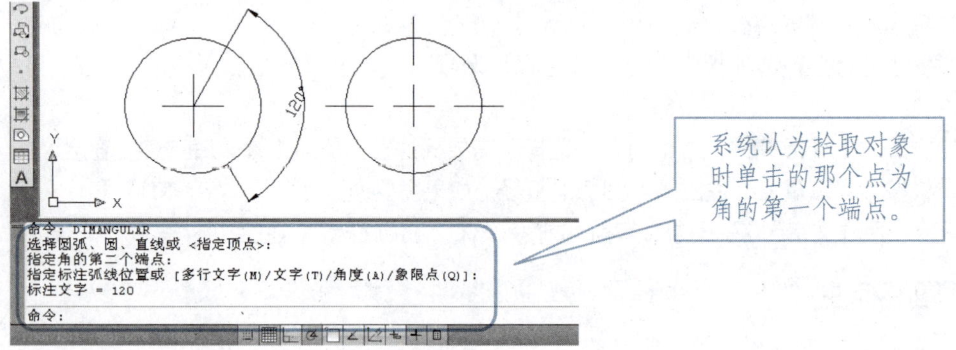

命令提示行中的【多行文字（M）】、【文字（T）】和【角度（A）】选项意义不再赘述，【象限点（Q）】的使用方法如下图所示。

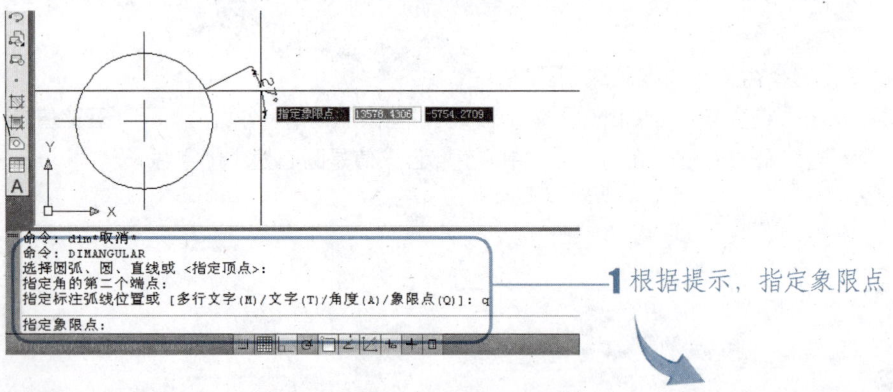

1 根据提示，指定象限点

视野拓展

对于现有角度标注创建基线和连续角度标注，基线和连续角度标注≤180°。要获得>180°的基线和连续角度标注，请使用夹点编辑拉伸基线或连续标注的尺寸界线位置。

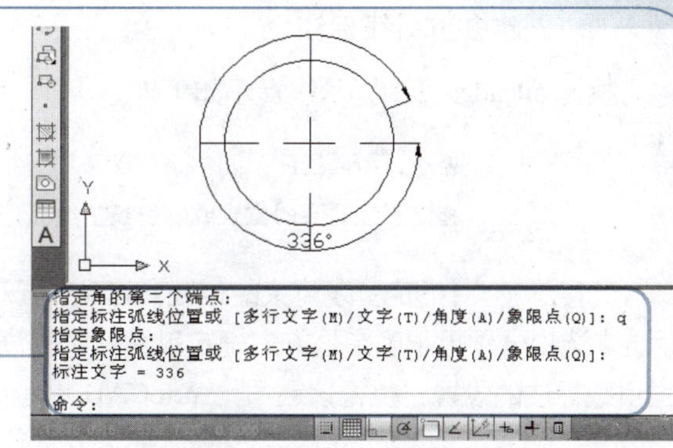

2 依次选择二三象限交界点和三四象限交界点，标注文字落在最后拾取的一个点处

当然也可以标注两条不平行直线间的夹角，选择这两条直线，然后确定标注弧线的位置，AutoCAD 将自动标注出这两条直线的夹角。

也可以根据 3 个点标注角度，首先需要确定角的顶点，然后分别指定角度的两个端点，最后指定标注线的位置。

当通过【多行文字（M）】和【文字（T）】选项重新确定尺寸文字时，需要在尺寸文字后加后缀 %%D，才能使标出的直径尺寸有直径符号°。

8.3.11　折弯线性标注

- 命令：dimjogline。
- 菜单：单击菜单浏览器按钮，选择【标注】|【折弯线性】命令。
- 工具栏：【功能区】选项板中，选择【注释】选项卡，单击【标注】面板中的【折弯线性】按钮。

用此命令可以在线性或对齐标注上添加或删除折弯线。只需要选择线性标注或对齐标注即可，效果如下图所示。

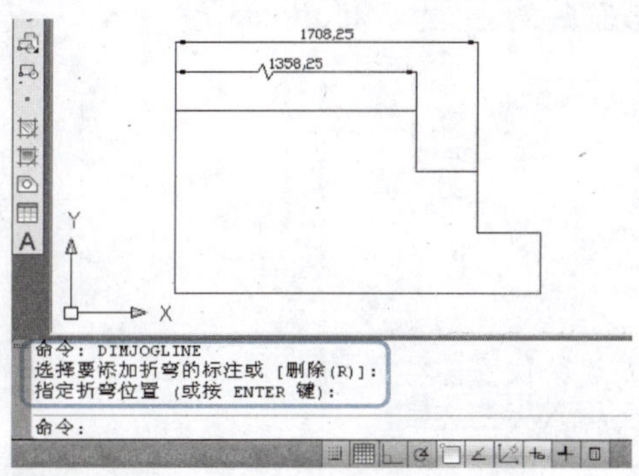

8.3.12　多重引线标注

- 命令：mleader。
- 菜单：单击菜单浏览器按钮，选择【标注】|【多重引线】命令。
- 工具栏：【功能区】选项板中，选择【注释】选项卡，单击【多重引线】面板中的【多重引线】按钮。

使用连续标注时，有时会出现尺寸标注重叠的情况。这时，用户可以使用夹点编辑，直接单击重叠的尺寸，可以单独移动文字，也可以将文字和引线一起移动，还可以将文字连同整个尺寸线一起移开。

视野拓展

1. 创建多重引线标注

执行 mleader 命令，系统提示如下：

```
命令：mleader
指定引线箭头的位置或 [引线基线优先(L)/内容优先(C)/选项(O)] <选项>:
```

此提示中，【指定引线箭头的位置】选项用于确定引线的箭头位置；【引线基线优先】和【内容优先】选项分别用于确定是首先确定引线基线的位置还是首先确定标注的内容；【选项】选项用于多重引线标注的设置，执行该选项，AutoCAD 提示如下：

```
输入选项 [引线类型(L)/引线基线(A)/内容类型(C)/最大节点数(M)/第一个角度(F)/第二个角度(S)/退出选项(X)]
<退出选项>:
```

其中，【引线类型】选项用于确定引线的类型；【引线基线】选项用于确定是否使用基线；【内容类型】选项用于确定多重引线标注的内容（多行文字、块或无）；【最大节点数】选项用于确定引线端点的最大数量；【第一个角度】和【第二个角度】选项用于确定前两段引线的方向角度。下图以选择默认选项为例讲解引线的标注方法。

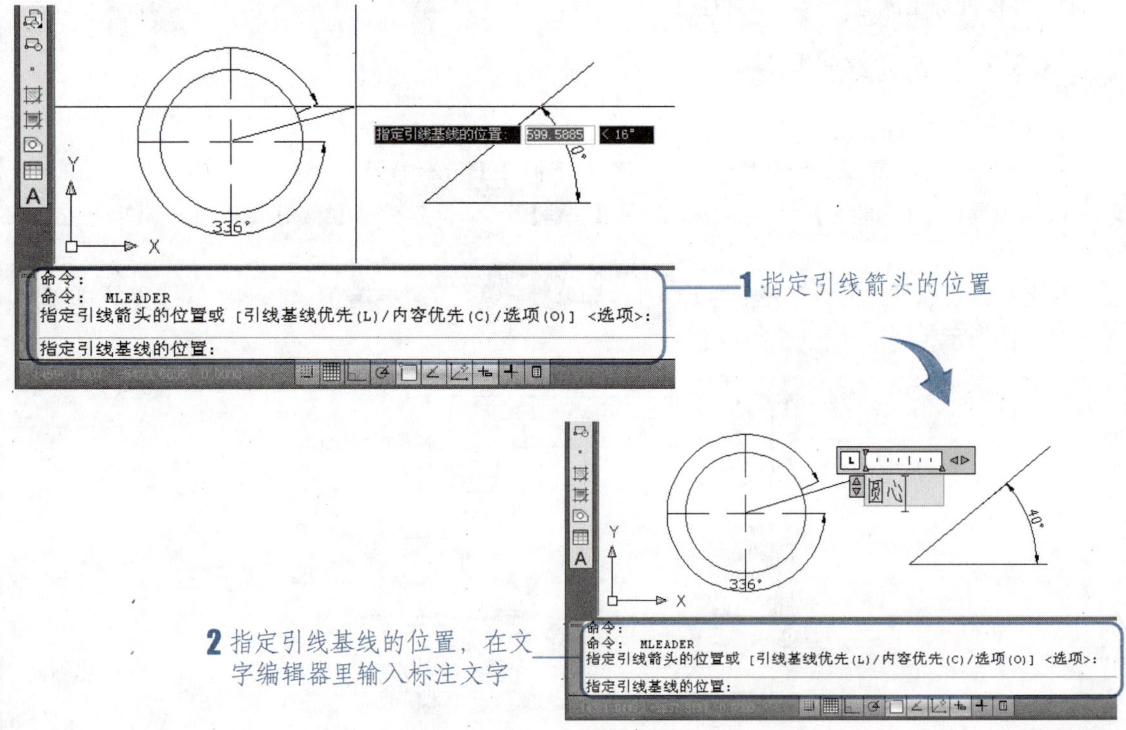

技巧：

- 在【多重引线】面板中单击【添加引线】按钮，可以为图形继续添加多个引线和注释。
- 单击【对齐】按钮，可以将多个引线注释进行对齐排列；单击【收集】按钮，可以将相同引线注释进行合并显示。
- 创建出多重引线标注后，可以利用夹点功能调整标注的位置。

视野拓展

标注样式替代是对当前标注样式中的指定当前标注样式进行的编辑修改，它与在不修改当前标注样式的情况下修改尺寸标注系统变量是等效的。

2. 管理多重引线样式

在【多重引线】面板中单击【多重引线样式】按钮，打开【多重引线样式管理器】对话框，如下图所示。

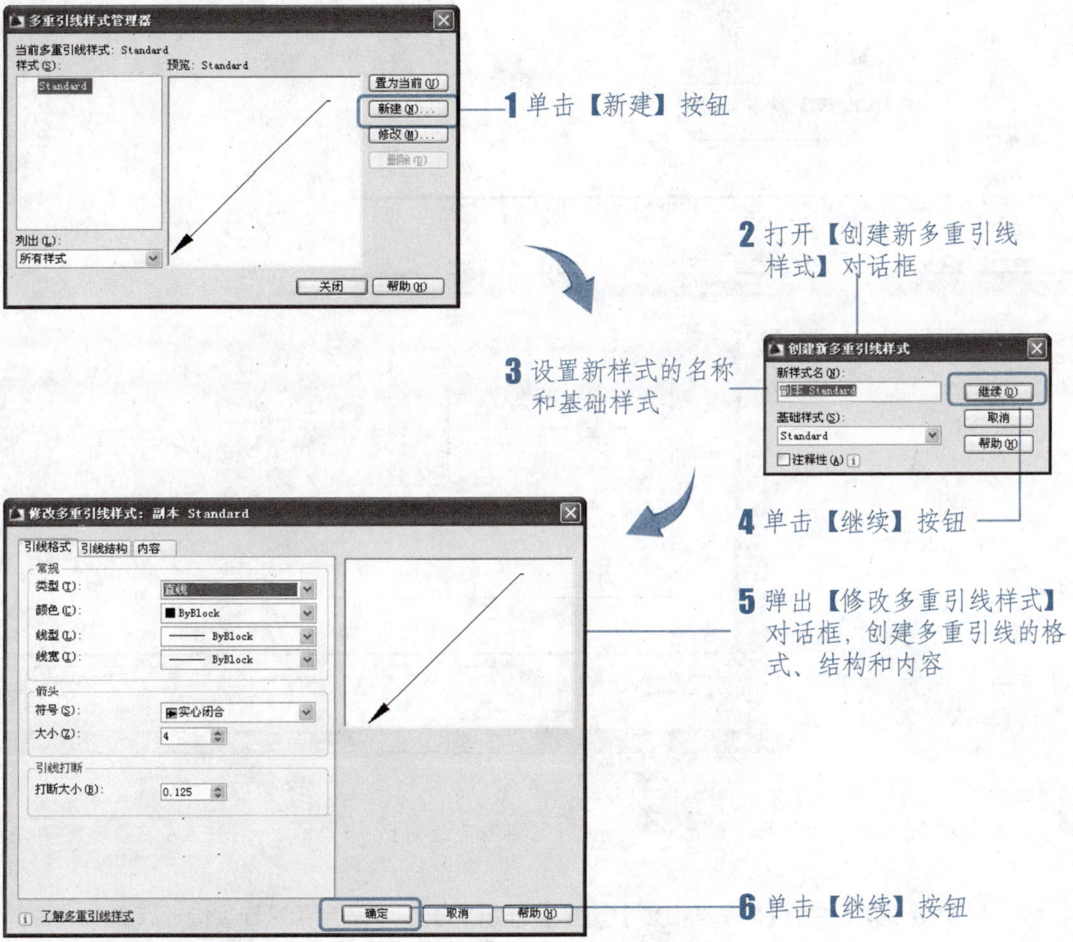

1 单击【新建】按钮

2 打开【创建新多重引线样式】对话框

3 设置新样式的名称和基础样式

4 单击【继续】按钮

5 弹出【修改多重引线样式】对话框，创建多重引线的格式、结构和内容

6 单击【继续】按钮

最后，在【多重引线样式管理器】对话框将新样式置为当前即可。

8.3.13　坐标标注

- 命令：dimordinate。
- 菜单：单击菜单浏览器按钮，选择【标注】|【坐标】命令。
- 工具栏：【功能区】选项板中，选择【注释】选项卡，单击【标注】面板中的【标注】按钮。

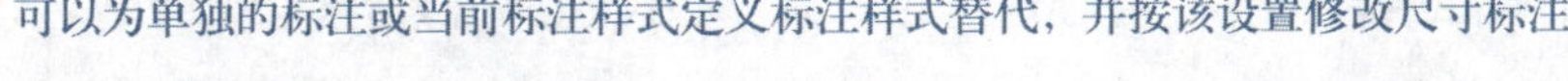
可以为单独的标注或当前标注样式定义标注样式替代，并按该设置修改尺寸标注。

视野拓展

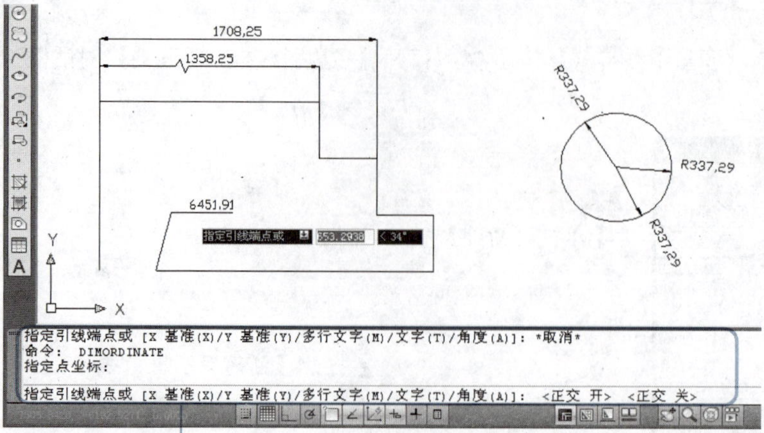

```
指定引线端点或 [X 基准(X)/Y 基准(Y)/多行文字(M)/文字(T)/角度(A)]: *取消*
命令: DIMORDINATE
指定点坐标:
指定引线端点或 [X 基准(X)/Y 基准(Y)/多行文字(M)/文字(T)/角度(A)]: <正交 开> <正交 关>
```

1 执行 dimordinate 命令，指定需要标注的点

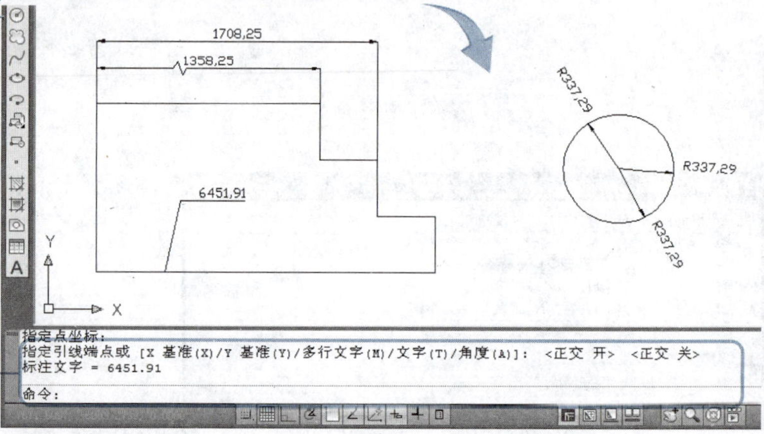

```
指定点坐标:
指定引线端点或 [X 基准(X)/Y 基准(Y)/多行文字(M)/文字(T)/角度(A)]: <正交 开> <正交 关>
标注文字 = 6451.91
命令:
```

2 指定引线端点的位置即可完成坐标标注

提示：在【指定点坐标:】提示确定引线的端点位置之前，应首先确定标注点坐标是 X 坐标还是 Y 坐标，如果在此提示下相对于标注点上下移动光标，将标注点的 X 坐标；若相对于标注点左右移动光标，则标注点的 Y 坐标。

此外，在命令提示行中，【X 基准（X）】、【Y 基准（Y）】选项分别用来标注指定点的 X、Y 坐标，【多行文字（M）】选项用于通过当前文本输入窗口输入标注的内容，【文字（T）】选项直接要求输入标注的内容，【角度（A）】选项则用于确定标注内容的旋转角度。

8.3.14 快速标注

- 命令：qdim。
- 菜单：单击菜单浏览器按钮，选择【标注】|【快速标注】命令。
- 工具栏：【功能区】选项板中，选择【注释】选项卡，单击【标注】面板中的【快速标注】按钮。

执行 qdim 命令，选择需要标注尺寸的图形对象，命令行提示如下：

```
指定尺寸线位置或 [连续(C)/并列(S)/基线(B)/坐标(O)/半径(R)/直径(D)/基准点(P)/编辑(E)/设置(T)]
<半径>:
```

由此可见，使用该命令可以进行【连续（C）】、【并列（S）】、【基线（B）】、【坐标（O）】、【半径（R）】及【直径（D）】等一系列标注。

视野拓展 标注样式替代只对指定的尺寸对象做修改，修改后不影响原系统变量设置。

8.3.15　标注间距和标注打断

- 命令：dimspace。
- 菜单：单击菜单浏览器按钮，选择【标注】|【标注间距】命令。
- 工具栏：【功能区】选项板中，选择【注释】选项卡，单击【标注】面板中的【标注间距】按钮。

通过下面的例子，可以学会如何利用 dimspace 命令调整标注间距。

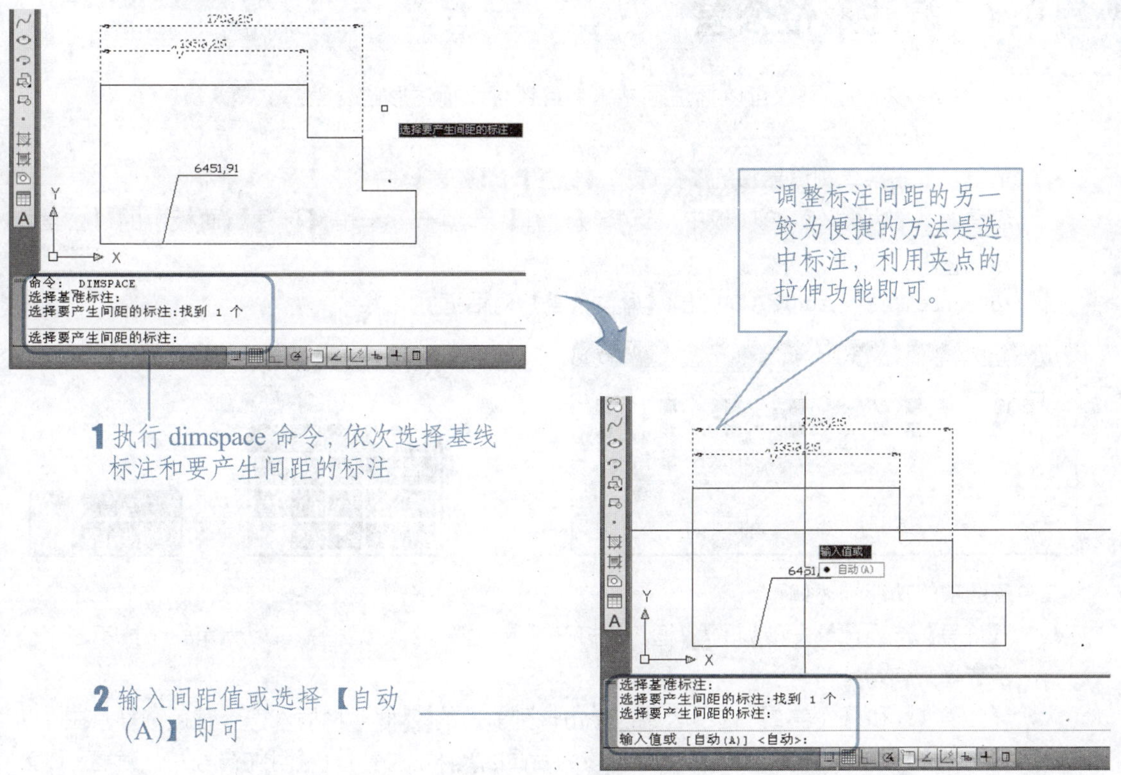

有的时候，需要在标注线和图形之间产生一个隔断，可以利用标注打断实现这个目的。

- 命令：dinbreak。
- 菜单：单击菜单浏览器按钮，选择【标注】|【标注打断】命令。
- 工具栏：【功能区】选项板中，选择【注释】选项卡，单击【标注】面板中的【标注打断】按钮。

执行 dinbreak 命令，选择要打断标注的对象，命令提示行如下：

```
命令： DIMBREAK
选择要添加/删除折断的标注或 [多个(M)]:
选择要折断标注的对象或 [自动(A)/手动(M)/删除(R)] <自动>:
```

这时选择该标注对应的线段，按 Enter 键或空格键即可完成标注打断。

当需要用已有的某一标注样式时，应首先将此样式设为当前样式。利用【样式】工具栏中的【标注样式控制】下拉列表框，可以方便地将某一标注样式设为当前样式。

博学先生，我在标注图形时，感觉标注字体的大小不合适，用【特性】对话框更改字高，怎么没有效果呢？

事先要在【文字样式】对话框里定义好合适的字体，然后在【标注样式】对话框中选择合适的字体样式。

8.4 标注形位公差

利用 AutoCAD 2009，不仅可以标注尺寸，而且还可以标注形位公差。

- 命令：tolerance。
- 菜单：单击菜单浏览器按钮，选择【标注】|【公差】命令。
- 工具栏：【功能区】选项板中，选择【注释】选项卡，单击【标注】面板中的【公差】按钮。

执行 tolerance 命令，AutoCAD 弹出【形位公差】对话框。

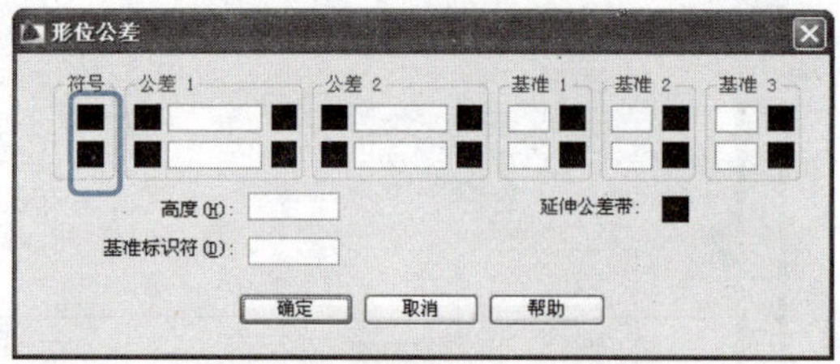

其中各选项的功能描述如下。

- 【符号】选项：单击该列的■框，将打开【特征符号】对话框，可以为第一个或第二个公差选择几何特征符号。
- 【公差 1】和【公差 2】选项区域：单击该列前面的■框，将插入一个直径符号。在中间的文本框中，可以输入公差值。单击该列后面的■框，将打开【附加符号】对话框可以为公差选择包容条件符号。
- 【基准 1】、【基准 2】和【基准 3】选项区域：设置公差基准和相应的包容条件。
- 【高度】文本框：设置投影公差带的值。投影公差带控制固定垂直部分延伸区的高度变化，并以位置公差控制公差精度。
- 【延伸公差带】选项：单击■框，可以在延伸公差带值的后面插入延伸公差带符号。
- 【基准表示符】文本框：创建由参照字母组成的基准标识符号。

下图为标注形位公差的效果图。

执行基线标注之前，必须先标注出一个尺寸，以便确定基线标注时所需要的基准。

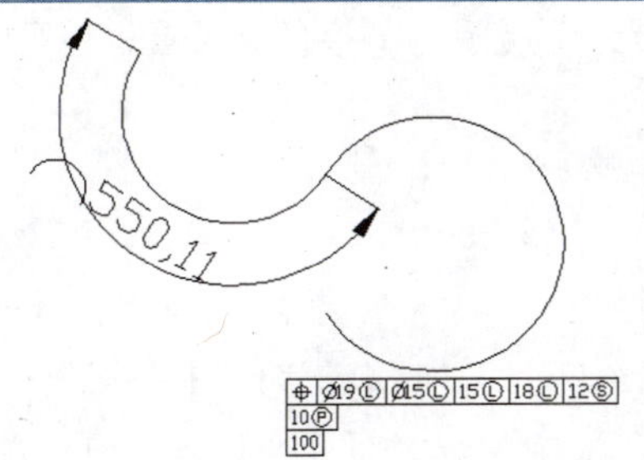

8.5　编辑标注对象

在 AutoCAD 2009 中，可以对已标注对象的文字、位置及样式等内容进行修改，而不必删除所标注的尺寸对象再重新进行标注。

8.5.1　编辑标注

- 命令：dimtedit。
- 菜单：单击菜单浏览器按钮，选择【标注】|【文字对齐】|【默认】命令。
- 工具栏：【功能区】选项板中，选择【注释】选项卡，单击【标注】面板中的【恢复默认文字位置】按钮。

执行 dimtedit 命令，AutoCAD 提示信息如下：

```
命令: dimedit
输入标注编辑类型 [默认(H)/新建(N)/旋转(R)/倾斜(O)] <默认>: _h
选择对象:
```

各选项的含义如下。

- 【默认（H）】选项：选择该选项并选择尺寸对象，可以按默认位置和方向放置尺寸文字。
- 【新建（N）】选项：选择该选项可以修改尺寸文字，此时系统将显示【文字格式】工具栏和文字输入窗口。修改或输入尺寸文字后，选择需要修改的尺寸对象即可。
- 【旋转（R）】选项：选择该选项可以将尺寸文字旋转一定的角度，同样是先设置角度值，然后选择尺寸对象。
- 【倾斜（O）】选项：选择该选项可以使非角度标注的延伸线倾斜一角度。这时需要先选择尺寸对象，然后设置倾斜角度值。

8.5.2　编辑标注文字的位置

- 命令：dimtedit。
- 菜单：单击菜单浏览器按钮，选择【标注】|【文字对齐】|其他命令。
- 工具栏：【功能区】选项板中，选择【注释】选项卡，单击【标注】面板中的其他按钮。

如果刚刚执行完 dimtedit 命令，再执行 dimtedit 命令，AutoCAD 提示信息如下：

```
选择标注:
为标注文字指定新位置或 [左对齐(L)/右对齐(R)/居中(C)/默认(H)/角度(A)]:
```

可以通过【新建标注样式】或【修改标注样式】对话框中的【基线间距】文本框设置基线标注时各尺寸线间的距离。

默认情况下，可以通过拖动光标确定尺寸文字的新位置。也可以输入相应的选项指定标注文字的新位置。

8.5.3 替代标注

- 命令：dimoverride。
- 菜单：单击菜单浏览器按钮，选择【标注】|【替代】命令。
- 工具栏：【功能区】选项板中，选择【注释】选项卡，单击【标注】面板中的【替代】按钮。

替代是指临时修改与尺寸标注相关的系统变量值，并按该值修改尺寸。此操作只对指定的尺寸对象进行修改，且修改后不影响原系统变量的设置。

执行 dimoverride 命令，AutoCAD 提示信息如下：

```
命令：DIMOVERRIDE
输入要替代的标注变量名或 [清除替代(C)]:
```

默认情况下，输入要修改的系统变量名，作为该变量指定的一个新值。然后选择需要修改的对象，这时指定的尺寸对象按新的变量设置作相应的更改。如果在命令提示下输入 C，并选择需要修改的对象，这时可以取消用户已做出的修改，并将尺寸对象恢复为在当前系统变量设置下的标注样式。

8.5.4 更新标注

- 命令：-dimstyle。
- 菜单：单击菜单浏览器按钮，选择【标注】|【更新】命令。
- 工具栏：【功能区】选项板中，选择【注释】选项卡，单击【标注】面板中的【更新】按钮。

执行-dimstyle 命令，AutoCAD 提示信息如下：

```
命令：-DIMSTYLE
当前标注样式：100    注释性：否
输入标注样式选项
[注释性(AN)/保存(S)/恢复(R)/状态(ST)/变量(V)/应用(A)/?] <恢复>:
```

在该命令提示中，各选项的功能如下。

- 【保存（S）】选项：将当前尺寸系统变量的设置作为一种尺寸标注样式命名保存。
- 【恢复（R）】选项：将用户保存的某一尺寸标注样式恢复为当前样式。
- 【状态（ST）】选项：查看当前各尺寸系统变量的状态。选择该选项，可切换到文本窗口，并显示各尺寸系统变量及当前设置。
- 【变量（V）】选项：显示指定标注样式或对象的全部或部分尺寸系统变量及其设置。
- 【应用（A）】选项：可以根据当前尺寸系统变量的设置更新指定的尺寸对象。
- 【? 】选项：显示当前图形中命名的尺寸标注样式。

8.5.5 尺寸关联

尺寸关联是指所标注尺寸与被标注对象有关联关系。如果标注的尺寸值是按自动测量值标注，

视野拓展

执行连续标注之前，必须先标注出一个对应的尺寸（称为连续标注基准），以便在连续标注时有共用的尺寸界线。

且尺寸标注是按尺寸关联模式标注的，那么改变被标注对象的大小后相应的标注尺寸也将发生改变，即延伸线、尺寸线的位置都将改变到相应的新位置，尺寸值也改变成新测量值。反之，改变延伸线起始点的位置，尺寸值也会发生相应的变化。

下图是改变矩形高度和宽度尺寸而尺寸标注也随之改变的效果图。

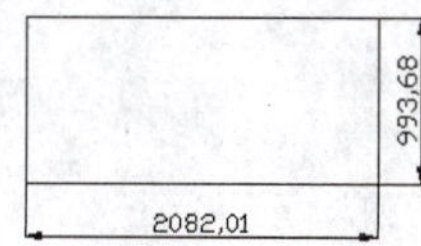

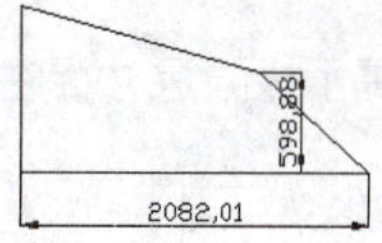

太棒了，原来标注的数字可以不是图形对象真实的长度、宽度等信息啊，这样可以随意修改标注了。

当然了！我们还可以事先设定标注比例，就是标注数字跟实际图形长度有一定的比例关系。

8.6　本章小结

本章针对尺寸标注的样式创建、标注方法、尺寸编辑展开讲述。

首先介绍了如何创建与设置标注样式。主要介绍了【标注样式管理器】对话框的使用方法，包括其中各选项卡对应的选项区域的意义。然后，重点介绍了标注尺寸的方法，有常用的线性标注、对齐标注、弧长标注、基线标注、连续标注、半径标注、折弯标注、直径标注、圆心标注、角度标注、折弯线性标注等。接着就多重引线标注的创建与管理方法以及形位公差的标注做了明确的讲解。最后，介绍了如何编辑标注对象。

通过本章的学习，学会了完整的尺寸标注命令和使用程序，这样就可以轻松完成图纸中要求的尺寸标注。

8.7　趁热打铁

现在用学到的知识解决下面的问题吧！

8.7.1　选择题

1．在中文版AutoCAD 2009中，用于设置延伸线超出尺寸线的距离的变量是（　　　　）。

A．dimclre　　B．dimlwe　　C．dimexe　　D．dimexo

2．在下列标注中，文字位置为【外部】方式的是（　　　　）。

创建出多重引线标注后，可以利用夹点功能调整标注的位置。

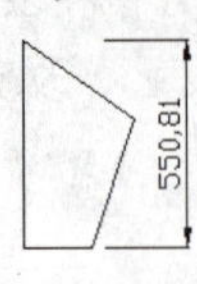

A.

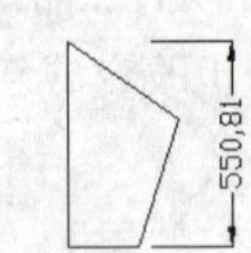

B.

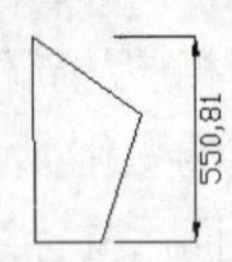

C.

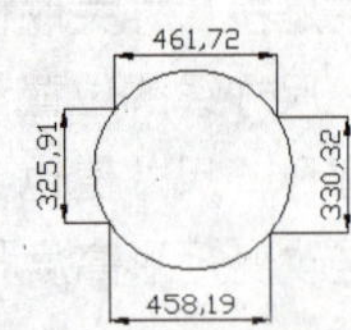

D.

3．在下列公差标注中，属于极限尺寸标注的是（　　　）。

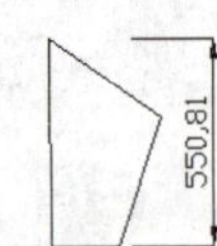

A.

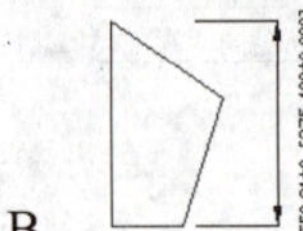

B.

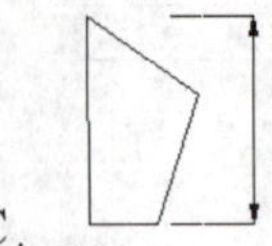

C.

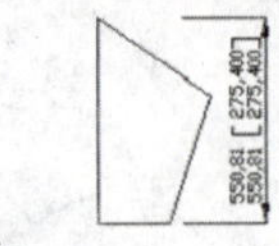

D.

4．在下列形位公差符号中，定位公差符号是（　　　）。

A. 　B.　C. 　D.

5．在进行形位公差标注时，如果不考虑特征尺寸，可使用的附加符号是（　　　）。

A.　B.　C.　D.

8.7.2　实践题

1. 按照建筑绘图标注设置标注样式，具体要求如下：

- 尺寸界限与标注对象的间距为 1mm，超出尺寸线的距离为 3mm。
- 基线标注尺寸线间距为 11.5mm。
- 箭头使用【建筑标记】形状，大小为 5。
- 标注文字的高度为 8mm 并位于尺寸线的中间，文字尺寸线偏移距离为 2，对齐方式使用 ISO 标准。
- 长度标注单位的精度为 0.00，角度标注单位使用十进制，精度为 0.0。

2. 绘制如下图所示的零件图，并标注尺寸。

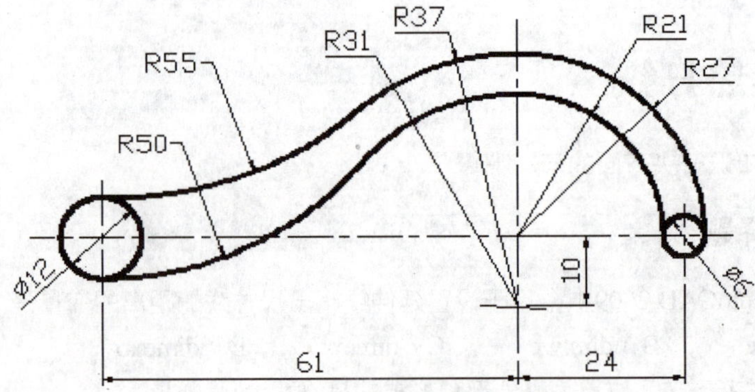

视野拓展

双击多重引线标注的文字，可以弹出文字编辑器，通过其能够编辑多重引线中的多行文字。

3. 绘制如下图所示的零件图，并标注尺寸。

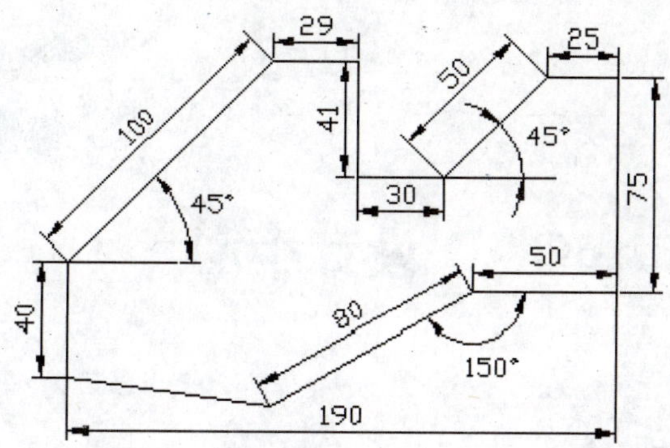

用 TOLERANCE 标注形位公差时，并不能自动生成引出形位公差的指引线，需要用 mleader（多重引线标注）命令创建引线。

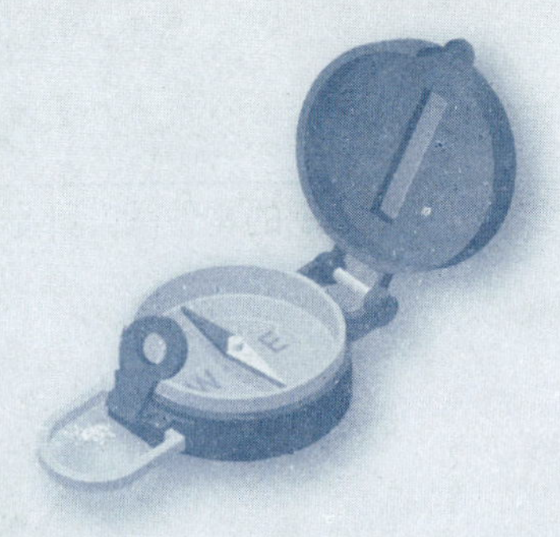

第9章 AutoCAD 设计中心

本章导读

AutoCAD 设计中心类似于 Windows 资源管理器。通过设计中心，用户可以组织对图形、块、填充的图案和其他图形内容的访问。

本章学习目标

- 启用设计中心的方法及其选项板的组成
- 在设计中心中查找内容
- 使用设计中心的图形方法：插入块、引用外部参照等

本章学习重点

- 设计中心的功能
- 启用设计中心及其组成
- 利用设计中心查找内容
- 使用设计中心的图形

9.1 AutoCAD 设计中心的功能

在 AutoCAD 2009 中，使用 AutoCAD 设计中心可完成如下工作：

- 创建对频繁访问的图形、文件夹和 Web 站点的快捷方式。
- 根据不同的查询条件在本机计算机和网络上查找图形文件，找到后可以将它们直接加载到绘图区或设计中心。
- 浏览不同的图形文件，包括当前打开的图形和 Web 站点上的图形库。
- 查看块、图层和其他图形文件的定义，并将这些图形定义插入到当前图形文件中。
- 通过控制显示方式控制设计中心控制板的显示效果，还可以在控制板中显示与图形文件相关的描述信息和预览图像。

9.2 启用设计中心及其组成

AutoCAD 设计中心（AutoCAD Design Center，简称 ADC）为用户提供了一个直观且高效的工具，它与 Windows 资源管理器类似。

9.2.1 启用设计中心

- 命令：adcenter。
- 菜单：单击菜单浏览器按钮，选择【工具】|【设计中心】命令。
- 工具栏：【功能区】选项板中，选择【视图】选项卡，单击【选项】面板中的【设计中心】按钮。

执行 adcenter 命令，弹出【设计中心】选项板。

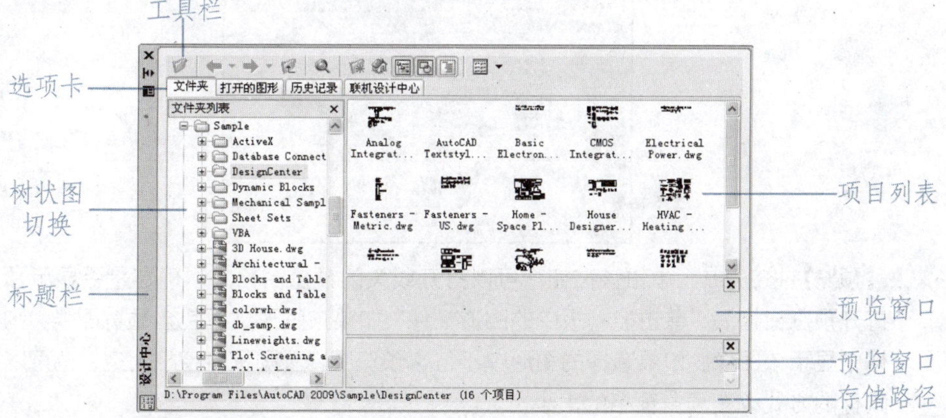

9.2.2 设计中心组成

AutoCAD 设计中心选项板包含一组工具按钮和选项卡，使用它们可以选择和观察设计中心中的图形。

与一般 Windows 窗口一样，用户可以调整设计中心的大小、位置和外观。

- 【文件夹】选项卡：显示设计中心的资源，可以将设计中心的内容设置为本计算机的桌面，或是本地计算机的资源信息，也可以是网上邻居的信息，如下图所示。

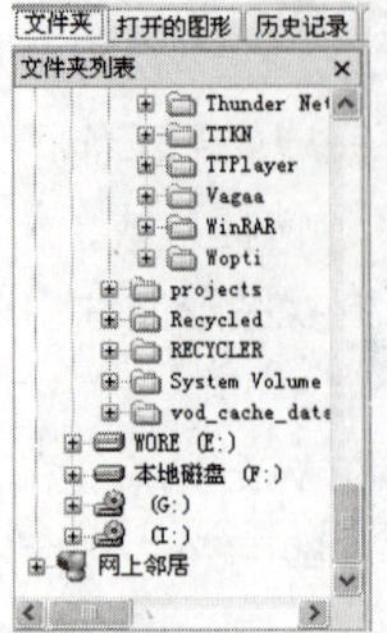
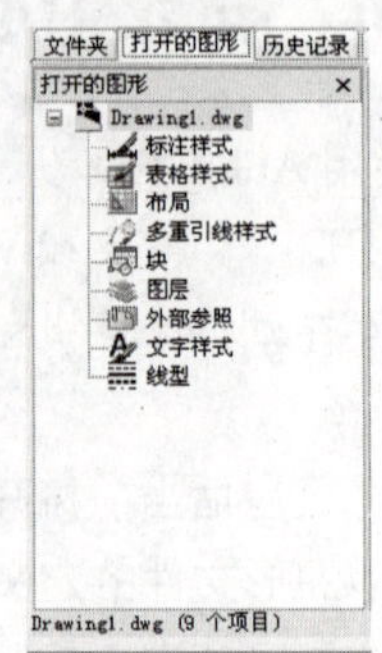

技巧：在树状视图区或内容区单击鼠标右键，弹出快捷菜单。

- 【打开的图形】选项卡：显示在当前 AutoCAD 环境中打开的所有图形，其中包括最小化的图形。此时单击某个文件图标，就可以看到该图形的有关设置，如图层、线型、文字样式、块及尺寸样式等，如上图所示。
- 【历史记录】选项卡：显示最近访问过的文件，包括这些文件的完整路径。
- 【联机设计中心】选项卡：通过联机设计中心，可以访问数以千计的预先绘制的符号、制造商信息以及内容集成商站点。
- 【树状图切换】按钮：单击该按钮，可以在【文件夹列表】中显示 Favorites/Autodesk 文件夹（在此称为收藏夹）中的内容，同时在树状图反向显示该文件夹。可以通过收藏夹标记存放在本地硬盘、网络驱动器或 Internet 网页上常用的文件。
- 【加载】按钮：单击该按钮，打开【加载】对话框，使用该对话框可以从 Windows 的桌面、收藏夹或通过 Internet 加载图形文件。

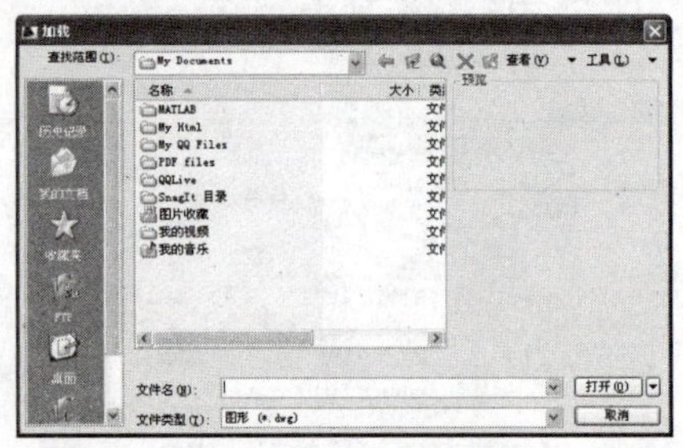

- 【预览】按钮：单击该按钮，可以打开或关闭预览窗格，以确定是否显示预览图像。打开预览窗格后，单击控制板中的图形文件，如果该图形文件包含预览图像，则在预览窗格中显示该图像。如果选择的图形中不包含预览图像，则预览窗格为空。也可以通过拖动鼠标的方式改变预览窗格的大小。
- 【说明】按钮：打开或关闭说明窗格，以确定是否显示说明内容。打开说明窗格后，单击控制板中的图形文件，如果该图形文件包含有文字描述信息，则在说明窗格中显示出图形文件的文字描述信息。如果图形文件没有文字描述信息，则说明窗格为空。可以通过拖动鼠标的方式改变说明窗格的大小。

视野拓展

通过设计中心向当前图形插入文字样式、标注样式、表格样式后，可以通过【样式】工具栏上的对应下拉列表看到当前图形中已有这些样式。

- 【视图】按钮 ：用于确定控制板所显示内容的显示格式。单击该按钮将弹出快捷菜单，可从中选择显示内容的显示格式。
- 【搜索】按钮 ：用于快速查找对象。单击该按钮，打开【搜索】对话框。

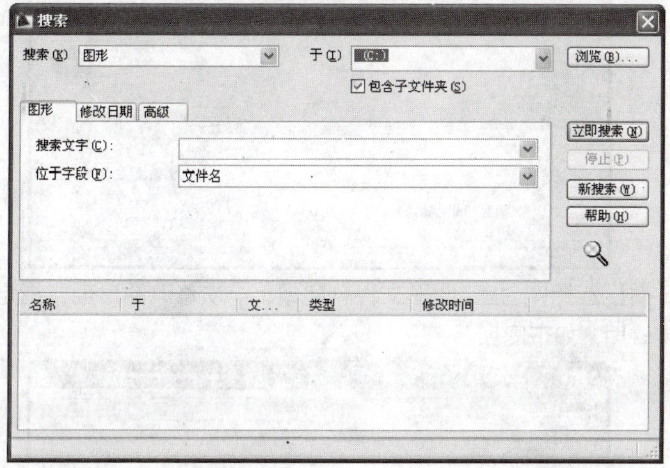

可使用【搜索】对话框，快速查找诸如图形、块、图层及尺寸样式等图形内容或设置。

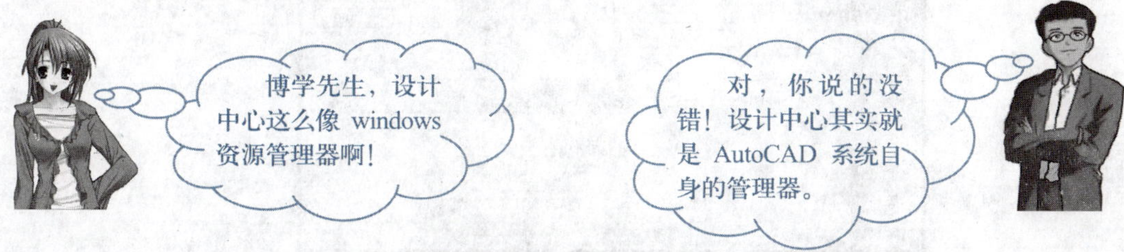

9.3　在设计中心中查找内容

使用 AutoCAD 设计中心的查找功能，可通过【搜索】对话框快速查找诸如图形、块、图层及尺寸样式等图形内容或设置。

在【搜索】对话框中，可以通过设置条件缩小搜索范围，或者搜索块定义说明中的文字和其他任何【图形属性】对话框中指定的字段。例如，如果不记得将块保存在图形中还是保存为单独的图形，则可以选择搜索图形和块。

在【查找】下拉列表中选择的对象不同，对话框中显示的选项卡也将不同。例如，当选择了【图形】选项时，【搜索】对话框中将包含以下 3 个选项卡，可以在每个选项卡中设置不同的搜索条件。

- 【图形】选项卡：使用该选项卡可提供按【文件名】、【标题】、【主题】、【作者】或【关键字】查找图形文件的条件，如下图所示。

通过设计中心向当前图形插入图层后，可通过【图层】工具栏上的图层下拉列表看到当前图形中已经添加了对应的图层。

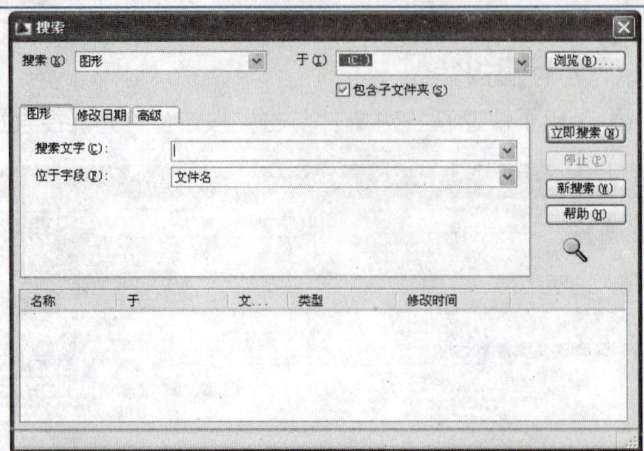

- 【修改日期】选项卡：指定图形文件创建或上一次修改的日期或指定日期范围。默认情况下不指定日期，如下图所示。

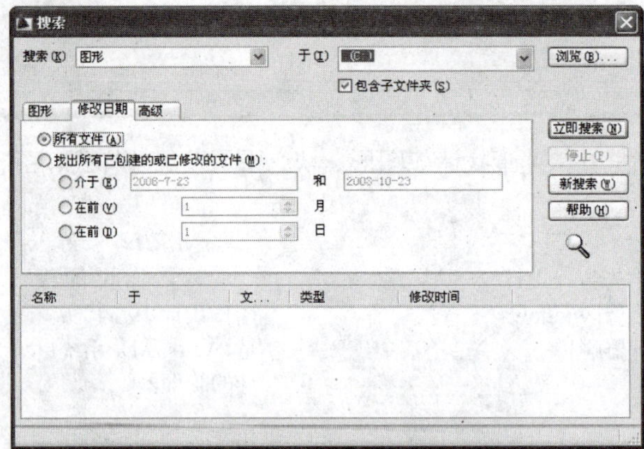

- 【高级】选项卡：指定其他搜索参数，如下图所示。

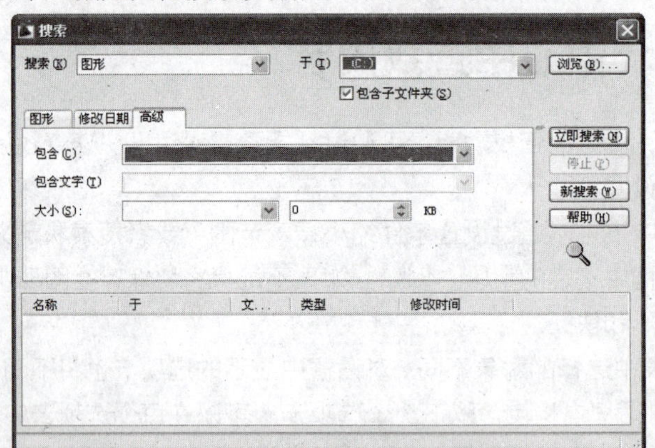

例如，可以输入文字进行搜索，查找包含特定文字的块定义名称、属性或图形说明。还可以在该选项卡中指定搜索文件的大小范围。例如，如果在【大小】下拉列表中选择【至少】选项，并在其后的文本框中输入 100，则表示查找大小为 100KB 以上的文件。

视野拓展

利用设计中心可以将其他图形中有所需要的命名对象以及块直接插入到当前图形，而不必事先定义图层、文字样式、标注样式等。

提示：在【搜索】对话框中，如果单击【新搜索】按钮，可以清除当前搜索并使用新条件进行新搜索，在搜索结果列表中找到所需项目后，可以将其添加到打开的图形中。

9.4　使用设计中心的图形

使用 AutoCAD 设计中心，可以方便地在当前图形中插入块，引用光栅图像及外部参照，在图形之间复制块、复制图层、线型、文字样式、标注样式以及用户定义的内容等。

9.4.1　插入块

插入块可以使用以下两种方法，一起来学习吧。

1．插入块时自动换算插入比例

通过树状视图区找到并选中包含所需要块的图形，在内容区双击对应的块图标，找到要插入的块，将其拖至 AutoCAD 绘图窗口，即可实现块的插入，且插入时 AutoCAD 按定义块时确定的块插入单位，自动转化插入比例，插入时的旋转角度为 0。

2．按指定的插入点、插入比例和旋转角度插入块

AutoCAD 还允许用户通过设计中心，用指定插入点、插入比例和旋转角度的方式插入块。具体方法为：从设计中心的内容区选中要插入的块，单击鼠标右键，从弹出的快捷菜单选择【插入块】命令，AutoCAD 打开【插入】对话框，如下图所示。

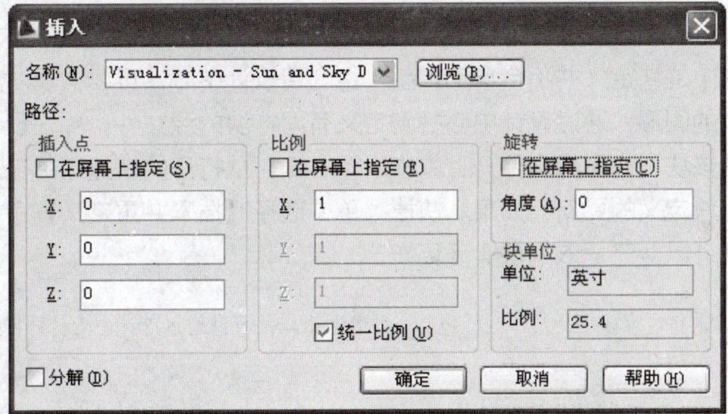

用户可以利用【插入】对话框确定插入点、插入比例、旋转角度等，并实现插入。

9.4.2　引用外部参照

从 AutoCAD 设计中心选项板中选择外部参照，用鼠标右键将其拖到绘图窗口后释放，弹出一个快捷菜单，选择【附着为外部参照】子命令，打开【外部参照】对话框，可以在其中确定插入点、插入比例及旋转角度。

可以将图形文件名添加到设计中心的历史记录表中，以便将来快速访问。添加方法为：在内容区的图形文件图标上单击鼠标右键，从弹出的快捷菜单中选择【添加到收藏夹】。

视野拓展

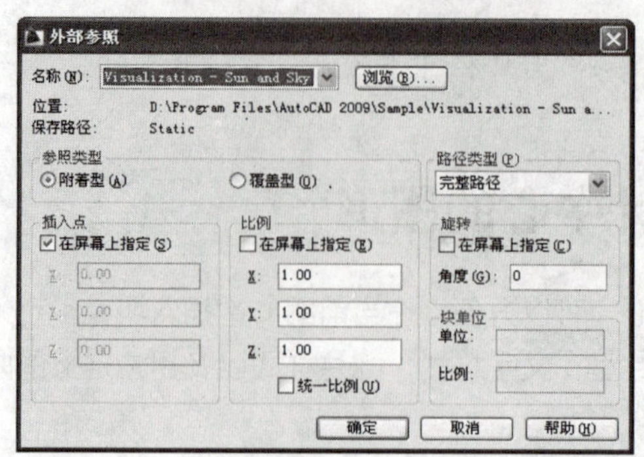

默认情况下，可以通过拖动光标确定尺寸文字的新位置。也可以输入相应的选项指定标注文字的新位置。

9.4.3 复制图层

在绘图过程中，一般将具有相同特征的对象放在同一个图层上。利用 AutoCAD 设计中心，可以将图形文件中的图层复制到新的图形文件中。这样一方面节省了时间，另一方面也保持了不同图形文件结构的一致性。

在 AutoCAD 设计中心选项板中，选择一个或多个图层，然后将它们拖到打开的图形文件后松开鼠标按键，即可将图层从一个图形文件复制到另一个图形文件。

9.4.4 更新块定义

通过设计中心将某一图形（源文件）中的块插入到其他图形中，在更改了源文件中的块定义后，包含此块的其他图形中的块定义并不会自动更新，但利用设计中心，可以实现对应的更新。更新方法为：打开插入有块的图形，通过设计中心找到定义有同样块的源文件，并在设计中心内容那个区显示出对应的块，在该块（或图形文件）上单击鼠标右键，从打开的快捷菜单中选择【仅重定义】命令，则能够实现对块定义的更新；如果从快捷菜单中选择【插入并重定义】命令，那么既可以再插入一个块，同时又可以对已插入的块实现更新。

技巧：按下 Ctrl 键，将内容区中的图形图标拖到当前绘图窗口，可以通过设计中心打开目标图形。

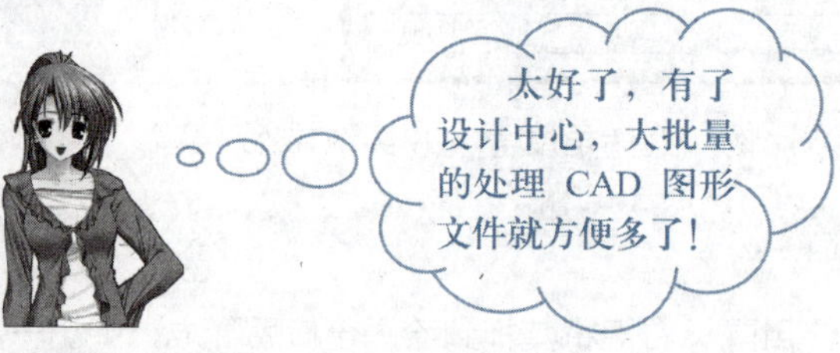

9.5 本章小结

本章针对 AutoCAD 设计中心的功能及使用方法展开讲述。

视野拓展

虽然利用设计中心可以避免在每一幅图形中都要执行定义图层、定义各种样式及创建块这样的重复操作，但仍然需要通过拖放等操作复制这些项目。如果采用样板文件，则可以进一步提高绘图效率，避免这些重复操作。

首先介绍了 AutoCAD 设计中心的功能。然后，重点讲述了设计中心的启用方法及其组成等，主要是介绍【设计中心】选项板的各个按钮的功能。接着就如何使用设计中心查找内容作了简要讲解。最后，介绍了如何使用设计中心的图形，包括插入块、引用外部参照、在图形中复制图层等图形对象的格式以及通过设计中心更新块的定义。

通过本章内容的学习，掌握了 AutoCAD 设计中心的功能，可以组织对图形、块、填充的图案和其他图形内容的访问。

9.6　趁热打铁

现在用学到的知识解决下面的问题吧！

9.6.1　选择题

1．在AutoCAD设计中心窗口的（　　　　）选项卡中，可以查看当前图形中的图形信息。

A．文件夹　　　　B．打开的图形

C．历史记录　　　　D．联机设计中心

2．单击【设计中心】选项板中的（　　　　）按钮，可以在【文件夹列表】中显示收藏夹中的内容，同时在树状图反向显示该文件夹。

A．　　　　B．

C．　　　　D．

9.6.2　实践题

1. 按下表所示要求建立新图层，并绘制下图所示的图形。然后自建一新图形，试利用设计中心将刚刚创建的所有图层复制到当前图形。

表 9–1　图层的设置要求

图层名	线型	线宽	颜色
粗实线	Continuous	0.7	白色
细实线	Continuous	0.25	蓝色
细点划线	Center	0.25	红色
虚线	Dashed	0.25	黄色
双点划线	Divide	0.25	洋色
文字	Continuous	0.25	绿色

依据绘图经验，可以用已有的.dwg 图形绘制新图形，即打开已有各种设置的.dwg 图形，删除图中不需要的图形对象，绘制新图形，然后再换名保存。

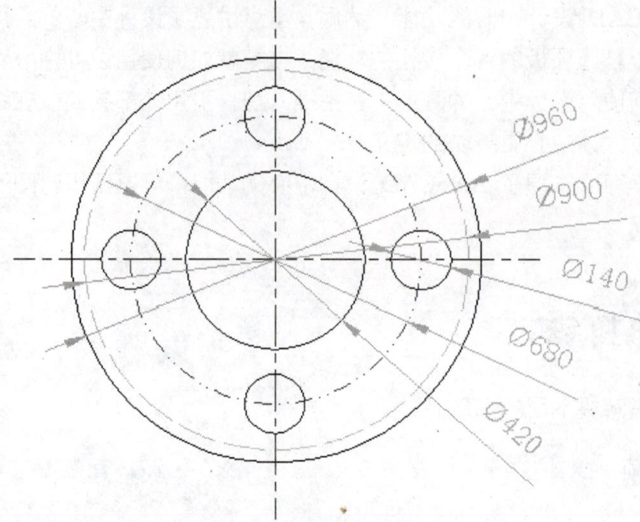

2. 定义新文字样式，要求：文字样式名为【黑体样式】，字体采用黑体，字高为 5.0，并用 dtext 命令编辑出下图所示标注。

根据计算得以下结果：X=45°，Y=100±0.05

然后自建一新图形，试利用设计中心将刚刚创建的文字样式复制到当前图形。

视野拓展

AutoCAD 默认将样板文件保存在 AutoCAD 安装目录下的 Template 文件夹中。

第 10 章 绘制三维图形

本章导读

在工程设计和绘图过程中，三维图形应用越来越广泛。AutoCAD 可以利用 3 种方式创建三维图形，即线架模型方式、曲面模型方式和实体模型方式。AutoCAD 2009 还提供了三维实体查询功能，可以方便地查询三维实体的相关数据。

本章学习目标

- 学会三维点、曲线、三维网格、三维实体的绘制方法
- 学会通过二维对象创建三维对象的方法

本章学习重点

- 三维绘图术语和坐标系
- 视图观测点的设置方法
- 绘制三维点和曲线
- 绘制三维网格、三维实体
- 通过二维对象创建三维对象
- 三维实体查询

10.1 三维绘图术语和坐标系

AutoCAD 具有功能强大、易于掌握、使用方便、体系结构开放等特点，能够绘制平面图形与三维图形、标注图形尺寸、渲染图形以及打印输出图纸，深受广大工程技术人员的欢迎。

10.1.1 了解三维绘图的基本术语

三维实体模型需要在三维实体坐标系下进行描述，在三维坐标系下，可以使用直角坐标或极坐标方法定义点。此外，在绘制三维图形时，还可以使用柱坐标和球坐标定义点。在创建三维实体模型前，应先了解下面的一些基本术语。

- XY 平面：它是 X 轴垂直于 Y 轴组成的一个平面，此时 Z 轴的坐标是 0。
- Z 轴：Z 轴是一个三维坐标系的第三轴，它总是垂直于 XY 平面。
- 高度：高度主要是 Z 轴上的坐标值。
- 厚度：主要是 Z 轴的长度。
- 相机位置：在观察三维模型时，相机的位置相当于视点。
- 目标点：当用户眼睛通过相机观看某物体时，用户聚集在一个清晰点上，该点就是所谓的目标点。
- 视线：假想的线，它是将视点和目标点连接起来的线。
- 和 XY 平面的夹角：即视线与其在 XY 平面的投影线之间的夹角。
- XY 平面角度：即视线在 XY 平面的投影线与 X 轴之间的夹角。

10.1.2 建立三维绘图坐标系

前面章节已经详细介绍了平面坐标系的使用方法，其所有变换和使用方法同样适用于三维坐标系。例如，在三维坐标系下，同样可以使用直角坐标或极坐标方法定义点。此外，在绘制三维图形时，还可以使用柱坐标和球坐标定义点。

1. 柱坐标

柱坐标使用 XY 平面的角和沿 Z 轴的距离来表示，其格式如下：

- XY 平面距离<XY 平面角度，Z 坐标（绝对坐标）。
- @XY 平面距离<XY 平面角度，Z 坐标（相对坐标）。

2. 球坐标

球坐标系具有 3 个参数：点到原点的距离、在 XY 平面上的角度和 XY 平面的夹角，其格式如下：

- XYZ 距离<XY 平面角度<XY 平面的夹角（绝对坐标）。
- @XYZ 距离<XY 平面角度<XY 平面的夹角（相对坐标）。

在下面的柱坐标系示意图中，坐标 5<30,6 表示距当前 UCS 的原点 5 个单位、在 XY 平面中与 X 轴成 30 度角、沿 Z 轴 6 个单位的点。

视野拓展

UCS 的 X、Y、Z 轴以及原点方向都可以移动或旋转，甚至可以依赖于图形中某个特定的对象。虽然用户坐标系中 3 个轴之间仍然相互垂直，但是在方向及位置上却都有更大的灵活性。

在下面的球坐标系示意图中，坐标 8<30<30 表示在 XY 平面中距当前 UCS 的原点 8 个单位、在 XY 平面中与 X 轴成 30 度角以及在 Z 轴正向上与 XY 平面成 30 度角的点。坐标 5<45<15 表示距原点 5 个单位、在 XY 平面中与 X 轴成 45 度角、在 Z 轴正向上与 XY 平面成 15 度角的点。

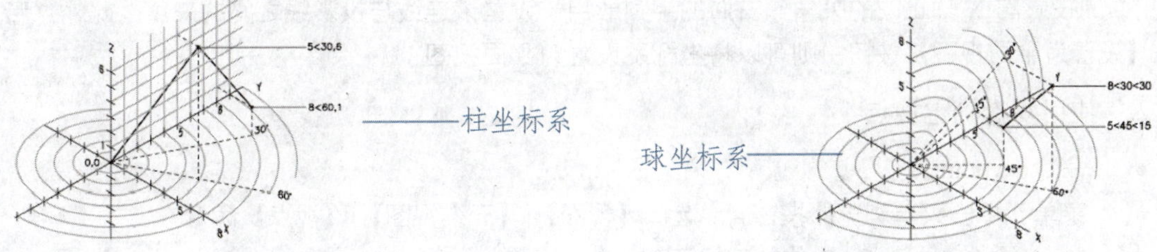

10.2　设置视点

视点是指观察图形的方向。例如，绘制圆锥体时，如果使用平面坐标系即 Z 轴垂直于屏幕，此时仅能看到该锥体在 XY 平面上的投影；如果调整视点至东南等轴测视图，看到的是三维圆锥体，如下图所示。

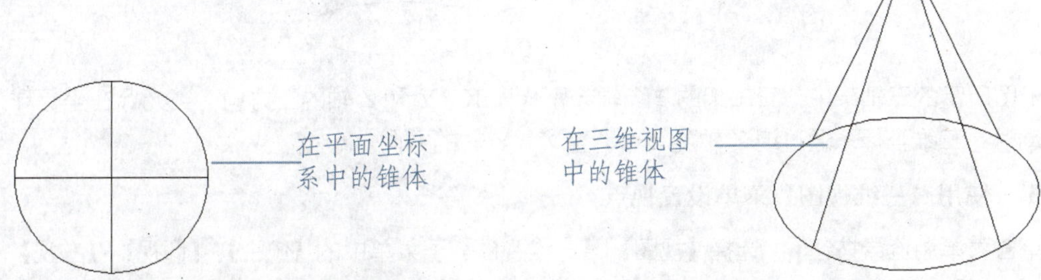

1.　使用【视点预置】对话框设置视点

- 命令：ddvpoint。
- 菜单：单击菜单浏览器按钮，选择【视图】|【三维视图】|【视点预设】命令。

执行 ddvpoint 命令，弹出【视点预设】对话框。

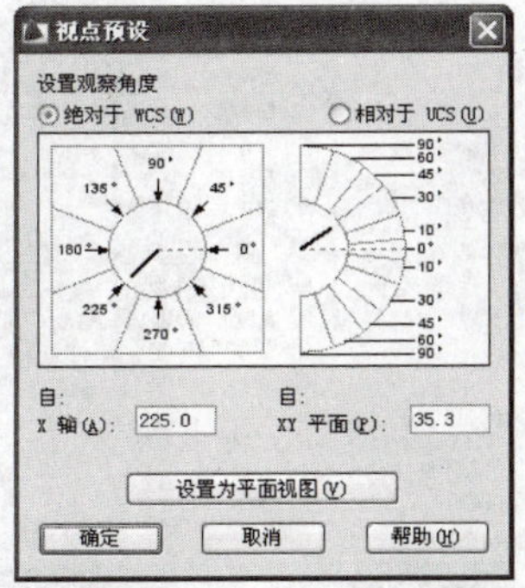

默认情况下，观察角度是相对于 WCS 坐标系的。选择【相对于 UCS】单选按钮，则可设置相

在三维空间中的查看仅限于模型空间。如果在图纸空间中工作，不能使用三维查看命令定义图纸空间视图，图纸空间的视图始终为平面视图。

对于 UCS 坐标系的观察角度。

无论是相对于哪种坐标系，用户都可以直接单击对话框中的坐标图获取观察角度，或者是在【X 轴】、【XY 平面】文本框中输入角度值。其中，对话框中的左图用于设置原点和视点之间的连线在 XY 平面的投影与 X 轴正向的夹角；右面的半圆形用于设置该连线与投影线之间的夹角。此外，若单击【设置为平面视图】按钮，则可以将坐标系设置为平面视图。

2. 使用罗盘确定视点

- 命令：vpoint。
- 菜单：单击菜单浏览器按钮，选择【视图】|【三维视图】|【视点】命令。

执行 vpoint 命令，AutoCAD 作如下提示：

```
命令: VPOINT
当前视图方向: VIEWDIR=-0.9543,-9.0851,-1.7120
指定视点或 [旋转(R)] <显示指南针和三轴架>:
```

默认情况下，按 Enter 键，用光标指定视点即可，锥体效果图如下。

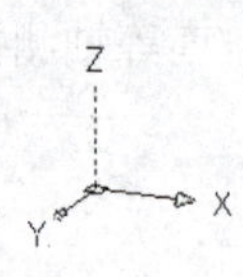

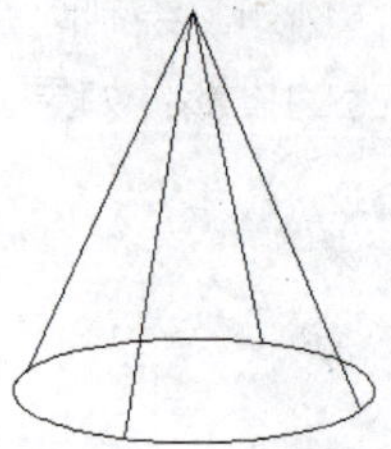

上图所示的三轴架中，三轴架的 3 个轴分别代表 X、Y 和 Z 轴的正方向。当光标在坐标球范围内移动时，三维坐标系通过绕 Z 轴旋转可调整 X、Y 轴的方向。

3. 使用【三维视图】菜单设置视点

单击菜单浏览器按钮，选择【视图】|【三维视图】子菜单中的【俯视】、【仰视】、【左视】、【右视】、【主视】、【后视】、【西南等轴测】、【东南等轴测】、【东北等轴测】和【西北等轴测】命令，可以从多个方向观察图形，如下图所示。

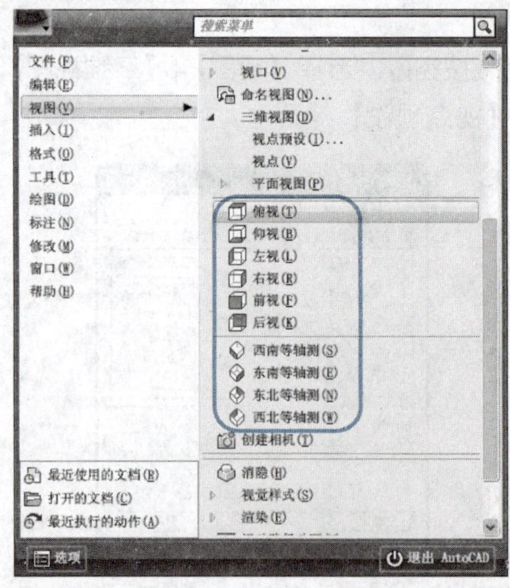

视野拓展

利用视点命令，调整光标位置，可快速地改变视图方向。光标在坐标球内圈表示由上往下俯视对象，光标若在坐标球外圈表示由下往上仰视对象。

4. 设置 UCS 平面视图

UCS 的平面视图是指通过视点（0，0，1）观察图形时得到的视图，也就是使对应 UCS 的 XY 面与绘图屏幕平行。平面视图在三维绘图中非常有用，因为在很多情况下，三维绘图是在当前 UCS 的 XY 面或与 XY 面平行的平面上进行的。当根据需要建立了新 UCS 后，利用平面视图可以使用户方便地进行绘图操作。

用户除可以通过执行 vpoint 命令，用（0，0，1）响应设置平面视图外，还可以用专门的命令 plan 设置平面视图。执行 plan 命令，AutoCAD 提示：

```
命令: PLAN
输入选项 [当前 UCS(C)/UCS(U)/世界(W)] <当前 UCS>:
```

其中，【当前 UCS（C）】选项表示生成相对于当前 UCS 的平面视图；【UCS（U）】选项表示恢复命名保存的 UCS 的平面视图；【世界（W）】选项则用于生成相对于 WCS 的平面视图。

此外，也可用与菜单【视图】|【三维视图】|【平面视图】对应的子菜单设置平面视图，如下图所示。

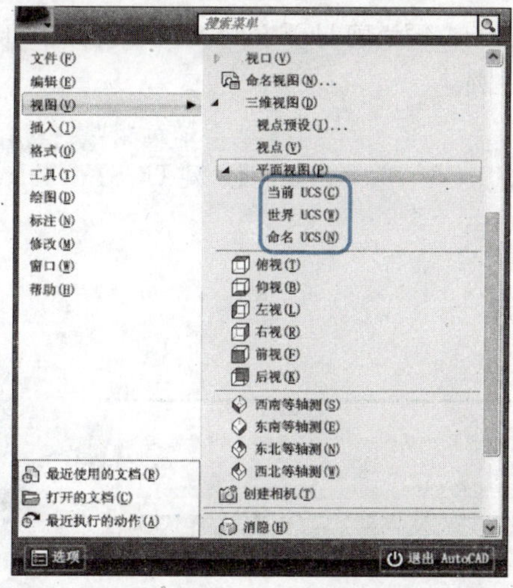

博学先生，习惯了二维绘图，立体感觉不强，感觉三维视图好复杂。

这是初学的原因，刚开始可以试着看三维图形的平面图，即俯视、左视、正视，可以慢慢提高立体感。

10.3　绘制三维点和曲线

在 AutoCAD 中，用户可以使用点、直线、样条曲线、三维多段线及三维网格等命令绘制简单的三维图形。这些对象的绘制与二维对象的绘制类似，只不过当提示用户指定点的位置时，其坐标是受 X、Y、Z 控制的，或者需要在绘图前建立新 UCS，以便在对应 UCS 的 XY 面上绘制二维图形。

如果已经将坐标系图标设在坐标原点，当 AutoCAD 显示临时动态 UCS 图标时，如果该 UCS 图标位于绘图窗口之外，或者部分图标位于绘图窗口之外，AutoCAD 会将其显示在绘图窗口的左下角位置。

10.3.1　绘制三维点、线段、射线、构造线

在三维空间绘制点、线段、射线、构造线的命令与二维点、线段、射线、构造线的命令相同，分别为 point、line、ray、xline，只不过执行对应的命令后，应根据提示输入（或捕捉）三维空间的点。

比如，从点（10，0，0）向点（20，35，50）绘制一条直线的命令提示信息如下：

```
命令: line 指定第一点: 10,0,0
指定下一点或 [放弃(U)]: 20,35,50
指定下一点或 [放弃(U)]:
```

10.3.2　绘制其他二维图形

用户可以在三维空间绘制其他各种二维图形，如绘制圆、圆弧、椭圆、矩形及正多边形等。在三维空间绘制这些二维图形时，一种方法是首先建立 UCS，使 UCS 的 XY 面与所要绘制的二维图形所在的平面重合或平行，然后执行对应的二维绘图命令，按绘制二维图形的方式绘图。为使绘图方便，还可以建立对应的平面视图，使当前 UCS 的 XY 面与计算机屏幕重合。

下图说明如何在斜面上创建圆。

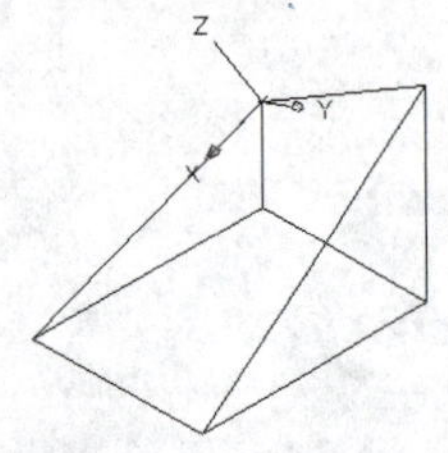

1 单击菜单浏览器按钮，选择【工具】|【新建 UCS】|【三点】命令

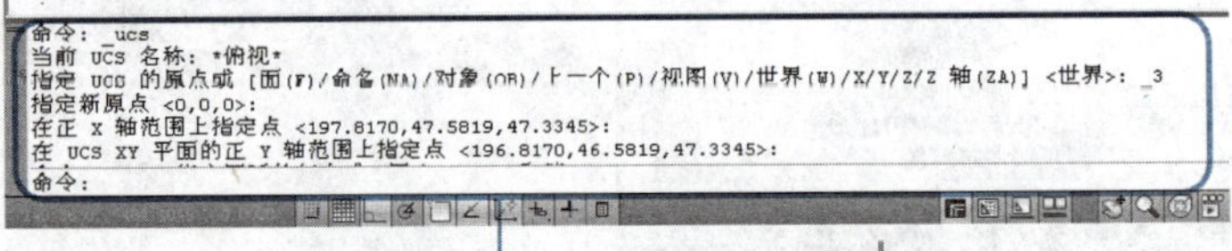

2 根据提示指定能确定新建 UCS 所在面的三点

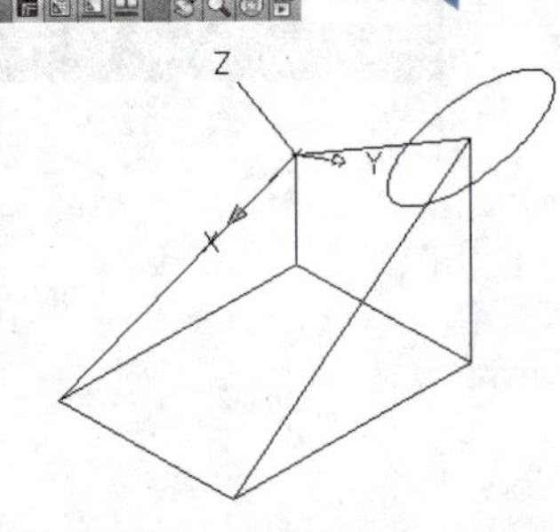

3 执行 C 命令，按照要求即可绘制圆

```
命令: c CIRCLE 指定圆的圆心或 [三点(3P)/两点(2P)/切点、切点、半径(T)]:
指定圆的半径或 [直径(D)] <15.0000>: 35
命令:
```

新绘制的圆位于斜面上。

AutoCAD 2009 还具有动态 UCS 功能，利用该功能，用户可以方便地在已有三维实体的平面上创建其他对象，且不需要专门创建新 UCS。启用动态 UCS 的方式如下。

- 单击状态栏上的按钮。按钮按下时启用动态 UCS，否则关闭动态 UCS。

视野拓展　二维图形中的修改命令，如修剪、延伸、复制、移动等命令同样适用于三维图形的绘制。

- 按 F6 键。

提示：

- 利用动态 UCS 绘制圆后，UCS 恢复到原来的位置。
- 为避免出错，便于理清复杂图形的绘制思路，我们不提倡用动态 UCS，一般先创建新 UCS。

10.3.3　绘制三维多段线、样条曲线、螺旋线

绘制三维多段线的方法如下。

- 命令：3dpoly。
- 菜单：单击菜单浏览器按钮，选择【绘图】|【三维多段线】命令。
- 工具栏：【功能区】选项板中，选择【默认】选项卡，单击【绘图】面板中的【三维多段线】按钮。

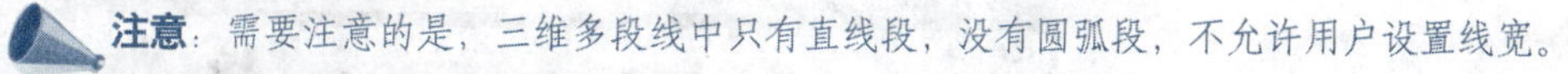

注意：需要注意的是，三维多段线中只有直线段，没有圆弧段，不允许用户设置线宽。

绘制样条曲线的方法如下。

- 命令：spline。
- 菜单：单击菜单浏览器按钮，选择【绘图】|【样条曲线】命令。
- 工具栏：【功能区】选项板中，选择【默认】选项卡，单击【绘图】面板中的【样条曲线】按钮。

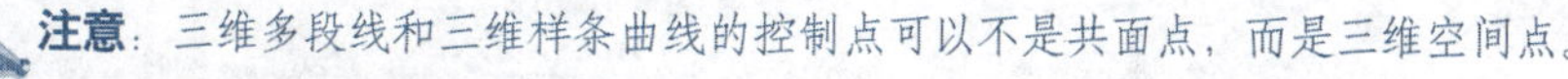

注意：三维多段线和三维样条曲线的控制点可以不是共面点，而是三维空间点。

绘制螺旋线的方法如下。

- 命令：helix。
- 菜单：单击菜单浏览器按钮，选择【绘图】|【螺旋】命令。
- 工具栏：【功能区】选项板中，选择【默认】选项卡，单击【绘图】面板中的【螺旋】按钮。

执行 helix 命令，AutoCAD 有如下提示：

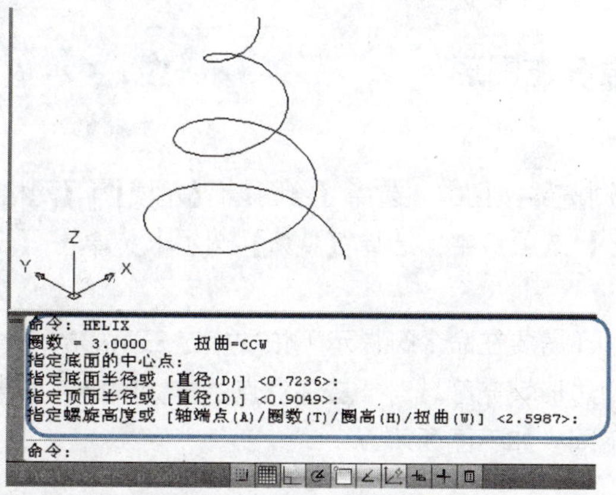

在该命令提示下，可以直接输入螺旋线的高度绘制螺旋线。也可以选择【轴端点（A)】选项，通过指定轴端点，绘制出以底面中心点到该轴端点的距离为高度的螺旋线；选择【圈数（T)】选项：可以指定螺旋线的螺旋圈数，默认情况下，螺旋圈数为 3，当指定了螺旋圈数后，仍将显示上述提

可以通过拖动的方式动态确定螺旋线的各尺寸。

示信息，可以进行其他参数设置；选择【圈高（H)】选项，可以指定螺旋线各圈之间的间距；选择【扭曲（W)】选项，可以指定螺旋线的扭曲方式是【顺时针（CW)】，还是【逆时针（CCW)】。

10.4 绘制三维网格

网格是使用平面镶嵌面表示对象的曲面。网格密度（或镶嵌面的数目）由包含 M 乘 N（M 和 N 分别指定给定顶点的列和行的位置）个顶点的矩阵定义，与行和列组成的栅格类似。在二维和三维中都可以创建网格，但在三维空间中使用更广泛。

- 菜单：单击菜单浏览器按钮，选择【绘图】|【建模】|【网格】命令。
- 工具栏：【功能区】选项板中，选择【默认】选项卡，单击【三维建模】面板中的按钮。

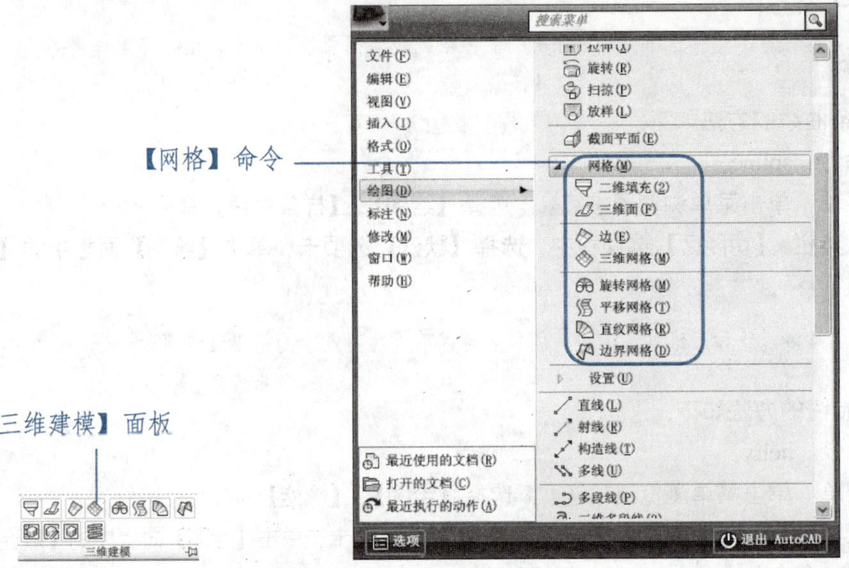

上图体现了绘制三维网格的主要途径。

10.4.1 绘制二维填充图形

- 命令：solid。
- 菜单：单击菜单浏览器按钮，选择【绘图】|【建模】|【网格】|【二维填充】命令。
- 工具栏：【功能区】选项板中，选择【默认】选项卡，单击【三维建模】面板中的【二维填充】按钮。

绘制三角形填充区域时，需要在命令行提示下依次指定三角形的 3 个角点，然后按下 Enter 键直到退出命令即可；绘制四边形填充区域时，应注意点的排列顺序，如果第 3 点和第 4 点的顺序不同，得到的图形形状也将不同，如下图所示。

视野拓展

网格可以是开放的也可以是闭合的，如果在某个方向上网格的起始边和终止边没有接触，则网格就是开放的。顶点的行和列编号均从 0 开始，最大值为 256。

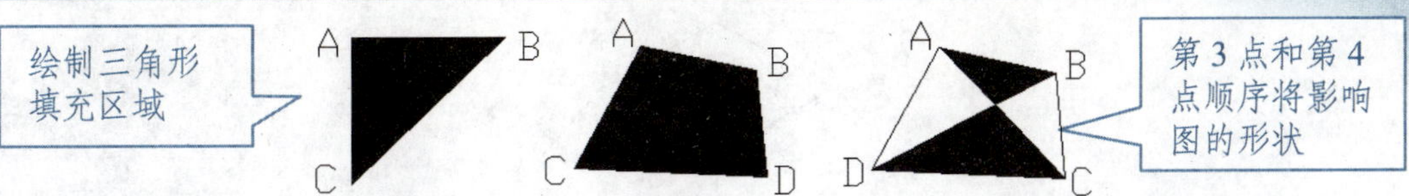

10.4.2　绘制三维面与多边三维面

- 命令：3dface。
- 菜单：单击菜单浏览器按钮，选择【绘图】|【建模】|【网格】|【三维面】命令。
- 工具栏：【功能区】选项板中，选择【默认】选项卡，单击【三维建模】面板中的【三维面】按钮。

三维面是三维空间的表面，它没有厚度，也没有质量属性。由此创建的每个面的各顶点可以有不同的 Z 坐标，但构成各个面的顶点最多不能超过 4 个。如果构成面的 4 个顶点共面，消隐命令认为该面是不透明的，可以消隐。反之，消隐命令对齐无效，如下图所示。

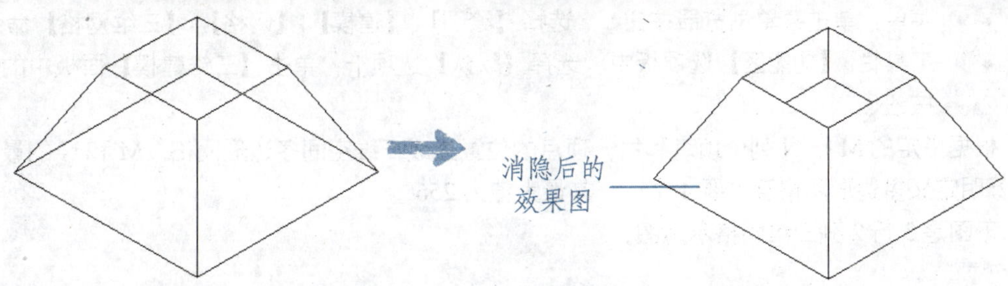

10.4.3　控制三维面的边的可见性

- 命令：edge。
- 菜单：单击菜单浏览器按钮，选择【绘图】|【建模】|【网格】|【边】命令。
- 工具栏：【功能区】选项板中，选择【默认】选项卡，单击【三维建模】面板中的【边】按钮。

执行 edge 命令，AutoCAD 提示如下信息：

```
指定要切换可见性的三维表面的边或 [显示(D)]:
```

默认情况下，选择三维表面的边后，按 Enter 键将隐藏该边。若选择【显示】选项，则可以选择三维面的不可见边以便重新显示它们，此时命令行显示如下提示信息：

```
输入用于隐藏边显示的选择方法 [选择(S)/全部选择(A)] <全部选择>:
```

其中，选择【全部选择】选项，则可以将选中图形中所有三维面的隐藏边显示出来；选择【选择】选项，则可以选择部分可见的三维面的隐藏边并显示它们。

下图所示的是隐藏部分边的棱台效果图。

通过菜单【视图】|【显示】|【UCS 图标】，可以控制是否显示坐标系图标及其显示位置。如果将 UCS 设置成显示在坐标系的原点位置，当新建 UCS 或对图形进行某些操作后，如果坐标系图标位于绘图窗口之外，或者部分图标位于绘图窗口之外，AutoCAD 会将其显示在绘图窗口的左下角位置。

视野拓展

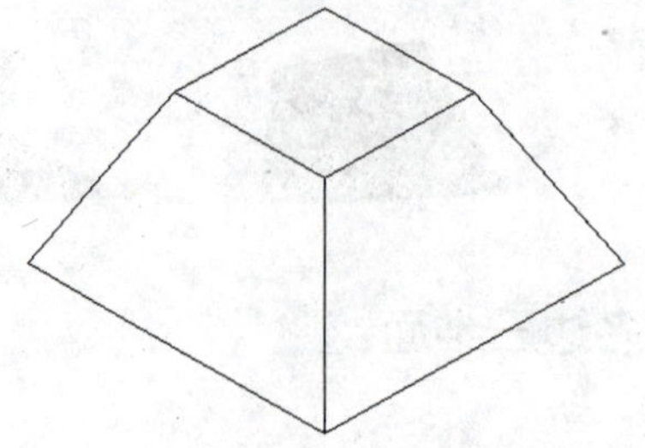

提示：如果要使三维面的边再次可见，可以再次使用【边】命令，然后用定点设备（如鼠标）选定每条边即可显示它。系统将自动显示【对象捕捉】标记和【捕捉模式】，指示在每条可见边的外观捕捉位置。

10.4.4 绘制三维网格

- 命令：3dmesh。
- 菜单：单击菜单浏览器按钮，选择【绘图】|【建模】|【网格】|【三维网格】命令。
- 工具栏：【功能区】选项板中，选择【默认】选项卡，单击【三维建模】面板中的【边】按钮。

根据指定的 M 行 N 列个顶点和每一顶点的位置生成三维空间多边形网格。M 和 N 的最小值为 2，标明定义多边形网格至少要 4 个点，其最大值为 256。

下图是 3 行 2 列三维网格示意图。

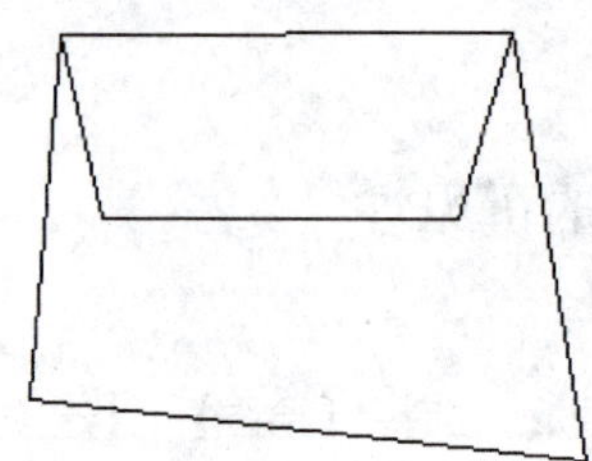

如果需要的线框未提供隐藏、着色和渲染功能，但又不需要实体提供的物理特性（质量、重量和重心等），则可以使用网格。网格还常常用于创建不规则的几何图形，如山脉的三维地形模型。

提示：网格可以是开放的也可以是闭合的，如果在某个方向上网格的起始边和终止边没有接触，则网格就是开放的。顶点的行和列编号均从 0 开始，最大值为 256。

10.4.5 绘制旋转网格

- 命令：revsurf。
- 菜单：单击菜单浏览器按钮，选择【绘图】|【建模】|【网格】|【旋转曲面】命令。
- 工具栏：【功能区】选项板中，选择【默认】选项卡，单击【三维建模】面板中的【旋转曲面】按钮。

以一样条曲线旋转为例说明如何绘制旋转网格。

视野拓展

三维建模工作空间中，栅格线位于当前坐标系的 XY 面上。用户可以通过【草图设置】对话框中【捕捉和栅格】内的【每条主线的栅格数】框，设置细分的栅格数。

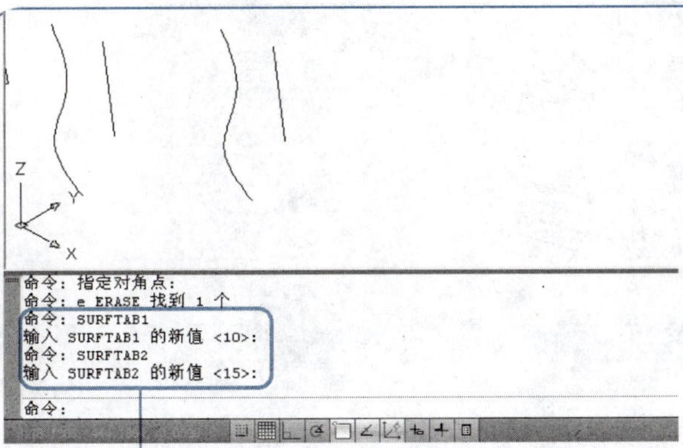

```
命令: 指定对角点:
命令: e ERASE 找到 1 个
命令: SURFTAB1
输入 SURFTAB1 的新值 <10>:
命令: SURFTAB2
输入 SURFTAB2 的新值 <15>:

命令:
```

1 设定系统变量 SURFTAB1 和 SURFTAB2，以确定网格密度

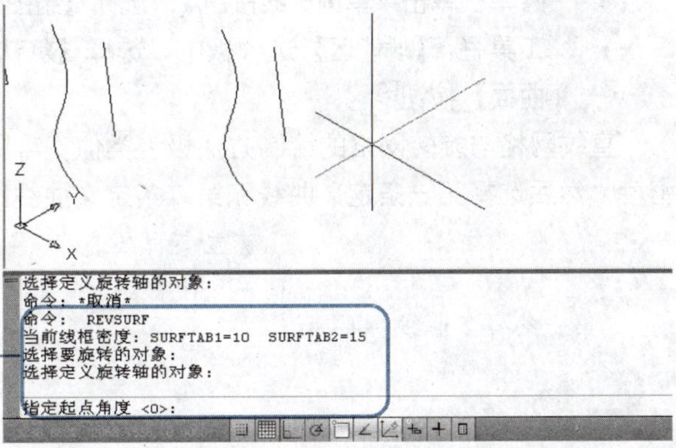

```
选择定义旋转轴的对象:
命令: *取消*
命令: REVSURF
当前线框密度: SURFTAB1=10  SURFTAB2=15
选择要旋转的对象:
选择定义旋转轴的对象:

指定起点角度 <0>:
```

2 执行 revsurf 命令，选择要旋转的对象（样条曲线），并选择定义旋转轴的对象

```
命令: REVSURF
当前线框密度: SURFTAB1=10  SURFTAB2=15
选择要旋转的对象:
选择定义旋转轴的对象:
指定起点角度 <0>:
指定包含角 (+=逆时针, -=顺时针) <360>:

命令:
```

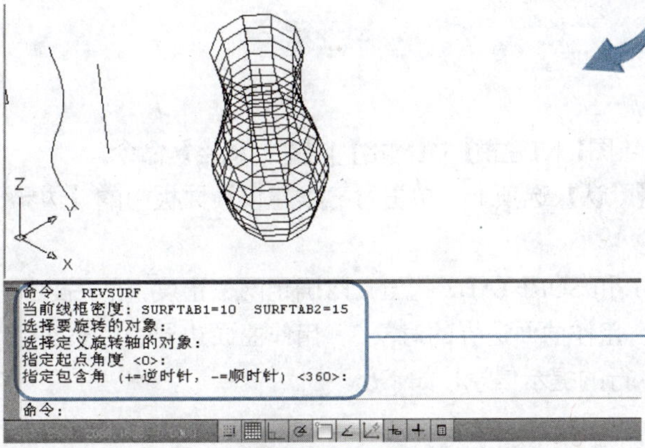

3 指定起点角度与包含角，完成旋转曲面操作

10.4.6 绘制平移网格

- 命令：tabsurf。
- 菜单：单击菜单浏览器按钮，选择【绘图】|【建模】|【网格】|【平移网格】命令。
- 工具栏：【功能区】选项板中，选择【默认】选项卡，单击【三维建模】面板中的【平移曲面】按钮。

平移网格与旋转网格的绘制方法极为类似，需要设定系统变量 SURFTAB1 的值，以确定网格密度，然后选择用作轮廓曲线的对象和用作方向矢量的对象即可，一样条曲线平移网格后的效果图如下。

绘制长方体和楔形体时，提示中所要求指定的长方体或楔形体的长、宽、高分别沿当前坐标系的 X、Y、Z 轴正方向，且不能为负值。指定的旋转角度可正可负，其转向符合右手规则。

用作方向矢量的对象

用作轮廓曲线的对象

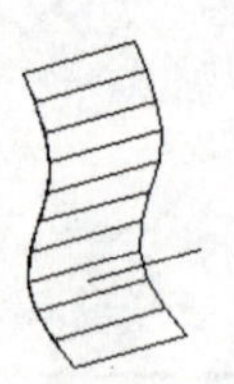

10.4.7 绘制直纹网格

- 命令：rulesurf。
- 菜单：单击菜单浏览器按钮，选择【绘图】|【建模】|【网格】|【直纹网格】命令。
- 工具栏：【功能区】选项板中，选择【默认】选项卡，单击【三维建模】面板中的【直纹曲面】按钮。

直纹网格与旋转网格的绘制方法极为类似，需要设定系统变量 SURFTAB1 的值，以确定网格密度，然后选择第一条定义曲线和第二条定义曲线即可，一样条曲线直纹网格后的效果图如下。

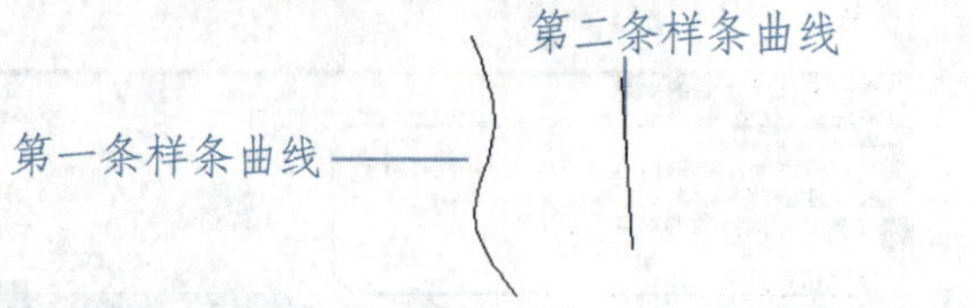

10.4.8 绘制边界网格

- 命令：edgesurf。
- 菜单：单击菜单浏览器按钮，选择【绘图】|【建模】|【网格】|【边界网格】命令。
- 工具栏：【功能区】选项板中，选择【默认】选项卡，单击【三维建模】面板中的【边界曲面】按钮。

边界网格同样需要设定系统变量 SURFTAB1 和 SURFTAB2 的值，以确定网格密度，然后选择用作曲面边界的对象 1、用作曲面边界的对象 2、用作曲面边界的对象 3、用作曲面边界的对象 4 即可，一样条曲线边界网格后的效果图（包括命令行的提示信息）如下。

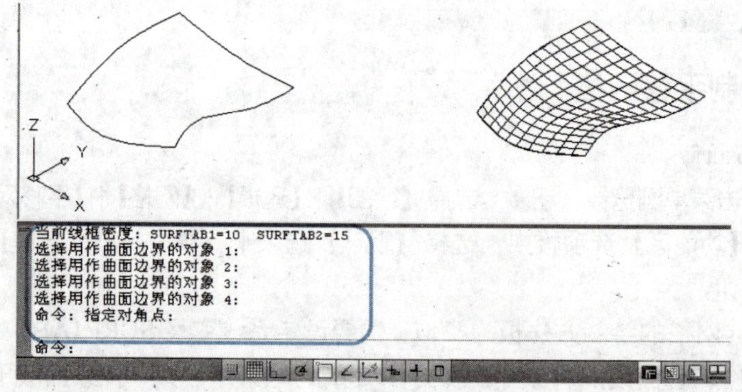

视野拓展

绘制球面时，经线数、纬线数决定球面中多边形网格面的数量。值越大，多边形网格面越多，球面越光滑，但重生成图形时需要的时间也越长。

太好了，学会三维网格的绘制，可以绘出花瓶、杯子等实体图形了。

是的，注意观察生活中的很多物体，我们都可以用巧妙的三维网格命令绘制，达到良好的视觉效果。

10.5　绘制三维实体

在 AutoCAD 中，最基本的实体对象包括多段体、长方体、楔体、圆锥体、球体、圆柱体、圆环体及冷锥面。

- 菜单：单击菜单浏览器按钮，选择【绘图】|【建模】命令。
- 工具栏：【功能区】选项板中，选择【默认】选项卡，单击相应按钮。

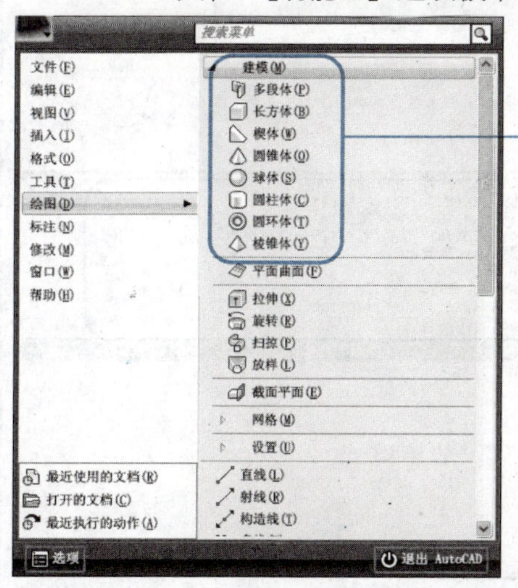

【建模】命令

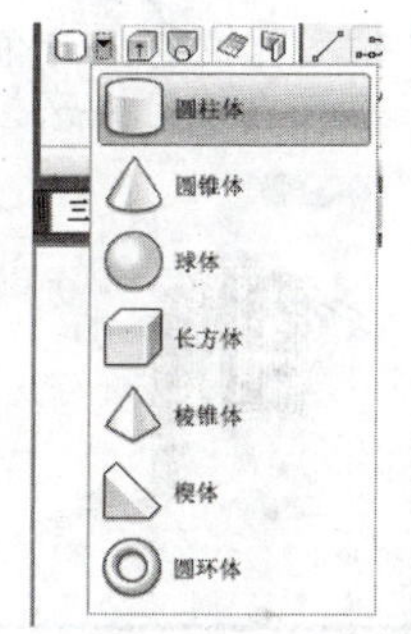

10.5.1　绘制多段体

- 命令：polysolid。
- 菜单：单击菜单浏览器按钮，选择【绘图】|【建模】|【多段体】命令。
- 工具栏：【功能区】选项板中，选择【默认】选项卡，单击【三维建模】面板中的【多段体】按钮。

执行 polysolid 命令，AutoCAD 命令行提示如下信息：

```
命令: POLYSOLID 高度 = 80.0000, 宽度 = 5.0000, 对正 = 居中
指定起点或 [对象(O)/高度(H)/宽度(W)/对正(J)] <对象>:
```

选择【高度】选项，可以设置多段体的高度；选择【宽度】选项，可以设置多段体的宽度；选择【对正】选项，可以设置多段体的对正方式，如左对正、居中和右对正，默认为居中对正。当设置了高度、宽度和对正方式后，可以通过指定点绘制多段体，也可以选择【对象】选项将图形转换

绘制网格面时，AutoCAD 将第一顶点与第四顶点的连线方向作为 M 方向，将第一顶点与第二顶点的连线方向作为 N 方向。

视野拓展

为多段体。

下图以绘制管状多段体为例说明其操作步骤。

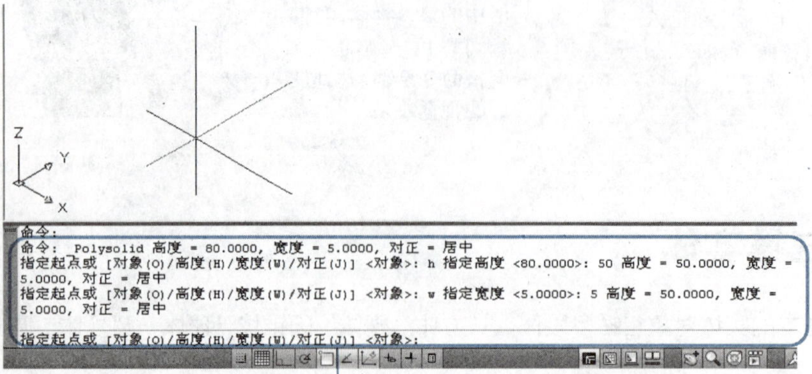

```
命令:
命令:  Polysolid 高度 = 80.0000, 宽度 = 5.0000, 对正 = 居中
指定起点或 [对象(O)/高度(H)/宽度(W)/对正(J)] <对象>: h 指定高度 <80.0000>: 50 高度 = 50.0000, 宽度 =
5.0000, 对正 = 居中
指定起点或 [对象(O)/高度(H)/宽度(W)/对正(J)] <对象>: w 指定宽度 <5.0000>: 5 高度 = 50.0000, 宽度 =
5.0000, 对正 = 居中
指定起点或 [对象(O)/高度(H)/宽度(W)/对正(J)] <对象>:
```

1 执行 polysolid 命令，根据提示设置多段体的高度和宽度

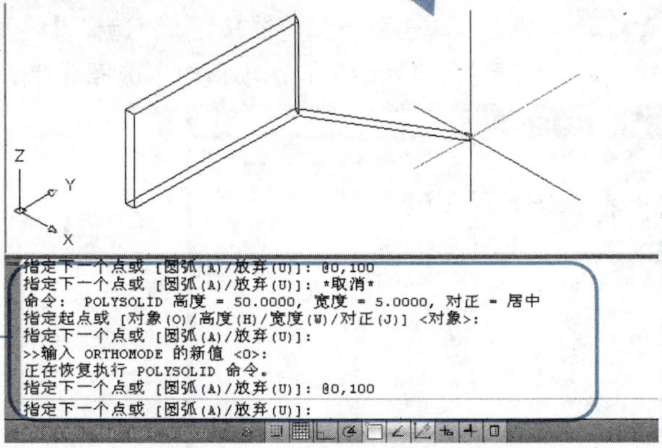

```
指定下一个点或 [圆弧(A)/放弃(U)]: @0,100
指定下一个点或 [圆弧(A)/放弃(U)]: *取消*
命令:  POLYSOLID 高度 = 50.0000, 宽度 = 5.0000, 对正 = 居中
指定起点或 [对象(O)/高度(H)/宽度(W)/对正(J)] <对象>:
指定下一个点或 [圆弧(A)/放弃(U)]:
>>输入 ORTHOMODE 的新值 <0>:
正在恢复执行 POLYSOLID 命令。
指定下一个点或 [圆弧(A)/放弃(U)]: @0,100
指定下一个点或 [圆弧(A)/放弃(U)]:
```

2 指定起点和下一个点(用二维点的坐标来控制)

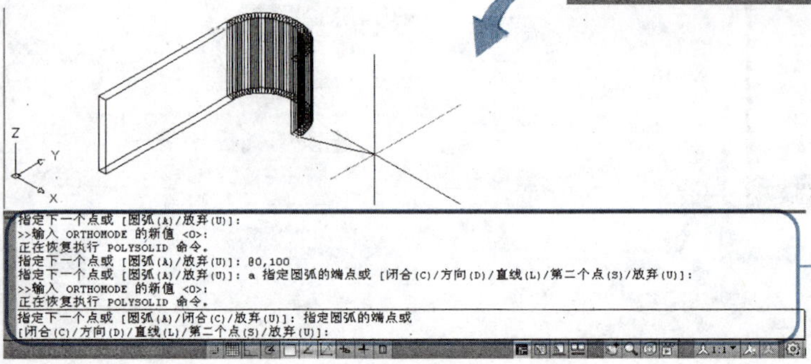

```
指定下一个点或 [圆弧(A)/放弃(U)]:
>>输入 ORTHOMODE 的新值 <0>:
正在恢复执行 POLYSOLID 命令。
指定下一个点或 [圆弧(A)/放弃(U)]: @0,100
指定下一个点或 [圆弧(A)/放弃(U)]: a 指定圆弧的端点或 [闭合(C)/方向(D)/直线(L)/第二个点(S)/放弃(U)]:
>>输入 ORTHOMODE 的新值 <0>:
正在恢复执行 POLYSOLID 命令。
指定下一个点或 [圆弧(A)/闭合(C)/放弃(U)]: 指定圆弧的端点或
[闭合(C)/方向(D)/直线(L)/第二个点(S)/放弃(U)]:
```

3 输入 A 执行圆弧命令，输入端点坐标（@50，0），按下空格键或 Enter 键结束命令

10.5.2 绘制长方体与楔体

- 命令：box。
- 菜单：单击菜单浏览器按钮，选择【绘图】|【建模】|【长方体】命令。
- 工具栏：【功能区】选项板中，选择【默认】选项卡，单击【三维建模】面板中的【长方体】按钮。

执行 box 命令，AutoCAD 命令行提示如下信息：

```
命令: box
指定第一个角点或 [中心(C)]:
```

在创建长方体时，其底面应与当前坐标系的 XY 平面平行，方法主要有指定长方体角点和中心

视野拓展

用三维实体工具绘制的长方体、楔形体、圆柱体等都是一个实体，因此它们包括了圆柱的侧面和两个底面。要编辑每个面，需要用分解命令将其分解。

两种。

默认情况下，可以根据长方体的某个角点位置创建长方体。在绘图窗口中指定了一角点后，命令行将显示如下提示：

```
命令: box
指定第一个角点或 [中心(C)]:
指定其他角点或 [立方体(C)/长度(L)]:
```

如果在该命令行提示下直接指定另一角点，可以根据另一角点位置创建长方体。在绘图窗口中指定角点后，如果该角点与第一个角点的 Z 坐标不一样，系统将以这两个角点作为长方体的对角点创建出长方体。如果第二个角点与第一个角点位于同一高度，系统则需要用户在【指定高度:】提示下指定长方体的高度。

在命令行提示下，选择【立方体（C)】选项，可以创建立方体。创建时需要在【指定长度:】提示下指定立方体的长度；选择【长度（L)】选项，可以根据长、宽、高创建长方体，此时，用户需要在命令提示行下依次指定长方体的长度、宽度和高度值。

在创建长方体时，如果在【指定第一个角点或[中心（C）]:】命令提示下输入"C"，则可以根据长方体的中心点位置创建长方体。在命令行的【指定中心:】提示信息下指定了中心点的位置后，显示如下提示：

```
命令: BOX
指定第一个角点或 [中心(C)]: c
指定中心:
指定角点或 [立方体(C)/长度(L)]:
```

用户可以参照【指定角点】的方法创建长方体。

提示：

- 创建的长方体的各边应分别与当前 UCS 的 X 轴、Y 轴和 Z 轴平行。在根据长度、宽度和高度创建长方体时，长、宽、高的方向分别与当前 UCS 的 X 轴、Y 轴和 Z 轴方向平行。
- 在系统提示中输入长度、宽度及高度时，输入的值可正、可负，正值表示沿相应坐标轴的正方向创建长方体，反之沿坐标轴的负方向创建长方体。

- 命令：wedge。
- 菜单：单击菜单浏览器按钮，选择【绘图】|【建模】|【楔体】命令。
- 工具栏：【功能区】选项板中，选择【默认】选项卡，单击【三维建模】面板中的【楔体】按钮。

创建楔体和长方体的命令不同，但创建方法却相同，因为楔体是长方体沿对角线切成两半后的结果。因此可以使用与绘制长方体同样的方法绘制楔体。

下图为用完全相同的方法创建出的长方体与楔体的效果图。

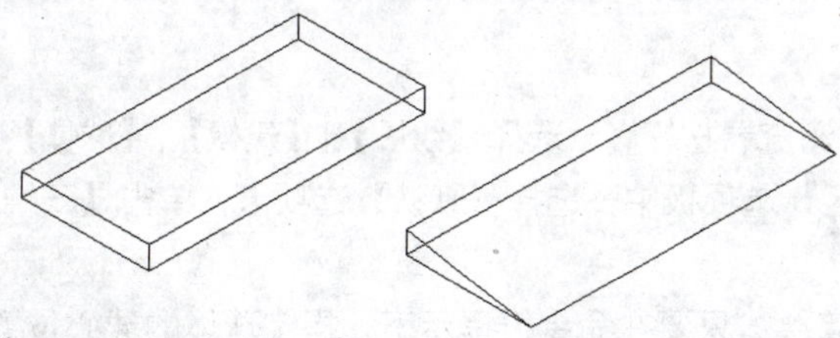

10.5.3 绘制圆柱体与圆锥体

- 命令：cylinder。

输入三维坐标时，若坐标值为零，可以省略不写。如坐标（20，0，50）可以写成(20,，50)。

- 菜单：单击菜单浏览器按钮，选择【绘图】|【建模】|【圆柱体】命令。
- 工具栏：【功能区】选项板中，选择【默认】选项卡，单击【三维建模】面板中的【圆柱体】按钮。

执行 cylinder 命令，AutoCAD 命令行提示如下信息：

```
命令: _cylinder
指定底面的中心点或 [三点(3P)/两点(2P)/切点、切点、半径(T)/椭圆(E)]:
```

默认情况下，可以通过指定圆柱体底面的中心点位置绘制圆柱体。在【指定底面半径或[直径（D）]:】命令提示下指定圆柱体基面的半径或直径后，命令行提示如下信息：

```
命令: cylinder
指定底面的中心点或 [三点(3P)/两点(2P)/切点、切点、半径(T)/椭圆(E)]:
指定底面半径或 [直径(D)]:
指定高度或 [两点(2P)/轴端点(A)] <8.0000>:
```

可以直接指定圆柱体的高度，根据高度创建圆柱体；也可以选择【轴端点（A）】选项，根据圆柱体另一底面的中心位置创建圆柱体，此时两中心点位置的连线方向为圆柱体的轴线方向。

当执行 cylinder 命令时，如果在命令行的提示下选择【椭圆（E）】，可以绘制椭圆柱体。此时，用户首先需要在命令行的【指定第一个轴的端点或[中心（C）]:】提示下指定基面上的椭圆形状（其操作方法与绘制椭圆类似），然后在命令行的【指定高度或[两点（2P）][轴端点（A）]:】提示下指定圆柱体的高度或另一个圆心位置即可。

- 命令：cone。
- 菜单：单击菜单浏览器按钮，选择【绘图】|【建模】|【圆锥体】命令。
- 工具栏：【功能区】选项板中，选择【默认】选项卡，单击【三维建模】面板中的【圆锥体】按钮。

创建圆锥体和圆柱体的命令不同，但创建方法却相同，因为圆锥体是圆柱体的三分之一。因此可以使用与绘制圆柱体同样的方法来绘制圆锥体。

下图为用完全相同的方法创建出的圆柱体与圆锥体的效果图。

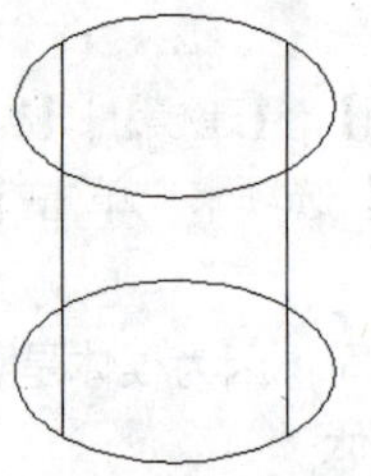

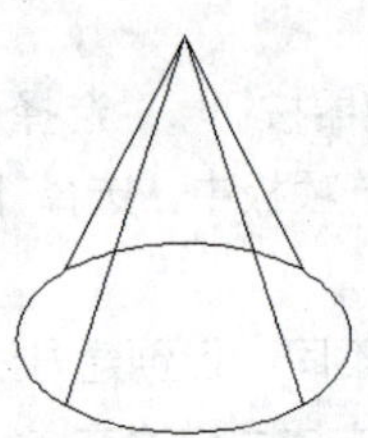

10.5.4 绘制球体与圆环体

- 命令：sphere。
- 菜单：单击菜单浏览器按钮，选择【绘图】|【建模】|【球体】命令。
- 工具栏：【功能区】选项板中，选择【默认】选项卡，单击【三维建模】面板中的【球体】按钮。

绘制球体的方法比较简单，只要在命令行提示下，指定球体的球心位置及球体的半径或直径即可完成球体的绘制。

绘制球体时可以通过改变 ISOLINES 变量，确定每个面上的线宽密度，如下图所示。

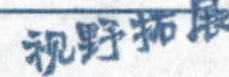

视野拓展

一个有厚度的圆没有两个底面，因此它和圆柱体是有区别的。

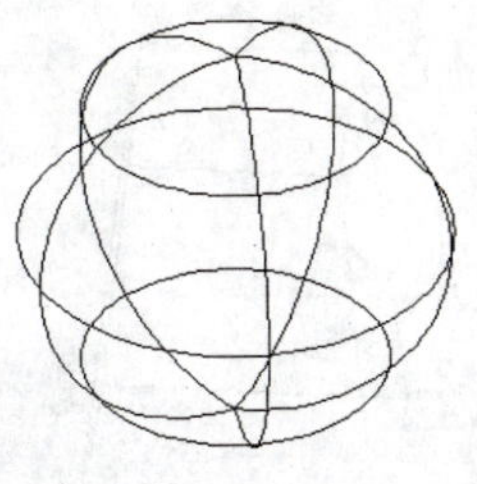
ISOLINES=5

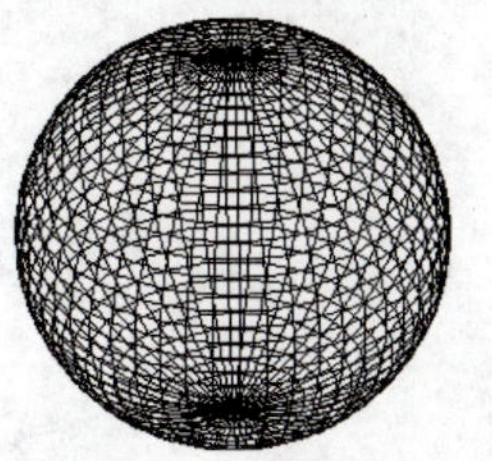
ISOLINES=50

- 命令：torus。
- 菜单：单击菜单浏览器按钮，选择【绘图】|【建模】|【圆环体】命令。
- 工具栏：【功能区】选项板中，选择【默认】选项卡，单击【三维建模】面板中的【圆环体】按钮。

绘制圆环体与球体的方法很相似，操作方法同样是先设定 ISOLINES 变量值，然后指定圆环体的中心和圆环的半径或直径，最后指定圆管的半径或直径。

圆环半径为 50，圆管半径为 5 的圆环效果图如下图所示。

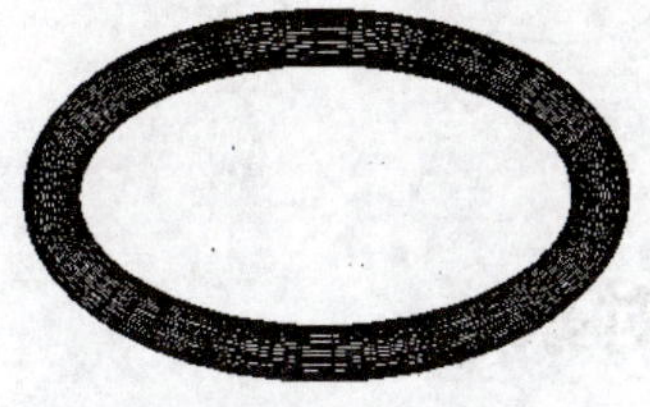
ISOLINES=50

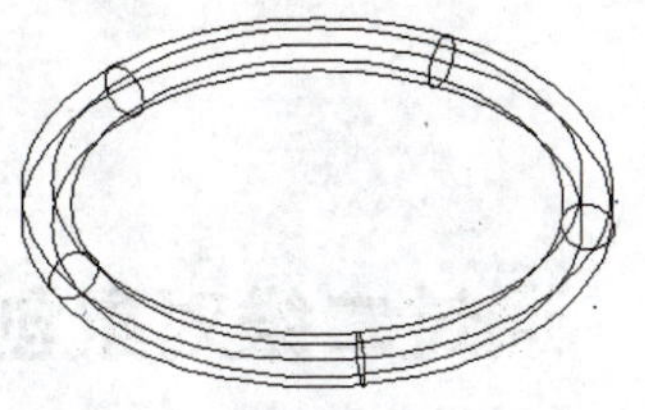
ISOLINES=5

10.5.5 绘制棱锥体

- 命令：pyramid。
- 菜单：单击菜单浏览器按钮，选择【绘图】|【建模】|【棱锥体】命令。
- 工具栏：【功能区】选项板中，选择【默认】选项卡，单击【三维建模】面板中的【棱锥体】按钮。

执行 pyramid 命令，AutoCAD 命令行提示如下信息：

```
命令: PYRAMID
4 个侧面   外切
指定底面的中心点或 [边(E)/侧面(S)]:
```

在该提示信息下，如果直接指定点即可绘制冷椎体，此时需要在命令行的【指定底面半径或[内接（I）]:】提示信息下指定冷椎体底面的半径，以及在命令行的【指定高度或[两点（2P）/轴端点（A）/顶面半径（T）]:】提示下指定棱锥体的高度或棱锥体的锥顶点位置。如果选择【顶面半径（T)】选项，可以绘制有顶面的棱锥体，在【指定顶面半径:】提示下输入顶面的半径，在【指定高度或[两点（2P）/轴端点（A）]:】提示下指定棱锥体的高度或棱锥体的锥顶点位置即可。

下图为无顶面的棱锥体和有顶面的棱椎体效果图。

双击三维多边形等图形对象，在打开的属性窗口中可以方便地修改图形的厚度、标高等参数属性。

视野拓展

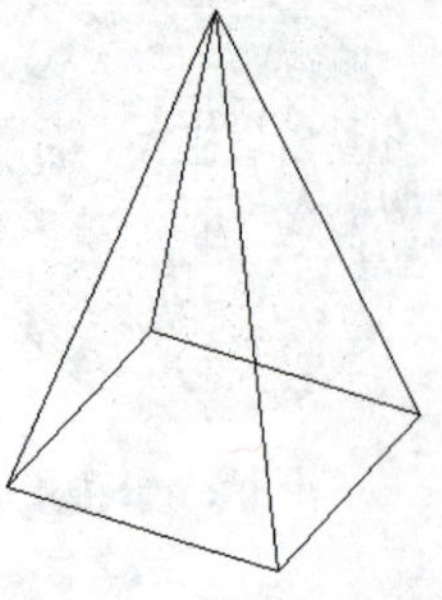

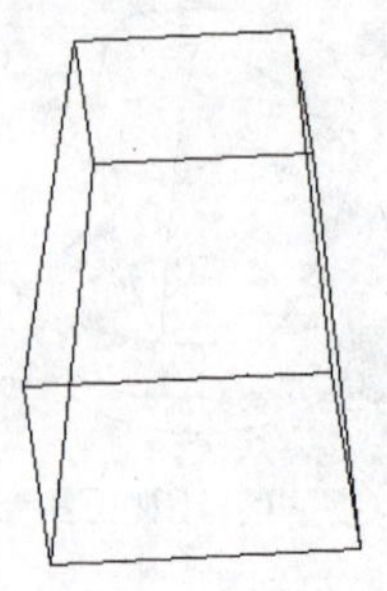

注意：此处棱锥体底面和顶面均是正方形，命令行的底面或顶面半径即为底面或顶面外接圆的半径。

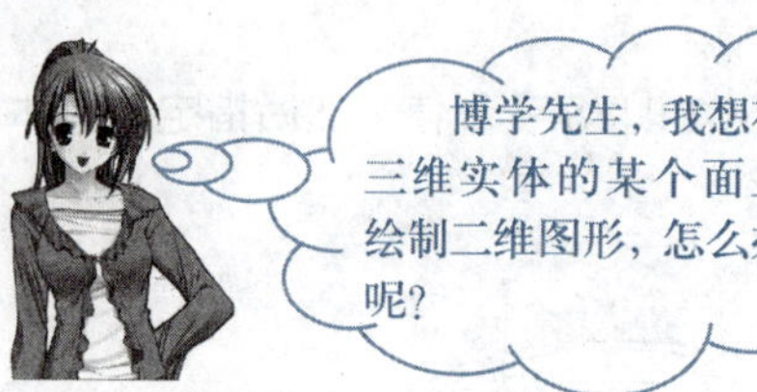

最好的方法是先将UCS 移动到目标面上，然后在该面上进行二维图形绘制。

10.6 通过二维对象创建三维对象

在 AutoCAD 中，除了可以通过实体绘制命令绘制三维实体外，还可以通过拉伸、旋转、扫掠、放样等方法，通过二维对象创建三维实体或曲面。

- 菜单：单击菜单浏览器按钮，选择【绘图】|【建模】命令。

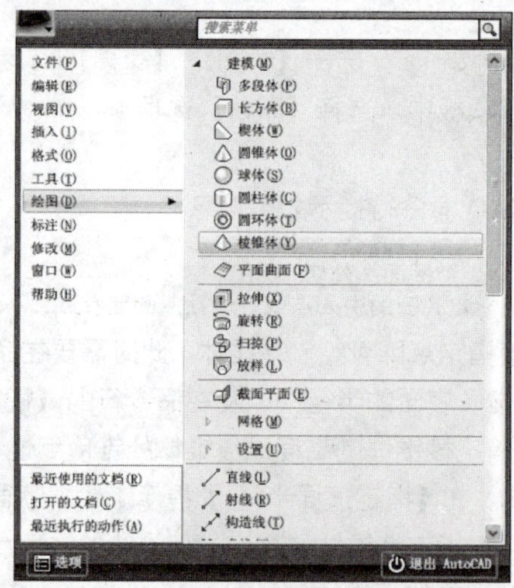

- 工具栏：【功能区】选项板中，选择【默认】选项卡，单击【三维建模】面板中的相应按钮。

视野拓展

AutoCAD 中的一些编辑工具既能应用于二维图形，又能应用于三维图形。但是，大部分的工具只能单一的用于一类图形。同时，有些功能，比如阵列功能等，有针对二维和三维图形的不同工具。

10.6.1　将二维对象拉伸成三维对象

- 命令：extrude。
- 菜单：单击菜单浏览器按钮，选择【绘图】|【建模】|【拉伸】命令。
- 工具栏：【功能区】选项板中，选择【默认】选项卡，单击【三维建模】面板中的【拉伸】按钮。

拉伸对象被称为断面，在创建实体时，断面可以是任意二维封闭多段线、圆、椭圆、封闭样条曲线和面域。其中，多段线对象的顶点数不能超过 500 个且不小于 3 个。若创建三维曲面，则断面是不封闭的二维对象。

默认情况下，可以沿 Z 轴方向拉伸对象，这时需要指定拉伸的高度和倾斜角度。其中，拉伸高度值可以为正或为负，它们表示了拉伸的方向。拉伸角度也可以为正或为负，其绝对值不大于 90°，默认值为 0°，表示生成的实体的侧面垂直于 XY 平面，没有锥度。如果为正，将产生内锥度，生成的侧面向里靠；如果为负，将产生外锥度，生成的侧面向外，如下图所示。

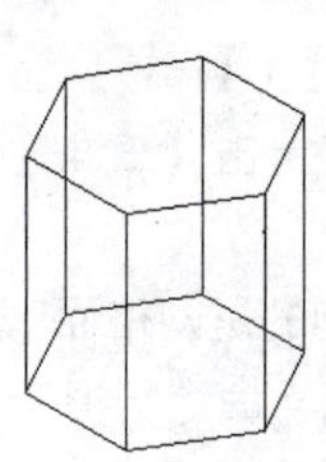
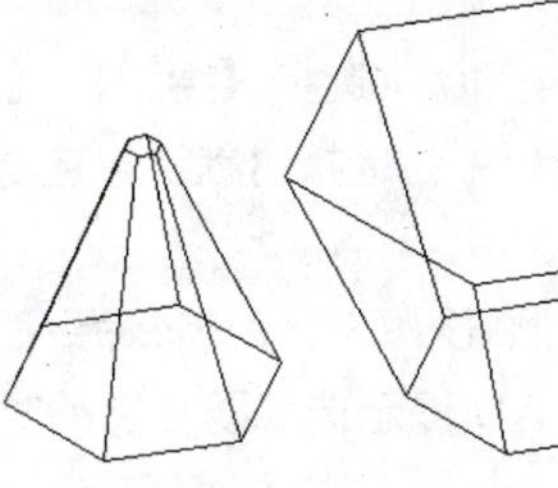

拉伸倾斜角为 0°　　拉伸倾斜角为 20°　　拉伸倾斜角为-20°

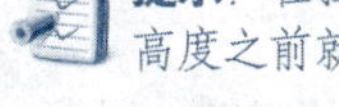

提示：在拉伸对象时，如果倾斜角度或拉伸高度较大，将导致拉伸对象或拉伸对象的一部分在到达拉伸高度之前就已经汇聚到一点，此时将无法进行拉伸。

通过指定拉伸路径，也可以将对象拉伸成三维实体，拉伸路径可以是开放的，也可以是封闭的。

10.6.2　将二维对象旋转成三维对象

- 命令：revolve。
- 菜单：单击菜单浏览器按钮，选择【绘图】|【建模】|【旋转】命令。
- 工具栏：【功能区】选项板中，选择【默认】选项卡，单击【三维建模】面板中的【旋转】按钮。

在创建实体时，用于旋转的二维对象可以是封闭多段线、多边形、圆、椭圆、封闭样条曲线、圆环及封闭区域。三维对象、包含在块中的对象、有交叉或自干涉的多段线不能被旋转，而且每次只能旋转一个对象。若创建三维曲面，则用于旋转的二维对象是不封闭的。

使用 revolve 命令时，在选择需要旋转的二维对象后，通过指定两个端点来确定旋转轴。

下图为一样条曲线沿一直线旋转轴旋转后的效果图（包含提示信息）。

三维曲面线密度仅体现在三维曲面中的圆弧面，或者是放射性的平面中。在普通的三维平面上，一般是没有线条的。

视野拓展

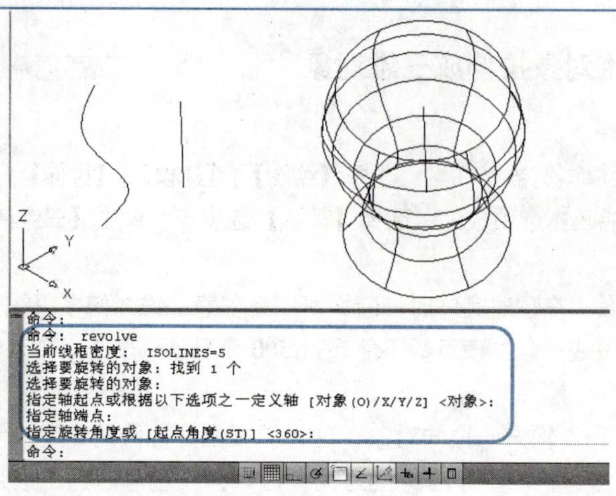

10.6.3 将二维对象扫掠成三维对象

- 命令：sweep。
- 菜单：单击菜单浏览器按钮，选择【绘图】|【建模】|【扫掠】命令。
- 工具栏：【功能区】选项板中，选择【默认】选项卡，单击【三维建模】面板中的【扫掠】按钮。

如果要扫掠的对象不是封闭的图形，那么使用该命令后得到的是网格面，否则得到是三维实体。执行 sweep 命令，根据 AutoCAD 提示选择要扫掠的对象后，命令行提示如下信息：

```
命令： sweep
当前线框密度： ISOLINES=5
选择要扫掠的对象：找到 1 个
选择要扫掠的对象：
选择扫掠路径或 [对齐(A)/基点(B)/比例(S)/扭曲(T)]:
```

在该命令提示下，可以直接指定扫掠路径创建三维对象，也可以设置扫掠时的对齐方式、基点、比例和扭曲参数。其中，【对齐（A）】选项用于设置扫掠前是否对齐垂直于路径扫掠对象；【基点（B）】选项用于设置扫掠的基点；【比例（S）】选项用于设置扫掠的比例因子，当指定了该参数后，扫掠效果与单击扫掠路径的位置有关；【扭曲（T）】选项用于设置扭曲角度或允许非平面扫掠路径倾斜。

下图所示为对椭圆进行螺旋路径扫掠成实体的效果图。

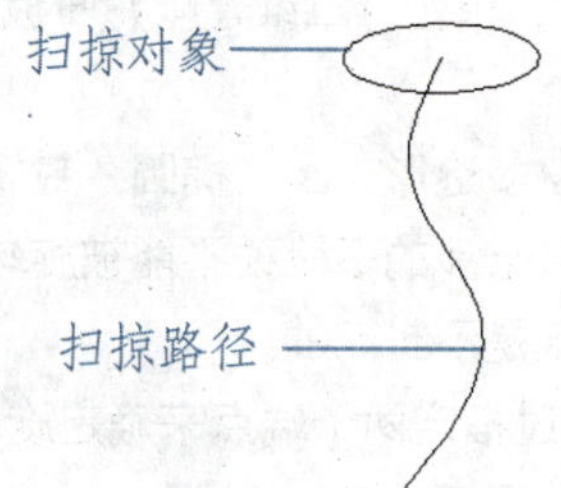

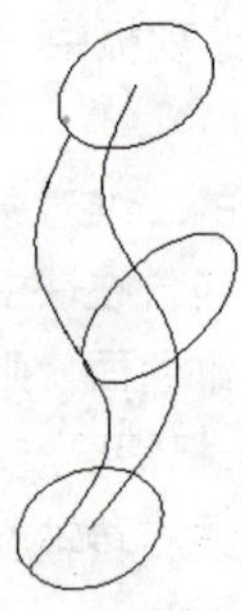

视野拓展

边界曲面工具只能针对由 4 个图形对象组成的封闭面进行操作，因此在使用该工具前一定要满足这个条件。

10.6.4　将二维对象放样成三维对象

- 命令：loft。
- 菜单：单击菜单浏览器按钮，选择【绘图】|【建模】|【放样】命令。
- 工具栏：【功能区】选项板中，选择【默认】选项卡，单击【三维建模】面板中的【放样】按钮。

该命令可以在多个横截面之间的空间中创建三维实体或曲面，如果要放样的对象不是封闭的图形，那么使用该命令后得到是网格面，否则得到的是三维实体。

下图以三个圆为截面创建放样实体为例说明该命令的使用方法。

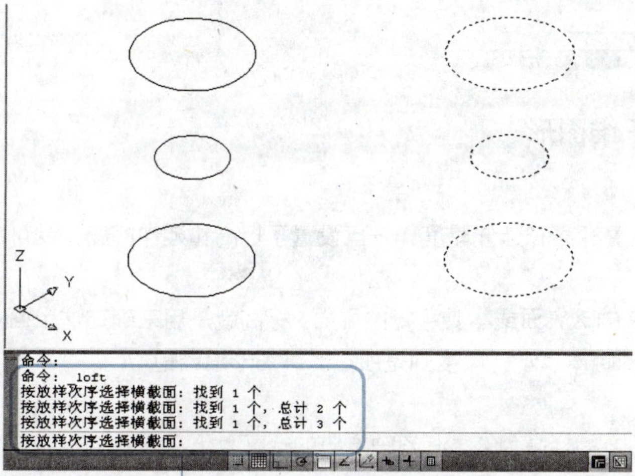

```
命令:
命令:  loft
按放样次序选择横截面: 找到 1 个
按放样次序选择横截面: 找到 1 个, 总计 2 个
按放样次序选择横截面: 找到 1 个, 总计 3 个
按放样次序选择横截面:
```

1 执行 loft 命令，根据提示依次选择横截面。在【输入选项】提示下，选择默认项（按下空格键或 Enter 键）

2 弹出【放样设置】对话框

3 选择【平滑拟合】单选按钮

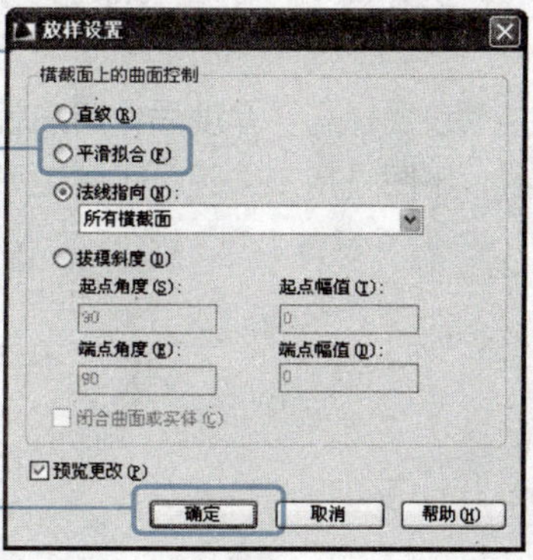

4 单击【确定】按钮

tabsurf 命令用于将一个对象沿定义的矢量方向拉伸，从而创建曲面网格。被拉伸的对象叫做路径曲线，可以是直线、圆弧、圆、二维多段线、三维多段线。方向矢量可以是直线或开放的二维或三维多段线。

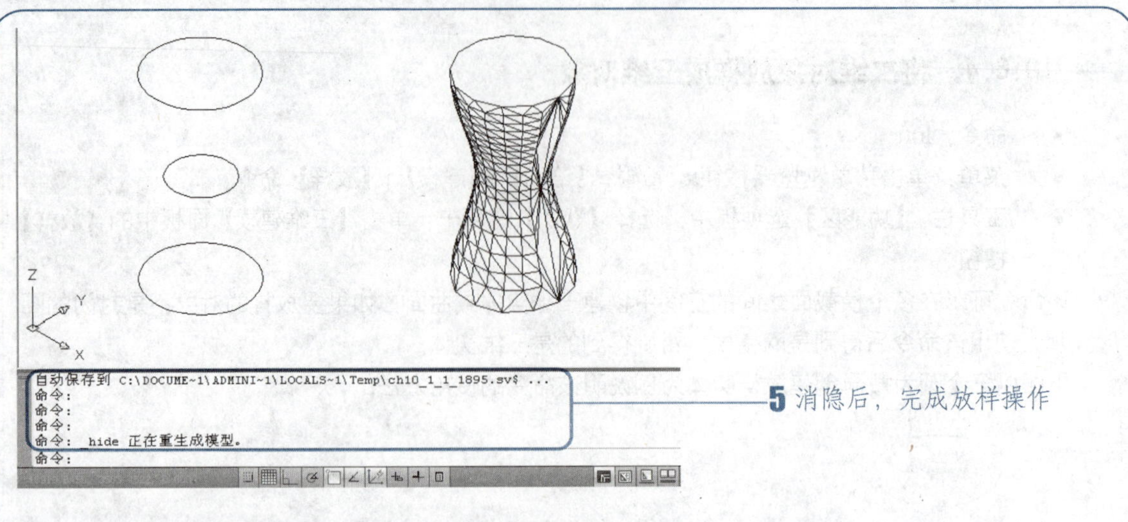

10.6.5 根据标高和厚度绘制三维图形

- 命令：elev。

用户在绘制二维对象时，可以为对象设置标高和延伸厚度。一旦设置了标高和延伸厚度，就可以用二维绘图的方法绘制出三维图形对象。

绘制二维图形时，绘图面应是当前 UCS 的 XY 面或与其平行的平面。标高就是用来确定这个面的位置，它用绘图面与当前 UCS 的 XY 面的距离表示。厚度则是所绘二维图形沿当前 UCS 的 Z 轴方向延伸的距离。

在 AutoCAD 中，规定当前 UCS 的 XY 面的标高为 0，沿 Z 轴方向的标高为正，沿 Z 轴负方向为负。沿 Z 轴正方向延伸时的厚度为正，反之则为负。

执行 elev 命令，AutoCAD 提示：

```
命令: ELEV 指定新的默认标高 <0.0000>: 20
指定新的默认厚度 <0.0000>: 30
```

设置标高、厚度后，用户就可以创建在标高方向上各截面形状和大小相同的三维对象。

下图是用二维圆、正多边形命令绘制出的三维实体效果图。

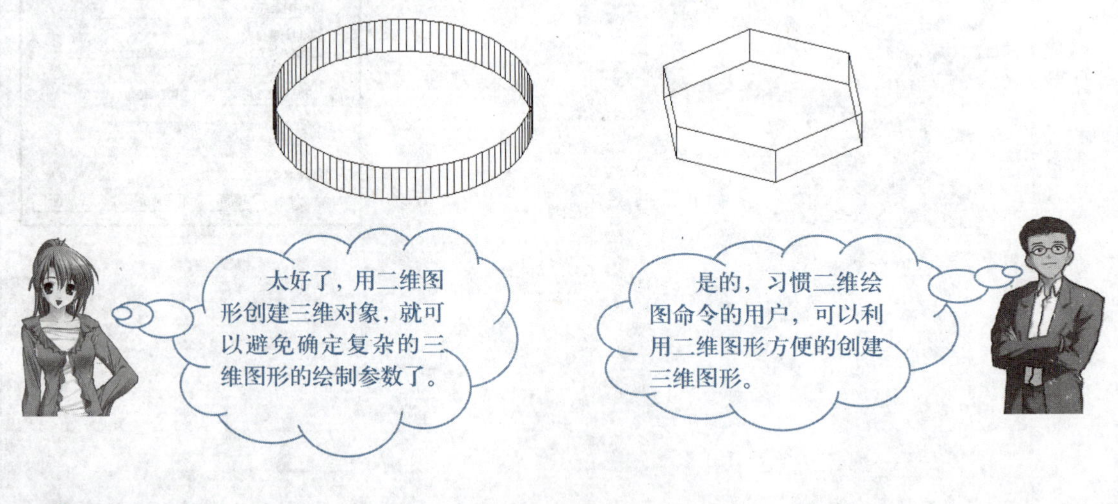

视野拓展

revsurf 命令通过绕指定的轴旋转对象创建旋转曲面。旋转的对象叫做路径曲线，它可以是直线、圆弧、圆、二维多段线或三维多段线。

10.7　三维实体查询

利用 AutoCAD 2009，可以方便地查询三维实体的相关数据。

- 菜单：单击菜单浏览器按钮，选择【工具】|【查询】命令。
- 工具栏：【功能区】选项板中，选择【工具】选项卡，单击【查询】面板中的相应按钮。

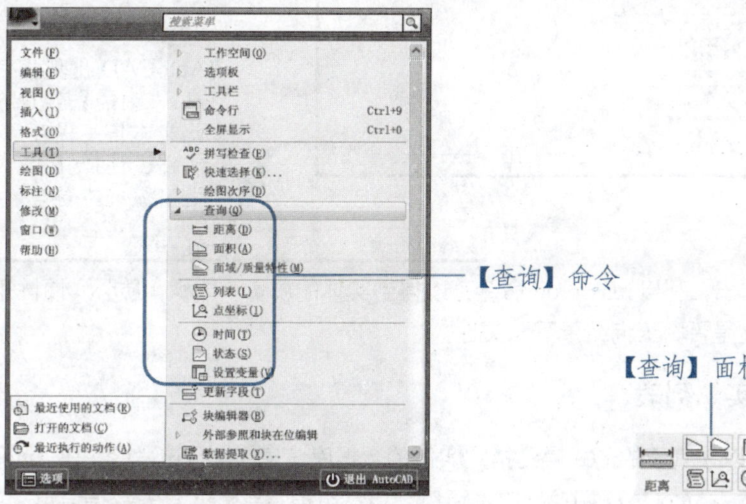

10.7.1　查询质量特性

- 命令：massprop。
- 菜单：单击菜单浏览器按钮，选择【工具】|【查询】|【面域/质量特性】命令。
- 工具栏：【功能区】选项板中，选择【工具】选项卡，单击【查询】面板中的【面域/质量特性】按钮。

执行 massprop 命令，根据提示选择实体，AutoCAD 出现提示信息，根据提示选择对象，具体操作如下图所示。

1 执行 massprop 命令，根据提示选择实体

```
命令：  MASSPROP
选择对象：  找到 1 个
选择对象：
```

利用 tabsurf 命令创建完曲面网格后，可删除原来的方向矢量，系统变量 SURFTABL 控制路径曲线的点数，其默认值为 6。

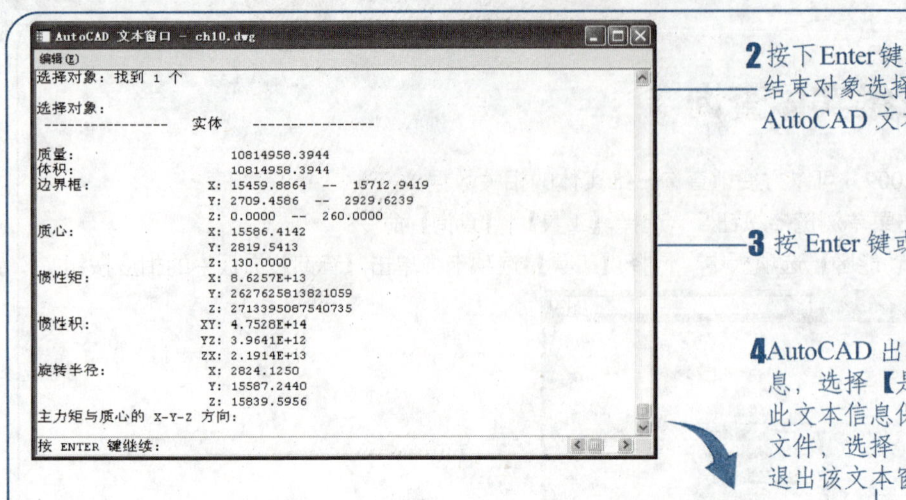

```
AutoCAD 文本窗口 - ch10.dwg
编辑(E)
选择对象: 找到 1 个

选择对象:
 ----------------     实体     ----------------

质量:                    10814958.3944
体积:                    10814958.3944
边界框:              X: 15459.8864  --  15712.9419
                     Y: 2709.4586  --  2929.6239
                     Z: 0.0000  --  260.0000
质心:                X: 15586.4142
                     Y: 2819.5413
                     Z: 130.0000
惯性矩:              X: 8.6257E+13
                     Y: 2627625813821059
                     Z: 2713395087540735
惯性积:             XY: 4.7528E+14
                    YZ: 3.9641E+12
                    ZX: 2.1914E+13
旋转半径:            X: 2824.1250
                     Y: 15587.2440
                     Z: 15839.5956
主力矩与质心的 X-Y-Z 方向:
按 ENTER 键继续:
```

2 按下Enter键或空格键结束对象选择，弹出AutoCAD文本窗口

3 按Enter键或空格键

4 AutoCAD出现提示信息，选择【是（Y)】将此文本信息保存为.mpr文件，选择【否（N)】退出该文本窗口

```
是否将分析结果写入文件? [是(Y)/否(N)] <否>:
```

从上图可以看出，利用massprop命令可以得到实体的质量、体积、质心、惯性矩等信息。用户可以根据需要确定是否将查询结果写入文件。

10.7.2 实体列表

用list命令可以按列表的形式得到指定实体的数据库信息。执行该命令，在AutoCAD提示下选择对象（实体）后，AutoCAD切换到文本窗口，显示出指定实体的有关数据信息，如下图所示。

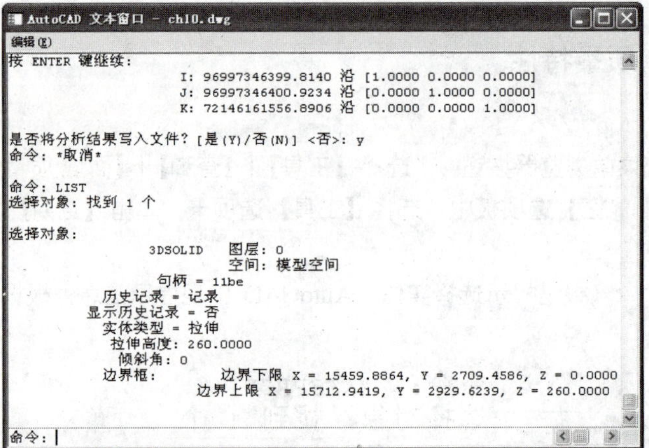

```
AutoCAD 文本窗口 - ch10.dwg
编辑(E)
按 ENTER 键继续:
                 I: 96997346399.8140 沿 [1.0000 0.0000 0.0000]
                 J: 96997346400.9234 沿 [0.0000 1.0000 0.0000]
                 K: 72146161556.8906 沿 [0.0000 0.0000 1.0000]

是否将分析结果写入文件? [是(Y)/否(N)] <否>: y
命令: *取消*

命令: LIST
选择对象: 找到 1 个

选择对象:
                  3DSOLID     图层: 0
                              空间: 模型空间
                   句柄 = 11be
                历史记录 = 记录
            显示历史记录 = 否
                实体类型 = 拉伸
                拉伸高度: 260.0000
                  倾斜角: 0
                边界框:        边界下限 X = 15459.8864, Y = 2709.4586, Z = 0.0000
                               边界上限 X = 15712.9419, Y = 2929.6239, Z = 260.0000
命令:
```

太棒了，学会三维实体查询操作方法，我可以方便地将实体的相关数据提取出来，为其他学科服务。

你说的太好了。好多用户都利用AutoCAD的这个功能作为计算器，这其实成了其他学科中计算实体几何特性的有效方法。

视野拓展

在revsurf命令中，系统变量SURFTAB1的值决定了环绕旋转轴的面的数量，它是一个从3～1024之间的整数；变量SURFTAB2的值决定了路径曲线由多少段圆弧或圆组成。两个变量的默认值均为6。

10.8　本章小结

本章针对三维简单图形的绘制方法展开介绍。

首先介绍了三维绘图术语和坐标系，并对视点的设置做了简要的描述。就如何绘制三维点、线段、射线、构造线、三维多段线、样条曲线、螺旋线及其他二维图形做了详细介绍。然后，重点介绍了三维网格的绘制方法，包括二维填充图形、三维面与多维面、三维面边的可见性、三维网格、旋转网格、平移网格、直纹网格及边界网格的绘制方法。就三维实体的绘制方法做了重点介绍，包括多段体、长方体、楔体、圆柱体、圆锥体、球体、圆环体及冷椎体，并同时讲述了由二维对象创建三维对象的方法，有拉伸、旋转、扫掠、放样以及根据标高和厚度等。最后，简要介绍了如何利用 AutoCAD 进行三维实体质量/面域特性的查询。

通过本章内容的学习，学会使用各种三维建模命令，可以绘制一些简单三维实体。熟练掌握后，就可以创建更为复杂的三维实体图形。

10.9　趁热打铁

现在用学到的知识解决下面的问题吧！

10.9.1　选择题

1．单击菜单浏览器，在弹出的菜单中选择【绘图】|【建模】|【网格】|【边界网格】命令，可以使用（　　）条首尾连接的边创建三维多边形网格。

A．3　　　　B．4

C．5　　　　D．6

2．在使用【拉伸】命令拉伸对象时，拉伸角度可正可负，如果要产生内锥度效果，角度应为（　　）。

A．0°　　　　B．正

C．负　　　　D．以上都不对

10.9.2　实践题

1. 绘制长、宽、高分别为 150、120、100 的长方体表面。
2. 绘制底面变长为 200、高为 140 的四棱锥面。
3. 绘制底面半径为 50、高为 80 的圆锥面。
4. 绘制一个球面和一个下半球面，其中球面的半径为 70，下半球面的半径为 100，两者同心。
5. 用 3DFACE 命令绘制一个边长为 100 的立方体表面。
6. 绘制一个底面中心为（0，0），底面半径为 10，顶面半径为 10，高度为 20，顺时针旋转 10 圈的弹簧，如下图所示。

利用 extrude 拉伸命令时，被拉伸的多段线应包含至少 3 个顶点但不能多于 500 个顶点，并且各段不能交叉。如果选定的多段线具有宽度，AutoCAD 将忽略其宽度且从多段线路径的中心处开始拉伸。如果选定对象具有厚度，AutoCAD 也将忽略该厚度。

视野拓展

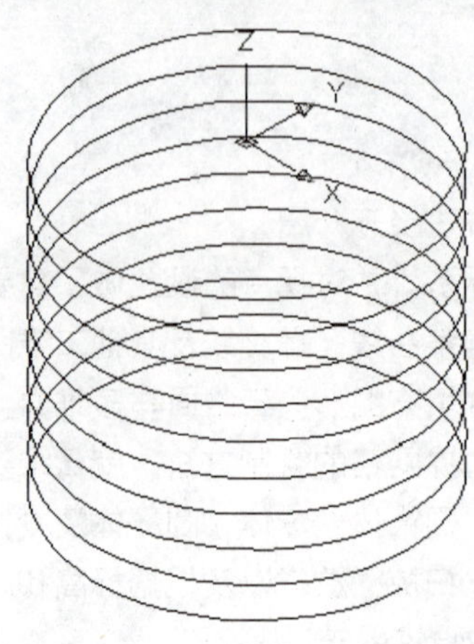

7. 绘制一个球心坐标为（100，80，50），半径为 40，经线数目为 20，纬线数目为 30 的球。

8. 绘制下图所示图形（尺寸自己拟定）。

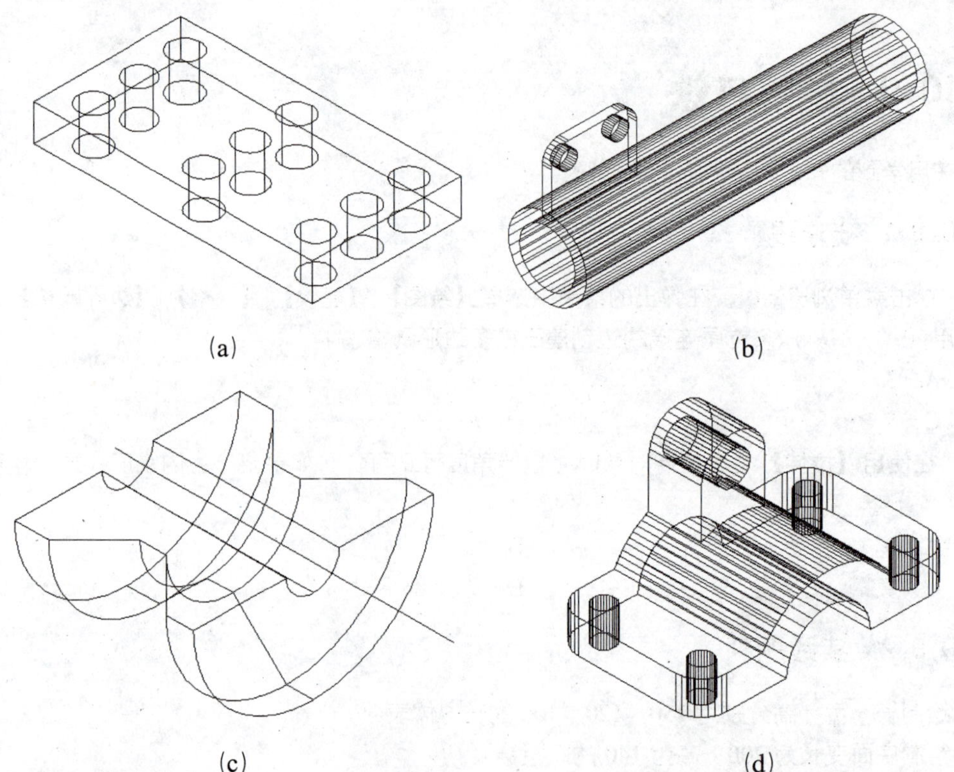

(a) (b) (c) (d)

9. 绘制如下图所示的轮廓图，然后使用 extrude 命令创建与其对应的拉伸实体，拉伸高度为 50。

视野拓展

命令 revolve 只能旋转闭合的曲线或者面域，如果不是闭合曲线，则不能生成实体，因为系统是不会将该曲线转化为闭合曲线再生成的。一般情况下，建议用户最好将需要旋转的截面曲线转化为面域，以免出错。

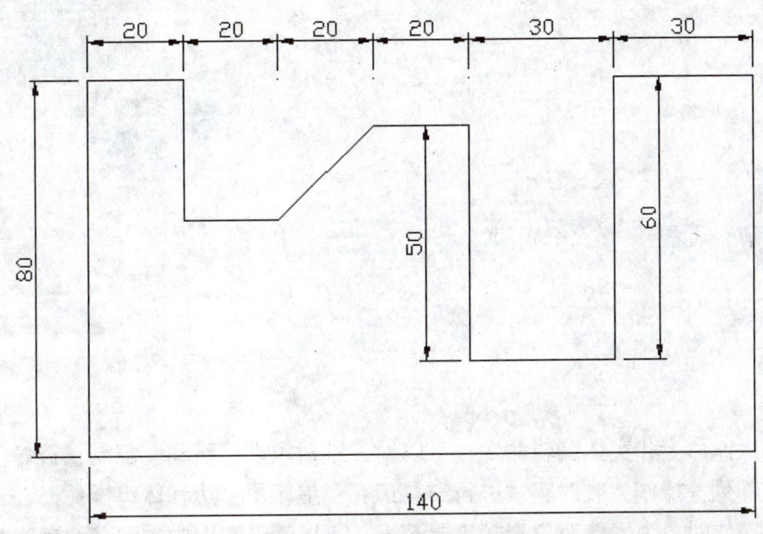

在使用有些二维的编辑命令时，必须将坐标系的 XY 平面调整到需要编辑的实体所在的那个平面，这是因为这些命令在使用的时候，只能在坐标系的 XY 平面使用。

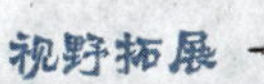

第11章 编辑与标注三维图形

本章导读

使用三维操作命令和实体编辑命令，可以对三维对象进行移动、复制、镜像、旋转、对齐、阵列等操作，或对实体进行布尔运算，编辑面、边和体等操作。在对三维图形进行操作时，为了使对象看起来更清晰，可以消除图形中的隐藏线观察其效果。此外，本章还要就三维对象的标注做详细介绍。

本章学习目标

- 编辑三维对象、三维实体
- 标注三维对象

本章学习重点

- 三维移动、旋转、对齐、镜像、阵列命令的操作方法
- 三维实体的并集、差集、交集、干涉等布尔运算方法
- 三维实体边和面的编辑方法
- 实体分割、剖切、分解、加厚等操作方法
- 标注三维对象

11.1　编辑三维对象

二维图形的大部分快捷命令也可用于三维图形的编辑，如删除、移动、复制等，但某些命令只限于在 UCS 的 XY 面内操作，如阵列、镜像等。AutoCAD 还专门提供了三维编辑命令，如三维阵列、三维镜像、三维旋转、三维移动等。

11.1.1　三维移动

- 命令：3dmove。
- 菜单：单击菜单浏览器按钮，选择【修改】|【三维操作】|【三维移动】命令。
- 工具栏：【功能区】选项板中，选择【默认】选项卡，单击【修改】面板中的【三维移动】按钮。

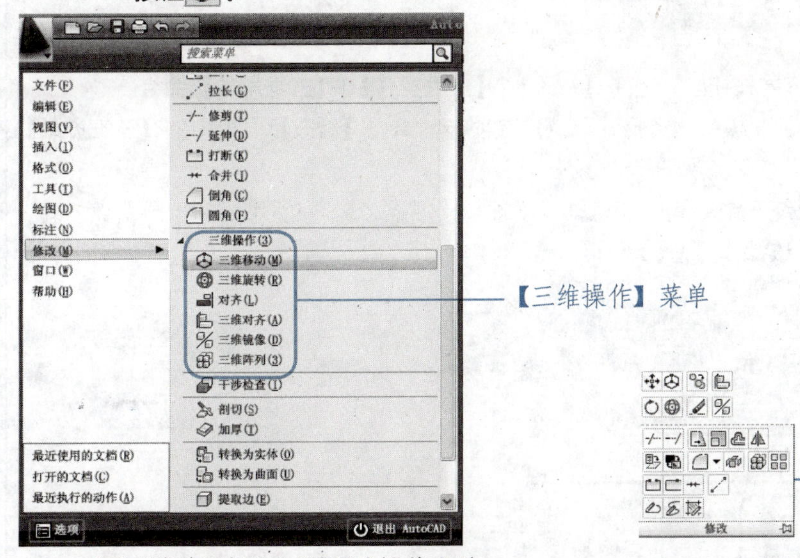

下面以移动圆柱为例说明该操作方法。

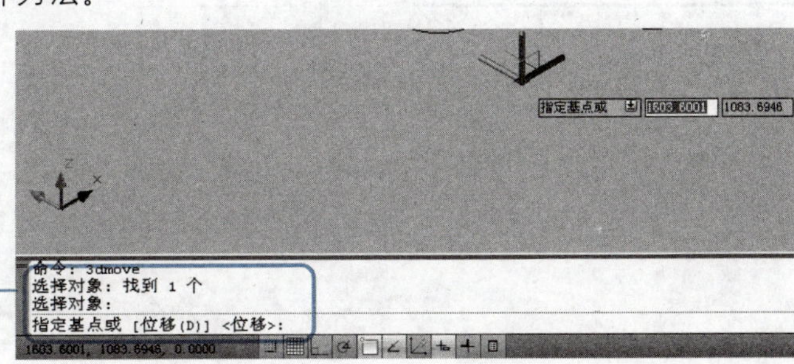

拉伸面时，拉伸高度输入正值，将沿对象所在坐标系的 Z 轴正方向拉伸，否则沿 Z 轴负方向拉伸。

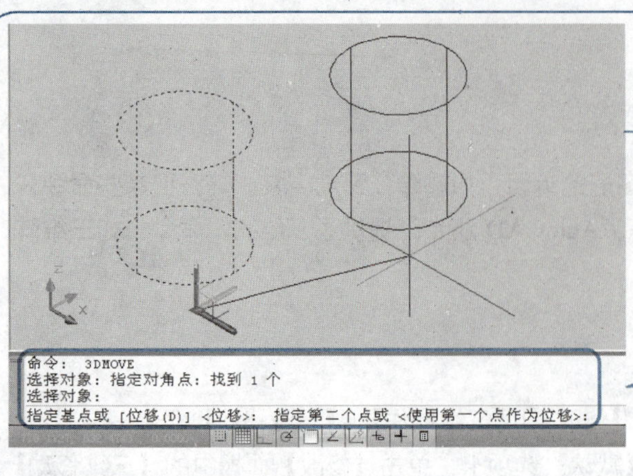

2 指定一个基点后，再指定第二点，即可以第一点为基点，以第二点和第一点之间的距离为位移，移动三维对象

如果选择【位移（D）】选项，则可以直接输入位移矢量以确定对象移动的目标位置。

11.1.2 三维旋转

- 命令：rotabe3d。
- 菜单：单击菜单浏览器按钮，选择【修改】|【三维操作】|【三维旋转】命令。
- 工具栏：【功能区】选项板中，选择【默认】选项卡，单击【修改】面板中的【三维旋转】按钮。

三维旋转命令可以使对象绕三维空间中任意轴（X 轴、Y 轴或 Z 轴）、视图、对象或两点旋转。下面以旋转圆柱为例说明该操作方法。

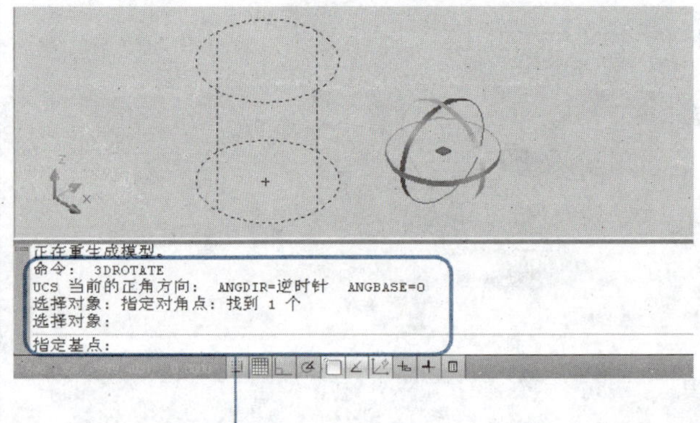

1 执行 rotabe3d 命令，根据提示选择对象，指定基点

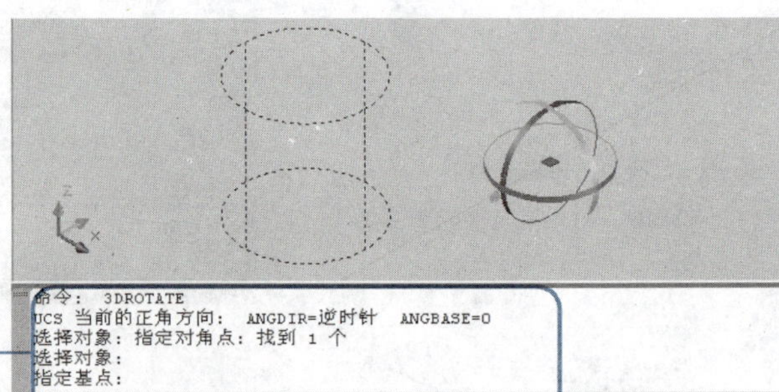

2 指定旋转轴。红色代表 X 轴，绿色代表 Y 轴，蓝色代表 Z 轴

视野拓展

拉伸面时，倾斜角度介于-90° 和 90° 之间。正角度表示从基准对象逐渐变细地拉伸，而负角度则表示从基准对象逐渐变粗地拉伸，如果指定的倾斜角度或高度过大，可能使面在到达指定的拉伸高度之前先倾斜成一点，AutoCAD 拒绝这种拉伸。

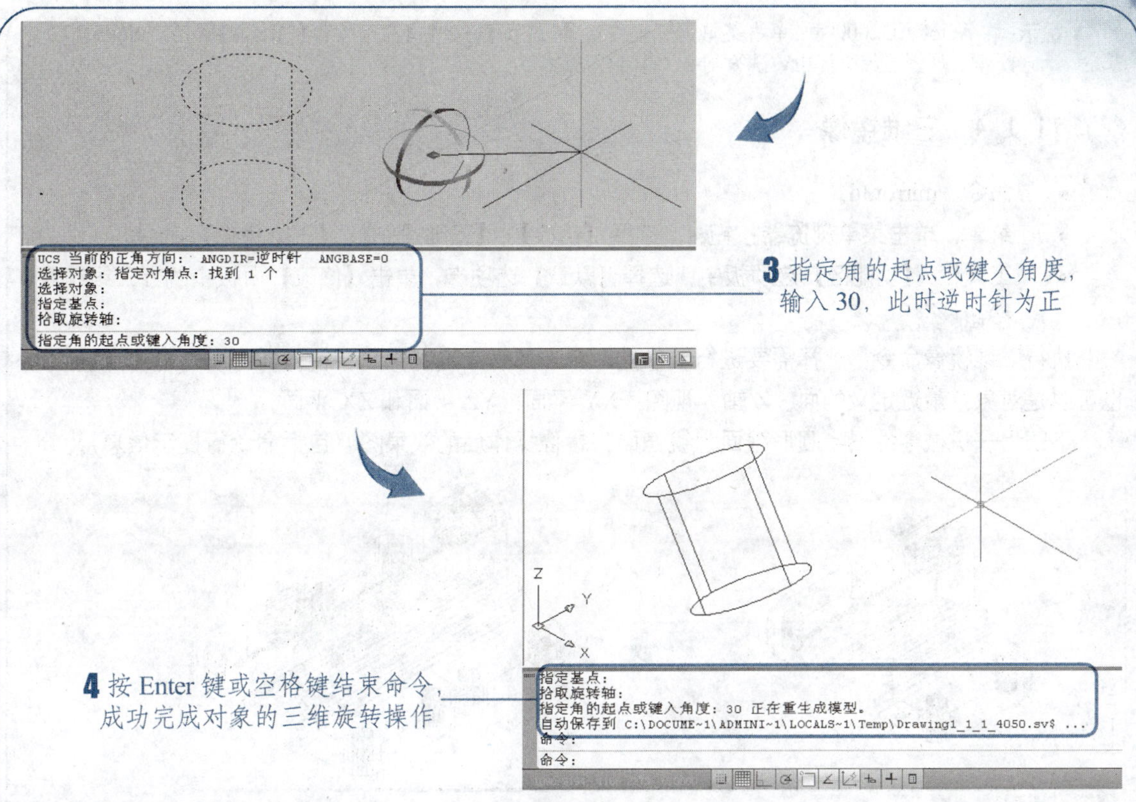

11.1.3　对齐和三维对齐

- 命令：3dalign。
- 菜单：单击菜单浏览器按钮，选择【修改】|【三维操作】|【三维对齐】命令。
- 工具栏：【功能区】选项板中，选择【默认】选项卡，单击【修改】面板中的【三维对齐】按钮。

对齐对象时，首先选择源对象，在命令行【指定基点或[复制（C）]:】提示输入第一个点，在命令行【指定第二个点或[继续（C）]<C>:】提示下输入第二个点，在命令行【指定第三个点或[继续（C）]<C>:】提示下输入第三个点。

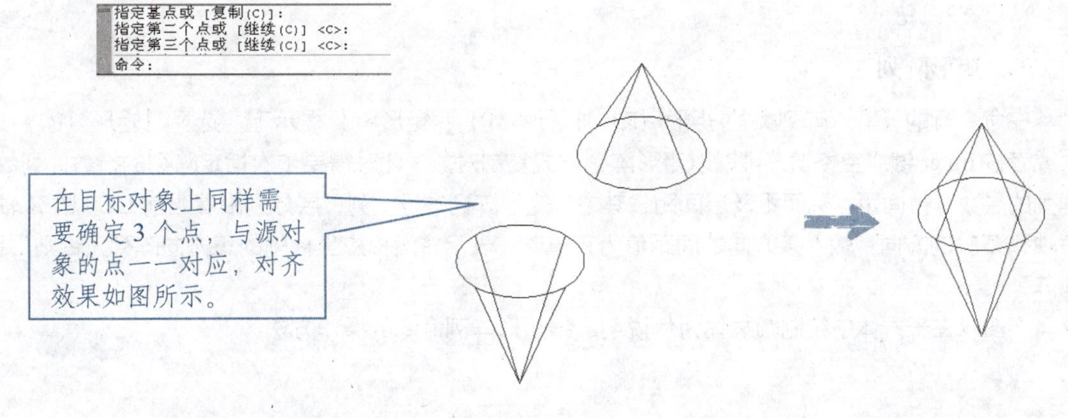

当被移动表面是实体的外表面时，表面移动实质上相当于表明拉伸。在三维建模中，经常使用 AutoCAD 中的移动面，方便地移动三维实体上的孔。

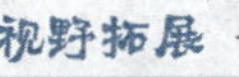

提示：在 AutoCAD2009 中，单击菜单浏览器按钮，选择【修改】|【三维操作】|【对齐】命令（allgn），也可以在二维或三维空间中将选定对象与其他对象对齐。

11.1.4 三维镜像

- 命令：mirror3d。
- 菜单：单击菜单浏览器按钮，选择【修改】|【三维操作】|【三维镜像】命令。
- 工具栏：【功能区】选项板中，选择【默认】选项卡，单击【修改】面板中的【三维镜像】按钮。

执行三维镜像命令，选择需要进行镜像的对象，然后指定镜像面。镜像面可以通过 3 点确定，也可以是对象、最近定义的面、Z 轴、视图、XY 平面、YZ 平面和 ZX 平面。

下图为一机械零件沿半圆形截面为镜像面，镜像操作后的效果图（包括命令行提示信息）。

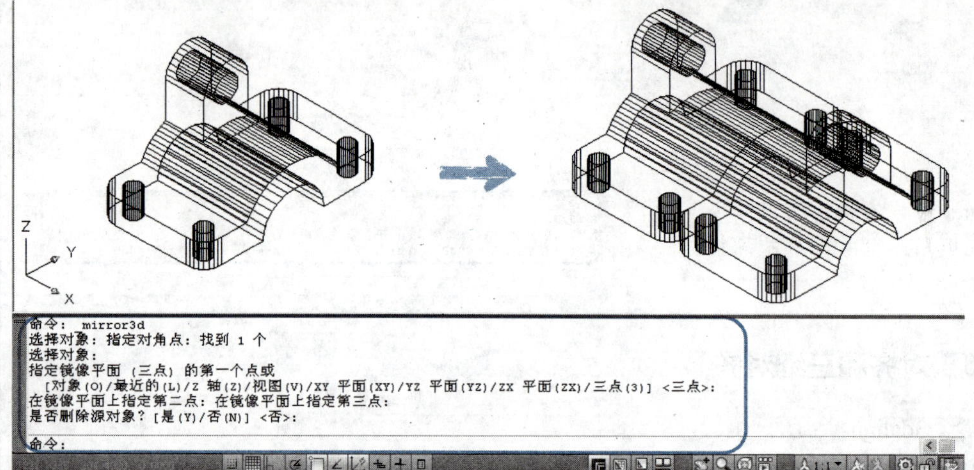

11.1.5 三维阵列

- 命令：3darray。
- 菜单：单击菜单浏览器按钮，选择【修改】|【三维操作】|【三维阵列】命令。
- 工具栏：【功能区】选项板中，选择【默认】选项卡，单击【修改】面板中的【三维阵列】按钮。

1. 矩形阵列

在命令行的【输入阵列类型[矩形（R）][环形（P）]<矩形>:】提示下，选择【矩形（R）】选项或者按 Enter 键或空格键，可以以矩形阵列方式复制对象，此时需要依次指定阵列的行数、列数、阵列的层数、行间距、列间距及层间距。其中，矩形阵列的行、列、层分别沿着当前 UCS 的 X 轴、Y 轴和 Z 轴的方向；输入某方向的间距值为正值时，表示将沿相应坐标轴的正方向阵列，否则沿反向阵列。

下图以在长方体中绘制圆柱体为例说明三维矩形阵列命令的操作方法。

视野拓展

只有实体的内表面可以旋转，而实体外表面无法旋转，否则 AutoCAD 会给出相应的无效提示。当选择多个面时，选择的面必须是一个封闭的环面才能进行旋转。

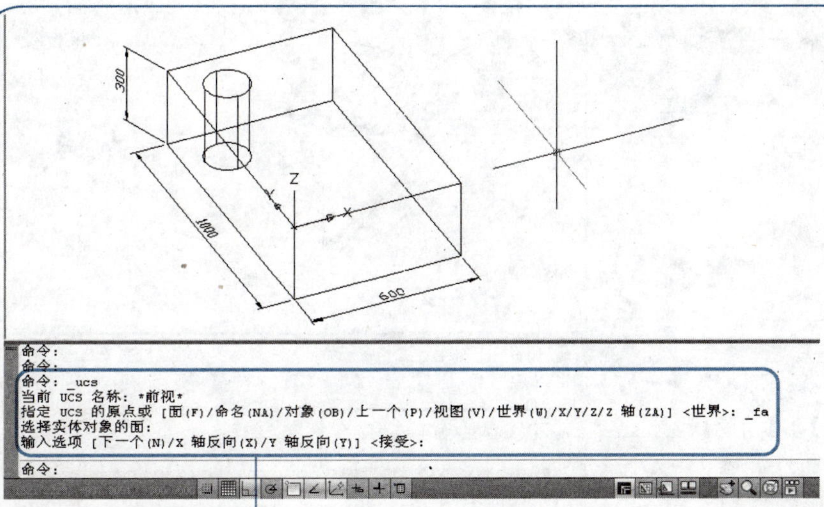

```
命令:
命令:
命令: _ucs
当前 UCS 名称: *前视*
指定 UCS 的原点或 [面(F)/命名(NA)/对象(OB)/上一个(P)/视图(V)/世界(W)/X/Y/Z/Z 轴(ZA)] <世界>: _fa
选择实体对象的面:
输入选项 [下一个(N)/X 轴反向(X)/Y 轴反向(Y)] <接受>:
命令:
```

1 执行_ucs 命令，在长方体上表面上建立新坐标系

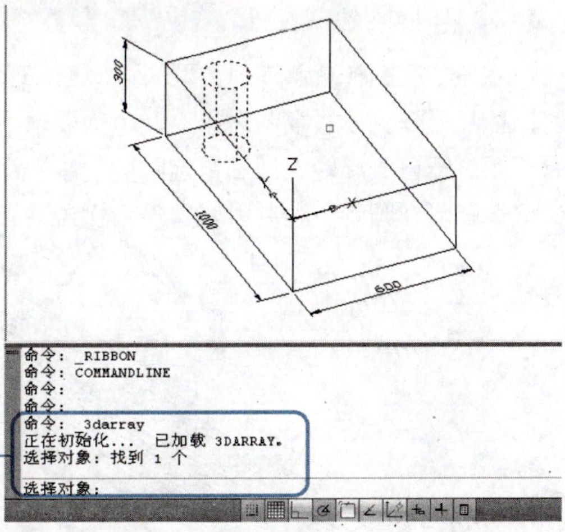

```
命令: _RIBBON
命令: COMMANDLINE
命令:
命令:
命令: _3darray
正在初始化...　已加载 3DARRAY。
选择对象: 找到 1 个
选择对象:
```

2 执行 3darray 命令，选择要阵列的对象

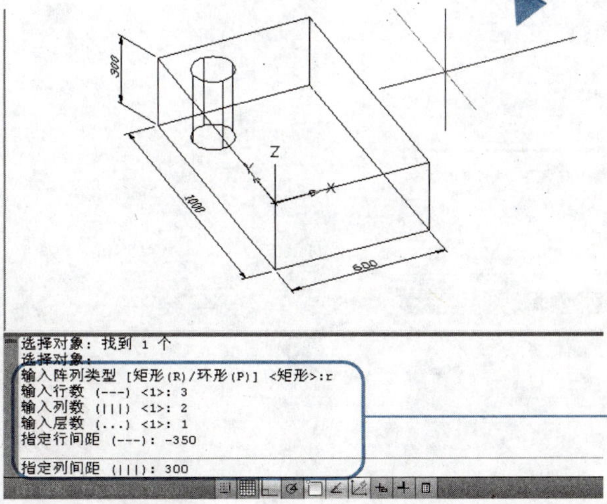

```
选择对象: 找到 1 个
选择对象:
输入阵列类型 [矩形(R)/环形(P)] <矩形>:r
输入行数 (---) <1>: 3
输入列数 (|||) <1>: 2
输入层数 (...) <1>: 1
指定行间距 (---): -350
指定列间距 (|||): 300
```

3 根据提示，选择【矩形（R）】选项，并依次输入事先确定好的行数、列数、层数、行间距、列间距

AutoCAD 以偏移量的正负决定表面的偏移方向。偏移量为正时，表面向着实体体积增大的方向偏移；偏移量为负时，表面向着实体体积减小的方向偏移。

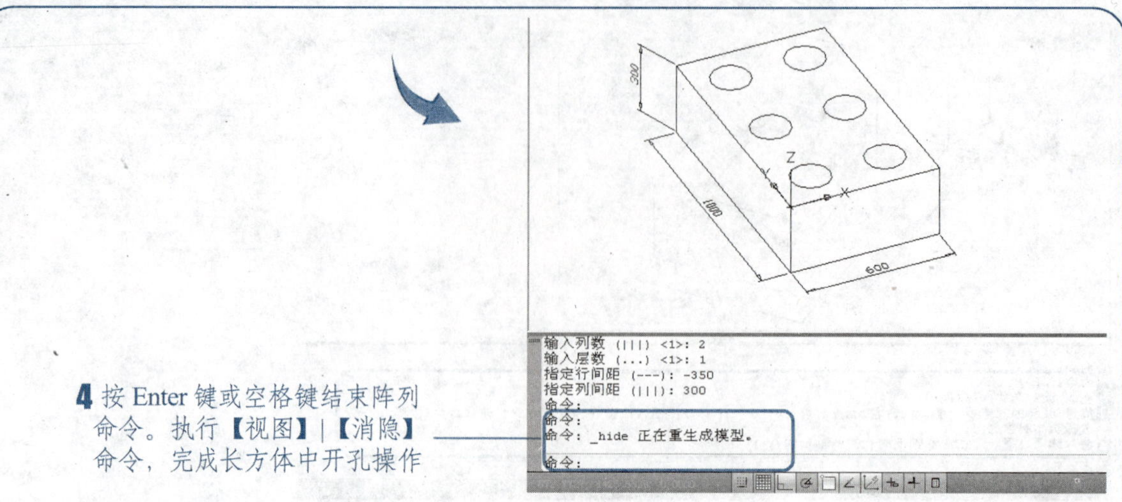

4 按 Enter 键或空格键结束阵列命令。执行【视图】|【消隐】命令，完成长方体中开孔操作

2. **环形阵列**

在命令行的【输入阵列类型[矩形（R）][环形（P）]<矩形>:】提示下，选择【环形（P)】选项，可以以环形阵列方式复制对象，此时需要输入阵列的项目个数，并指定环形阵列的填充角度，确认是否要进行自身旋转，然后指定阵列的中心点及旋转轴上的另一点，确定旋转轴。

下图以在圆管上绘制附属零件为例说明三维环形阵列命令的操作方法。

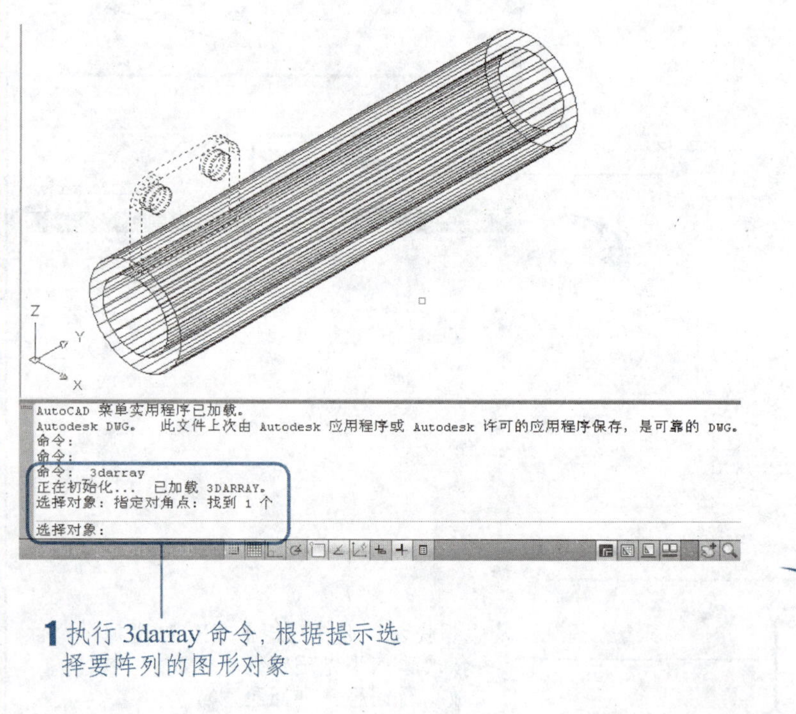

1 执行 3darray 命令，根据提示选择要阵列的图形对象

视野拓展

在倾斜面时，倾斜角度必须在-90°和90°之间，应避免使用太大的倾斜角度，否则轮廓在到达指定的高度前可能就已经倾斜成一点。

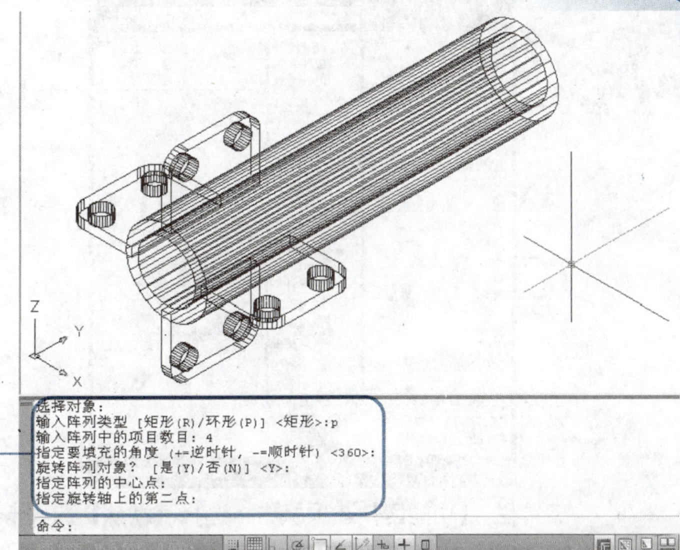

2 根据提示，选择【环形 (R)】选项，指定项目数目、填充角度及旋转轴，按空格键结束操作

技巧：确定旋转轴后，可以通过拖动的方式确定旋转角度。

11.2　编辑三维实体

二维图形的编辑命令大部分都可以应用于三维实体。除了常规的修剪、拉伸等命令，下面侧重讲解三维实体间的布尔运算操作方法。

11.2.1　并集运算

- 命令：union。
- 菜单：单击菜单浏览器按钮，选择【修改】|【实体编辑】|【并集】命令。

利用三维阵列命令选择对象时，这个选择集中等元素将被视为单个阵列元素。阵列结果是自行【消隐（hide）】命令后的效果。使用重生成命令用户将看到原始的效果图。

视野拓展

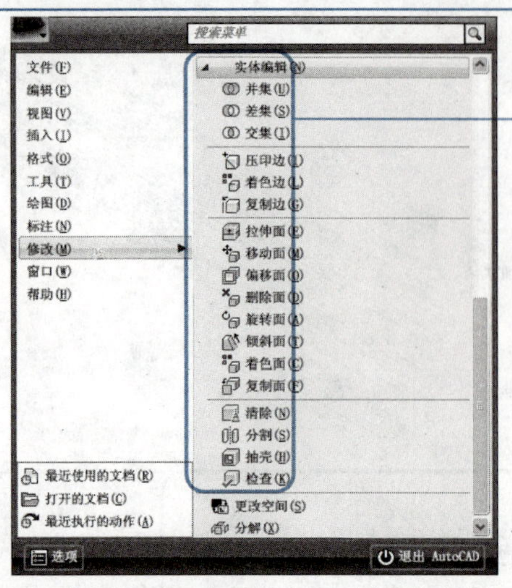

- 工具栏：【功能区】选项板中，选择【默认】选项卡，单击【实体编辑】面板中的【并集】按钮。

该命令可以合并选定的三维实体，生成一个新实体，主要用于将多个相交或相接触的对象组合在一起。当组合一些不相交的实体时，其显示效果还是多个实体。

下图为将两相交圆柱合并，然后消隐的效果图。

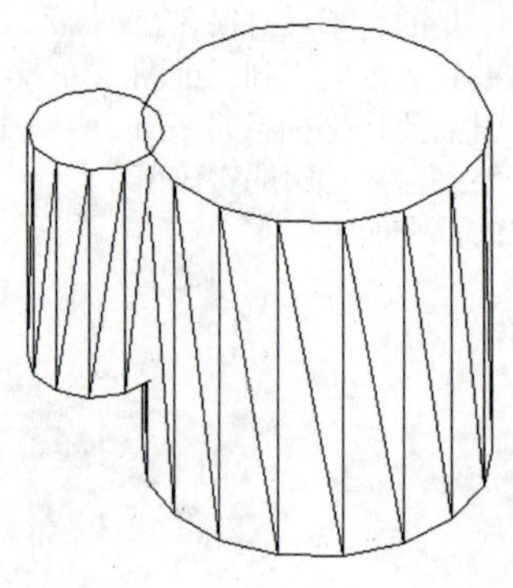

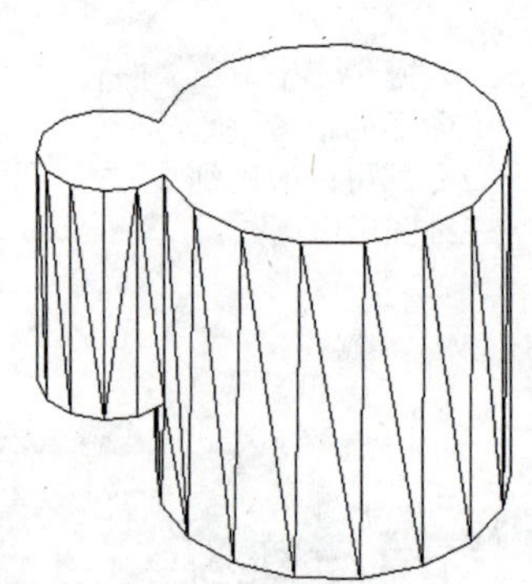

11.2.2 差集运算

- 命令：subtract。
- 菜单：单击菜单浏览器按钮，选择【修改】|【实体编辑】|【差集】命令。
- 工具栏：【功能区】选项板中，选择【默认】选项卡，单击【实体编辑】面板中的【差集】按钮。

该命令可以从一些实体中去掉部分实体，从而得到一个新的实体。

下面通过从大圆柱减掉与小圆柱相交部分说明该操作方法。

视野拓展

矩形阵列时，阵列方向和当前坐标轴同向；环形阵列时，正数值表示沿逆时针方向旋转，负数值表示沿顺时针方向旋转。

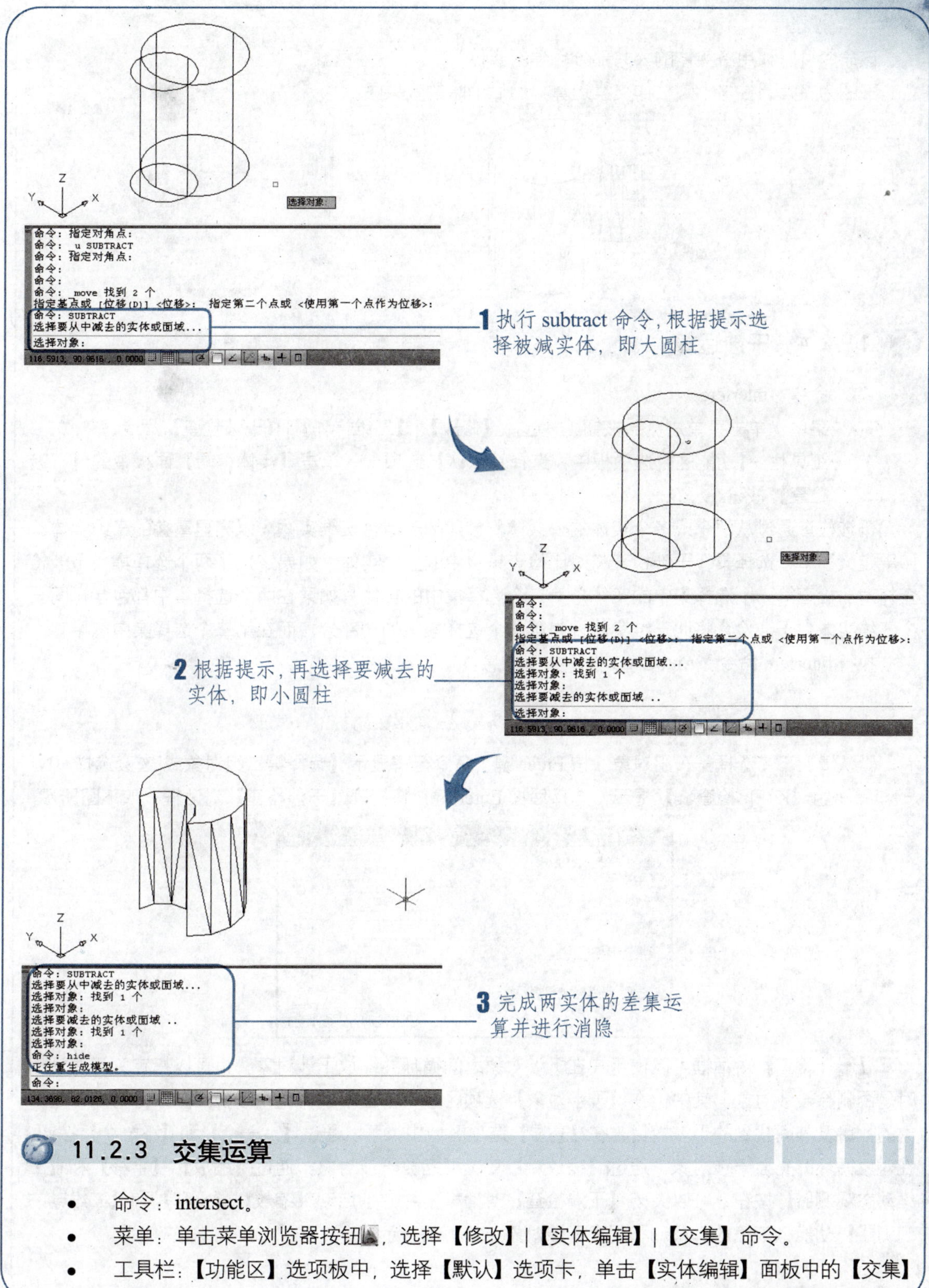

11.2.3 交集运算

- 命令：intersect。
- 菜单：单击菜单浏览器按钮，选择【修改】|【实体编辑】|【交集】命令。
- 工具栏：【功能区】选项板中，选择【默认】选项卡，单击【实体编辑】面板中的【交集】

执行 union 命令时，在【选择对象:】提示下选择各实体对象后，如果这些实体彼此不接触或不重叠，AutoCAD 仍可以对这些实体进行并集运算，并将它们生成一个组合体。

视野拓展

按钮。

该命令可以利用各实体的公共部分创建新实体。

下图为将大圆柱与小圆柱作交集运算，然后消隐的效果图。

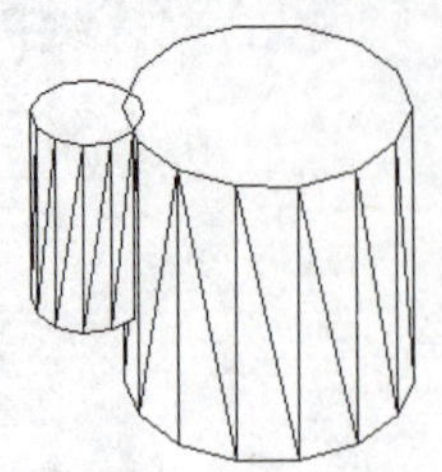

11.2.4 干涉运算

- 命令：interfere。
- 菜单：单击菜单浏览器按钮，选择【修改】|【三维操作】|【干涉检查】命令。
- 工具栏：【功能区】选项板中，选择【默认】选项卡，单击【实体编辑】面板中的【干涉检查】按钮。

干涉检查通过从两个或多个实体的公共体积创建临时组合三维实体，以亮显重叠的三维实体。如果定义了单个选择集，干涉检查将对比检查集合中的全部实体。如果定义了两个选择集，干涉检查将对比检查第一个选择集中的实体与第二个选择集中的实体。如果在两个选择集中都包含了同一个三维实体，干涉检查将此三维实体视为第一个选择集中的一部分，而在第二个选择集中忽略它。

执行 interfere 命令，AutoCAD 提示如下信息：

```
命令：INTERFERE
选择第一组对象或 [嵌套选择(N)/设置(S)]:
```


默认情况下，选择第一组对象，按 Enter 键，命令行将显示【选择第二组对象或[嵌套选择（N）/检查第一组（K）]<检查>:】提示，选择后按 Enter 键，将打开【干涉检查】对话框，如下图所示。

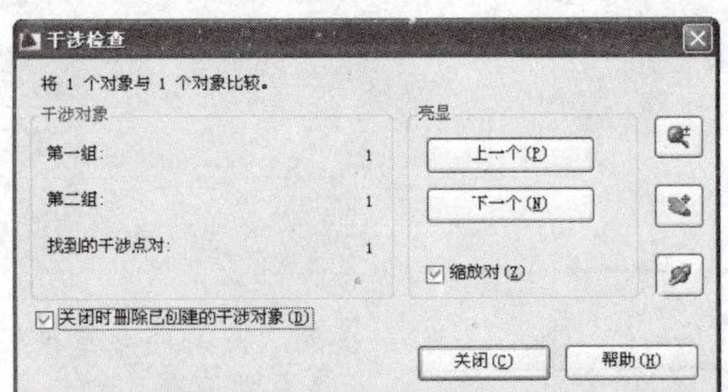

【干涉检查】对话框可以使用户在干涉对象之间循环并缩放干涉对象，也可以指定关闭对话框时是否删除干涉对象。其中，在【干涉对象】选项区域中，显示执行【干涉检查】命令时在每组对象的数目及其间找到的干涉数目；在【亮显】选项区域中，可以通过【上一个】和【下一个】按钮，在对象循环时亮显干涉对象，通过【缩放对】复选框缩放干涉对象；通过【缩放】、【平移】和【三维动态观测器】按钮，可以关闭【干涉检查】对话框，并分别启动【缩放】、【平移】和【三维动态观测器】功能，来缩放、移动和观察干涉对象，如下图所示。

视野拓展

在使用 subtract 命令时，选择对象顺序的不同得出的结果往往也不同，先选择的对象相当于被减数，后选择的对象相当于减数，即先选择的对象减去后选择的对象。

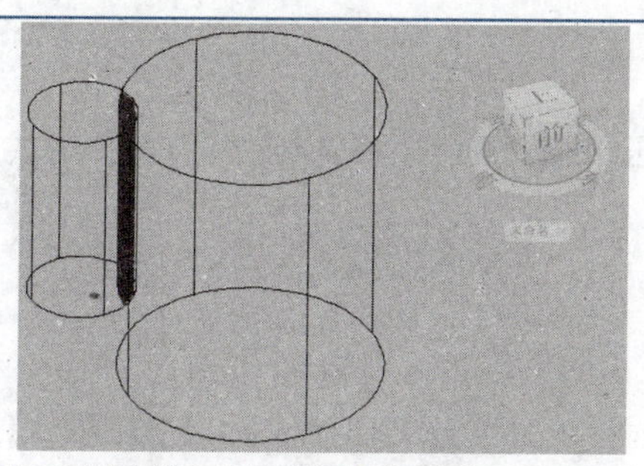

此外，若选择【关闭时删除已创建的干涉对象】复选框，可以在关闭【干涉检查】对话框时删除干涉对象；单击【关闭】按钮可关闭【干涉检查】对话框并删除干涉对象。

在命令行的【选择第一组对象或[嵌套选择（N）/设置（S）]：】提示下，选择【嵌套选择（N)】选项，使用户可以选择嵌套在块和外部参照中的单个实体对象。此时命令行将显示【选择嵌套对象或[退出（X）]<退出>：】提示，可以选择嵌套对象或按 Enter 键返回普通对象选择。

在命令行的【选择第一组对象或[嵌套选择（N）/设置（S）]：】提示下，选择【设置（S)】选项，将打开【干涉设置】对话框，如下图所示。

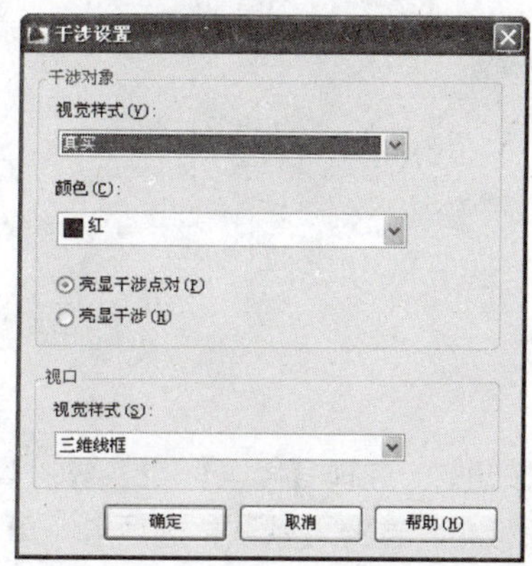

【干涉设置】对话框用于控制干涉对象的显示。其中，【干涉对象】选项区域用于指定干涉对象的视觉样式和颜色，是亮显实体的干涉对象，还是亮显从干涉点对中创建的干涉对象；【视口】选项区域则用于指定检查干涉时的视觉样式。

下图是对两圆柱求交集后，干涉对象颜色设置为红色、视口视觉样式设置为【概念】的干涉效果图。

interfere（干涉检查）执行的操作与 intersect 相同，但 interfere 保留两个原始对象。

11.2.5 编辑实体边

编辑实体边包括提取边、压印边、着色边和复制边4种操作形式，均有相应的菜单、工具栏及命令实现，下面做详细讲解。

1．提取边

- 命令：xedges。
- 菜单：单击菜单浏览器按钮，选择【修改】|【三维操作】|【提取边】命令。
- 工具栏：【功能区】选项板中，选择【默认】选项卡，单击【实体编辑】面板中的【提取边】按钮。

该命令可以通过从三维实体或曲面中提取边创建线框几何体。也可以选择提取单个边和面。按住Ctrl键以选择边和面。

下图所示为将一长方体执行xedges命令后，可以随意取出其中任何一条边，选中该边即可复制出和长方体棱相同的边。

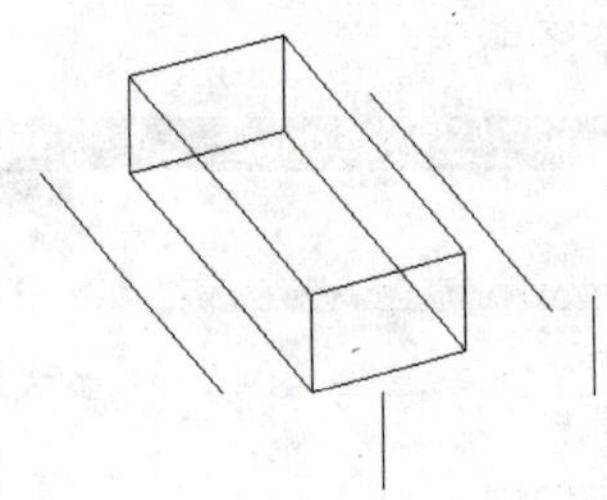

2．压印边

- 命令：imprint。
- 菜单：单击菜单浏览器按钮，选择【修改】|【实体编辑】|【压印边】命令。
- 工具栏：【功能区】选项板中，选择【默认】选项卡，单击【实体编辑】面板中的【压印边】按钮。

该命令可以将对象压印到选定的实体上。为了使压印操作成功，被压印的对象必须与选定对象的一个或多个面相交。【压印】选项仅限于圆弧、圆、直线、二维和三维多线、椭圆、样条曲线、面域、体和三维实体对象。

下图所示为在长方体上压印圆的效果图。

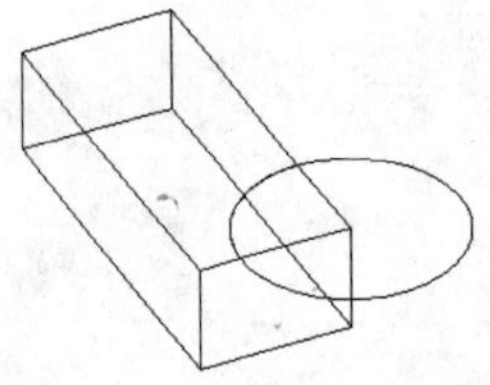  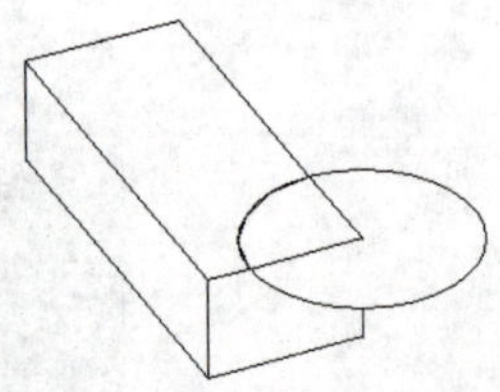

3．着色边

- 命令：solidedit。
- 菜单：单击菜单浏览器按钮，选择【修改】|【实体编辑】|【着色边】命令。

视野拓展

如果要修圆角的多条边彼此首尾相切，此时选择其中的一条则其余均被选中。确定边后，AutoCAD对它们进行修圆角操作。此外，用户也可以在该提示下依次选择多条边修圆角。

- 工具栏：【功能区】选项板中，选择【默认】选项卡，单击【实体编辑】面板中的【着色边】按钮。

下面通过将长方体的长、宽、高着色说明该命令的操作方法。

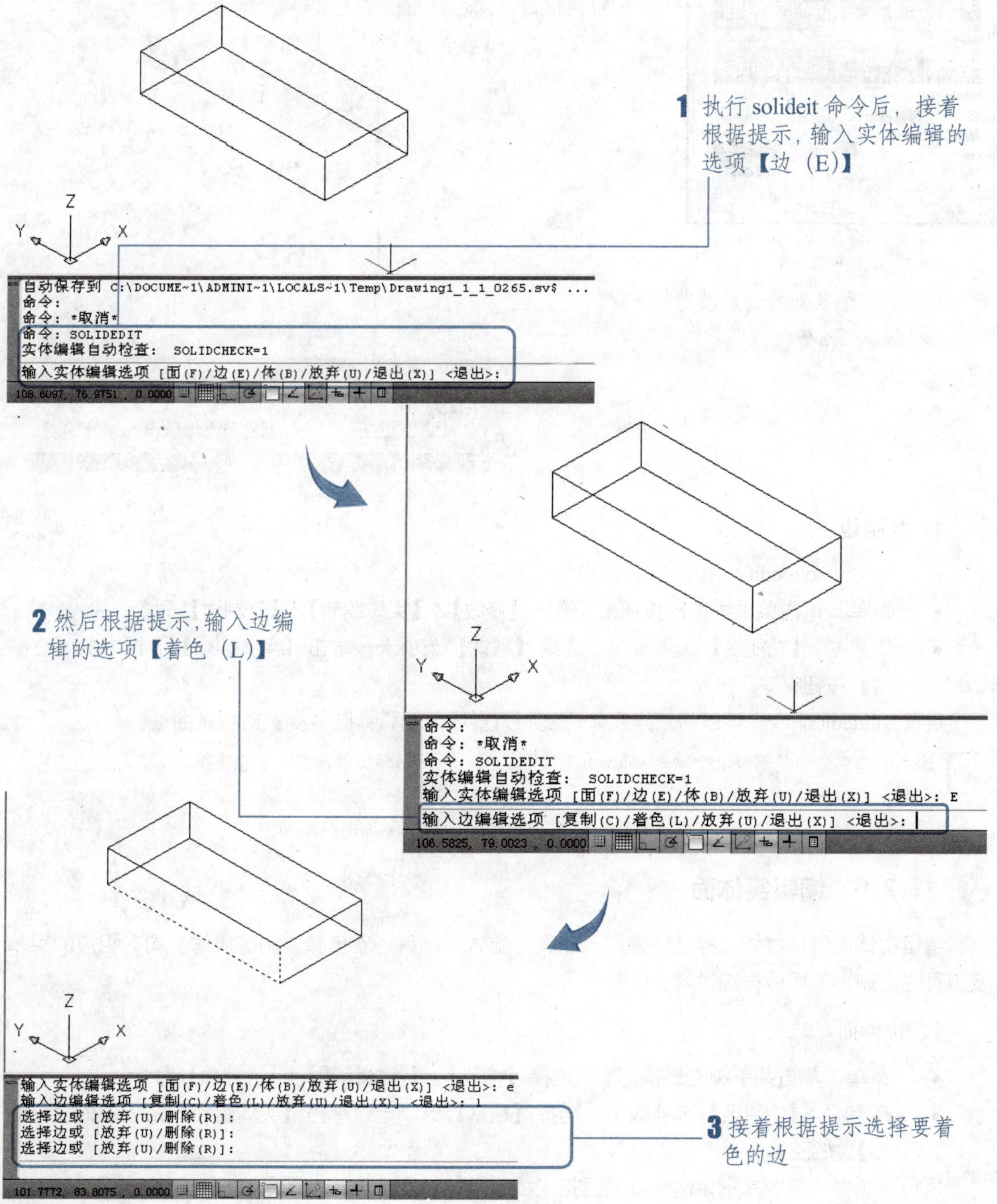

自动保存到 C:\DOCUME~1\ADMINI~1\LOCALS~1\Temp\Drawing1_1_1_0265.sv$ ...
命令:
命令: *取消*
命令: SOLIDEDIT
实体编辑自动检查: SOLIDCHECK=1
输入实体编辑选项 [面(F)/边(E)/体(B)/放弃(U)/退出(X)] <退出>:

1 执行 solideit 命令后，接着根据提示，输入实体编辑的选项【边（E)】

命令:
命令: *取消*
命令: SOLIDEDIT
实体编辑自动检查: SOLIDCHECK=1
输入实体编辑选项 [面(F)/边(E)/体(B)/放弃(U)/退出(X)] <退出>: E
输入边编辑选项 [复制(C)/着色(L)/放弃(U)/退出(X)] <退出>:

2 然后根据提示，输入边编辑的选项【着色（L)】

输入实体编辑选项 [面(F)/边(E)/体(B)/放弃(U)/退出(X)] <退出>: e
输入边编辑选项 [复制(C)/着色(L)/放弃(U)/退出(X)] <退出>: l
选择边或 [放弃(U)/删除(R)]:
选择边或 [放弃(U)/删除(R)]:
选择边或 [放弃(U)/删除(R)]:

3 接着根据提示选择要着色的边

对于实体图形来说，倒角和圆角利用交集运算生成更为方便。

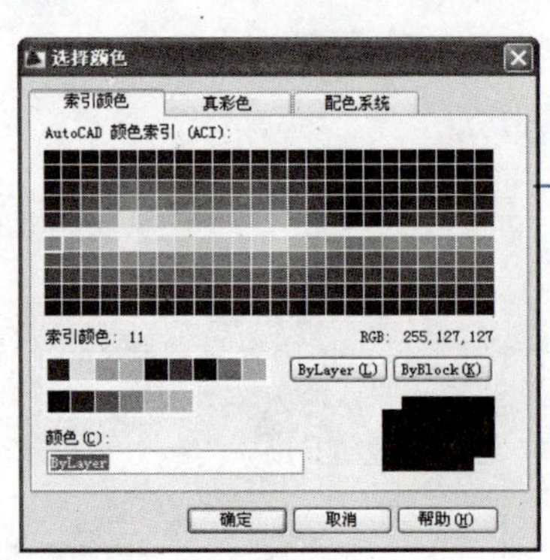

4 选择边后，弹出【选择颜色】对话框，可以选择用于着色边的颜色

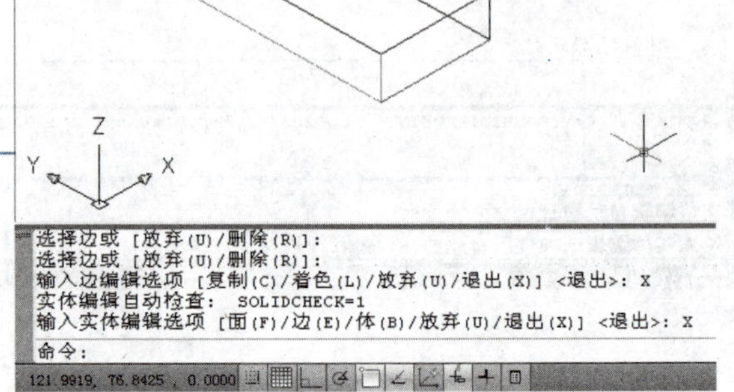

5 其他的边可以进行同样的设置，这是着色后的效果图

4．复制边

- 命令：solidedit。
- 菜单：单击菜单浏览器按钮，选择【修改】|【实体编辑】|【复制边】命令。
- 工具栏：【功能区】选项板中，选择【默认】选项卡，单击【实体编辑】面板中的【复制边】按钮。

执行 solidedit 命令，可以将三维实体边复制为直线、圆弧、圆、椭圆或样条曲线。

提示： 着色边和复制边命令均是 solidedi，只需要在下述命令行提示信息下加以选择：

```
命令: SOLIDedit
实体编辑自动检查:   SOLIDCHECK=1
输入实体编辑选项 [面(F)/边(E)/体(B)/放弃(U)/退出(X)] <退出>:
```

11.2.6 编辑实体面

编辑实体面包括拉伸、移动、偏移、删除、旋转、倾斜、着色和复制等操作，均有相应的菜单及工具栏实现，下面做详细讲解。

1．拉伸面

- 菜单：单击菜单浏览器按钮，选择【修改】|【实体编辑】|【拉伸面】命令。
- 工具栏：【功能区】选项板中，选择【默认】选项卡，单击【实体编辑】面板中的【拉伸面】按钮。

执行该命令，可以在指定的长度或沿指定的路径拉伸实体面。下图是将一圆管拉伸后的效果图（拉伸高度为 200）。

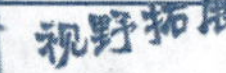

在绘图过程中，可以随时按下快捷键 Ctrl+2 打开设计中心面板。

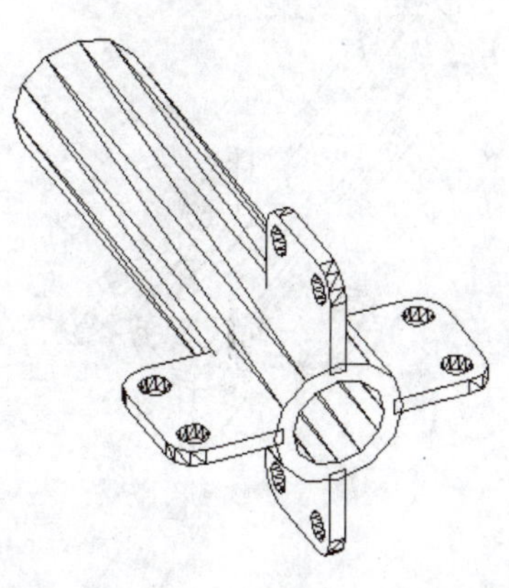
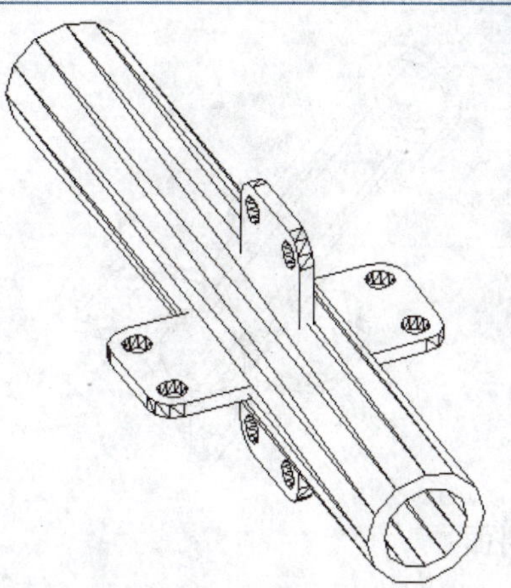

2．移动面

- 菜单：单击菜单浏览器按钮，选择【修改】|【实体编辑】|【移动面】命令。
- 工具栏：【功能区】选项板中，选择【默认】选项卡，单击【实体编辑】面板中的【移动面】按钮。

执行该命令，可以按指定的距离移动实体的指定面。如果用移动命令，只需将上述拉伸高度变换为基点的位移即可，同样可以得到上面的效果图（指定基点后，第二点坐标输入@-200,0,0 即可）。

3．偏移面

- 菜单：单击菜单浏览器按钮，选择【修改】|【实体编辑】|【偏移面】命令。
- 工具栏：【功能区】选项板中，选择【默认】选项卡，单击【实体编辑】面板中的【偏移面】按钮。

执行该命令，可以等距离偏移实体的指定面。如果用偏移命令，只需将上述拉伸高度变换为偏移面即可，同样可以得到上面的效果图（偏移距离直接输入 200 即可）。

4．删除面

- 菜单：单击菜单浏览器按钮，选择【修改】|【实体编辑】|【删除面】命令。
- 工具栏：【功能区】选项板中，选择【默认】选项卡，单击【实体编辑】面板中的【删除面】按钮。

执行该命令，可以删除指定面。删除面后，在视觉上效果图一般情况下没有明显的变化。

5．旋转面

- 菜单：单击菜单浏览器按钮，选择【修改】|【实体编辑】|【旋转面】命令。
- 工具栏：【功能区】选项板中，选择【默认】选项卡，单击【实体编辑】面板中的【旋转面】按钮。

执行该命令，可以绕指定轴旋转实体的面。下图为将实体的一部分面绕 X 轴旋转 30°后的效果图。

使用面域工具可以将一个封闭的平面图形变成可拉伸的面域，并生成一个实体对象。

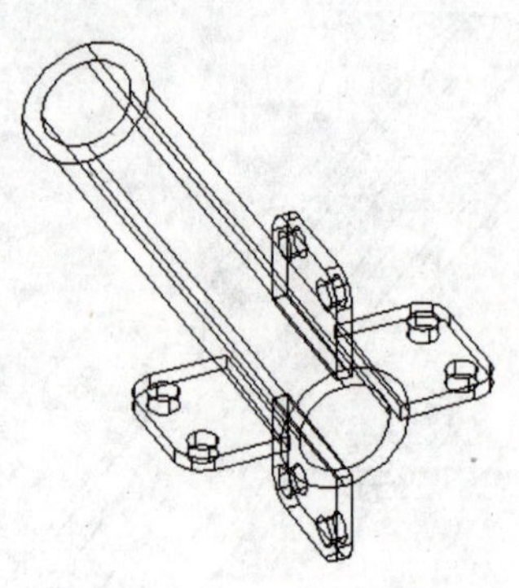

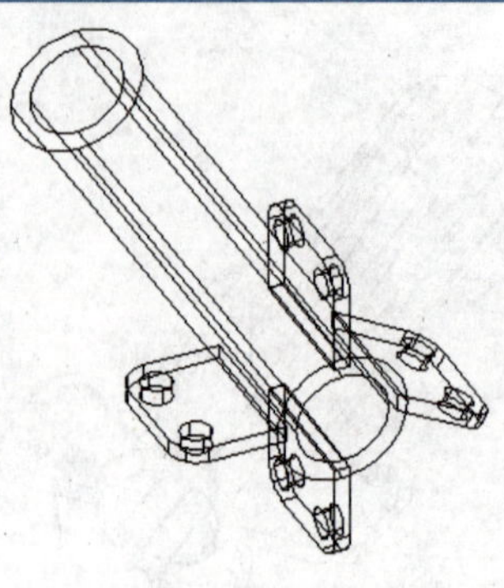

6．倾斜面

- 菜单：单击菜单浏览器按钮，选择【修改】|【实体编辑】|【倾斜面】命令。
- 工具栏：【功能区】选项板中，选择【默认】选项卡，单击【实体编辑】面板中的【倾斜面】按钮。

执行该命令，可以将实体面倾斜为指定角度。将上图实体的同一部分面指定30° 倾斜后，可以达到同样的效果图。但是，需要注意的是默认情况下，倾斜角度逆时针方向为正，顺时针方向为负，此处允许出现负值，以表示方向。

7．着色面

- 菜单：单击菜单浏览器按钮，选择【修改】|【实体编辑】|【着色面】命令。
- 工具栏：【功能区】选项板中，选择【默认】选项卡，单击【实体编辑】面板中的【着色面】按钮。

执行该命令，可以将实体面倾斜为指定角度。下图是将实体中对不同面加以不同颜色后的效果图。

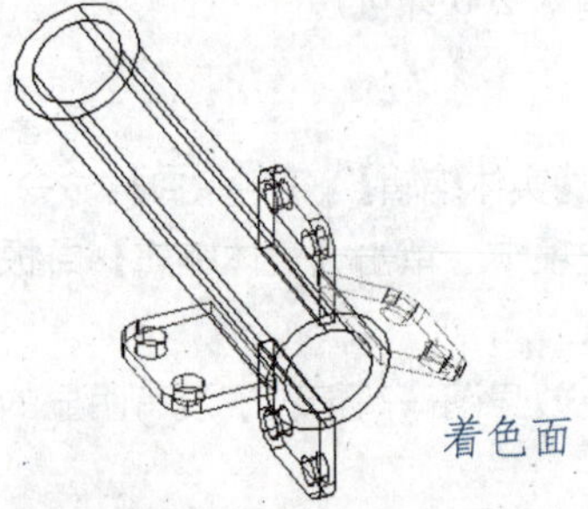

着色面

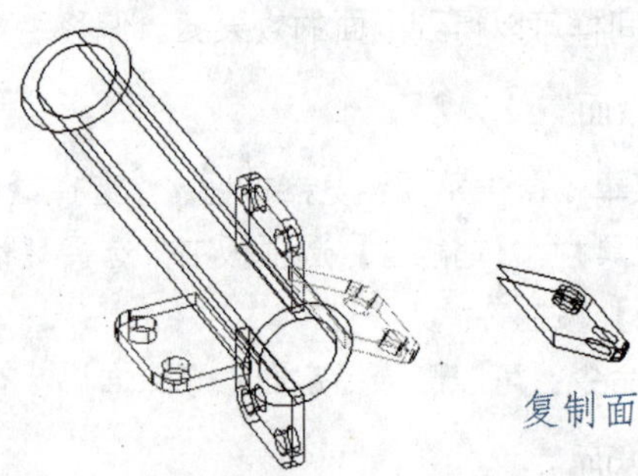

复制面

8．复制面

- 菜单：单击菜单浏览器按钮，选择【修改】|【实体编辑】|【复制面】命令。
- 工具栏：【功能区】选项板中，选择【默认】选项卡，单击【实体编辑】面板中的【复制面】按钮。

执行该命令，可以复制指定的实体面。上图为将实体的一部分面复制后的效果图。

视野拓展

在 AutoCAD 中，除了输入文字和标注外，任何键盘的输入都将显示在命令窗口里，因此在输入点的坐标时，不需要先将光标定位到命令窗口中。

11.2.7 实体分割、清除、抽壳与选中

实际绘图过程中，不但会用到实体中面的编辑操作，很多情况下对体进行分割、清除、抽壳及选中是非常有必要的，下面就加以详细讲解。

1. 分割

- 菜单：单击菜单浏览器按钮，选择【修改】|【实体编辑】|【分割】命令。
- 工具栏：【功能区】选项板中，选择【默认】选项卡，单击【实体编辑】面板中的【分割】按钮。

执行该命令，可以将不相连的三维实体对象分割成独立的三维实体对象。

2. 清除

- 菜单：单击菜单浏览器按钮，选择【修改】|【实体编辑】|【清除】命令。
- 工具栏：【功能区】选项板中，选择【默认】选项卡，单击【实体编辑】面板中的【清除】按钮。

执行该命令，可以删除共享边以及那些在边或顶点具有相同表面或曲线定义的顶点。可以删除所有多余的边、顶点以及不使用的几何图形。

下图为三维实体执行清除命令后的效果对比图。

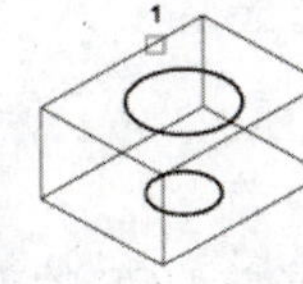

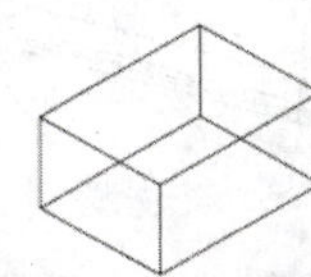

3. 抽壳

- 菜单：单击菜单浏览器按钮，选择【修改】|【实体编辑】|【抽壳】命令。
- 工具栏：【功能区】选项板中，选择【默认】选项卡，单击【实体编辑】面板中的【抽壳】按钮。

执行该命令，可以用指定的厚度创建一个空的薄层，也可以为所有面指定一个固定的薄层厚度，还可以通过选择面将这些面排除在外。一个三维实体只能有一个壳。通过现有的面偏移出其原位置来创建新的面。

使用该命令进行抽壳操作时，若输入抽壳偏移距离的值为正值，表示从圆周外开始抽壳，指定为负值，表示从圆周内开始抽壳。

下图为长方体执行抽壳命令后的效果对比图（抽壳偏移距离为 100）。

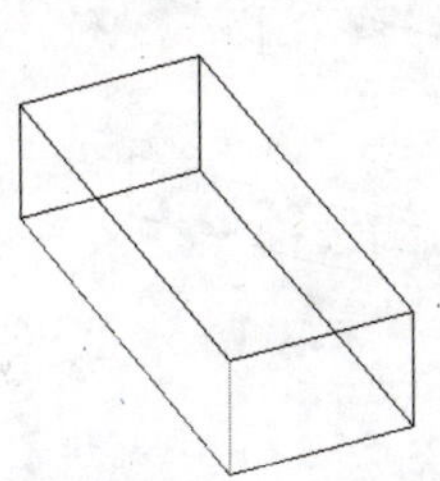

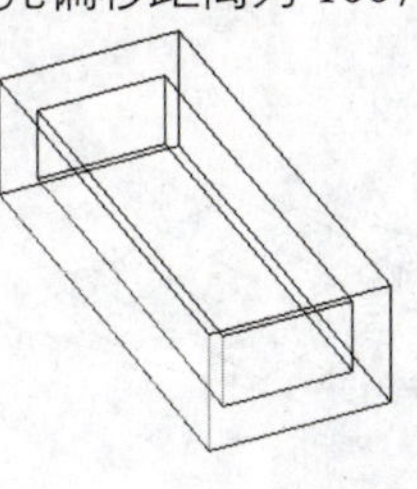

利用抽壳命令时要特别注意选取开口面的问题，如果选取错误可以使用 Shift 键加鼠标选取来撤销操作。

4. 选中

- 菜单：单击菜单浏览器按钮，选择【修改】|【实体编辑】|【选中】命令。
- 工具栏：【功能区】选项板中，选择【默认】选项卡，单击【实体编辑】面板中的【选中】按钮。

执行该命令，可以检查选中的三维对象是否是有效的实体。

11.2.8 剖切实体

- 命令：slice。
- 菜单：单击菜单浏览器按钮，选择【修改】|【三维操作】|【剖切】命令。
- 工具栏：【功能区】选项板中，选择【默认】选项卡，单击【实体编辑】面板中的【剖切】按钮。

执行该命令，可以通过剖切现有实体来创建新实体。

用作剖切平面的对象可以是曲面、圆、椭圆、圆弧或椭圆弧、二维样条曲线和二维多段线线段。在剖切实体时，可以保留剖切实体的一半或全部。剖切实体不保留创建它们的原始形式的历史记录，只保留原实体的图层和颜色特性，如下图所示：

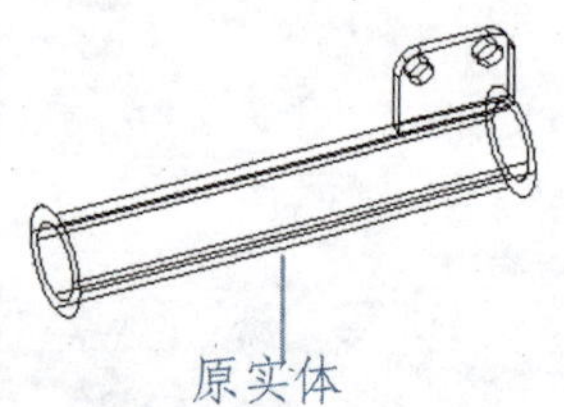

原实体

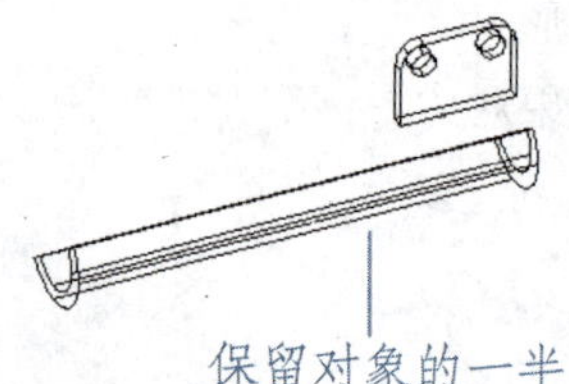

保留对象的一半

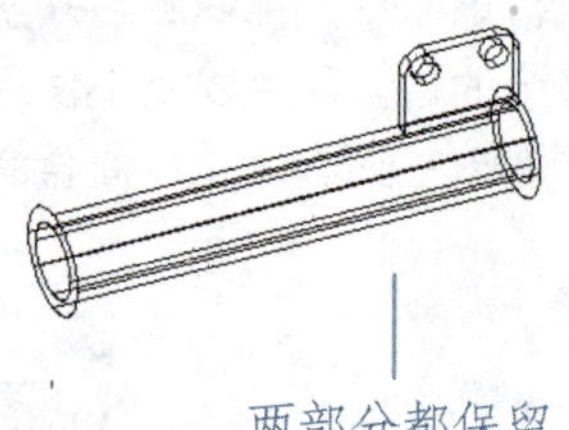

两部分都保留

剖切实体的默认方法是指定两个点定义垂直于当前 UCS 的剪切平面，然后选择要保留的部分。也可以通过指定三个点，使用曲面、其他对象、当前视图、Z 轴或者 XY 平面、YZ 平面、ZX 平面定义剪切平面。然后根据命令行的提示在所需的侧面上指定点即可完成剖切实体操作。

11.2.9 加厚

- 命令：thicken。
- 菜单：单击菜单浏览器按钮，选择【修改】|【三维操作】|【加厚】命令。
- 工具栏：【功能区】选项板中，选择【默认】选项卡，单击【实体编辑】面板中的【加厚】按钮。

执行该命令，可以通过加厚曲面从任何曲面类型创建三维实体。

下图为将一长方形曲面加厚 20 个单位的效果图。

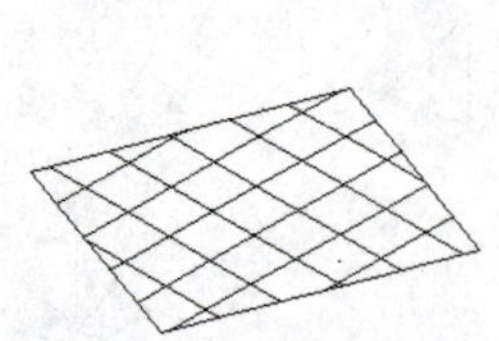

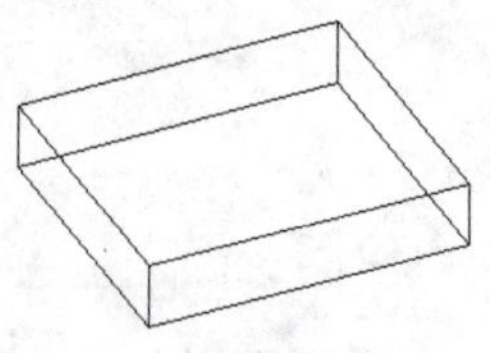

视野拓展

保存图形文件时应注意使用一个有具体意义的文件名，不要使用类似于 aaa、bbb 之类的没有任何意义的名称，而应该使用【实例 4】之类的有具体意义文件名。而且在绘图过程中要注意随时保存文件，否则一旦发生意外所有的努力都将前功尽弃。

11.2.10　转换为实体和曲面

在实际绘图过程中，将一些零宽度多段线转换为实体，以及将一些二维实体、面域、体、开放的或具有厚度的零宽度多段线和三维平面转换为曲面，是很有必要的，下面就加以详细讲解。

1. 转换为实体

- 命令：convtosolid。
- 菜单：单击菜单浏览器按钮，选择【修改】|【三维操作】|【转换为实体】命令。
- 工具栏：【功能区】选项板中，选择【默认】选项卡，单击【实体编辑】面板中的【转换为实体】按钮。

执行该命令，可以将具有厚度的统一宽度的多段线、闭合的或具有厚度的零宽度多段线、具有厚度的圆环转换为实体。

注意： *无法对包含零宽度顶点或可变宽度线段的多段线使用 convtosolid 命令。*

2. 转换为曲面

- 命令：convtosurface。
- 菜单：单击菜单浏览器按钮，选择【修改】|【三维操作】|【转换为曲面】命令。
- 工具栏：【功能区】选项板中，选择【默认】选项卡，单击【实体编辑】面板中的【转换为曲面】按钮。

执行该命令，可以将二维实体、面域、体、开放的或具有厚度的零宽度多段线、具有厚度的直线、具有厚度的圆弧以及三维平面转换为曲面。

11.2.11　分解三维对象

- 命令：explode。
- 菜单：单击菜单浏览器按钮，选择【修改】|【分解】命令。
- 工具栏：【功能区】选项板中，选择【默认】选项卡，单击【修改】面板中的【分解】按钮。

执行该命令，可以将三维对象分解为一系列面域和主体。其中，实体中的平面被转换为面域，曲面被转换为主体。再继续使用【分解】命令，可以将面域和主体分解为组成基本元素，如直线、圆及圆弧等。

下图为将零件图的一部分实体分解为部分面域和实体的效果图。

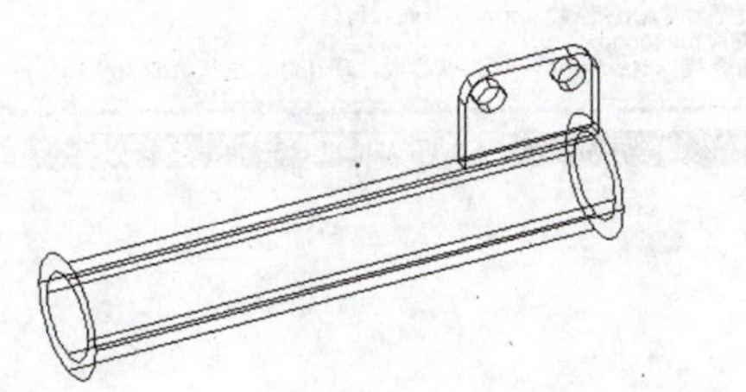

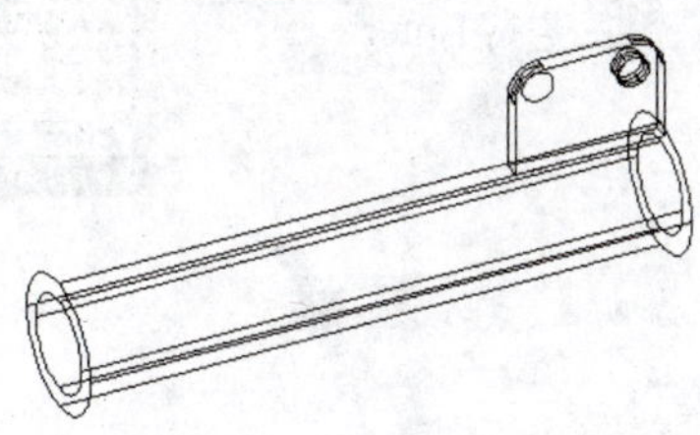

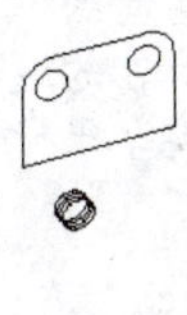

当同时打开多个图形文件时，可以选择菜单栏中的【窗口】命令，在其下拉菜单的最下方列着当前打开的图形文件列表，前面打着勾的就是当前正在进行操作的图形文件。可以通过单击其他某个图形文件的名称激活它并对其进行操作。

11.2.12 对实体修倒角和圆角

- 命令：chamfer。
- 菜单：单击菜单浏览器按钮，选择【修改】|【倒角】命令。
- 工具栏：【功能区】选项板中，选择【默认】选项卡，单击【修改】面板中的【倒角】按钮。

执行该命令，可以对实体的棱边修倒角，从而在两相邻曲面间生成一个平坦的过渡面。

- 命令：fillet。
- 菜单：单击菜单浏览器按钮，选择【修改】|【圆角】命令。
- 工具栏：【功能区】选项板中，选择【默认】选项卡，单击【修改】面板中的【圆角】按钮。

执行该命令，可以为实体的棱边修圆角，从而在两相邻面间生成一个圆滑过渡的曲面。在为几条交于同一个点的棱边修圆角时，如果圆角半径相同，则会在该公共点上生成球面的一部分。

下面以给台阶实体倒角为例说明该命令的操作方法。

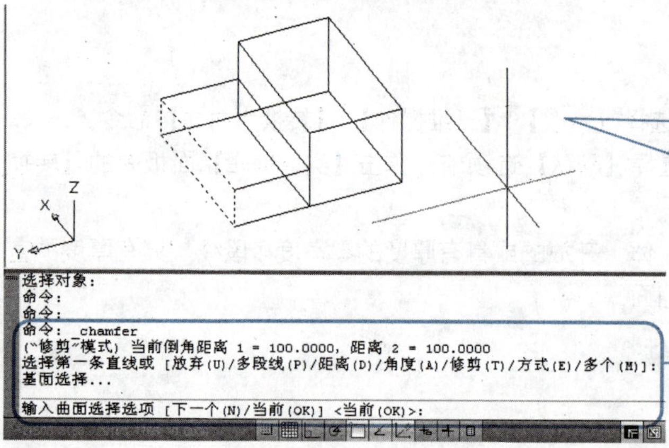

如果所需直线不在此面内，可选择【下一个(N)】选项，按空格键或 Enter 键确认。

```
选择对象:
命令:
命令:
命令: _chamfer
("修剪"模式) 当前倒角距离 1 = 100.0000, 距离 2 = 100.0000
选择第一条直线或 [放弃(U)/多段线(P)/距离(D)/角度(A)/修剪(T)/方式(E)/多个(M)]:
基面选择...
输入曲面选择选项 [下一个(N)/当前(OK)] <当前(OK)>:
```

1 执行 chamfer 命令，根据提示选择第一条直线时，需要选择基面，图中以虚线表示

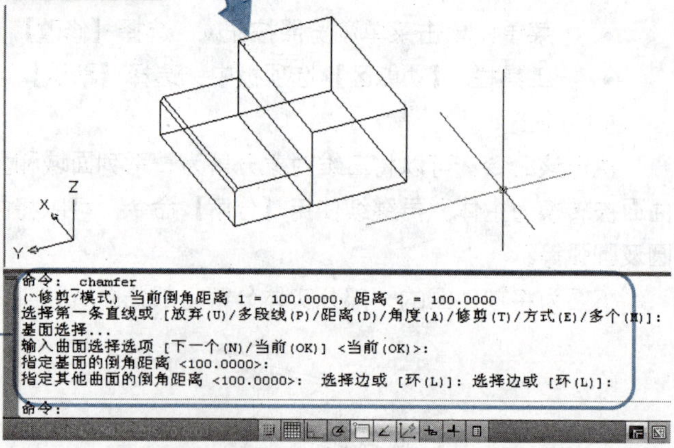

2 指定基面的倒角距离和其他曲面的倒角距离，选择倒角所在的边，按空格键或 Enter 键结束命令

```
命令: _chamfer
("修剪"模式) 当前倒角距离 1 = 100.0000, 距离 2 = 100.0000
选择第一条直线或 [放弃(U)/多段线(P)/距离(D)/角度(A)/修剪(T)/方式(E)/多个(M)]:
基面选择...
输入曲面选择选项 [下一个(N)/当前(OK)] <当前(OK)>:
指定基面的倒角距离 <100.0000>:
指定其他曲面的倒角距离 <100.0000>:  选择边或 [环(L)]: 选择边或 [环(L)]:
命令:
```

视野拓展

利用多段线工具画出的图形只是一个对象，也就是说选中其中的一条线，也就选中了整个多段线所有部分。

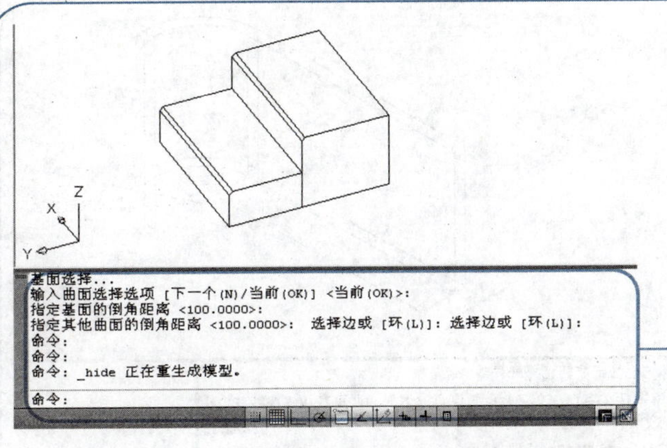

3 用同样的方法给另一条边倒角，执行【视图】|【消隐】命令，完成台阶实体倒角操作

圆角操作方法与倒角极为类似，在此不再赘述，下图是同样的台阶实体倒圆角的效果图。

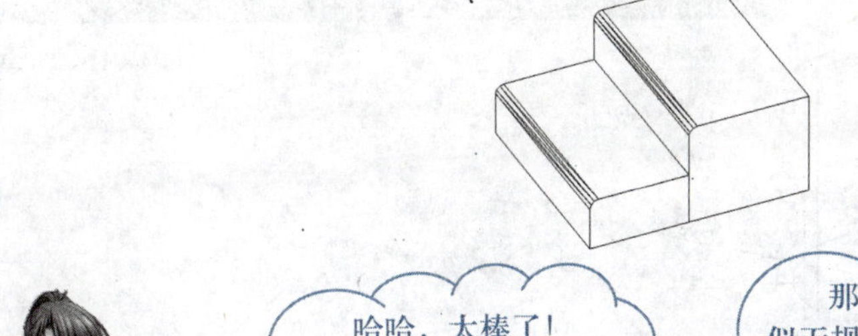

哈哈，太棒了！学会了三维实体的布尔运算，就可以绘制复杂的图形了。

那是当然！生活中看似无规律的复杂实体，仔细分解后都能用 AutoCAD 中的诸多简单实体进行布尔运算创建完成。

11.3　标注三维对象的尺寸

在三维对象的绘制与标注过程中，最好的方法是变换坐标系，然后在二维平面内用二维对象的标注方法进行标注。当然也可以直接标注三维对象。

下面以一个实例说明三维对象的标注方法。

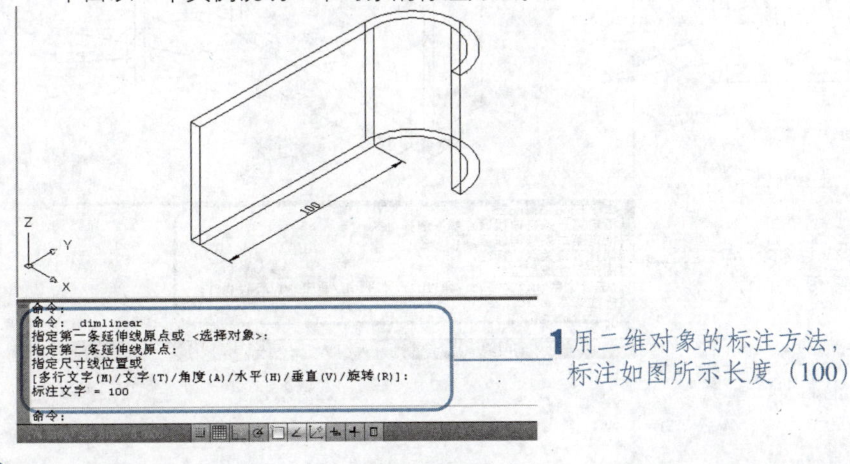

1 用二维对象的标注方法，标注如图所示长度（100）

利用鼠标进行定位时，不仅可以利用图形本身的线条，还可以利用它们的延长线、垂直线或中垂线确定光标的轨迹。

标注 XY 平面内的对象，与二维对象的标注方法完全相同！

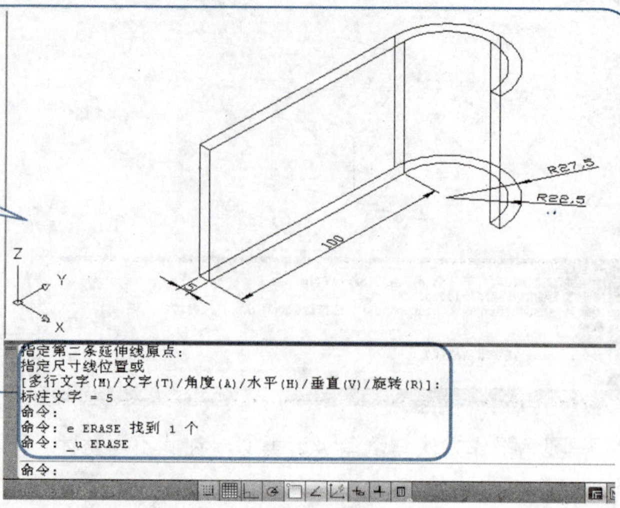

```
指定第二条延伸线原点:
指定尺寸线位置或
[多行文字(M)/文字(T)/角度(A)/水平(H)/垂直(V)/旋转(R)]:
标注文字 = 5
命令:
命令: e ERASE 找到 1 个
命令: _u ERASE
命令:
```

2 用同样的方法标注两段圆弧的半径

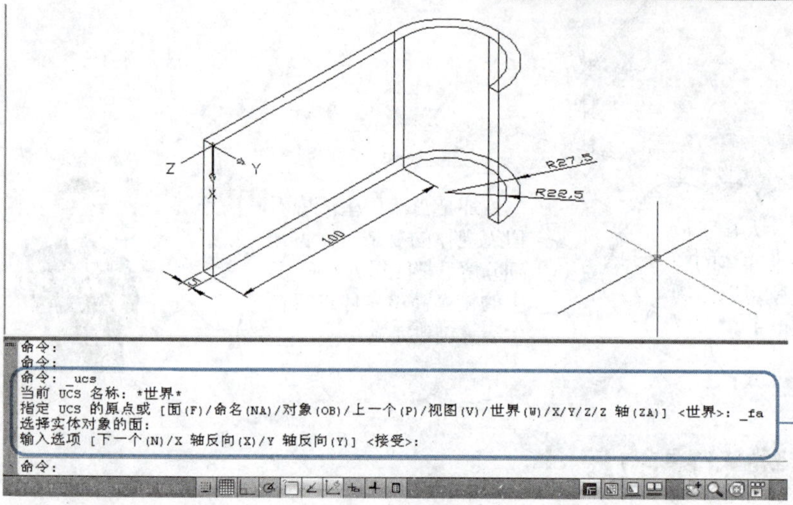

```
命令:
命令:
命令: _ucs
当前 UCS 名称: *世界*
指定 UCS 的原点或 [面(F)/命名(NA)/对象(OB)/上一个(P)/视图(V)/世界(W)/X/Y/Z/Z 轴(ZA)] <世界>: _fa
选择实体对象的面:
输入选项 [下一个(N)/X 轴反向(X)/Y 轴反向(Y)] <接受>:
命令:
```

3 执行【工具】|【新建 UCS】命令，将坐标系变换到图示位置

在原坐标系下，是没有办法标注高度的。

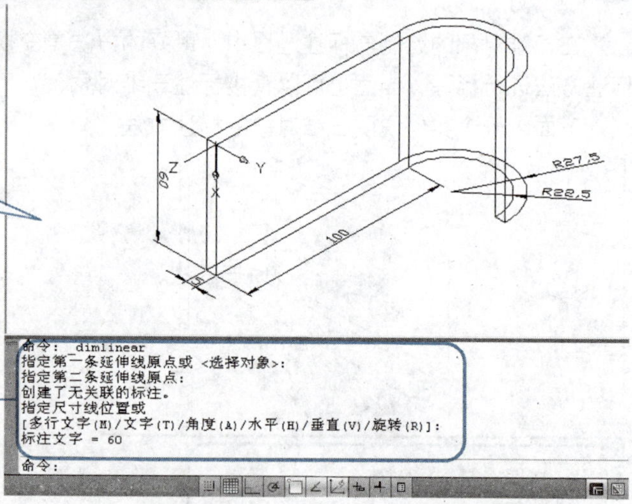

```
命令: _dimlinear
指定第一条延伸线原点或 <选择对象>:
指定第二条延伸线原点:
创建了无关联的标注。
指定尺寸线位置或
[多行文字(M)/文字(T)/角度(A)/水平(H)/垂直(V)/旋转(R)]:
标注文字 = 60
命令:
```

4 重新执行线性标注命令，标注高度（60）

视野拓展

删除功能的一个简单实现方法是，选取要删除的图形对象后，单击键盘上的 Delete 键，就可以实现删除。

11.4　本章小结

本章针对三维简单图形的编辑与标注方法展开介绍。

首先介绍了三维图形中最基本的编辑操作类型，包括移动、旋转、对齐、镜像、阵列等。就三维实体的布尔运算做了详细讲解，包括并集、差集、交集、干涉运算。同时，介绍了实体边和面的编辑操作，有提取边、压印边、着色边、复制边 4 种边的操作类型以及拉伸面、移动面、偏移面、删除面、旋转面、倾斜面、着色面、复制面 8 种面的操作类型。然后，简要介绍了实体分割、清除、抽壳、选中的操作方法。就如何剖切三维实体、如何将任意曲面加厚而创建新的实体做了简要讲解。同时介绍了如何转换普通二维对象转换为实体和曲面的操作方法及分解三维对象的方法。就如何修倒角和圆角做了详细介绍。最后，以实例来说明三维对象的尺寸标注方法与思路。

通过本章内容的学习，结合具体实例，可学会三维简单图形的编辑与标注方法。

11.5　趁热打铁

现在用学到的知识解决下面的问题吧！

11.5.1　选择题

1．单击菜单浏览器，在弹出的菜单中选择【修改】|【三维操作】|【三维阵列】命令进行矩形阵列复制对象时，需要依次指定（　　　）。

A．阵列的行数、阵列的列数、阵列的层数

B．阵列的列数、阵列的行数、阵列的层数

C．阵列的行数、阵列的层数、阵列的列数

D．以上都不对

2．在对齐三维对象时可以选择（　　　）组对齐点。

A．1　　B．2　　C．3　　D．4

3．下列命令中，不属于【实体编辑】命令的子命令的是（　　　）。

A．并集　　B．干涉　　C．交集　　D．差集

4．下列命令中，不属于【三维操作】命令的子命令的是（　　　）。

A．分割　　B．剖切实体

C．加厚　　D．转换为实体

在绘制图形对象时，应尽量使用相对坐标绘图，尝试少使用或者不使用辅助线，可以使用镜像、复制、移动等命令，以提高绘图效率。

11.5.2 实践题

1. 绘制如下图所示的三维图形（尺寸请用户自己拟定）。

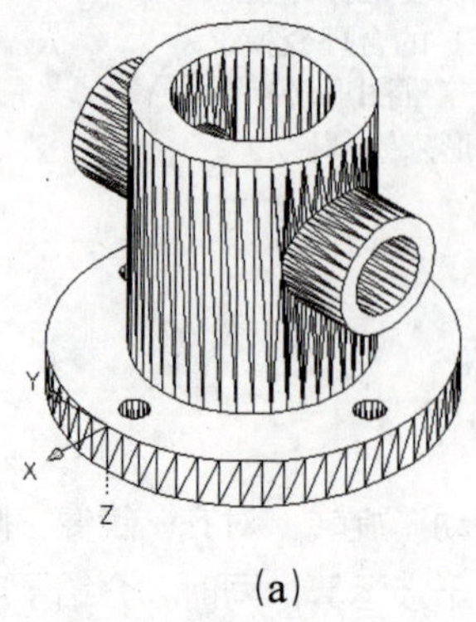

(a)

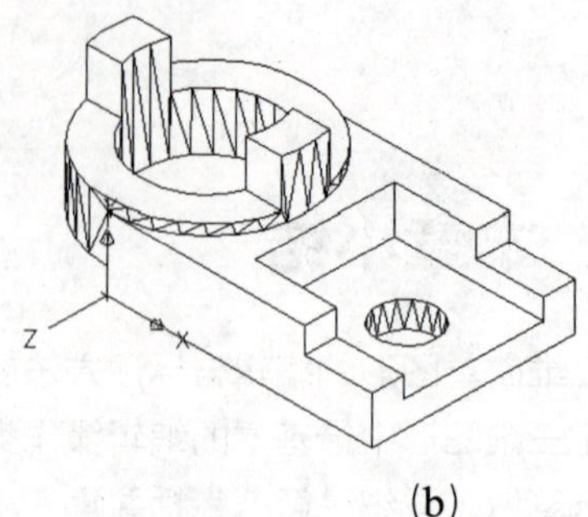

(b)

2. 绘制如下图所示的图形并进行标注。

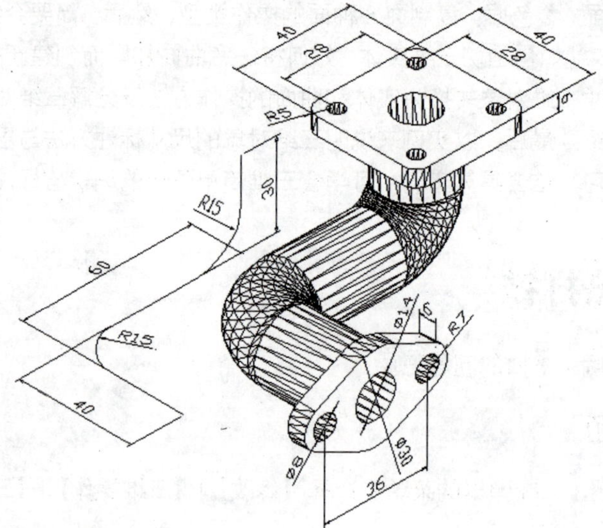

3. 绘制如下图所示的图形并进行标注。

视野拓展

需要改变某个图形对象图层属性时，可以先选中它，然后更换当前图层。最后按下 Esc 键，即可完成图层属性的变换。

第12章 观察与渲染三维图形

本章导读

使用三维观察和导航工具，可以在图形中导航以及创建动画以便与他人共享设计。可以围绕三维模型进行动态观察、回旋、漫游和飞行，设置相机，创建预览动画以及录制运动路径动画，用户可以将这些分发给其他人以从视觉上传达设计意图。

本章学习目标

- 掌握三维导航工具、相机的使用方法、运动路径动画的制作
- 学会光源、材质和贴图的使用方法及渲染对象

本章学习重点

- 使用三维导航工具、使用相机定义三维视图
- 创建运动路径动画、查看三维图形效果
- 应用与管理视觉样式
- 使用光源、材质和贴图
- 渲染对象

12.1 使用三维导航工具

三维导航工具允许用户从不同的角度、高度和距离查看图形中的对象。用户可以使用以下三维工具在三维视图中进行动态观察、回旋、调整距离、缩放和平移。

- 受约束的动态观察：沿 XY 平面或 Z 轴约束三维动态观察。
- 自由动态观察：不参照平面，在任意方向上进行动态观察。沿 XY 平面和 Z 轴进行动态观察时，视点不受约束。
- 连续动态观察：连续地进行动态观察。在要使连续动态观察移动的方向上单击并拖动，然后释放鼠标按钮，轨道沿该方向继续移动。
- 调整距离：垂直移动光标时，将更改对象的距离。可以使对象显示的较大或较小，还可以调整距离。
- 回旋：在拖动方向上模拟平移相机，查看的目标将更改。可以沿 XY 平面或 Z 轴回旋视图。
- 缩放：模拟移动相机靠近或远离对象，可以放大对象。
- 平移：启用交互式三维视图并允许用户水平和垂直拖动视图。

下面主要介绍前三种观察三维视图的方法。

12.1.1 受约束的动态观察

- 命令：3dorbit。
- 菜单：单击菜单浏览器按钮，选择【视图】|【动态观察】|【受约束的动态观察】命令。
- 工具栏：【功能区】选项板中，选择【默认】选项卡，单击【视图】面板中的【受约束的动态观察】按钮。

执行该命令，可以在当前视口中激活三维动态观察视图。当【受约束的动态观察】处于活动状态时，视图的目标将保持静止，而相机的位置（或视点）将围绕目标移动。但是，看起来好像三维模型正在随着鼠标光标的拖动而旋转。用户可以以此方式指定模型的任意视图。此时，显示三维动态观察光标图标。如果水平拖动光标，相机将平行于世界坐标系（WCS）的 XY 平面移动。如果垂直移动拖动光标，相机将沿 Z 轴移动，如下图所示。

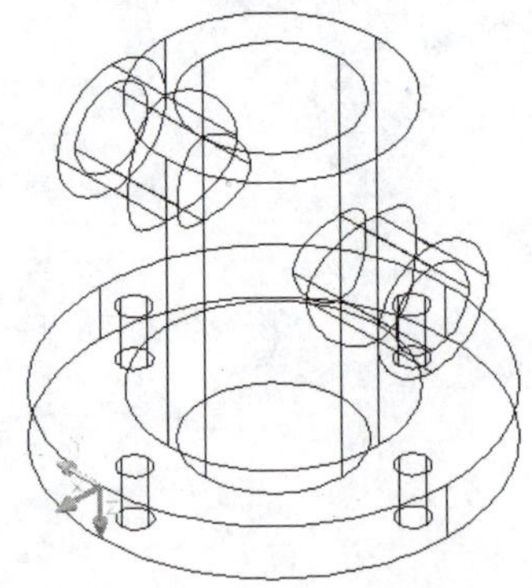

视野拓展

AutoCAD 的一些绘图工具往往只能用在封闭图形上，比如剖面线和大部分的三维图形工具。这时候，可以利用辅助线形成封闭图形。

12.1.2　自由动态观察

- 命令：3dforbit。
- 菜单：单击菜单浏览器按钮，选择【视图】|【动态观察】|【自由动态观察】命令。
- 工具栏：【功能区】选项板中，选择【默认】选项卡，单击【视图】面板中的【自由动态观察】按钮。

执行该命令，可以在当前视口中激活三维自由动态观察视图。如果用户坐标系（UCS）图标为开，则表示当前 UCS 的着色三维 UCS 图标显示在三维动态观察视图中。

三维自由动态观察视图显示一个导航球，它被更小的圆分成 4 个区域，如下图所示。

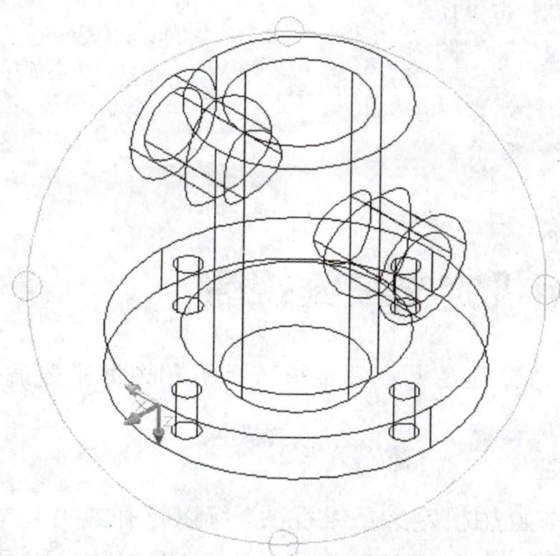

取消选择快捷菜单中的【启用动态观察自动目标】选项时，视图的目标将保持固定不变。相机位置或视点绕目标移动。目标点是导航球的中心，而不是正在查看的对象的中心。与【受约束的动态观察】不同，【自由动态观察】不约束沿 XY 轴或 Z 方向的视图变化。

12.1.3　连续动态观察

- 命令：3dcorbit。
- 菜单：单击菜单浏览器按钮，选择【视图】|【动态观察】|【连续动态观察】命令。
- 工具栏：【功能区】选项板中，选择【默认】选项卡，单击【视图】面板中的【连续动态观察】按钮。

执行该命令，可以启用交互式三维视图将对象设置为连续运动。此时，在绘图区域中单击并沿任意方向拖动鼠标，使对象沿正在拖动的方向开始移动。释放鼠标，对象在指定的方向上继续进行它们的轨迹运动。为光标移动设置的速度决定了对象的旋转速度。

可通过再次单击并拖动改变连续动态观察的方向。在绘图区域中单击鼠标右键并从快捷菜单中选择选项，也可以修改连续动态观察的显示如下图所示。

绘制图形过程中，会不断利用实时平移工具调整图形的位置和大小。但此时图形的坐标、长度、面积等并没有变化。

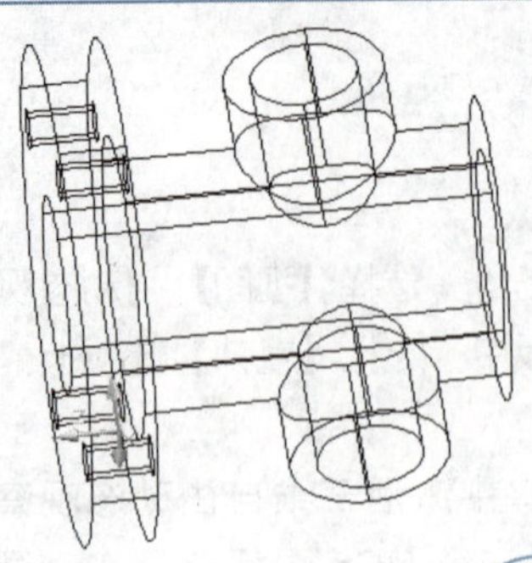

12.2 使用相机定义三维视图

在 AutoCAD 2009 中，通过在模型空间中放置相机和根据需要调整相机设置定义三维视图。

12.2.1 认识相机

在图形中，可以通过放置相机定义三维视图；可以打开或关闭相机并使用夹点编辑相机的位置、目标或焦距；可以通过位置 XYZ 坐标、目标 XYZ 坐标和视野/焦距（用于确定倍率或缩放比例）定义相机。可以指定的相机属性如下。

- 位置：定义要观察三维模型的起点。
- 目标：通过指定视图中心的坐标定义要观察的点。
- 焦距：定义相机镜头的比例特性。焦距越大，视野越窄。
- 前向和后向剪裁平面：指定剪裁平面的位置。剪裁平面是定义（或剪裁）视图的边界。在相机视图中，将隐藏相机与前向剪裁平面之间的所有对象。同样隐藏后向剪裁平面与目标之间的所有对象。

默认情况下，已保存相机的名称为 Cameral1、Cameral2 等。用户可以根据需要重命名相机以更好地描述相机视图。

12.2.2 创建相机

- 命令：camera。
- 菜单：单击菜单浏览器按钮，选择【视图】|【创建相机】命令。
- 工具栏：【功能区】选项板中，选择【默认】选项卡，单击【视图】面板中的【创建相机】按钮。

视野拓展

AutoCAD 提供的多种图形平移和缩放功能实际上在大多数时候使用鼠标操作就可以完成，鼠标滚轮就可以同时完成缩放和平移功能，用户可以体验下。

该命令可以设置相机和目标的位置，以创建并保存对象的三维视图。

通过定义相机的位置和目标，然后进一步定义其名称、高度、焦距和剪裁平面创建新相机。

执行 camera 命令，在图形中指定相机位置和目标位置，命令行提示如下信息：

输入选项 [?/名称(N)/位置(LO)/高度(H)/坐标(T)/镜头(LE)/剪裁(C)/视图(V)/退出(X)] <退出>:

在该命令行提示下，可以指定是否显示当前已定义相机的列表、相机名称、相机位置、相机高度、相机目标位置、相机焦距、剪裁平面以及设置当前视图以匹配相机设置。

12.2.3 修改相机特性

在图形中创建了相机后，当选中相机时，将打开【相机预览】窗口，如下图所示。

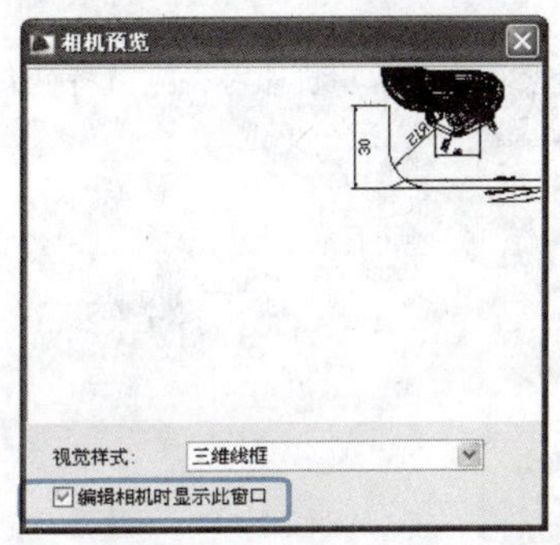

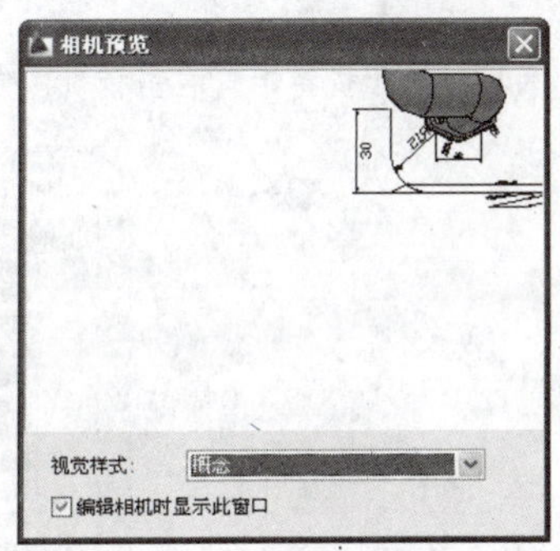

预览窗口中用于显示相机视图的预览效果；【视觉样式】下拉列表框用于指定预览的视觉样式，如概念、三维隐藏、三维线框、真实等；【编辑相机时显示该窗口】复选框用于指定编辑相机时，是否显示【相机预览】窗口。

提示： 在选中相机后，可以通过以下多种方式更改相机设置：

- 单击并拖动夹点，以调整焦距、视野大小，重新设置相机位置，如下图所示。

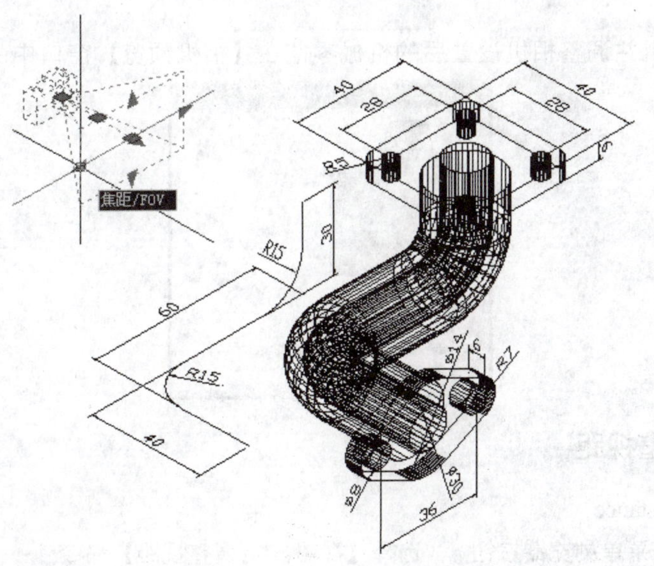

- 使用动态输入工具栏提示输入 X、Y、Z 坐标值，如下图所示。

对于图形中的块，是一个整体，不能查询其质量和面积特性，可以考虑使用分解命令，然后再设法把键盘区建成面域，这样就能查询面积和质量特性了。

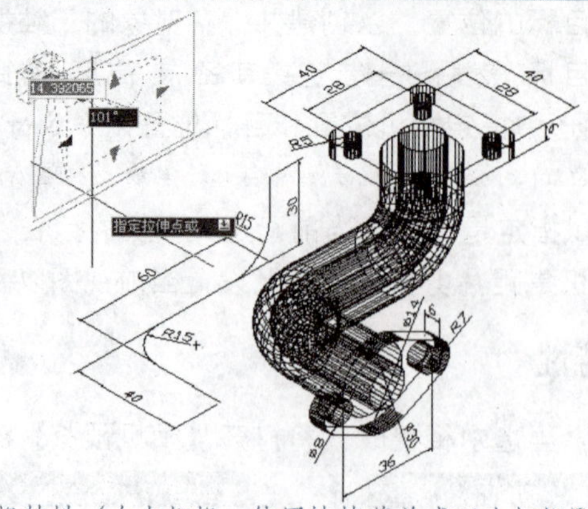

- 使用【特性】面板修改相机特性（右击相机，使用快捷菜单或双击相机即可得到【特性】面板），如下图所示。

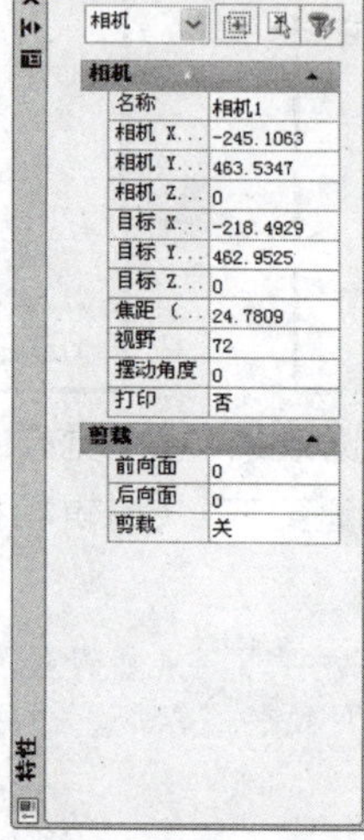

下图是创建相机并调整相机设置后的机械零件在【相机预览】窗口中的概念效果图。

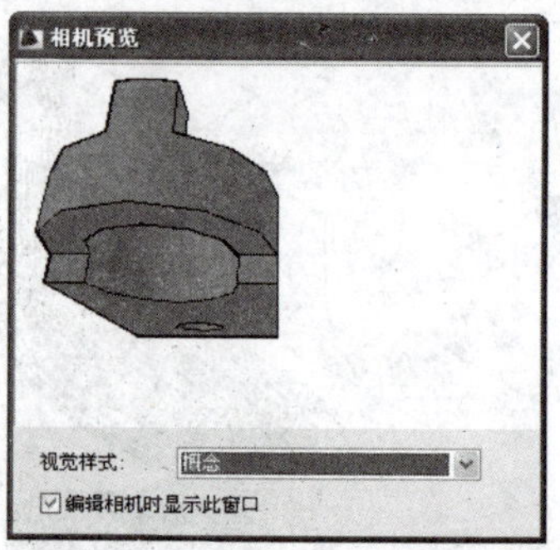

12.2.4 调整视距

- 命令：3ddistance。
- 菜单：单击菜单浏览器按钮，选择【视图】|【调整视距】命令。

3ddistance 命令可以将光标更改为具有上箭头和下箭头的直线。单击并向屏幕顶部垂直拖动光标使相机靠近对象，从而使对象显示得更大。单击并向屏幕底部垂直拖动光标使相机远离

视野拓展

由于块的原始尺寸一定，而新图形所需要的图形尺寸一般和块尺寸不相符，所以在插入块时应根据需要变换图形比例，达到一致。

对象，从而使对象显示得更小，如下图所示。

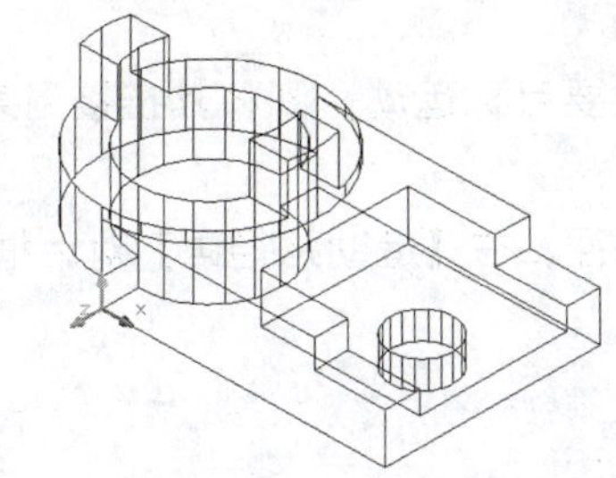
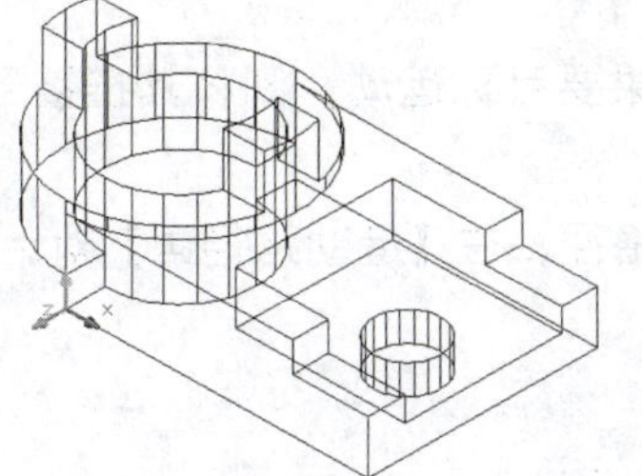
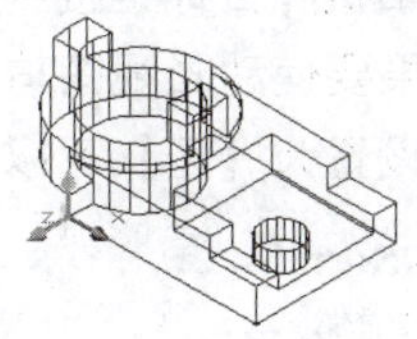

12.2.5　回旋

- 命令：3dswivel。
- 菜单：单击菜单浏览器按钮，选择【视图】|【回旋】命令。

执行 3dswivel 命令，可以在拖动方向上模拟平移相机。可以沿 XY 平面或 Z 轴回旋视图，如下图所示。

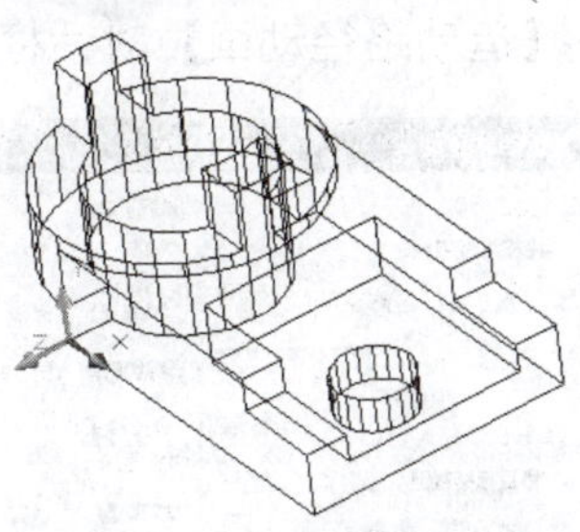

博学先生，我定义好相机后，好多时候都不能在【相机预览】对话框中看到完整的三维图形，该怎么办呢？

这是因为相机的位置、焦距等参数不合适，单击相机，利用夹点功能修改相机的特性，需要不断调整，方可在【相机预览】对话框中看到完整的三维图形。

12.3　运动路径动画

使用运动路径动画（例如模型的三维动画穿越漫游）可以向用户形象地演示模型。可以录制和回放导航过程，以动态传达设计意图。

12.3.1　控制相机运动的方法

可以通过将相机及其目标链接到点或路径控制相机运动，从而控制动画。要使用运动路径创建动画，可以将相机及其目标链接到某个点或某条路径。

在平面视图中，坐标系的 XY 面与计算机屏幕重合。此时可以用二维绘图的方法在 XY 面上绘制二维图形。

如果要相机保持原样，则将其链接到某个点；如果要相机沿路径运动，则将其链接到路径上。

如果要目标保持原样，则将其链接到某个点；如果要目标运动，则将其链接到某条路径。无法将相机和目标链接到一个点。

如果要使动画视图与相机路径一致，则使用同一路径。在【运动路径画】对话框中，将目标路径设置为【无】可以实现该目的。

提示： 相机或目标链接的路径，必须在创建运动路径动画之前创建路径对象。路径对象可以是直线、圆弧、椭圆弧、圆、多段线、三维多段线或样条曲线。

12.3.2 设置运动路径动画参数

- 命令：anipath。
- 菜单：单击菜单浏览器按钮，选择【视图】|【动画运动路径】命令。
- 工具栏：【功能区】选项板中，选择【工具】选项卡，单击【动画】面板中的【动画运动路径】按钮。

执行 anipath 命令，打开【运动路径动画】对话框，如下图所示。

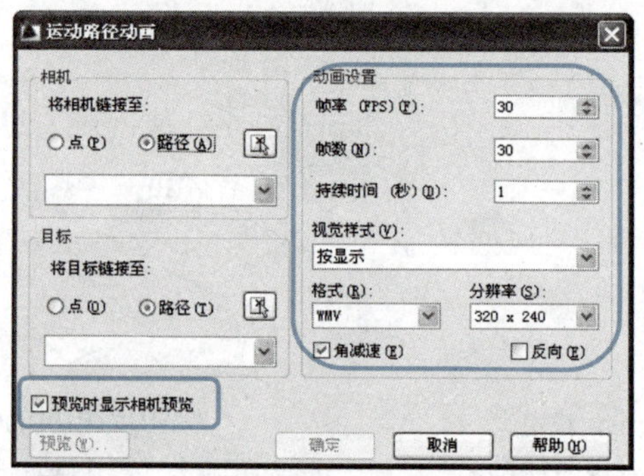

1. 设置相机

在【相机】选项区域中，可以设置将相机链接至图形中的静态点或运动路径。当选择【点】或【路径】按钮，可以单击拾取按钮，选择相机所在位置的点或沿相机运动的路径，这时在下拉列表框中将显示链接相机的命名点或路径列表。

提示： 创建运动路径时，将自动创建相机。如果删除指定为运动路径的对象，也将同时删除命名的运动路径。

2. 设置目标

在【目标】选项区域中，可以设置将相机链接至点或路径。如果将相机链接至点，则必须将目标链接至路径。如果将相机链接至路径，可以将目标链接至点或路径。

3. 设置动画

在【动画设置】选项区域中，可以控制动画文件的输出。其中，【帧频】文本框用于设置动画运行的速度，以每秒帧数为单位计量，指定范围为 1~60，默认值为 30；【帧数】文本框用

视野拓展

如果用户对三维绘图过程较为熟悉，可以直接在【三维建模】坐标系模式下绘制轮廓线，不需要转换到平面视图。

于指定动画中的总帧数，该值与频率共同确定动画的长度，更改该数值时，将自动重新计算【持续时间】值；【持续时间】文本框用于指定动画（片断中）的持续时间；【视觉样式】下拉列表框，显示可应用于动画文件的视觉样式和渲染预设的列表；【格式】下拉列表框用于指定动画的文件格式，可以将动画保存为 AVI、MOV、MPG 或 WMV 文件格式以便日后回放；【分辨率】下拉列表框用于以屏幕显示单位定义生成的动画的宽度和高度，默认值为 320*240；【角速度】复选框用于设置相机转弯时，以较低的速率移动相机；【反转】复选框用于设置反转动画的方向。

4．预览动画

在【运动路径动画】对话框中，选择【预览时显示相机预览】复选框，将显示【动画预览】窗口，从而可以在保存动画之前进行预览。单击【预览】按钮，将打开【动画预览】窗口，如下图所示。

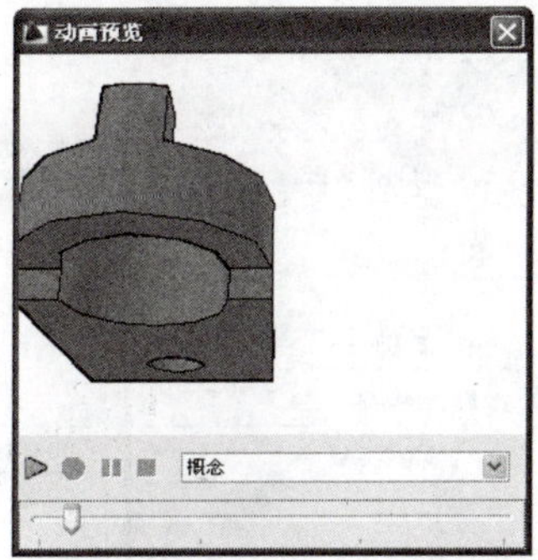

在【动画预览】窗口中，可以预览使用运动路径或三维导航创建的运动路径动画，其中，通过【视觉样式】下拉列表框，可以指定【预览】区域中的显示的视觉样式。

12.3.3　创建运动路径动画

了解运动路径动画的设置方法后，下面通过一个具体实例介绍运动路径动画的创建方法。

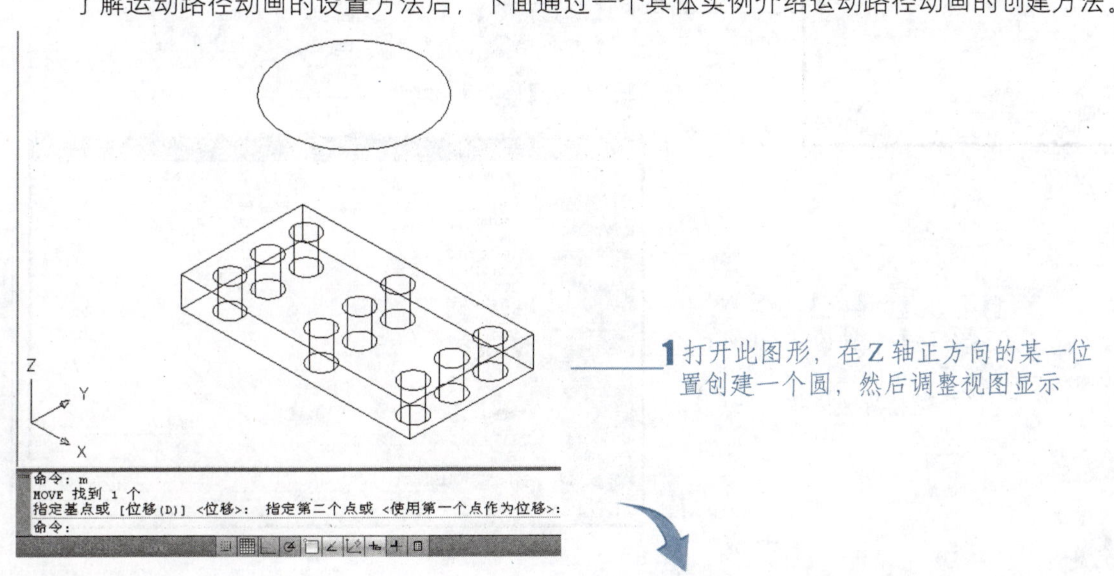

1 打开此图形，在 Z 轴正方向的某一位置创建一个圆，然后调整视图显示

在【运动路径动画】对话框中目标选项区，用户将目标链接至点或路径。如果将相机链接至点，则必须将目标链接至路径。如果将相机链接至路径，可以将目标链接至点或路径。

视野拓展

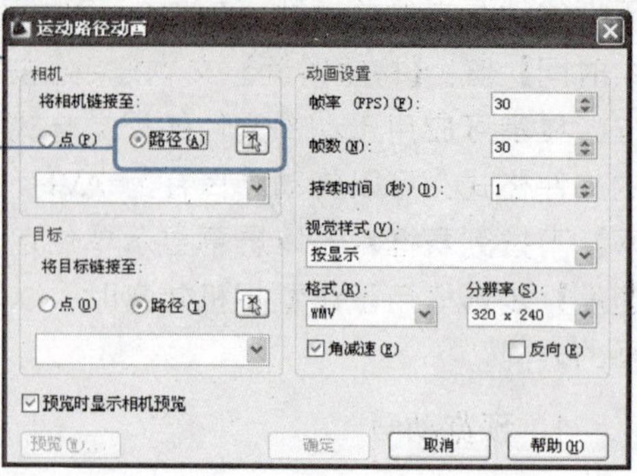

2 执行 anipath 命令，打开【运动路径动画】对话框

3 在【相机】选项区域中选择【路径】单选按钮，并单击【选择路径】按钮切换到绘图窗口

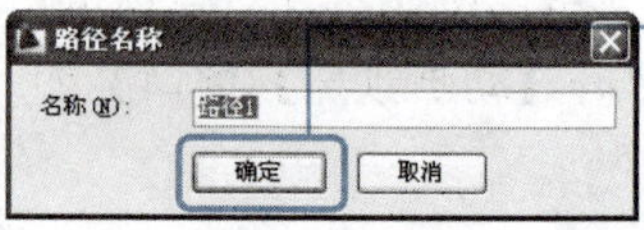

4 给路径命名，单击【确定】按钮

5 返回【运动路径动画】对话框，在【目标】选项区域中选择【点】单选按钮，并单击【拾取点】按钮

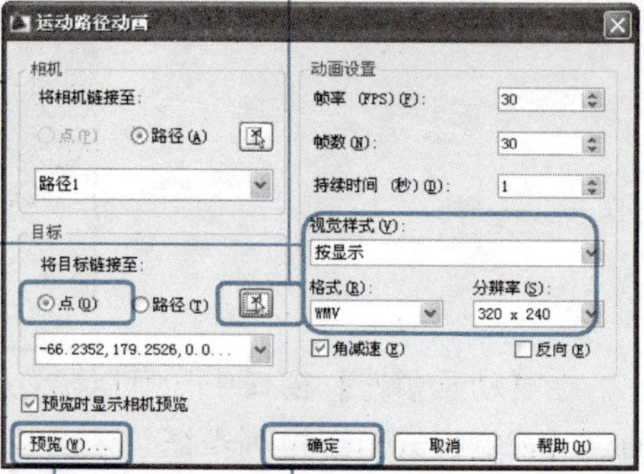

6 切换到绘图窗口，指定点后，返回【运动路径动画】对话框

7 在【动画设置】选项区域的【视觉样式】下拉列表框中选择【概念】，在【格式】下拉列表框中选择 WMV

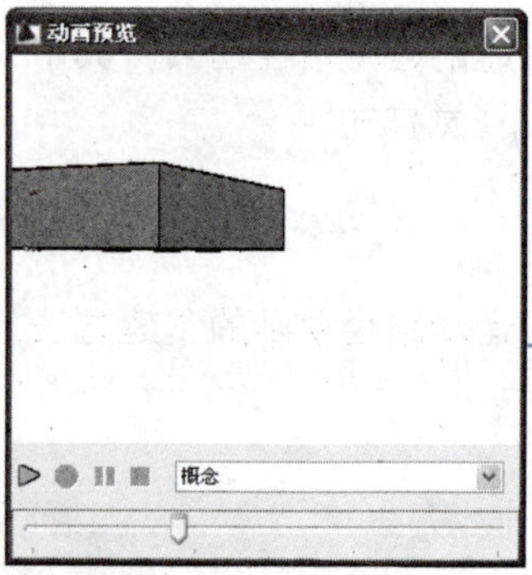

8 单击【预览】按钮

9 预览动画效果，满意后关闭【动画预览】窗口，返回到【运动路径动画】对话框

10 单击【确定】按钮

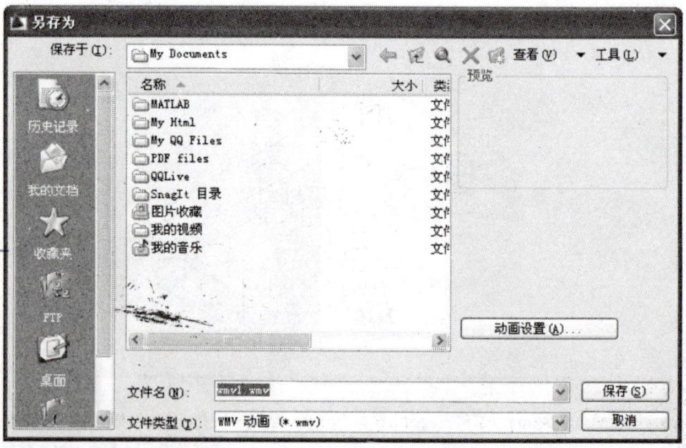

11 打开【另存为】对话框，保存动画文件为 good.wmv，这时就可以选择一个播放器来观看动画播放效果了

视野拓展

仅当安装 Apple QuickTime Player 后 MOV 格式才可用。仅当安装 Microsoft Windows Media Player9 或更高版本后 WMV 格式才可用并作为默认选项。否则，AVI 作为默认选项。

AutoCAD 的功能真强大，我可以用动画的方式向别人展示我的设计图形了。

运动路径动画功能可以省去利用其他软件制作动画的时间，形象地表达自己的设计意图。

12.4　漫游和飞行

- 命令：3dwalk。
- 菜单：单击菜单浏览器按钮，选择【视图】|【动态观察】|【漫游】命令。
- 工具栏：【功能区】选项板中，选择【工具】选项卡，单击【动画】面板中的【漫游】按钮。

执行该命令可以交互式更改三维图形的视图，使用户就像在模型中漫游一样。

- 命令：3dfly。
- 菜单：单击菜单浏览器按钮，选择【视图】|【动态观察】|【飞行】命令。
- 工具栏：【功能区】选项板中，选择【工具】选项卡，单击【动画】面板中的【飞行】按钮。

执行该命令可以交互式更改三维图形的视图，使用户就像在模型中飞行一样。

穿越漫游模型时，将沿 XY 平面行进。飞越模型时，将不受 XY 平面的约束，所以看起来像飞过模型中的区域。

用户可以使用一套标准的键盘和鼠标交互在图形中漫游和飞行。使用键盘上的 4 个箭头键或 W 键、A 键、S 键和 D 键来向上、向下、向左或向右移动。要在漫游模式和飞行模式之间切换，按 F 键。要指定查看方向，沿要查看的方向拖动鼠标。漫游或飞行时显示模型的俯视图。

在三维模型中漫游或飞行时，可以追踪用户在三维模型中的位置。当执行【漫游】或【飞行】命令时，打开的【定位器】面板会显示模型的俯视图。位置指示器显示模型关系中用户的位置，而目标指示器显示用户正在其中漫游或飞行的模型。在开始漫游模式或飞行模式之前或在模型中移动时，用户可以在【定位器】面板中编辑位置设置，如下图所示。

用户在编辑多线的过程中，如果使用多线编辑工具无法得到需要的结果，可以先利用分解命令将多线分解，然后使用修剪命令修剪多余的线段。

视野拓展

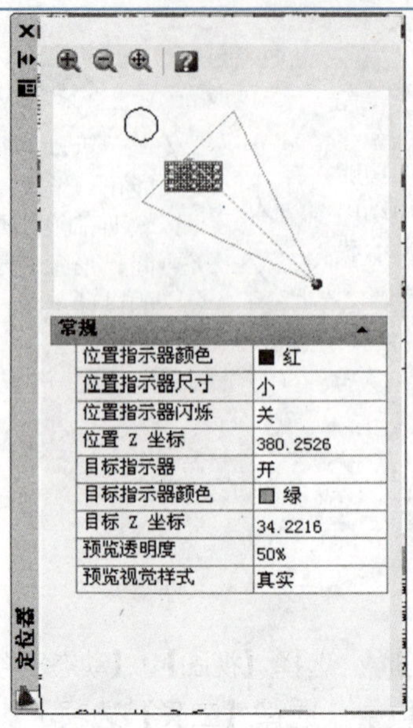

注意：如果显示【定位器】面板时计算机性能降低，用户则可能要关闭该面板。

要控制漫游和飞行设置，可以在【功能区】选项板中选择【工具】选项卡，在【动画】面板中单击【漫游和飞行设置】按钮，或单击菜单浏览器按钮，在弹出的菜单中选择【视图】|【动态观察】|【漫游和飞行设置】命令（walkflysettings），打开【漫游和飞行设置】对话框进行相关设置，如下图所示。

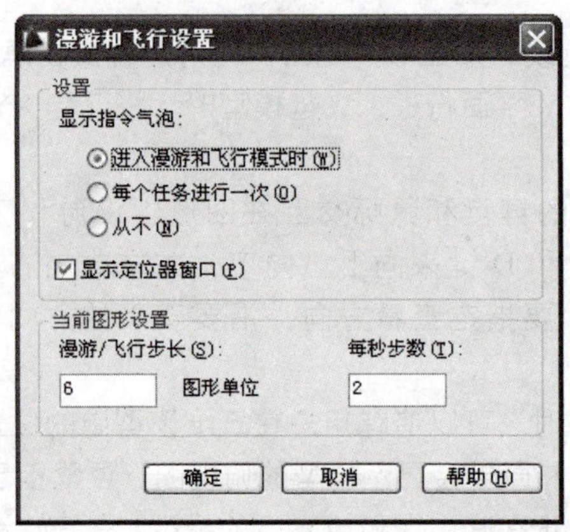

技巧：用户还可以使用 stepsize 系统命令设置漫游/飞行步长的数值，使用 stepspersec 系统命令设置每秒步数的数值。

在【漫游和飞行设置】对话框的【设置】选项区域中，可以指定与【指令】窗口和【定位器】面板相关的设置。其中 3 个选项的含义如下。

- 【进入漫游/飞行模式时】单选按钮：用于指定每次进入漫游或飞行模式，并显示【漫游和飞行导航映射】对话框，如下图所示。

视野拓展

只有很少几个编辑命令能够编辑多线，如 move、copy、strench。而 trim、extend、lengthen、fillet 和其他编辑命令对多线不起作用。

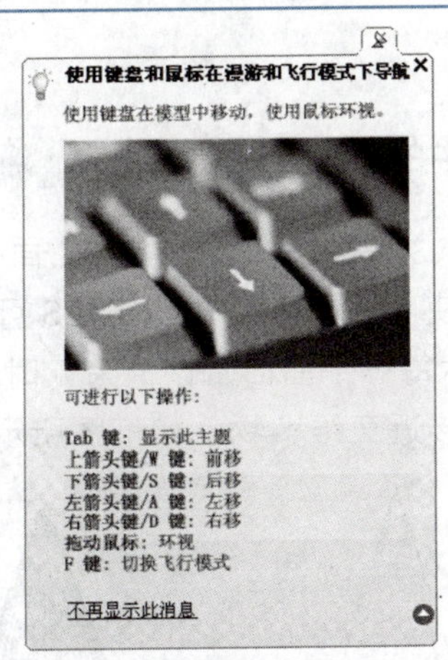

- 【每个任务进行一次】单选按钮：用于指定当每个 AutoCAD 任务中首次进入漫游或飞行模式，显示【漫游和飞行导航映射】对话框。
- 【从不】单选按钮：选中该单选按钮，图形在进行漫游或飞行时将不显示【漫游和飞行导航映射】对话框。

【显示定位器窗口】复选框用于指定进入漫游模式时是否打开【定位器】窗口。

在【当前图形设置】选项区域中，【漫游/飞行步长】文本框用于按图形单位指定每步的大小；【每秒步数】文本框用于指定每秒发生的步数。

12.5　查看三维图形效果

在绘制三维图形时，为了能够使对象便于观察，不仅需要对视图进行缩放、平移，还需要隐藏其内部线条、改变实体表面的平滑度。

12.5.1　消隐图形

- 命令：hide。
- 菜单：单击菜单浏览器按钮，选择【视图】|【消隐】命令。

执行该命令，绘图窗口中将暂时无法使用【缩放】和【平移】命令，直到单击菜单浏览器按钮，选择【视图】|【重生成】命令（replot）重新生成图形为止。

下图是一三维实体消隐前后的效果对比图。

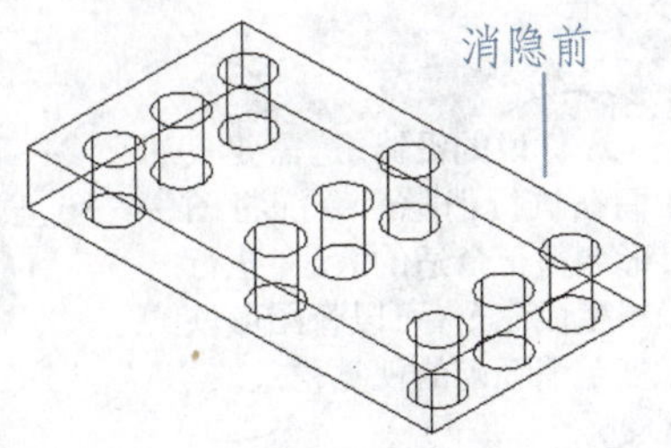

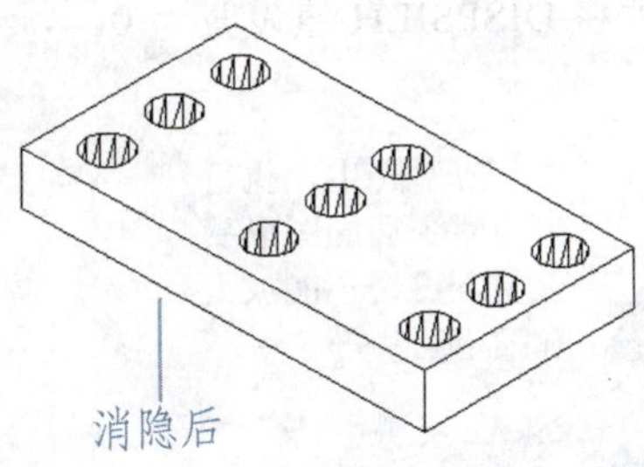

当多义线的线型被设置成非连续时，则多义线的各个部分将生成虚线或点线线型。有些多义线部分可能并不显示线型，这要依据线型比例而定。如果线型生成是打开的，则应用线型时多义线被当作一个部分，导致多义线的整个长度上都使用统一的线型图案。

12.5.2 改变三维图形中的曲面轮廓素线

当三维图形中包含弯曲面时（如球体和柱体等），曲面在线框模式下用线条的形式显示，这些线条称为网线或轮廓素线。使用系统变量 ISOLINES 可以设置显示曲面所用的网线条数，默认值为 4，即使用 4 条网线表达每一个曲面。该值为 0 时，表示曲面没有网线，如果增加网线的条数，则会使图形看起来更接近三维实物，如下图所示。

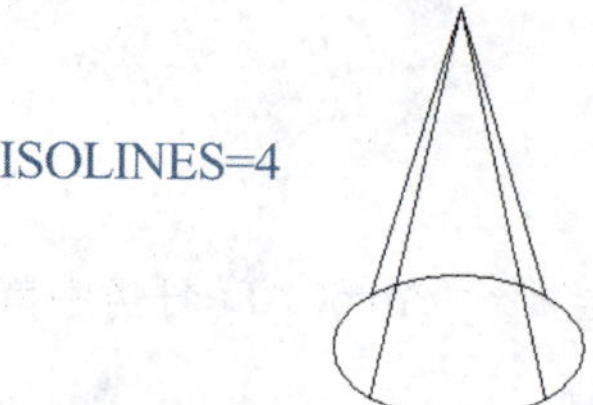

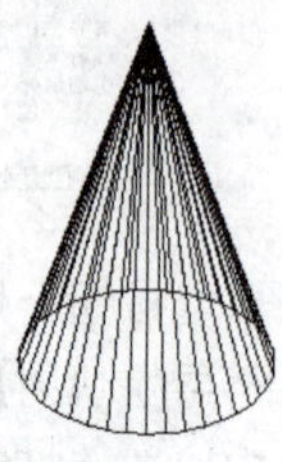

12.5.3 以线框形式显示实体轮廓

使用系统变量 DISPSILH 可以以线框形式显示实体轮廓。此时需要将其设置为 1，并用【消隐】命令隐藏曲面的小平面，如下图所示。

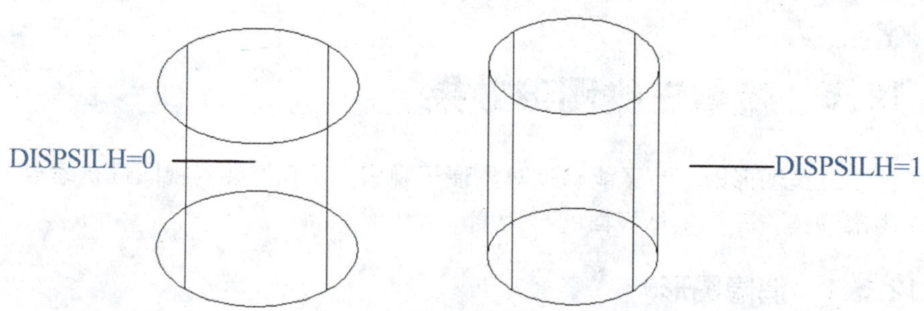

12.5.4 改变实体表面的平滑度

要改变实体表面的平滑度，可以通过修改系统变量 FACETRES 实现。该变量用于设置曲面的面数，取值范围为 0.01~10。其值越大，曲面越光滑。

如果 DISPSILH 变量值为 1，那么执行【消隐】、【渲染】命令时看不到 FACETRES 设置效果，此时必须将 DISPSILH 值设置为 0。

博学先生，执行消隐命令后的图形更直观，可是不能放大和缩小啊？

你说的没错。这需要我们在执行消隐命令前将图形调整至合适的大小。执行重生成命令，可以将图形恢复至消隐前的视觉样式。

视野拓展

在块名中，可以包括字母、数字和一些特殊字符，如【$】（美元）、【-】（连接符）、【_】（下划线）、空格、中文以及 Microsoft Windows 和 AutoCAD 中没有用于其他用途的特殊字符。

12.6　应用与管理视觉样式

视觉样式是一组设置，用来控制视口中边和着色的显示。一旦应用了视觉样式或更改了其设置，就可以在视口中查看效果。

12.6.1　应用视觉样式

- 菜单：单击菜单浏览器按钮，选择【视图】|【视觉样式】子命令。
- 工具栏：【功能区】选项板中，选择【可视化】选项卡，单击【视觉样式】下拉列表框中的视觉样式。

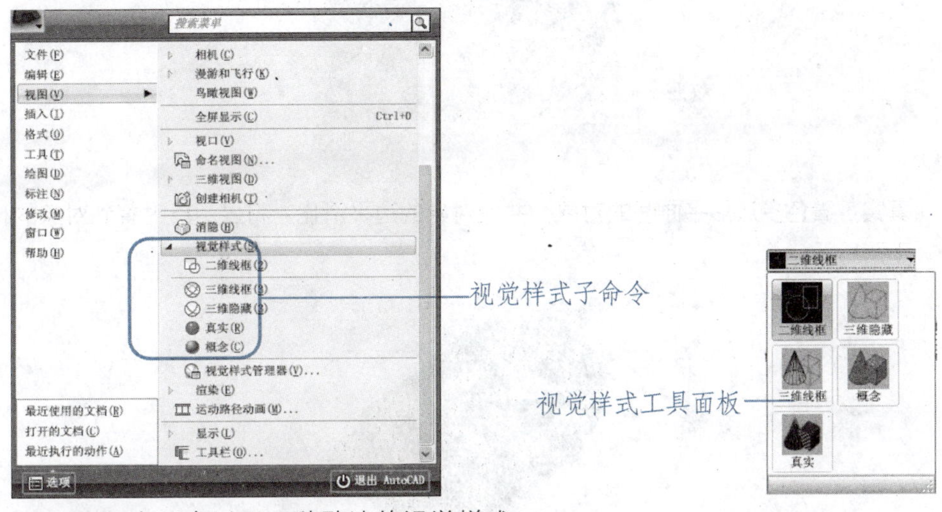

在 AutoCAD 中，有以下 5 种默认的视觉样式。

- 二维线框：显示用直线和曲线表示边界的对象。光栅和 OLE 对象、线型和线宽均可见，如下图所示。

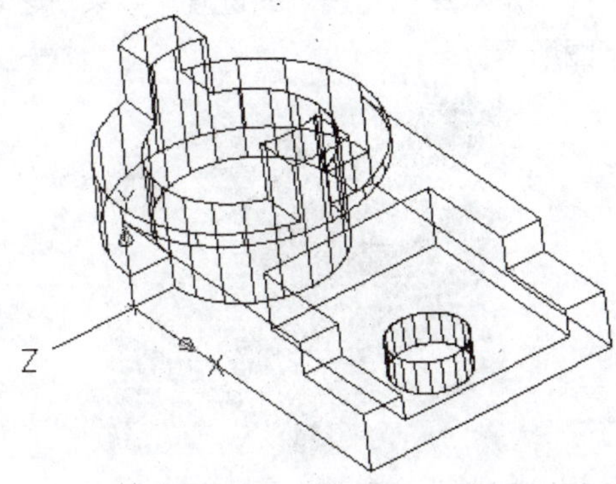

- 三维线框：显示用直线和曲线表示边界的对象，如下图所示。

如果在样板图中创建并保存了块参照，那么在使用该样板图创建一张新图时，块参照定义也保存在新创建的图形中。如果将一个图形文件插入到当前图形中，那么其中的块参照定义也被插入到当前图形中。

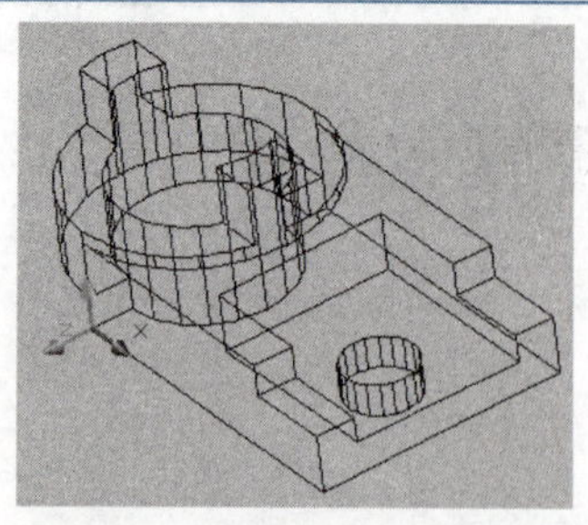

- 三维隐藏：显示用三维线框表示的对象并隐藏表示后向面的直线，如下图所示。

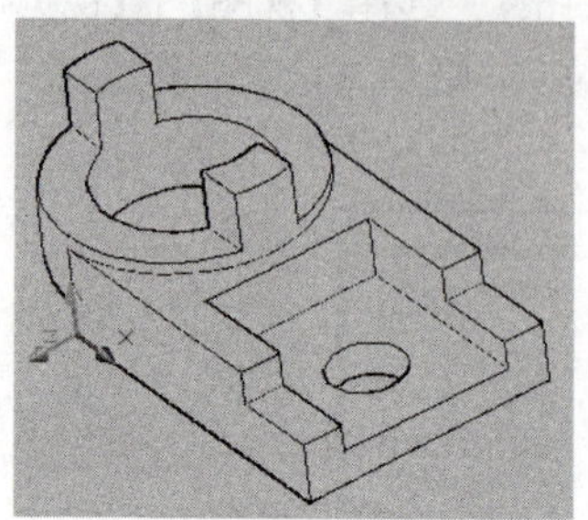

- 真实：着色多边形平面间的对象，并使对象的边平滑化。将显示已附着到对象的材质，如下图所示。

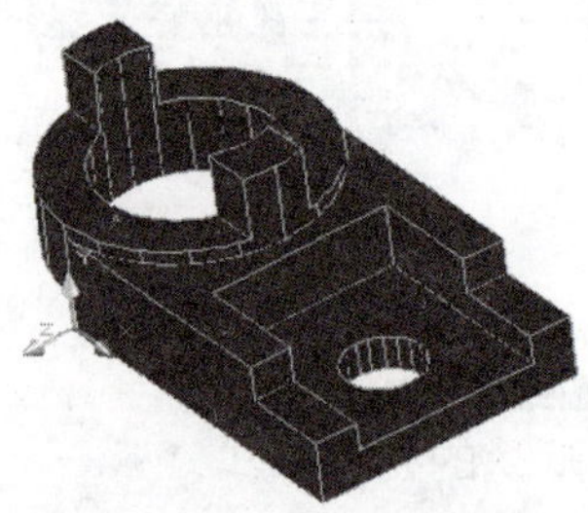

- 概念：着色多边形平面间的对象，并使对象的边平滑化。着色使用古氏面样式，一种冷色和暖色之间的过渡，而不是从深色到浅色的过渡。效果缺乏真实感，但是可以更方便地查看模型的细节，如下图所示。

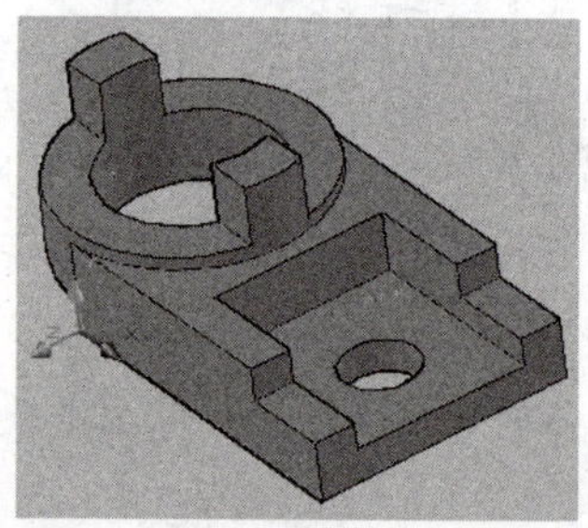

在着色视觉样式中来回移动模型时，跟随视点的两个平行光源将会照亮面。该默认光源被设计为照亮模型中的所有面，以便从视觉上可以辨别这些面。仅在其他光源（包括阳光）关闭时，才能使用默认光源。

视野拓展

删除图层是不可恢复的操作，所以要慎重考虑是否要删除一个图层。

12.6.2 管理视觉样式

- 命令：visualstyles。
- 菜单：单击菜单浏览器按钮，选择【视图】|【视觉样式】|【管理视觉样式】命令。
- 工具栏：【功能区】选项板中，选择【可视化】选项卡，单击【视觉样式】面板中单击【管理视觉样式】按钮。

执行该命令后，将打开【视觉样式管理器】面板，如下图所示。

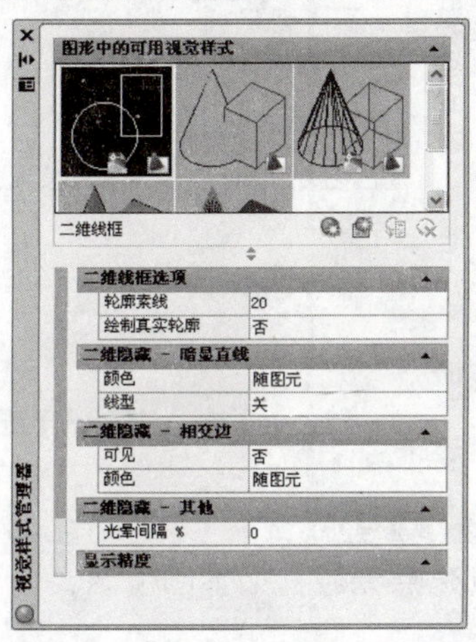

在【图形中的可用视觉样式】列表中显示了图形中的可用视觉样式的样例图像。当选定某一视觉样式，该视觉样式显示黄色边框，选定的视觉样式的名称显示在面板的底部，在【视觉样式管理器】面板的下部，将显示该视觉样式的面设置、环境设置和边设置。

在【视觉样式管理器】面板中，使用工具条中的工具按钮，可以创建新的视觉样式、将选定的视觉样式应用于当前视口、将选定的视觉样式输出到工具选项板以及删除选定的视觉样式。

在【图形中的可用视觉样式】列表中选择的视觉样式不同，设置区中的参数选项也不同，用户可以根据需要在面板中进行相关设置。

12.7 使用光源

当场景中没有用户创建的光源时，AutoCAD 将使用系统默认光源对场景进行着色或渲染。默认光源是来自视点后面的两个平行光源，模型中所有的面均被照亮，以使其可见。用户可以控制其亮度和对比度，而无需要创建或放置光源。

插入自定义光源或启用阳光后，默认光源将会被禁用。

光源的设置直接影响到渲染效果。通常要在渲染之前设置所需要的光源。AutoCAD 提供了 3 种形式的光源：点光源、平行光和聚光灯。

12.7.1 点光源

点光源从其所在位置向四周发射光线，它不以某一对象为目标。使用点光源可以达到基本

在绘图的时候，可能会一不小心将一个实体绘制在不该在的图层上，这个时候也不要删除它。可以通过另外一种方法方便地将它的图层属性更改，首先选中该实体，在【图层】工具栏的下拉列表框中选择它应该在的图层即可。

视野拓展

的照明效果。

- 命令：pointlight。
- 菜单：单击菜单浏览器按钮，选择【视图】|【渲染】|【光源】|【新建点光源】命令。
- 工具栏：【功能区】选项板中，选择【可视化】选项卡，单击【光源】面板中单击【点】按钮。

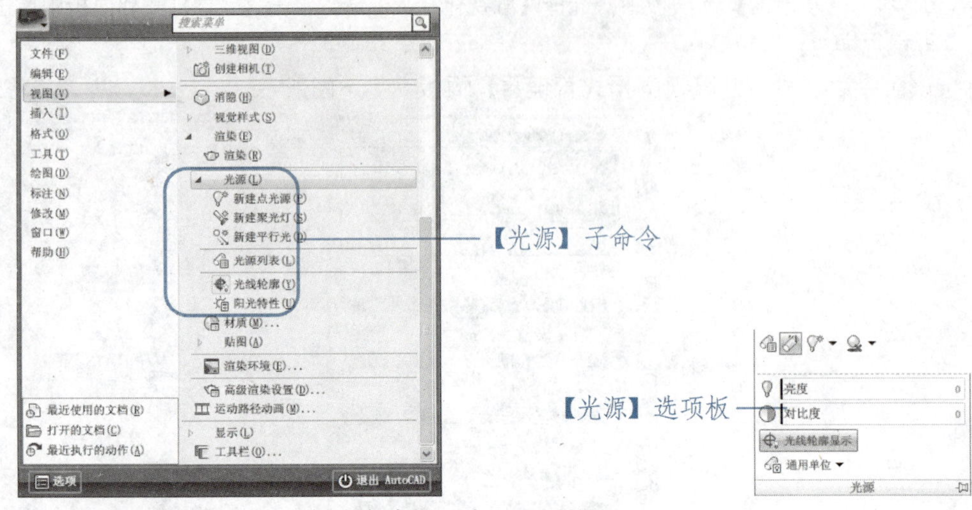

执行 pointlight 命令，可以创建点光源，如下图所示。

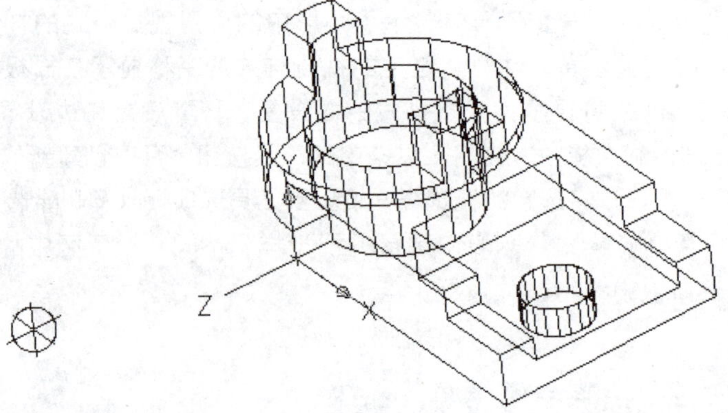

点光源可以手动设置为强度随距离线性衰减（根据距离的平方反比）或者不衰减，默认情况下，衰减设置为无。

用户也可以使用 pointlight 命令创建目标点光源。目标点光源和点光源的区别在于可用的其他目标特性，目标光源可以指向一个对象。将点光源的【目标】特性从【否】更改为【是】，就从点光源更改为目标点光源了，其他目标特性也将会启用。

创建衰减点光源时，当指定了光源位置后，还可以设置光源的名称、强度因子、状态、光度、阴影、衰减、过滤颜色等选项，此时命令行显示如下提示信息：

```
输入要更改的选项 [名称(N)/强度(I)/状态(S)/阴影(W)/衰减(A)/颜色(C)/退出(X)] <退出>:
```

在点光源的【特性】面板中，可以修改光源的特性，如下图所示。

视野拓展

仅对渲染操作支持衰减界限，在视口中不支持衰减界限。OpenGl 驱动程序不支持衰减起始界限和结束界限。要识别驱动程序，请输入 3dconfig，然后单击【手动调节】。在【手动性能调节】对话框中查看选定的驱动程序名称。

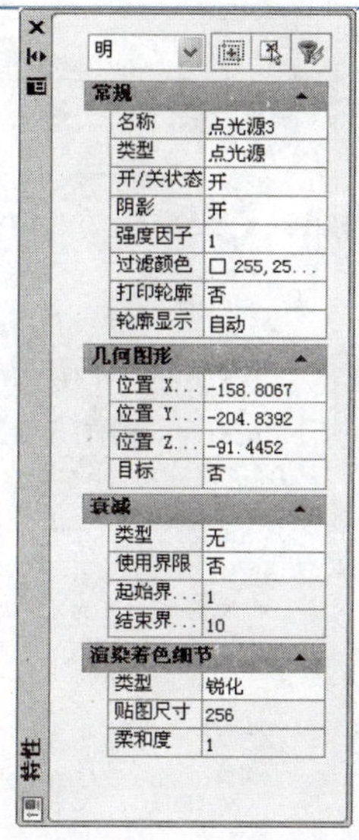

12.7.2 聚光灯

聚光灯（例如闪光灯、剧场中的跟踪聚光灯或前灯）分布投射一个聚焦光束，发射定向锥形光，可以控制光源的方向和圆锥体的尺寸。

- 命令：spotlight。
- 菜单：单击菜单浏览器按钮，选择【视图】|【渲染】|【光源】|【新建聚光灯】命令。
- 工具栏：【功能区】选项板中，选择【可视化】选项卡，单击【光源】面板中单击【聚光灯】按钮。

执行该命令，可以创建聚光灯，如下图所示。

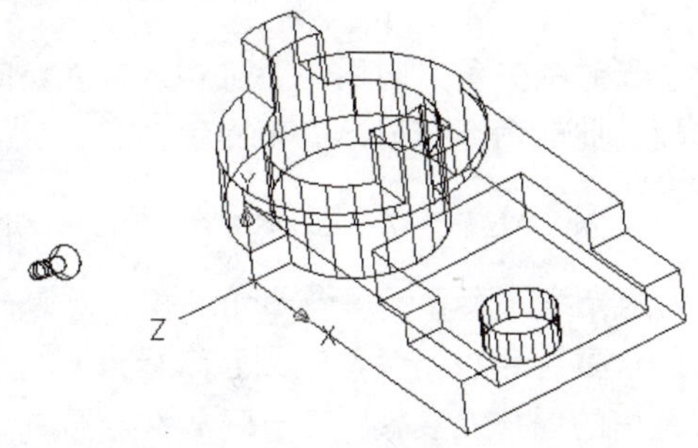

创建聚光灯时，当指定了光源位置和目标位置后，还可以设置光源的名称、强度因子、状态、光度、聚光角、照射角、阴影、衰减、过滤颜色等选项，此时命令行显示如下提示信息：

```
输入要更改的选项 [名称(N)/强度(I)/状态(S)/聚光角(H)/照射角(F)/阴影(W)/衰减(A)/颜色(C)/退出(X)]
<退出>:
```

像点光源一样，聚光灯也可以手动设置为强度随距离衰减。但是，聚光灯的强度始终还是根据相对于聚光灯的目标矢量的角度衰减。此衰减由聚光灯的聚光角度和照射角度控制。聚光灯可用于亮显模型中的特定特征和区域。聚光灯具有目标特性，可以使用聚光灯的【特性】面板设置，如下图所示。

除地理位置以外，阳光的所有位置均由视口保存，而不是由图形保存。地理位置由图形保存。

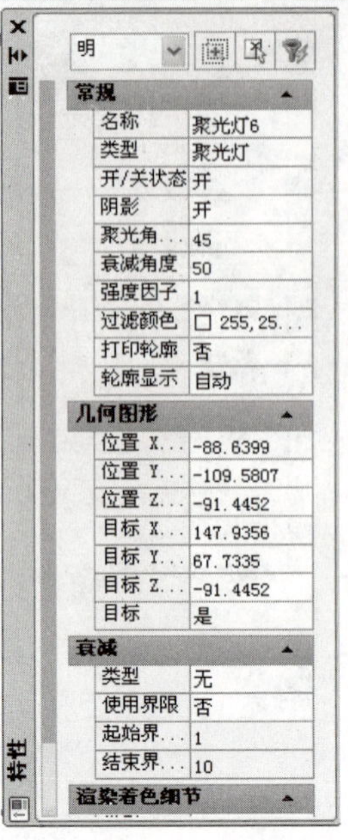

12.7.3 平行光

平行光仅向一个方向发射统一的平行光光线。可以在视口中的任意位置指定 FROM 点和 TO 点，以定义光线的方向。

- 命令：distantlight。
- 菜单：单击菜单浏览器按钮，选择【视图】|【渲染】|【光源】|【新建平行光】命令。
- 工具栏：【功能区】选项板中，选择【可视化】选项卡，单击【光源】面板中单击【平行光】按钮。

创建平行光时，当指定了光源的矢量方向后，还可以设置光源的名称、强度因子、状态、光度、阴影、过滤颜色等选项，此时命令行显示如下提示信息：

```
输入要更改的选项 [名称(N)/强度(I)/状态(S)/阴影(W)/颜色(C)/退出(X)] <退出>:
```

在图形中，可以使用不同的光线轮廓表示每个聚光灯和点光源，但不会用轮廓表示平行光和阳光，因为它们没有离散的位置并且也不会影响到整个场景。

平行光的强度并不随着距离的增加而衰减；对于每个照射的面，平行光的亮度都与其在光源处相同。可以用平行光统一照亮对象或背景。

提示： 平行光在物理上不是非常精确，因此建议用户不要在光度控制流程中使用。

12.7.4 查看光源列表

- 命令：lightlist。
- 菜单：单击菜单浏览器按钮，选择【视图】|【渲染】|【光源】|【光源列表】命令。

视野拓展

所有的时区由位置决定，但可以独立调整（TIMEZONE 系统变量），默认时区为北美洲的圣弗朗西斯科。

- 工具栏：【功能区】选项板中，选择【可视化】选项卡，单击【光源】面板中单击【模型中的光源】按钮。

执行该命令，打开【模型中的光源】面板，其中显示了当前模型中的光源，单击光源即可在模型中选中它，如下图所示。

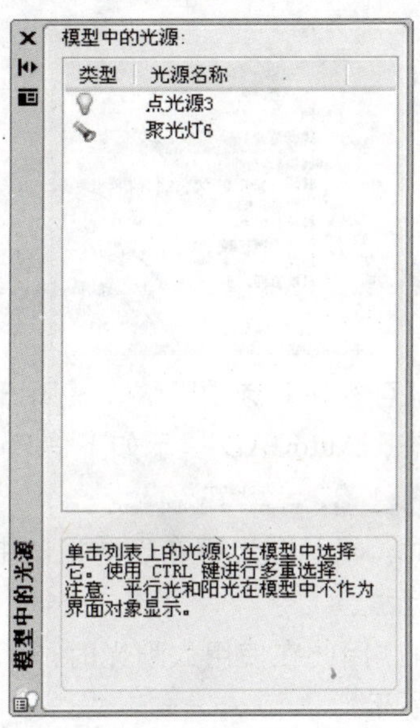

12.7.5　阳光与天光模拟

在【功能区】选项板中选择【可视化】选项卡，使用【周日】面板和【时间和位置】面板，可以设置阳光和天光，下面一起来研究一下吧。

1．阳光

太阳是模拟太阳光源效果的光源，可以用于显示结构投射的阴影如何影响周围区域。

阳光与天光是 AutoCAD 中自然照明的主要来源。但是，阳光的光线是平行的且为淡黄色，而大气投射的光线来自所有方向且颜色为明显的蓝色。系统变量 LIGHTINGUNITS 设置为光度时，将提供更多阳光特性。

流程为光度控制流程时，阳光特性具有更多可用的特性并且使用物理上更加精确的阳光模型在内部进行渲染。由于根据图形中指定的时间、日期和位置自动计算颜色，因此光度控制阳光的阳光颜色处于禁闭状态。根据天空中的位置按程序确定颜色。流程是常规光源或标准光源时，其他阳光与天光特性不可用。

阳光的光线相互平行，并且在任何距离处都有相同强度。可以打开或关闭阴影。若要提高性能，在不需要阴影时将其关闭。除地理位置以外，阳光的所有设置均由视口保存，而不是由图形保存。地理位置由图形保存。

在【功能区】选项板中选择【可视化】选项卡，在【周日】面板中单击【阳光特性】按钮，打开【阳光特性】面板，可以设置阳光特性，如下图所示。

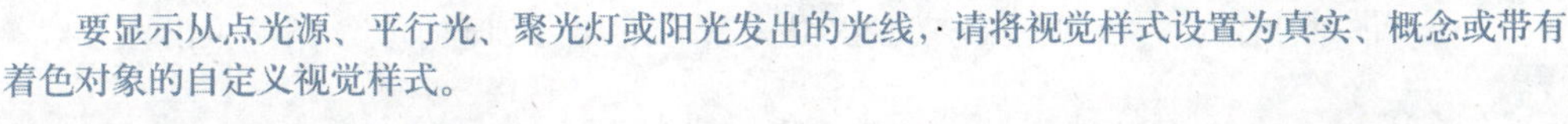
要显示从点光源、平行光、聚光灯或阳光发出的光线，请将视觉样式设置为真实、概念或带有着色对象的自定义视觉样式。

视野拓展

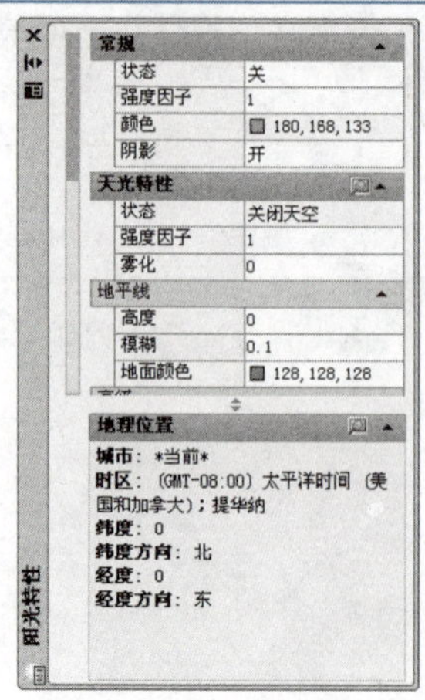

在【功能区】选项板中选择【可视化】选项卡，在【周日】面板中单击【阳光状态】按钮☼，可以设置默认光源的打开状态，AutoCAD 提示如下信息：

```
命令: _sunstatus
输入 SUNSTATUS 的新值 <0>: 1
```

其中，SUNSTATUS 值为 0 时，表示阳光不在当前视口中投射光线；SUNSTATUS 值为 1 时，表示阳光在当前视口中投射光线。

由于太阳光受地理位置的影响，因此在使用太阳光时，可以设置光源的地理位置，如纬度、经度、北向以及地区等，如下图所示。

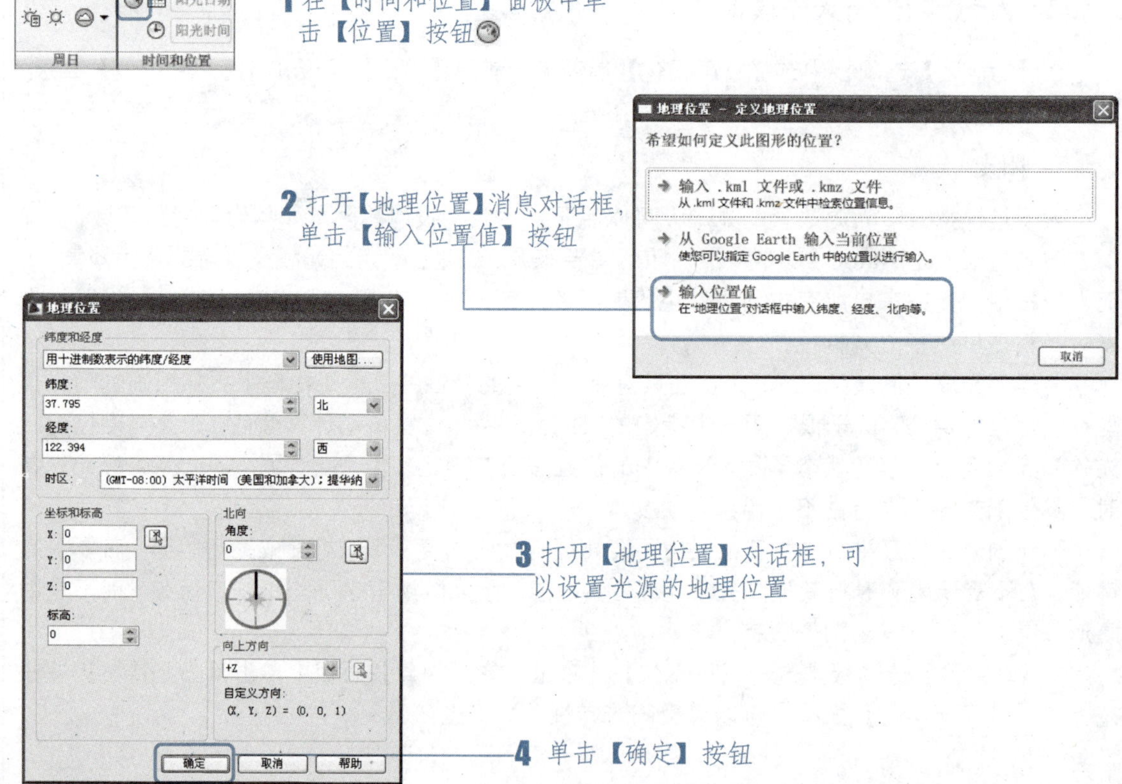

视野拓展

用户使用自定义光源时，必须关闭默认光源，以便显示创建的光源或阳光发出的光线。

此外，在【时间和位置】面板中，还可以通过拖动【阳光日期】和【阳光时间】滑块，设置阳光的日期和时间。

2．天光背景

选择天光背景的选项仅在光源单位为光度单位时可用。如果用户选择天光背景并且将光源更改为标准（常规）光源，则天光背景将被禁用。

在【功能区】选项板中选择【可视化】选项卡，在【周日】面板中单击【天光背景】按钮、【关闭天光】按钮和【伴有照明的天光背景】按钮，可以在视图中使用天光背景或天光背景和照明。

12.8　材质和贴图

将材质添加到图形中的对象上，可以展现对象的真实效果。使用贴图可以增加材质的复杂性和纹理的真实性。

12.8.1　使用材质

- 命令：materials。
- 菜单：单击菜单浏览器按钮，选择【视图】|【渲染】|【材质】命令。
- 工具栏：【功能区】选项板中，选择【可视化】选项卡，单击【材质】面板中的【材质】按钮。

相应菜单命令和工具栏如下图所示。

材质库是用户安装 AutoCAD 时作为一个组件选择性安装的，选择安装时，材质库组件将始终安装到默认位置。如果在安装材质库之前更改路径，则新材质不会显示在工具选项板上，也不会参照纹理贴图。

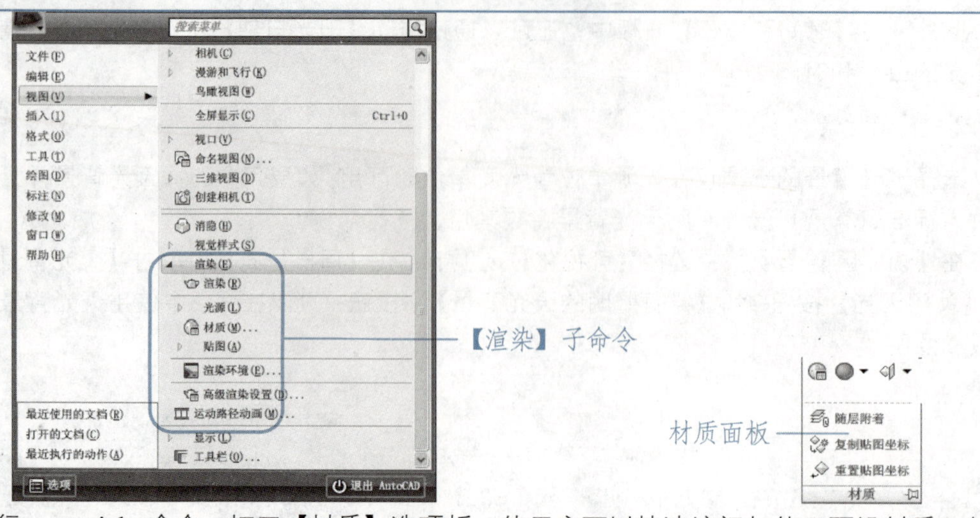

执行 materials 命令，打开【材质】选项板，使用户可以快速访问与使用预设材质，如下图所示。

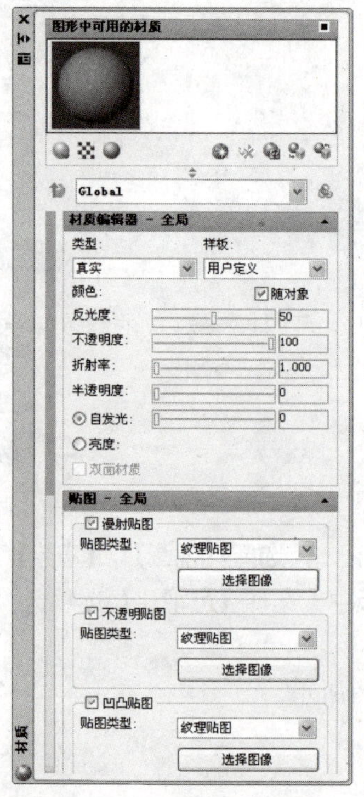

254

单击【图形中可用的材质】面板下的【创建新材质】按钮，可以创建新材质。使用【材质编辑器】面板，可以为要创建的新材质选择材质类型和样板。设置这些特性后，用户还可以使用【贴图】（例如纹理贴图或程序贴图）、【高级光源替代】、【材质缩放与平铺】和【材质偏移与预览】面板进一步修改新材质的特性。

视野拓展

图形中始终包含一种材质（GLOBAL），它使用真实样板。用户可以将该材质或任何其他材质用作创建新材质的基础。

12.8.2 将材质应用于对象和面

用户可以将材质应用到单个的面和对象，或将其附着到一个图层对象。要将材质应用到对象或面（曲面对象的三角形或四边形部分），可以将材质从工具选项板拖动到对象。材质将添加到图形中，并且作为样例显示在【材质】窗口中。

如果单击【材质】选项板中的【将材质应用到对象】按钮，可以将材质指定给对象。

12.8.3 使用贴图

贴图是增加材质复杂性的一种方式，贴图使用多种级别的贴图设置和特性。附着带纹理的材质后，可以调整对象或面上纹理贴图的方向。

材质被映射后，用户可以调整材质以适应对象的形状。将合适的材质贴图类型应用到对象，可以使之更加适合对象。AutoCAD 提供的贴图类型有以下几种。

- 平面贴图：将图像映射到对象上，就像将其从幻灯片投影器投影到二维曲面上一样。图像不会失真，但是会被缩放以适应对象，该贴图常用于面。
- 长方体贴图：将图像映射到类似长方体的实体上，该图像将在对象的每个面上重复使用。
- 球面贴图：在水平和垂直两个方向同时使图像弯曲。纹理贴图的顶边在球体的【北极】压缩为一个点；同样，底板在【南极】压缩为一个点。
- 柱面贴图：将图像映射到圆柱对象上；水平边将一起弯曲，但顶边和底边不会弯曲。图像的高度将沿圆柱体的轴进行缩放。

如果需要做进一步调整，可以使用显示在对象上的贴图工具，移动或旋转对象上的贴图。

贴图工具是一些视口图标，使用鼠标变换选择时，它可以使用户快速选择一个或两个轴。通过将鼠标放置在图标的任意轴上选择一个轴，然后拖动鼠标沿该轴变换选择。此外，移动或缩放对象时，可以使用工具的其他区域同时沿着两条轴执行变换。使用工具使用户可以在不同的变换轴和平面之间快速而轻松地进行切换。

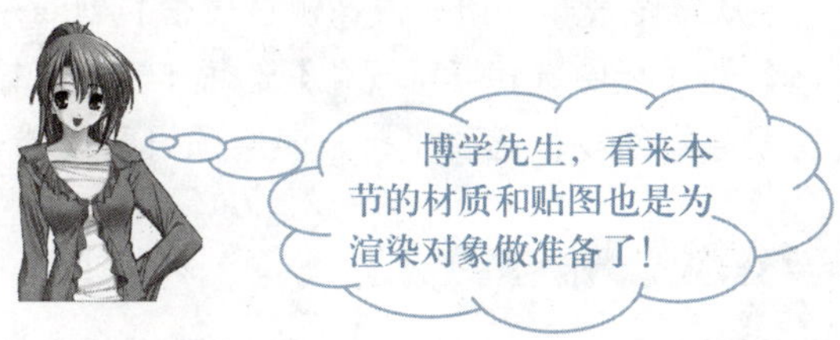

12.9 渲染对象

渲染是基于三维场景来创建二维图像。它使用已设置的光源、已应用的材质和环境设置（例如背景和雾化），为场景的几何图形着色。

在渲染时，有时渲染界面会处于静止状态，这是因为渲染速度和所渲染的图形大小、复杂程度以及机器的配置有直接关系，一般情况下稍等一会儿就会出现新的窗口显示渲染结果。

视野拓展

12.9.1 高级渲染设置

- 命令：rpref。
- 菜单：单击菜单浏览器按钮，选择【视图】|【渲染】|【高级渲染设置】命令。
- 工具栏：【功能区】选项板中，选择【输出】选项卡，单击【渲染】面板中的【高级渲染设置】按钮。

执行该命令，将打开【高级渲染设置】选项板，可以设置渲染高级选项，如下图所示。

【高级渲染设置】选项板被分为从常规设置到高级设置的若干部分。【常规】部分包含了影响模型的渲染方式、材质和阴影的处理方式以及反锯齿执行方式的设置（反锯齿可以削弱曲线式线条或边在边界处的锯齿效果）；【光线跟踪】部分控制如何产生着色；【间接发光】部分用于控制光源特性、场景照明方式以及是否进行全局照明和最终采集。此外，还可以使用诊断控件帮助用户了解图像没有按照预期效果进行渲染的原因。

从一个下拉列表中选择一组预定义的渲染设置，称为渲染预设。渲染预设存储了多组设置，使渲染器可以产生不同质量的图像。标准预设的范围从草图质量（用于快速测试图像）到演示质量（提供照片级真实感图像）。还可以在【功能区】选项板中选择【可视化】选项卡，在【输出】面板中选择【渲染预设】下拉列表框中的【管理渲染预设】选项，打开渲染预设管理器，从中可以创建自定义预设，如下图所示。

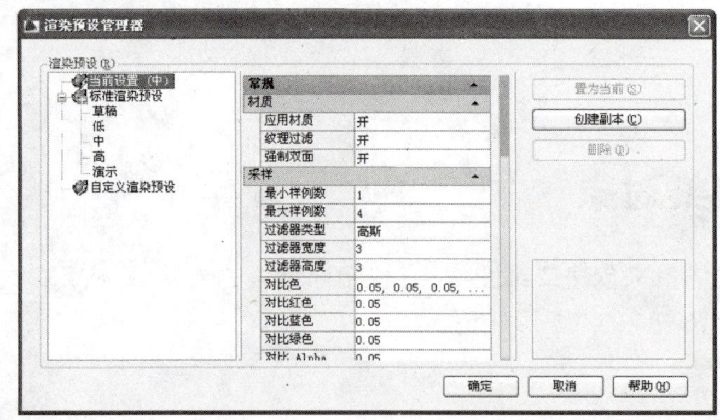

视野拓展

如果读者得到的渲染效果不理想，可以重新执行 pointlight 命令修改已有点光源的光源强度和位置，直到满意为止。

12.9.2　控制渲染

- 命令：renderenvironment。
- 菜单：单击菜单浏览器按钮，选择【视图】|【渲染】|【渲染环境】命令。
- 工具栏：【功能区】选项板中，选择【输出】选项卡，单击【渲染】面板中的【环境】按钮 。

执行 renderenvironment 命令，打开【渲染环境】对话框，可以使用环境功能设置雾化效果或背景图像，如下图所示。

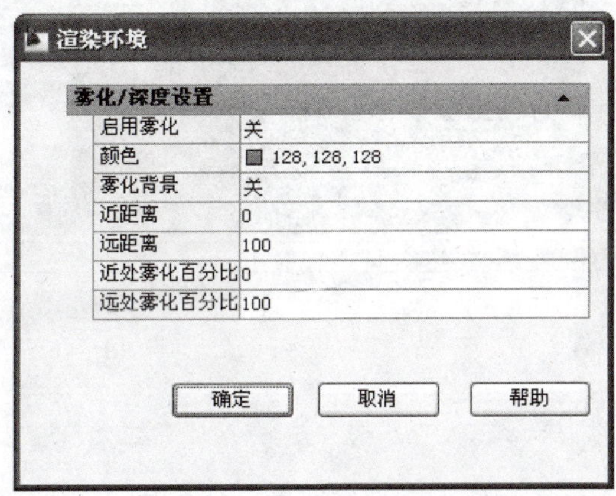

雾化和深度设置是非常相似的大气效果，可以使对象随着距相机距离的增大而显示得越浅。雾化使用白色，而深度设置使用黑色。在【渲染环境】对话框中，要设置的关键参数包括雾化或深度设置的颜色、近距离和远距离以及近处雾化百分率和远处雾化百分率。

雾化或深度设置的密度由近处雾化百分率和近处雾化百分率控制。这些设置的范围从 0.0001~100。值越高，表示雾化或深度设置越不透明。

提示： 对于比例较小的模型，【近处雾化百分率】和【远处雾化百分率】设置可能需要设置在 1.0 以下才能查看想要的效果。

12.9.3　渲染并保存图像

默认情况下，渲染过程为渲染图形内当前视图中的所有对象。如果没有打开命名视图或相机视图，则渲染当前视图。虽然在渲染关键对象或视图的较小部分时渲染速度较快，但渲染整个视图可以让用户看到所有对象之间是如何相互定位的。

- 命令：render。
- 菜单：单击菜单浏览器按钮，选择【视图】|【渲染】|【渲染】命令。
- 工具栏：【功能区】选项板中，选择【输出】选项卡，单击【渲染】面板中的【渲染】按钮。

执行 render 命令，将打开【渲染】窗口，可以快速渲染对象，如下图所示。

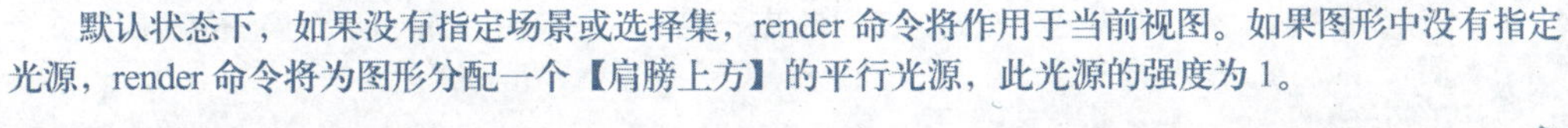
默认状态下，如果没有指定场景或选择集，render 命令将作用于当前视图。如果图形中没有指定光源，render 命令将为图形分配一个【肩膀上方】的平行光源，此光源的强度为 1。

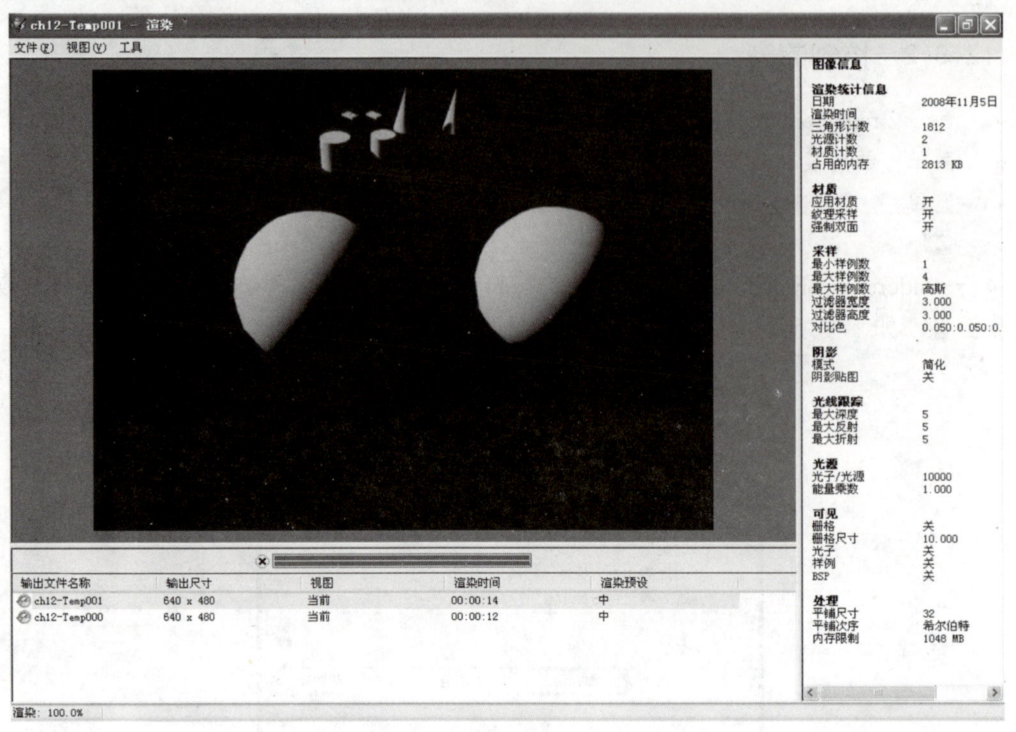

渲染窗口中显示了当前视图中图形的渲染效果。在其右边的列表中，显示了图像的质量、光源和材质等详细信息；在其下面的文件列表中，显示了当前渲染图像的文件名称、大小、渲染时间等信息。用户可以右击某一渲染图形，弹出一个快捷菜单，可以选择其中的命令保存和清理渲染图像。

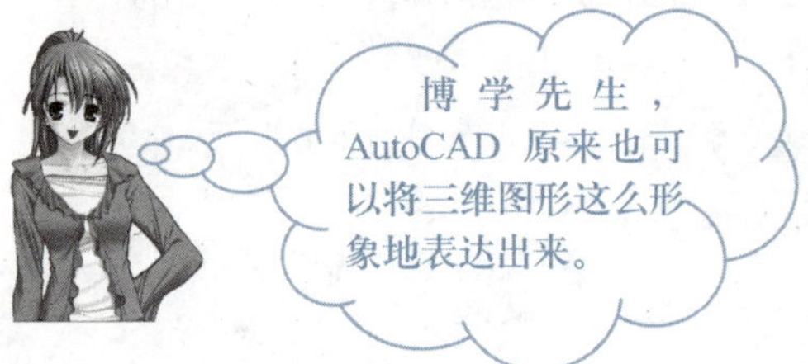

是的，不同于专门的 3D 制作软件，AutoCAD 学习起来更为容易，更适合于工程设计人员。

12.10 本章小结

本章针对三维图形的观察与渲染展开介绍。

首先介绍了三维导航工具的使用，包括受约束的动态观察、自由动态观察、连续动态观察。接着就如何使用相机定义三维视图做了详细介绍，包括创建相机及其特性的修改。同时，介绍了运动路径动画的制作方法。其二，简要讲述了漫游和飞行。接着就如何查看三维图形效果作了简要讲解，包括消隐图形、改变三维图形中的曲面轮廓素线、以线框形式显示实体轮廓、改变实体表面的平滑度 4 个方面的内容。其三，介绍了应用与管理视觉样式方法。接着就如何使

视野拓展

不能修改光源的类型，例如，不能将点光源变成平行光。但是可以在同一位置删除点光源，并插入一个新的平行光。

用光源做了详细介绍，包括点光源、聚光灯、平行光、查看光源列表及阳光与天光模拟。其四，对材质和贴图做了详细讲解，其中有使用材质、将材质应用于对象和面、使用贴图 3 个方面的内容。最后，讲述了如何渲染对象，包括高级渲染设置、控制渲染、渲染并保存图像。

通过本章内容的学习，能够使用三维观察和导航工具，围绕三维模型进行动态观察、回旋、漫游和飞行，设置相机，创建预览动画以便与他人共享设计，从视觉上传达设计意图。

12.11　趁热打铁

现在用学到的知识解决下面的问题吧！

12.11.1　选择题

1．在下列系统变量中，用来改变三维图形的曲面轮廓素线的变量是（　　）。

A．ISOLINES　　B．DISPSILH

C．FACETRES　　D．HIDE

2．在绘制三维曲面及实体时，为了更好地观察效果，执行（　　）命令，暂时隐藏位于实体背后而被遮挡的部分。

A．hide　　B．regen

C．gorush　　D．render

3．下列视觉样式用来着色多边形平面间的对象，并使对象的边平滑化的是（　　）。

A．二维线框　　B．三维线框

C．真实　　D．概念

4．单击（　　）按钮可以创建平行光。

A．　　B．

C．　　D．

12.11.2　实践题

1．使用相机观察如下图所示的图形。其中，设置相机的名称为 CAMERA1，相机位置为（200，200，200），相机高度为 200，目标位置为（0，0），镜头长度为 200mm。

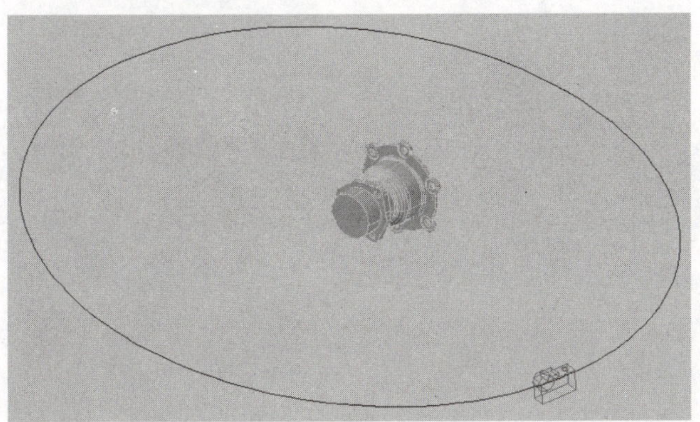

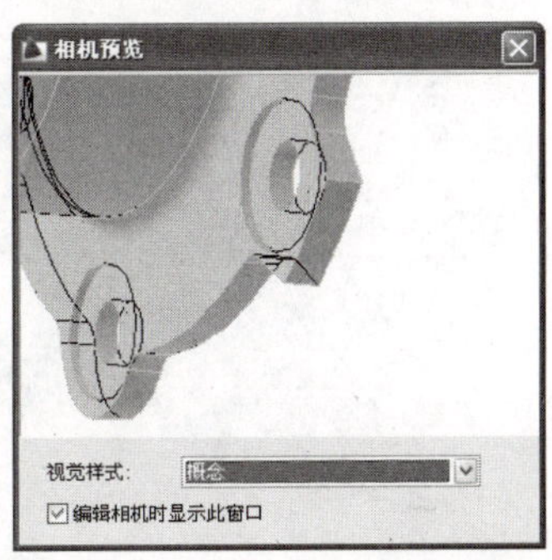

view 命令可以保存一个视图但不能保存光源，scene 命令既可以保存视图，也可以保存光源的位置。

视野拓展

2．绘制如下图所示的图形并进行标注，分别在不同光源、场景和材质下进行渲染。

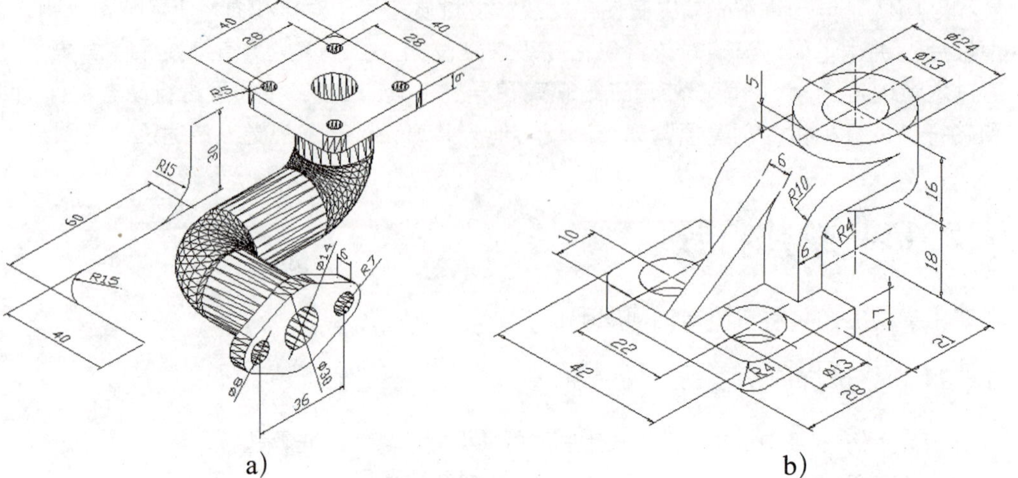

a)　　　　　　　　　　　　b)

视野拓展

在创建场景时可以没有光源，在这种情况下场景中唯一的光源是环境光。

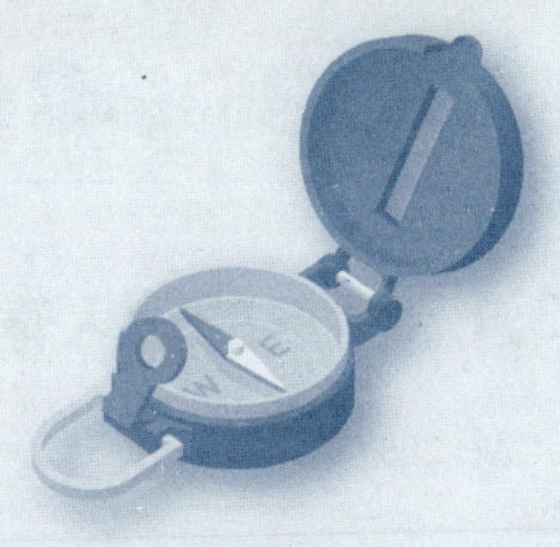

第 13 章 输出图形与 Internet 功能

本章导读

AutoCAD 2009 提供了图形输入与输出接口。不仅可以将其他应用程序中处理好的数据传送给 AutoCAD，以显示图形，还可以将在 AutoCAD 中绘制好的图形打印出来，或者把它们的信息传送给其他应用程序。

此外，为适应互联网的快速发展，使用户能够快速有效地共享设计信息，AutoCAD 2009 强化了其 Internet 功能，使其与互联网的操作更加方便、高效，可以创建 Web 格式的文件（DWF），以及发布 AutoCAD 图形文件到 Web 页。

本章学习目标

- 图形输入输出的方法、模型空间与图形空间之间切换的方法
- 创建布局、设置布局页面的方法
- 使用浮动视口观察图形的方法
- 打印 AutoCAD 图纸的方法
- 发布 DWF 文件及将图形发布到 Web 页的方法

本章学习重点

- 学会创建布局、色绘制布局页面
- 学习使用浮动视口观察图形
- 掌握打印 AutoCAD 图纸的方法

13.1 图形的输入输出

AutoCAD 2009 除了可以打开和保存 DWG 格式的图形文件外，还可以导入或导出其他格式的图形。

13.1.1 导入图形

- 命令：import。
- 菜单：单击菜单浏览器按钮，选择【文件】|【输入】命令。
- 工具栏：【功能区】选项板中，选择【块和参照】选项卡，单击【输入】面板中的【输入】按钮。

执行 import 命令，打开【输入文件】对话框。在其中的【文件类型】下拉列表框中可以看到，系统允许输入【图元文件】、ACIS 及 3D Studio 图形格式的文件，如下图所示。

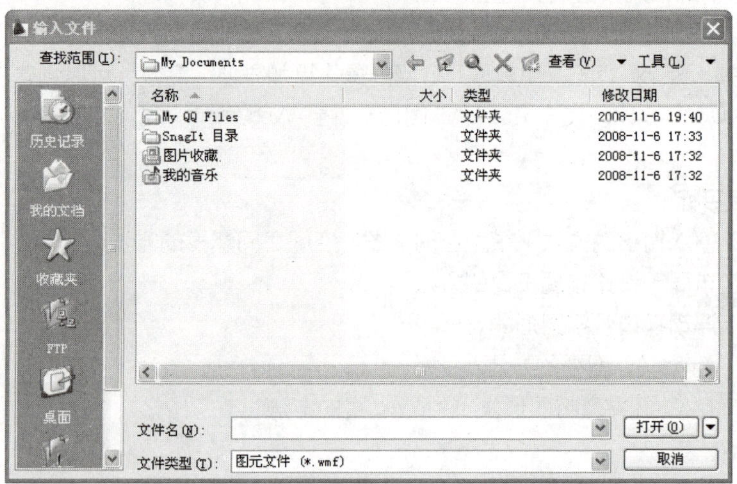

技巧： 用户还可以单击菜单浏览器按钮，在弹出的菜单中选择【插入】|【3D Studio】命令、【插入】|【ACIS 文件】命令及【插入】|【Windows 图元文件】命令，直接输入上述 3 种格式的图形文件。

13.1.2 插入 OLE 对象

- 命令：insertobj。
- 菜单：单击菜单浏览器按钮，选择【插入】|【OLE 对象】命令。
- 工具栏：【功能区】选项板中，选择【块和参照】选项卡，单击【数据】面板中的【OLE 对象】按钮。

执行该命令，打开【插入对象】对话框，可以插入对象链接或者嵌入对象，如下图所示。

视野拓展

无论是圆柱体还是椭圆柱体，使用高度确定柱体的绘制方法都仅能绘制轴线与 Z 轴相平行的柱体，如果希望绘制任意方向的柱体就需要使用两个端点确定轴线的方法绘制了。

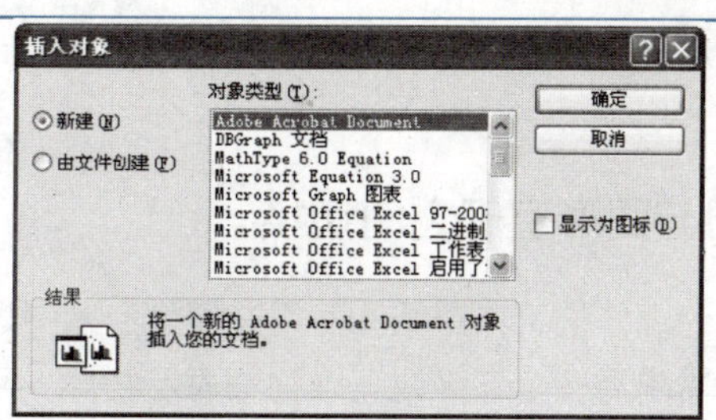

技巧: OLE（Object Linking and Embedding,对象连接与嵌入），是在 Windows 环境下实现不同 Windows 实用程序之间共享数据和程序功能的一种方法。

13.1.3 输出图形

- 命令：export。
- 菜单：单击菜单浏览器按钮，选择【文件】|【输出】命令。
- 工具栏：【功能区】选项板中，选择【输出】选项卡，单击【发送】面板中的【输出】按钮。

执行 export 命令，打开【输出数据】对话框，如下图所示。

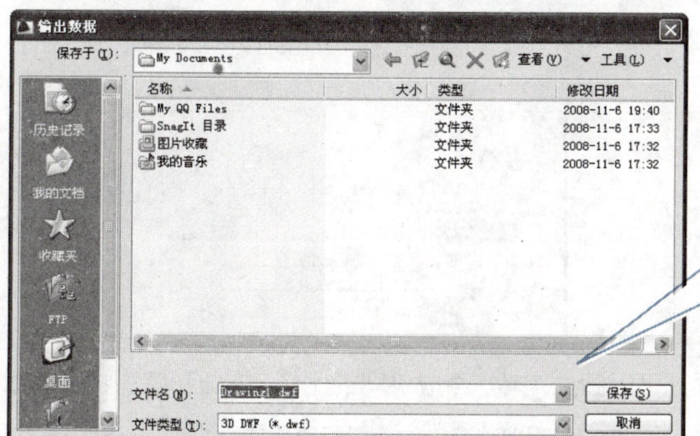

设置了文件的输出路径、名称及文件类型后，单击对话框中的【保存】按钮，将切换到绘图窗口中，选择需要以指定格式保存的对象。

可以在【保存于】下拉列表框中设置文件输出的路径，在【文件名】文本框中输入文件名称，在【文件类型】下拉列表框中选择文件的输出类型，如【图元文件】、【ACIS】、【平板印刷】、【封装 PS】、DXX 提取、位图、3D Studio 及块等。

博学先生，export 命令就是相当于将当前视口总的图形转换为图片文件啊！

你说的没错！有时我们需要把在 AutoCAD 中绘制的图形以图片的格式插入到其他文件，这是个好方法。

13.2 创建和管理布局

在 AutoCAD 2009 中，可以创建多种布局，每个布局都代表一张单独的打印输出图纸。创建新

导入图形命令（import）与附着光栅图形命令（imageattach）很相似，都是将图片文件插入到当前图形文件中，然后对其进行放大缩小等操作。

视野拓展

布局后就可以在布局中创建浮动视口。视口中的各个视图可以使用不同的打印比例，并能够控制视口中图层的可见性。

13.2.1 在模型空间与图形空间之间切换

模型空间是完成绘图和设计工作的工作空间。使用在模型空间中建立的模型可以完成二维或三维物体的造型，并且可以根据需求用多个二维或三维视图表示物体，同时配有必要的尺寸标注和注释等完成所需要的全部绘图工作。在模型空间中，用户可以创建多个不重叠的（平铺）视口以展示图形的不同视图。

图纸空间用于图形排列、绘制布局放大图及绘制视图。通过移动或改变视口的尺寸，可在图纸空间中排列视图。在图纸空间中，视口被作为对象看待，并且可用 AutoCAD 的标准编辑命令对其进行编辑。这样就可以在同一绘图页进行不同视图的放置和绘制（在模型空间中，只能在当前活动的视口中绘制）。每个视口能展现模型不同部分的视图或不同视点的视图，如下图所示。

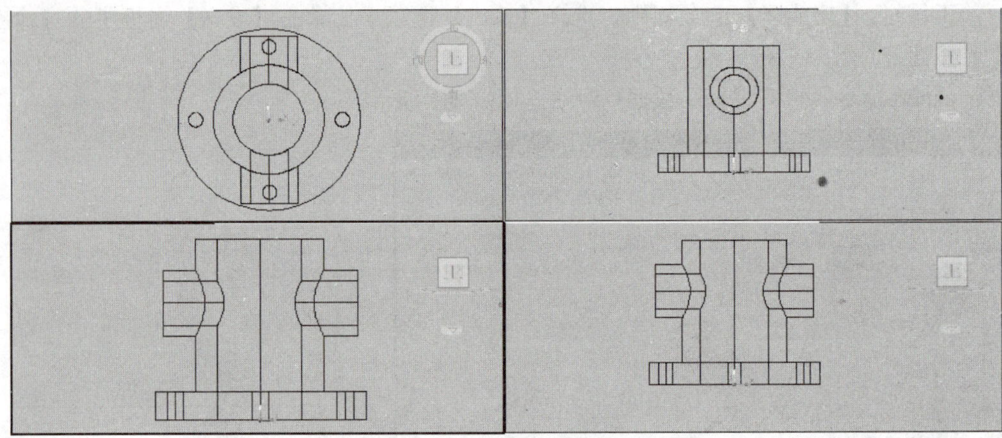

每个视口能展现模型不同部分的视图可以独立编辑、画成不同的比例、冻结和解冻特定的图层、绘出不同的标注或注释。在图纸空间中，还可以用 mspace 命令和 pspace 命令在模型与图形空间之间切换。这样，在图纸空间中就可以更灵活更方便地编辑、安排及标注视图。

使用系统变量 TILEMODE 可以控制模型空间和图纸空间之间的切换。当系统变量 TILEMODE 设置为 1 时，将切换到【模型】选项卡，用户工作在模型空间中（平铺视口）。当系统变量 TILEMODE 设置为 0 时，将打开【布局】选项卡，用户工作在图纸空间中。

在打开【布局】选项卡后，可以按以下方式在图纸空间和模型空间之间切换。

- 通过使一个视口成为当前视口而工作在模型空间中。要使一个视口成为当前视口，双击该视口即可。要使图纸空间成为当前状态，可双击浮动视口外布局内的任何地方。
- 通过状态栏上的【模型】按钮或【图纸】按钮切换在【布局】选项卡中的模型空间和图纸空间。当通过此方法由图纸空间切换到模型空间时，最后活动的视口成为当前视口。
- 使用 mspace 命令从图纸空间切换到模型空间前，使用 pspace 命令从模型空间切换到图纸空间。

视野拓展

在模型空间与图纸空间中，UCS 图标是不同的，但均是三维图标。用户可以通过单击【模型】和【布局】选项卡自由地切换模型空间和布局空间。

13.2.2　使用布局向导创建布局

单击【菜单浏览器】按钮，选择【工具】|【向导】|【创建布局】命令，打开【创建布局】向导，可以指定打印设备、确定相应的图纸尺寸和图形的打印方向、选择布局中使用的标题栏或确定视口设置。

下面以实例的方式介绍，如何使用布局向导创建布局。

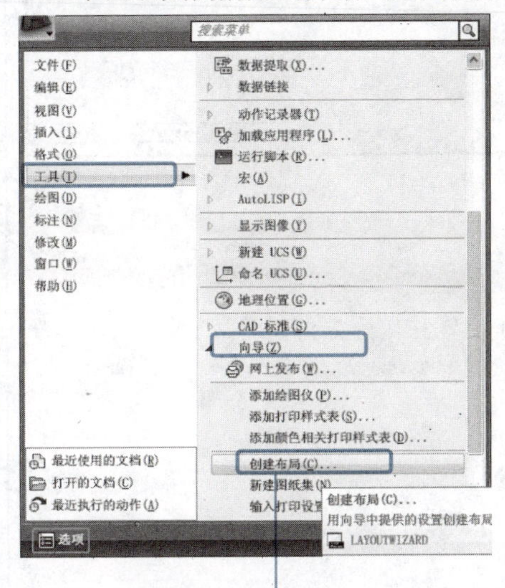

1 打开已绘制完毕的图形后，单击菜单浏览器按钮选择【工具】|【向导】|【创建布局】命令

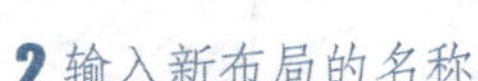

2 输入新布局的名称

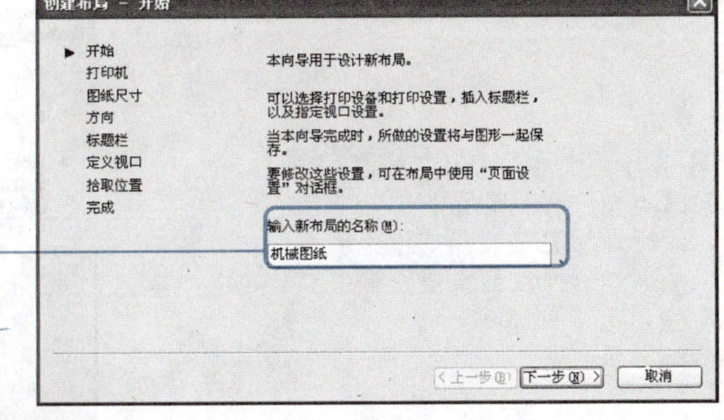

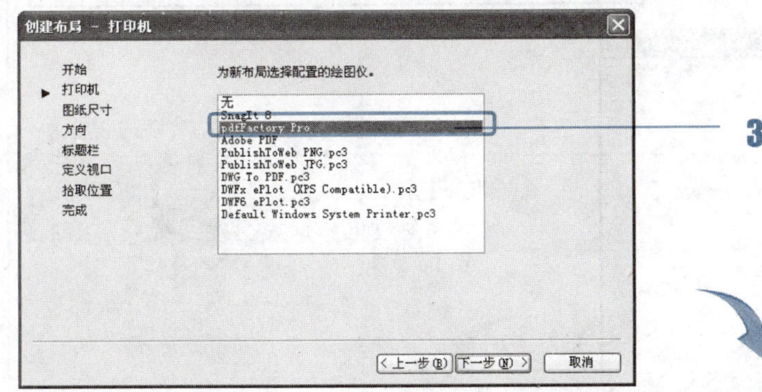

3 选择当前配置的打印机

一个视口中的视图，可以来自其他视口中视图的不同点。可以在一个视口中开始绘制（或修改）对象而在另一视口中结束绘制（或修改）。在三维图形中，可以使用 4 个视口同步显示一个线框模式的 4 个视图，俯视图、主视图、左视图和等轴测图。

视野拓展

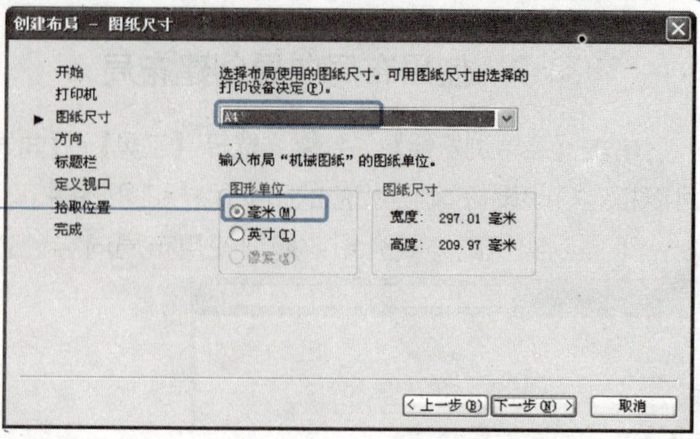

4 选择打印图纸的大小并选择所用的单位

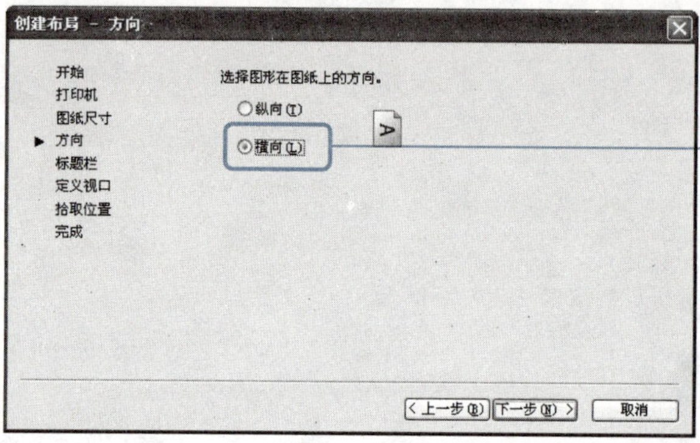

5 设置打印的方向，可以是横向，也可以是纵向

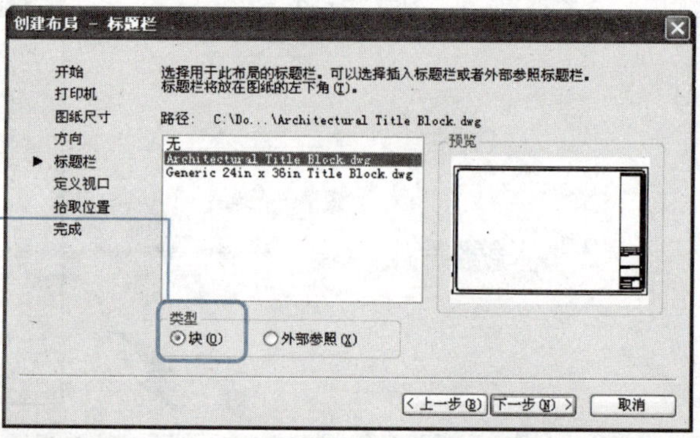

6 选择图纸的边框和标题栏的样式。在【类型】选项区域中，可以指定所选择的标题栏图形文件是作为块还是作为外部参照插入到当前图形中

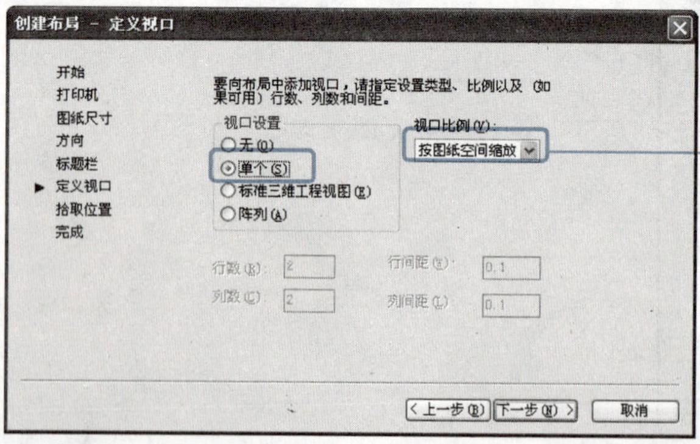

7 指定新创建布局的默认视口的设置和比例等。在【视口设置】选项区域中选择【单个】单选按钮，在【视口比例】下拉列表框中选择【按图纸空间缩放】选项

视野拓展

在一个视口中添加或修改的对象将会影响其他视口中图形的显示。不能将不同视口观察到的图形复制到其他视口中。在平铺视口中工作时，可见的图层控制所有的视口。如果关闭一个层，AutoCAD 将在所有视口中关闭该图层。

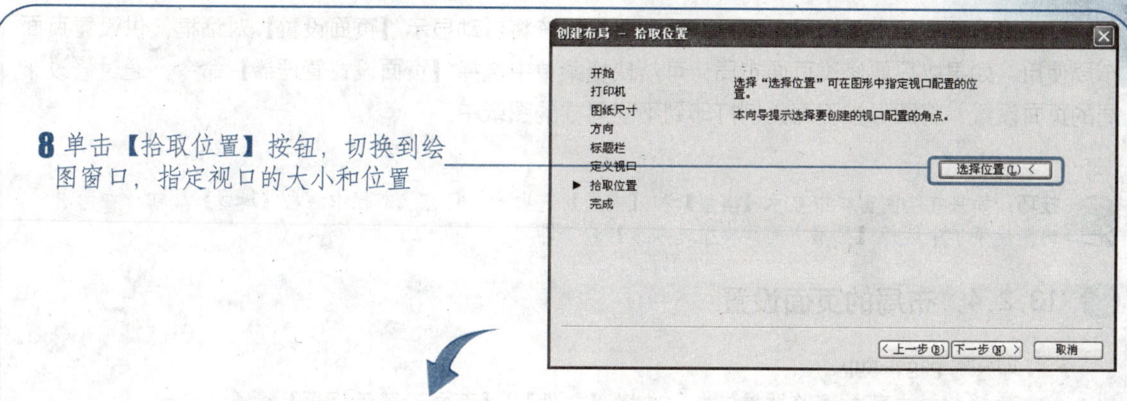

8 单击【拾取位置】按钮，切换到绘图窗口，指定视口的大小和位置

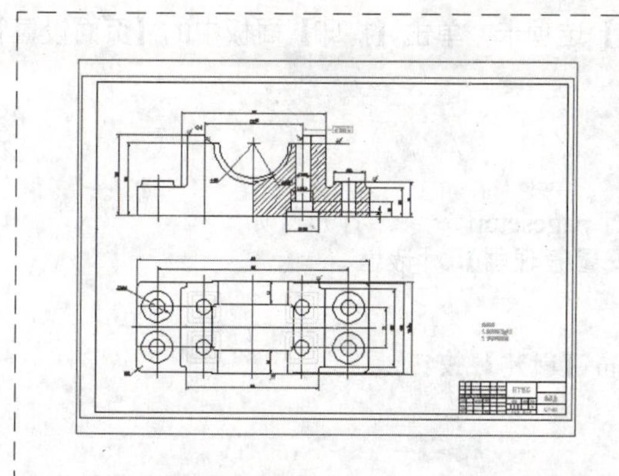

9 单击【完成】按钮，完成新布局及默认的视口创建

13.2.3 管理布局

右击【布局】选项卡，使用弹出的快捷菜单中的命令，可以删除、新建、重命名、移动或复制布局，如下图所示。

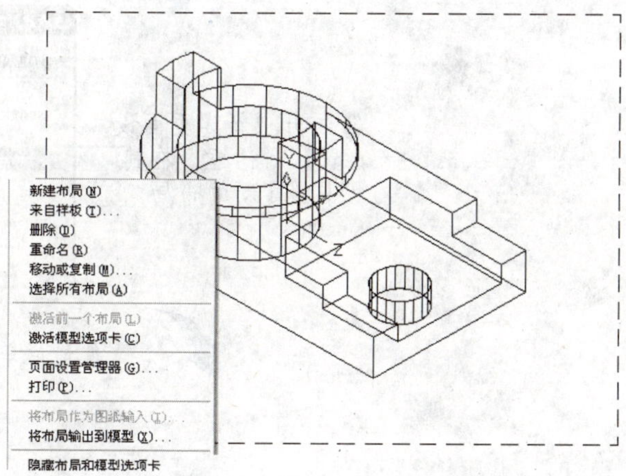

技巧：在快捷菜单中选择【隐藏布局和模型选项卡】命令后，此时在状态栏中将显示【模型】按钮和【布局】按钮，单击该按钮组也可以在模型和布局间切换操作。

在多重视口中操作时，redraw 命令和 regen 命令只对当前视口中的图形起作用。如果将所有视口中的图形重画或重生成，则应分别调用 redrawall 命令和 regenall 命令。

默认情况下，单击某个【布局】选项卡时，系统将自动显示【页面设置】对话框，供设置页面布局使用。如果以后要修改页面布局，可从快捷菜单中选择【页面设置管理器】命令，通过修改布局的页面设置，将图形按不同比例打印到不同尺寸的图纸中。

技巧： 如果在绘图窗口中显示【模型】和【布局】选项卡，可在状态栏中右击【模型】按钮，在弹出的快捷菜单中选择【显示布局和模型选项卡】命令即可。

13.2.4 布局的页面设置

- 命令：pagesetup。
- 菜单：单击菜单浏览器按钮，选择【文件】|【页面设置管理器】命令。
- 工具栏：【功能区】选项板中，选择【输出】选项卡，单击【打印】面板中的【页面设置管理器】按钮。

下面具体介绍如何进行布局的页面设置。

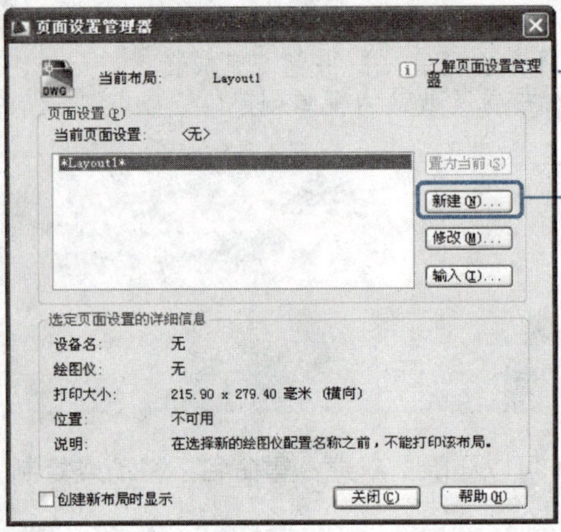

1 执行 pagesetup 命令，打开【页面设置管理器】对话框

2 单击【新建】按钮

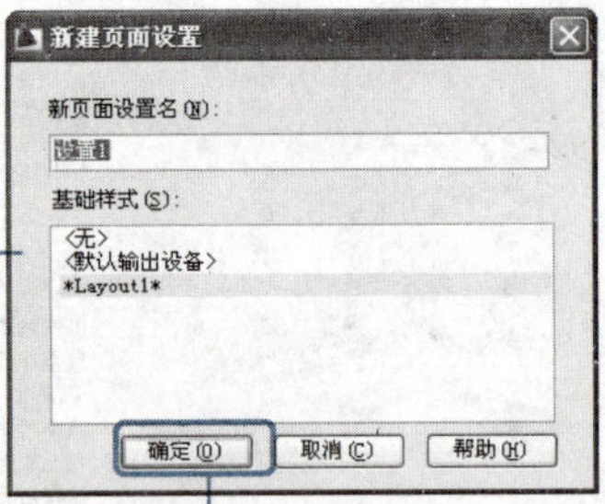

3 打开【新建页面设置】对话框，在其中创建新的布局

4 最后单击【确定】按钮

视野拓展

如果在任何一个视口中选择对象的话，就会发现所有的视口实体都被选中，这是因为每个视口并不是都单独复制了一个对象，而仅仅是通过不同的角度观察对象而已。

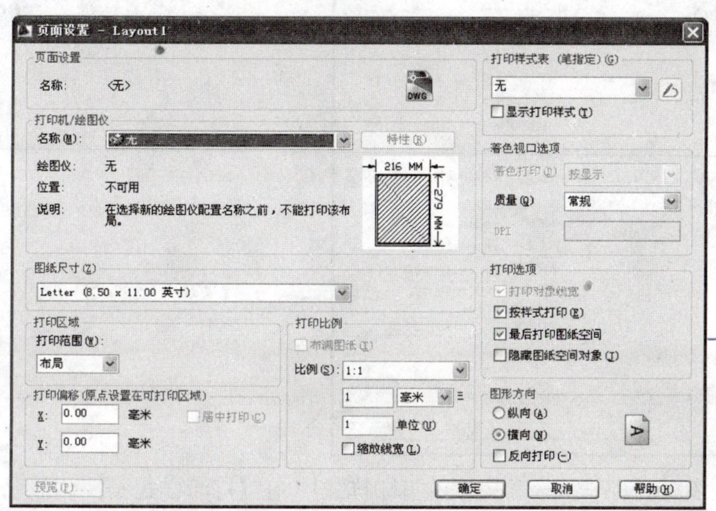

5 弹出【页面设置】对话框，可进行具体设置

其中各主要选项的功能如下。

- 【打印机/绘图仪】选项区域：指定打印机的名称、位置和说明。在【名称】下拉列表框中选择当前配置的打印机。如果要查看或修改打印机的配置信息，可单击【特性】按钮，在打开的【绘图仪配置编辑器】对话框中进行具体设置，如下图所示。

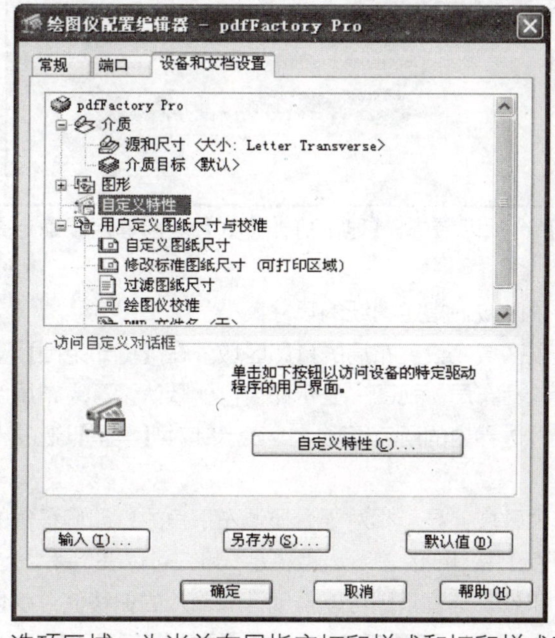

- 【打印样式表】选项区域：为当前布局指定打印样式和打印样式表。在下拉列表框中选择一个打印样式后，单击【编辑】按钮，打开【打印样式表编辑器】对话框，如下图所示。

在标注尺寸的时可分别在各平面视图中进行，也可直接在三维视图中进行。不过，大家应首先了解一点，就是所有的尺寸标注都应在 XY 平面中进行。因此，在标注尺寸之前，应首先调整坐标系设置，而且在标注过程中，还应根据情况不断调整。

视野拓展

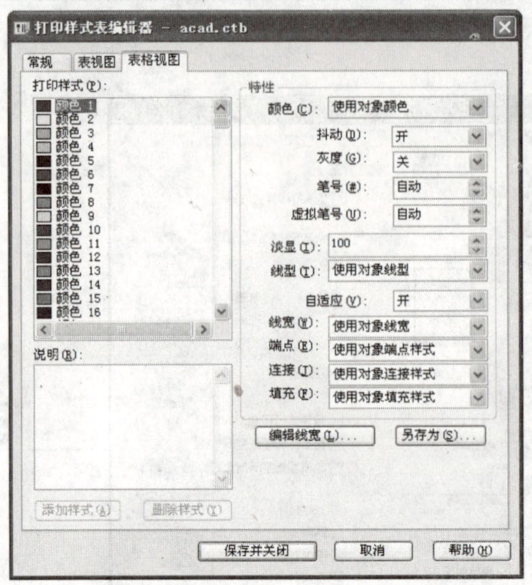

可以查看或修改打印样式（与附着的打印样式表相关联的打印样式）。在【打印样式表】下拉列表框中选择【新建】选项时，打开【添加颜色相关打印样式表】向导，用于创建新的打印样式表，如下图所示。

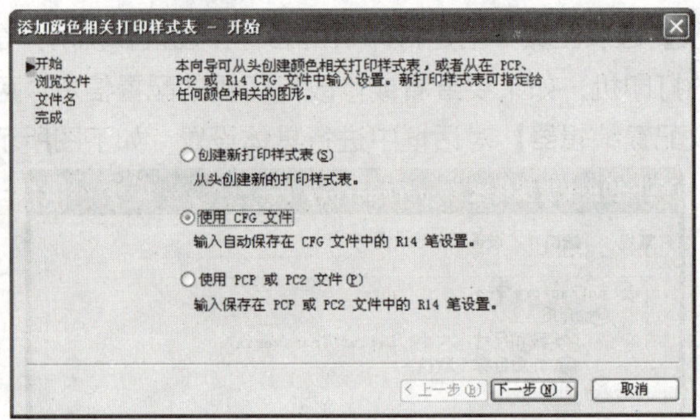

另外，在【打印样式】选项区域中，【显示打印样式】复选框用于确定是否在布局中显示打印样式。

- 【图纸尺寸】选项区域：指定图纸的尺寸大小。
- 【打印区域】选项区域：设置布局的打印区域。在【打印范围】下拉列表框中，可以选择要打印的区域，包括布局、视图、显示和窗口。默认设置为布局，表示针对【布局】选项卡，打印图纸尺寸边界内的所有图形，或表示针对【模型】选项卡，打印绘图区中所有显示的几何图形。
- 【打印偏移】选项区域：显示相对于介质源左下角的打印偏移值的设置。在布局中，可打印区域的左下角点，由图纸的左下边距决定，用户可以在 X 和 Y 文本框中输入偏移量。如果选中【居中打印】复选框，则可以自动计算输入的偏移值，以便居中打印。
- 【打印比例】选项区域：设置打印比例。在【比例】下拉列表框中可以选择标准缩放比例，或者输入自定义值。布局空间的默认比例为 1:1，模型空间的默认比例为【按图纸空间缩放】。如果要按打印比例缩放线宽，可选中【缩放线宽】复选框。布局空间的打印比例一般为 1:1。如果要缩小为原尺寸的一半，则打印比例为 1:2，线宽也随比例缩放。

视野拓展

视口仅仅是观察点的不同，并不是复制了实体。因此，为了打印的时候能够区分不同的视图，可以设置 3 个标注图层，分别对应 3 个视口，这样，如果需要打印某个视图，而不想看到其他视图的标注线条，就可以隐藏这些图层。

- 【着色视口选项】选项区域：指定着色和渲染视口的打印方式，并确定它们的分辨率大小和 DPI 值。其中，在【着色打印】下拉列表框中，可以指定视图的打印方式；在【质量】下拉列表框中，可以指定着色和渲染视口的打印分辨率；在 DPI 文本框中，可以指定渲染和着色视图每英寸的点数，最大可为当前打印设备分辨率的最大值，该选项只有在【质量】下拉列表框中选择【自定义】选项后才可用。
- 【打印选项】选项区域：设置打印选项。例如打印线宽、显示打印样式和打印几何图形的次序等。如果选中【打印对象线宽】复选框，可以打印对象和图层的线宽；选中【按样式打印】复选框，可以打印应用于对象和图层的打印样式；选中【最后打印图纸空间】复选框，可以先打印模型空间几何图形，通常先打印图纸空间几何图形，然后再打印模型空间几何图形；选中【隐藏图纸空间对象】复选框，可以指定【消隐】操作应用于图纸空间视口中的对象，该选项仅在【布局】选项卡中可用。并且，该设置的效果反映在打印预览中，而不反映在布局中。
- 【方向】选项区域：指定图形方向是横向还是纵向。选中【反向打印】复选框，还可以指定图形在图纸页上倒置打印，相当于旋转 180° 打印。
-

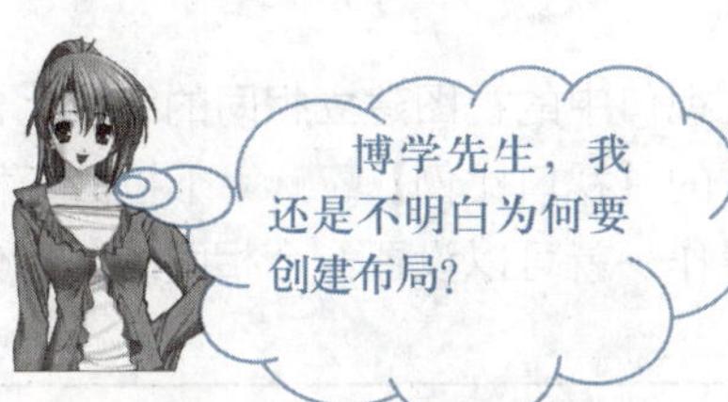

13.3　使用浮动视口

在构造布局图时，可以将浮动视口视为图纸空间的图形对象，并对其进行移动和调整。浮动视口可以相互重叠或分离。在图纸空间中无法编辑模型空间中的对象，如果要编辑模型，必须激活浮动视口，进入浮动模型空间。激活浮动视口的方法有多种，如可执行 MSPACE 命令、单击状态栏上的【图纸】按钮或双击浮动视口区域中的任意位置。

13.3.1　删除、新建和调整浮动视口

在布局图中，选择浮动视口边界，然后按 delete 键即可删除浮动视口。删除浮动视口后，单击菜单浏览器按钮，选择【视图】|【视口】|【新建视口】命令，或在【功能区】选项板中，选择【视图】选项卡，单击【视口】面板中的【新建】按钮，都可以创建新的浮动视口，此时需要指定创建浮动视口的数量和区域。

下图所示的是在图纸空间中新建的 3 个浮动视口。

即使对象只绘制在二维平面上，大部分的绘图和设计工作都应在模型空间的三维环境下完成，然后在 PLOT 对话框中指定打印比例，从模型空间可以任意比例输出图纸。

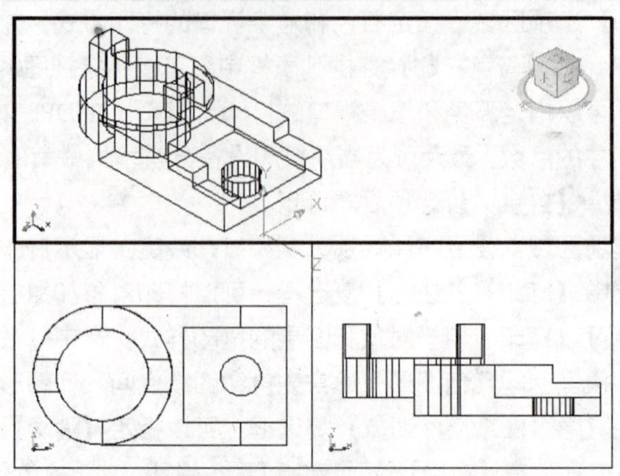

相对于图纸空间，浮动视口和一般的图形没什么区别。每个浮动视口均被绘制在当前层上，且采用当前层的颜色和线型。因此，可使用通常的图形编辑方法编辑浮动视口。例如，可以通过拉伸和移动夹点调整浮动视口的边界。

13.3.2 相对图纸空间比例缩放视图

如果布局图中使用了多个浮动视口时，就可以为这些视口中的视图建立相同的缩放比例。这时可选择要修改其缩放比例的浮动视口，在【状态栏】的【视口比例】0.661041 下拉列表框中选择某一比例，然后对其他的所有浮动视口执行同样的操作，就可以设置一个相同的比例值，如下图所示。

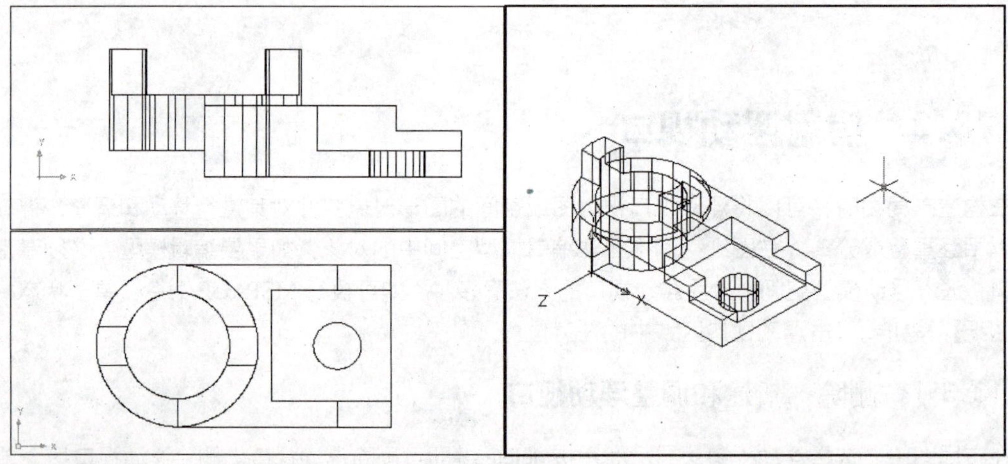

在 AutoCAD 中，通过对齐两个浮动视口中的视图，可以排列图形中的元素。要采用角度、水平和垂直对齐方式，可以相对一个视口中指定的基点平移另一个视口中的视图。

13.3.3 在浮动视口中旋转视图

在浮动视口中，执行 mvsetup 命令可以旋转整个视图。该功能与 rotate 命令不同，rotate 命令只能旋转单个对象。

视野拓展

在图纸空间中至少应有一个浮动视口用于观察模型。默认状态下，AutoCAD 创建两个布局选项卡，分别为【布局1】和【布局2】。如有必要，还可以创建更多的布局。

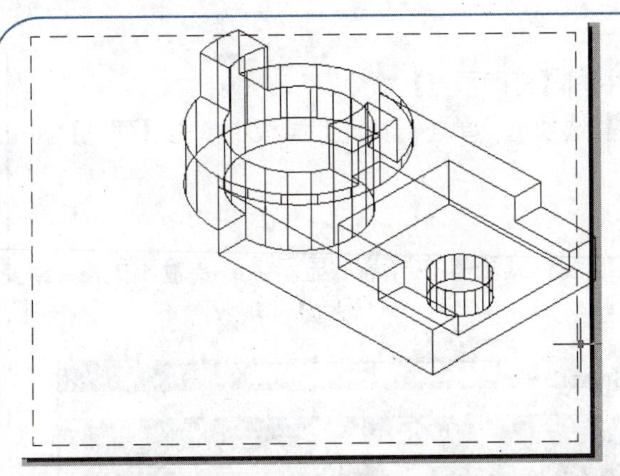

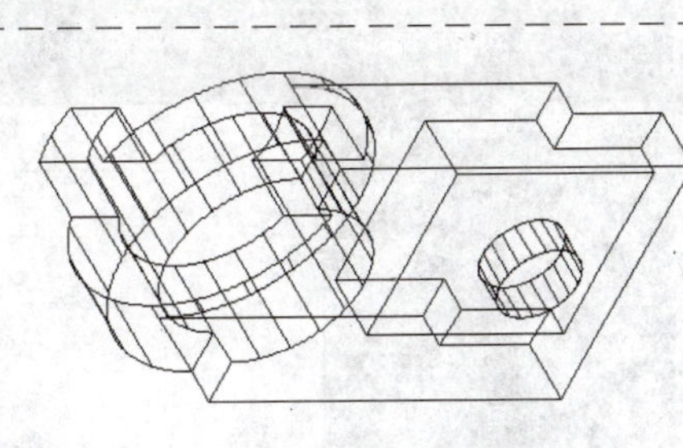

将浮动视口所示图形旋转 30°后的效果图。

太好了，学会浮动视口的创建，我就可以同时观察三维图形的三视图了。

你太聪明了！灵活使用浮动视口，可以增强我们的立体感，对三维图形的把握与绘制都有很大的帮助。

13.4　打印图形

创建完图形之后，通常要打印到图纸上，也可以生成一份电子图纸，以便从互联网上进行访问。打印的图形可以包含图形的单一视图，或者更为复杂的视图排列。根据不同的需要，可以打印一个或多个视口，或设置选项以决定打印的内容和图像在图纸上的布置。

13.4.1　打印预览

在打印输出图形之前可以预览输出结果，以检查设置是否正确。例如，图形是否都在有效输出区域内等。

solprof 命令用于在当前视口中根据视图生成实体的轮廓图，包括实体的所有边。轮廓图由直线、圆、圆弧或多段线组成。

视野拓展

- 命令：preview。
- 菜单：单击菜单浏览器按钮，选择【文件】|【打印预览】命令。
- 工具栏：【功能区】选项板中，选择【输出】选项卡，单击【打印】面板中单击【预览】按钮。

执行该命令，可以预览输出效果。

AutoCAD 将按照当前的页面设置、绘图设备及绘图样式表等在屏幕上显示最终要输出的图纸，如下图所示。

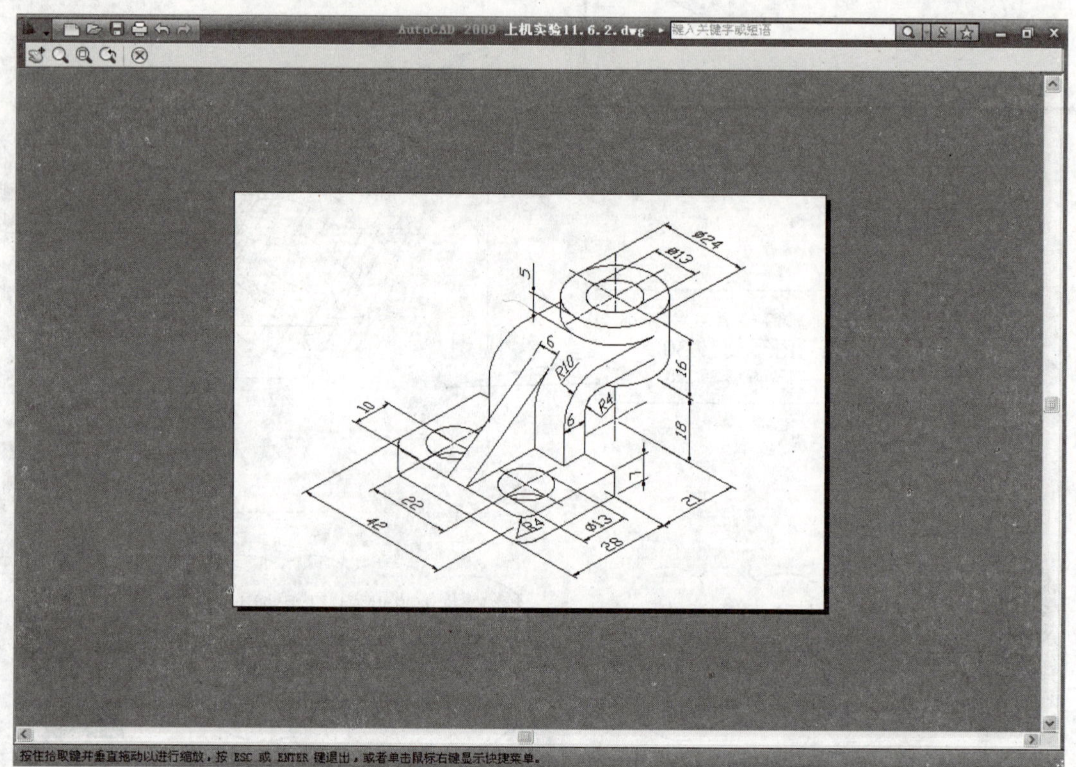

在预览窗口中，光标变成了带有加号和减号的放大镜状，向上拖动光标可以放大图像，向下拖动光标可以缩小图像。要结束全部的预览操作，按 Esc 键。

13.4.2 打印设置

在 AutoCAD 2009 中，可以使用【打印】对话框打印图形。在绘图窗口中选择一个【布局】选项卡后，单击菜单浏览器按钮，选择【文件】|【打印】命令，或在【功能区】选项板中，选择【输出】选项卡，在【打印面板】中单击【打印】按钮，打开【打印】对话框，如下图所示。

视野拓展

在透视图中，solprof 命令不能输出正确的结果，因此 solprof 命令只能用于平行投影视图中，而且 solprof 命令只能在【布局】选项卡的模型空间中使用。

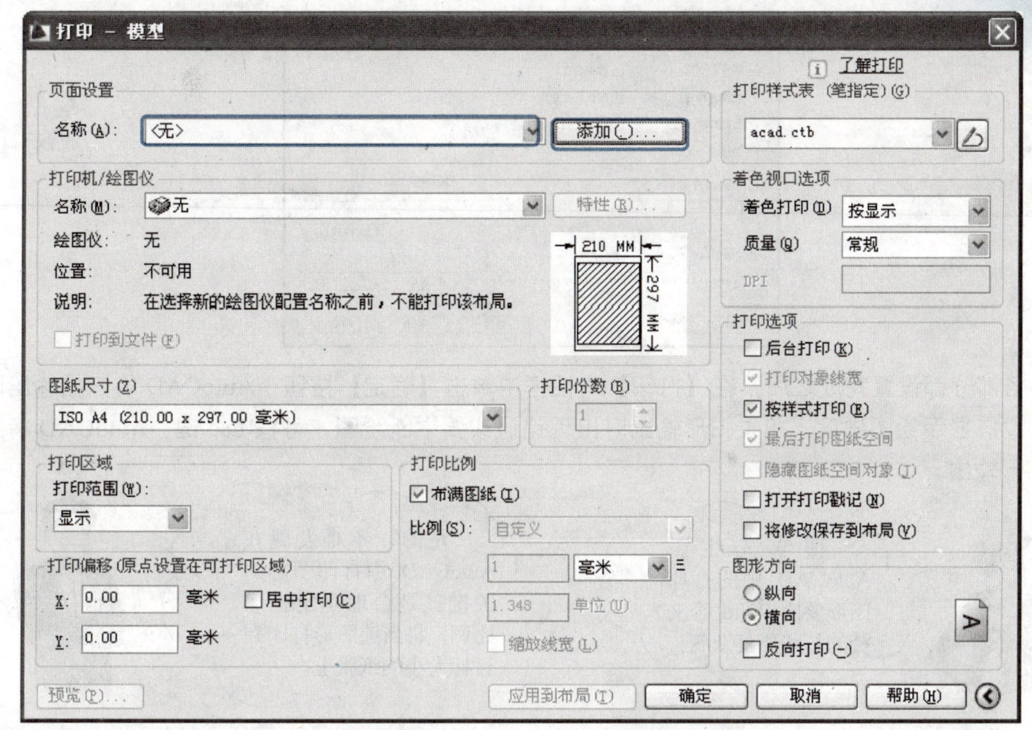

【打印】对话框中的内容与【页面设置】对话框中的内容基本相同，此外还可以设置以下选项。

【页面设置】选项区域的【名称】下拉列表框：可以选择打印设置，并能够随时保存、命名和恢复【打印】和【页面设置】对话框中的所有设置。单击【添加】按钮，打开【添加页面设置】对话框，可以从中添加新的页面设置，如下图所示。

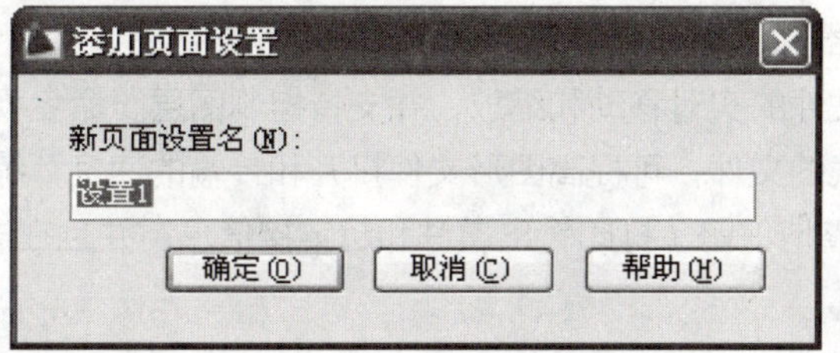

【打印机/绘图仪】选项区域中的【打印到文件】复选框：可以指示将选定的布局发送到打印文件，而不是发送到打印机。

【打印份数】文本框：可以设置每次打印图纸的份数。

在【打印选项】选线区域中选中【后台打印】复选框，可以在后台打印图形；选中【将修改保存到布局】复选框，可以将打印对话框中改变的设置保存到布局中；选中【打开打印戳记】复选框，可以在每个输出图形的某个角落上显示绘图标记，以及生成日志文件。此时单击其后的【打印戳记设置】按钮，将打开【打印戳记】对话框，可以设置打印戳记字段，包括图形名称、布局名称、日期和时间、打印比例、绘图设备及纸张尺寸等，还可以定义自己的字段，如下图所示。

要在【布局】视图中对实体进行任何编辑，都需要进入模型空间，否则，仅能对视口进行操作，包括改变视口大小、位置等。

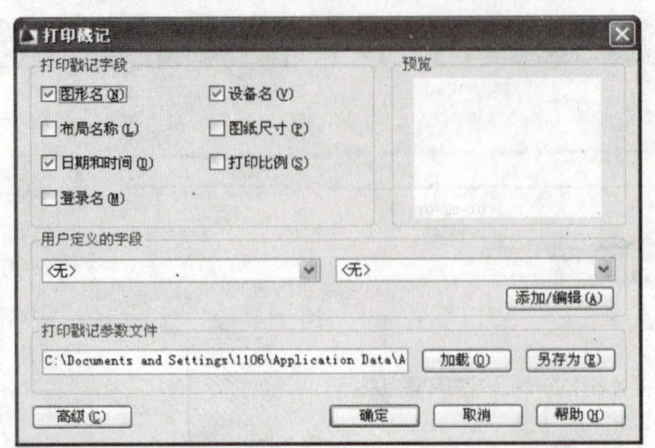

各部分都设置完成之后，在【打印】对话框中单击【确定】按钮，AutoCAD 将开始输出图形并动态显示绘图进度。如果图形输出时出现错误或要中断绘图，可按 Esc 键，AutoCAD 将结束图形输出。

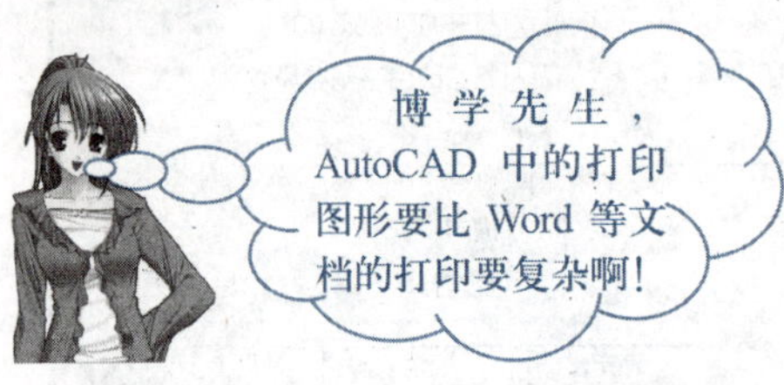

是的，不难发现在 AutoCAD 中打印图形的关键就是合理确定打印比例，将当前图形打印到目标大小的纸张上。

13.5 发布 DWF 文件

现在，国际上通常采用 DWF（Drawing Web Format，图形网格格式）图形文件格式。DWF 文件可在任何装有网络浏览器和 Autodesk WHIP!插件的计算机中打开、查看和输出。

DWF 文件支持图形文件的实时移动和缩放，并支持控制图层、命名视图和嵌入链接显示效果。DWF 文件是矢量压缩格式的文件，可提高图形文件打开和传输的速度，缩短下载时间。以矢量格式保存的 DWF 文件，完整地保留了打印输出属性和超链接信息，并且在进行局部放大时，基本能够保持图形的准确性。

13.5.1 输出 DWF 文件

要输出 DWF 文件，必须先创建 DWF 文件，在这之前还应创建 ePlot 配置文件。使用配置文件 ePlot.pc3 可创建带有白色背景和纸张边界的 DWF 文件。

通过 AutoCAD 的 ePlot 功能，可将电子图形文件发布到 Internet 上，所创建的文件以 Web 图形格式（DWF）保存。用户可在安装了 Internet 浏览器和 Autodesk WHIP!4.0 插件的任何计算机中打开、查看和打印 DWF 文件。DWF 文件支持实时平移和缩放，可控制图层、命名视图和嵌入超链接的显示。

在使用 ePlot 功能时，系统先按建议的名称创建一个虚拟电子出图。通过 ePlot 可指定多种设置，如指定画笔、旋转和图纸尺寸等，所有这些设置都会影响 DWF 文件的打印外观。

视野拓展

在利用向导创建布局时，【创建布局】对话框中的标题栏应该注意选择一种能匹配图纸尺寸的标题栏，否则选定的标题栏可能不适合已经设定的图形尺寸。

下面以实例说明 DWF 文件的制作过程。

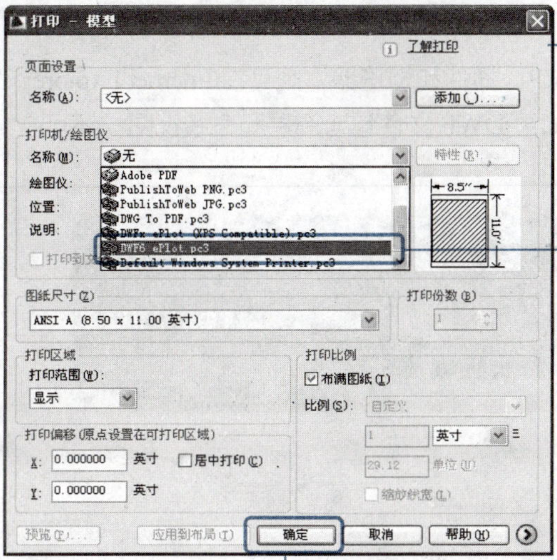

1 执行【文件】|【打印】命令，弹出【打印】对话框

2 在【打印机/绘图仪】选项区域的【名称】下拉列表框中，选中【DWF6 ePlot.pc3】选项

3 单击【确定】按钮

4 打开【浏览打印文件】对话框，设置 ePlot 文件的名称和路径

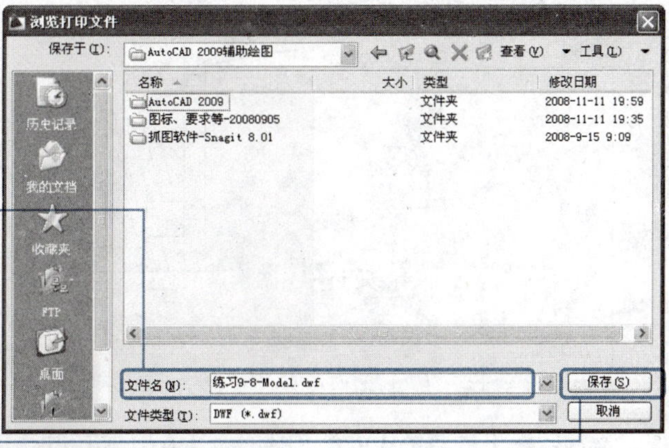

5 单击【保存】按钮

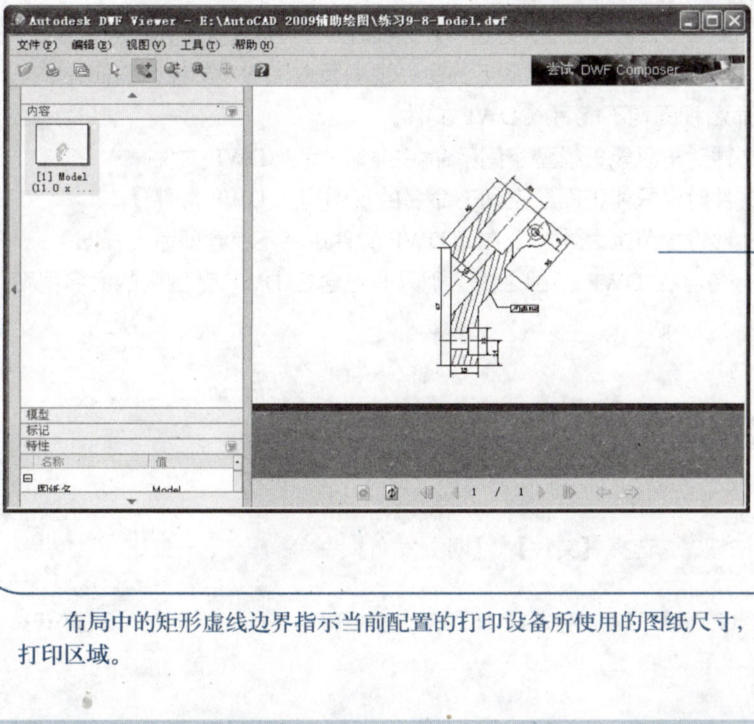

6 打开刚创建的 DWF 文件，并可以调整合适的视图浏览图形文件

布局中的矩形虚线边界指示当前配置的打印设备所使用的图纸尺寸，图纸中显示的页边是不可打印区域。

13.5.2 在外部浏览器中浏览 DWF 文件

如果在计算机系统中安装了 4.0 或以上版本的 WHIP！插件和浏览器，则可在 Internet Explorer 或 Netscape Communicator 浏览器中查看 DWF 文件。如果 DWF 文件包含图层和命名视图，还可在浏览器中控制其显示特征，如下图所示。

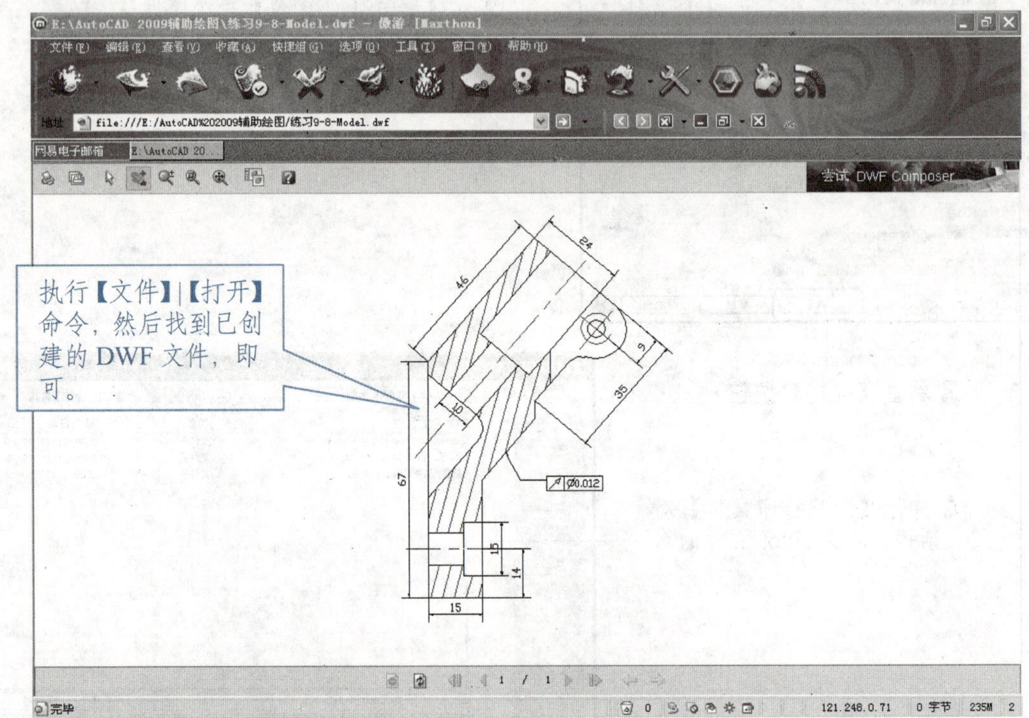

在浏览器上查看 DWF 文件时，应注意以下几点：

- 只有在 DWF ePlot.pc3 输出配置中包含【图层信息选项】选项时，才可包含【图层】控制。
- 在创建 DWF 文件时，只可把当前用户坐标系下的命名视图写入 DWF 文件，任何在非当前用户坐标系下创建的命名视图均不能写入 DWF 文件。
- 在模型空间输出 DWF 文件时，只能把模型空间下命名的视图写入 DWF 文件。
- 在图纸空间输出 DWF 文件时，只能把图纸空间下命名的视图写入 DWF 文件。
- 如果命名视图在 DWF 文件输出范围之外，则在此 DWF 文件中将不包含此命名视图。
- 如果命名视图中的一部分包含在 DWF 范围之内，则只有包含在 DWF 范围内的命名视图是可见的。

13.6 将图形发布到 Web 页

- 命令：publishtoweb。
- 菜单：单击菜单浏览器按钮，选择【文件】|【网上发布】命令。

视野拓展

除了使用菜单（【文件】|【电子传递】）外，用户还可以输入 etransmit 命令启动电子传递操作。

- 工具栏：【功能区】选项板中，选择【输出】选项卡，单击【发布】面板的【网上发布】按钮。

即使不熟悉 HTML 代码，也可以方便、迅速地创建 Web 页，该 Web 页包含有 AutoCAD 图形的 DWF、PNG 或 JPEG 等格式的图像。一旦创建了 Web 页，就可以将其发布到 Internet。

下面以实例说明将已绘制好的图形发布到 Web 页的过程。

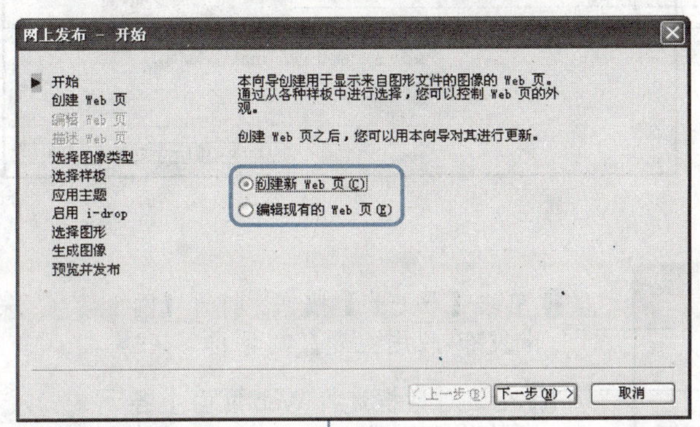

1 单击菜单浏览器按钮，选择【文件】/【网上发布】命令，打开【网上发布-开始】对话框

2 单击【下一步】按钮，打开【网上发布-创建 Web 页】对话框

3 在【指定 Web 页的名称】文本框中输入 Web 页的名称 hao。也可以指定文件的存放位置

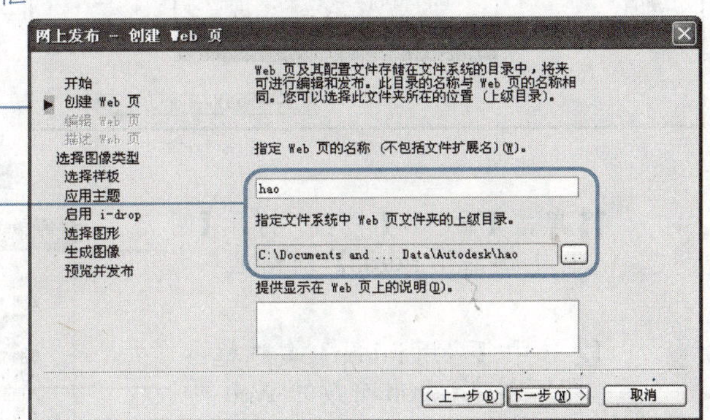

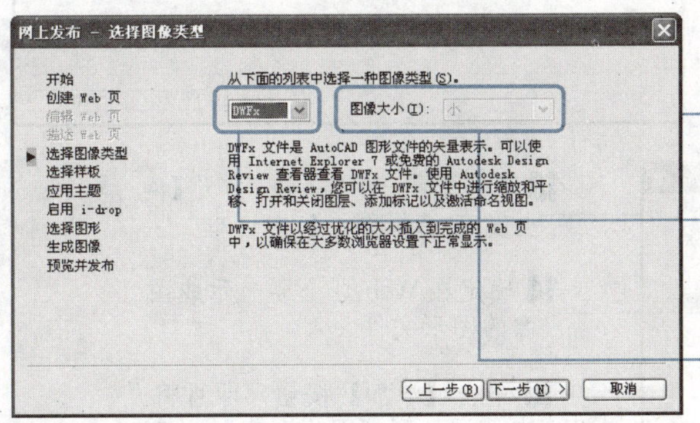

4 单击【下一步】按钮，打开【网上发布-选择图像类型】对话框

5 选择将在 Web 页上显示的图形图像的类型，即通过左面的下拉列表框在 DWF、JPG 和 PNG 之间选择

6 确定文件类型后，使用右面的下拉列表框可以确定 Web 页中显示图像的大小

如果 Internet 链接的传输速度很慢，或者正在使用的主图形附着了很多外部参照，将外部参照下载到本地系统中可能要花费较长时间。

视野拓展

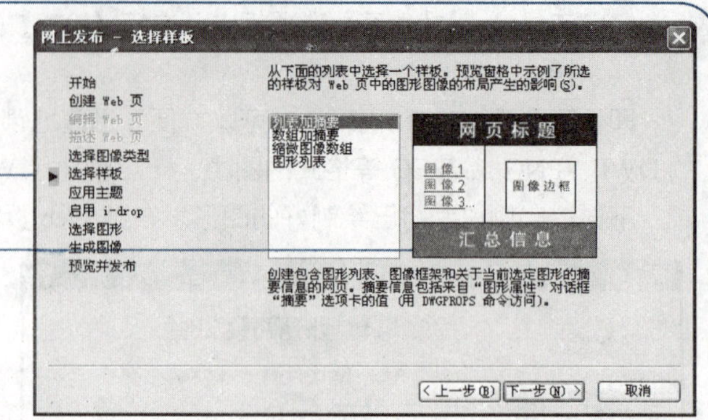

7 单击【下一步】按钮，打开【网上发布-选择样板】对话框

8 设置 Web 页样板，当选择对应选项后，在预览框中将显示出相应的样板示例

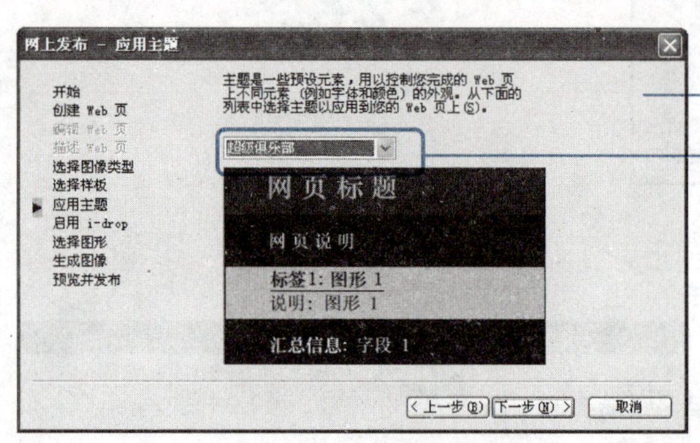

9 单击【下一步】按钮，打开【网上发布-应用主题】对话框

10 在该对话框选择 Web 页面上各元素的外观样式，如字体、颜色等

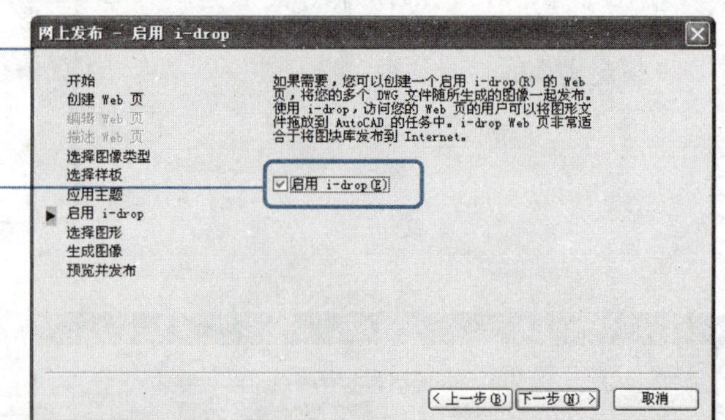

11 单击【下一步】按钮，打开【网上发布-启用 i-drop】对话框

12 选中【启用 i-drop】复选框，即可创建 i-drop 有效的 Web 页

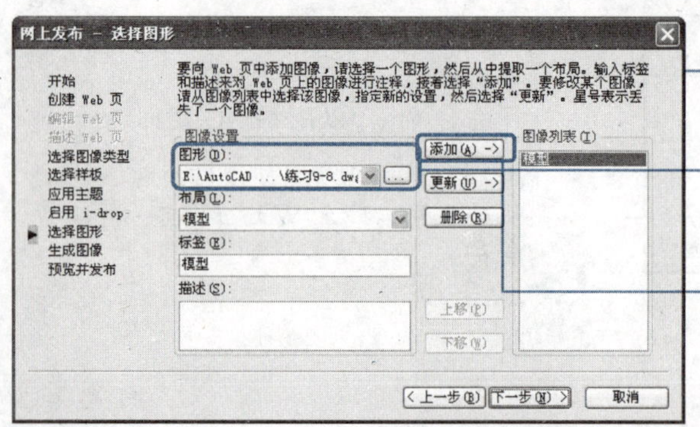

13 单击【下一步】按钮，打开【网上发布-选择图形】对话框

14 确定在 Web 页上要显示成图像的图形文件

15 单击【添加】按钮，即可将文件添加到【图像列表】列表框中

视野拓展

DWF 格式不会压缩图形文件；JPEG 格式采用有损压缩，即故意丢弃一些数据以显著减小压缩文件的大小；PNG 格式采用无损压缩，即不丢失原始数据就可以减小文件的大小。

16 单击【下一步】按钮，打开【网上发布-生成图像】对话框

17 从中选择【重新生成已修改图形的图像】

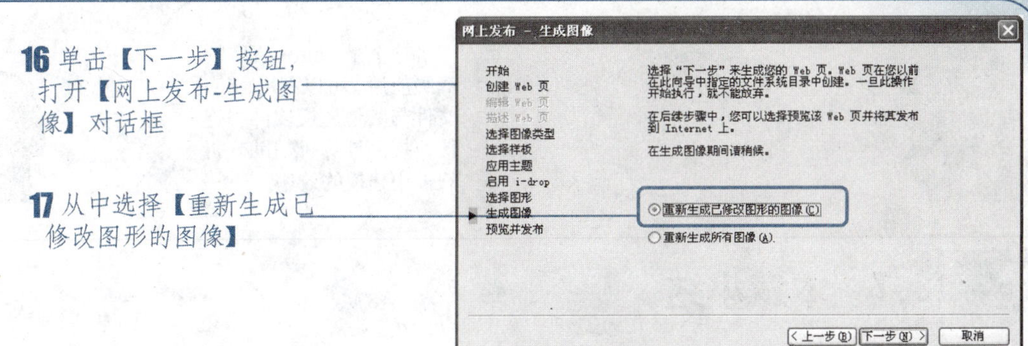

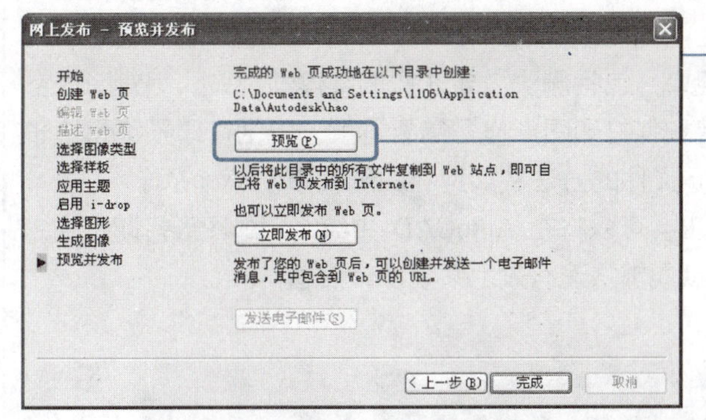

18 单击【下一步】按钮，打开【网上发布-预览并发布】对话框

19 单击【预览】按钮即可预览所创建的 Web 页

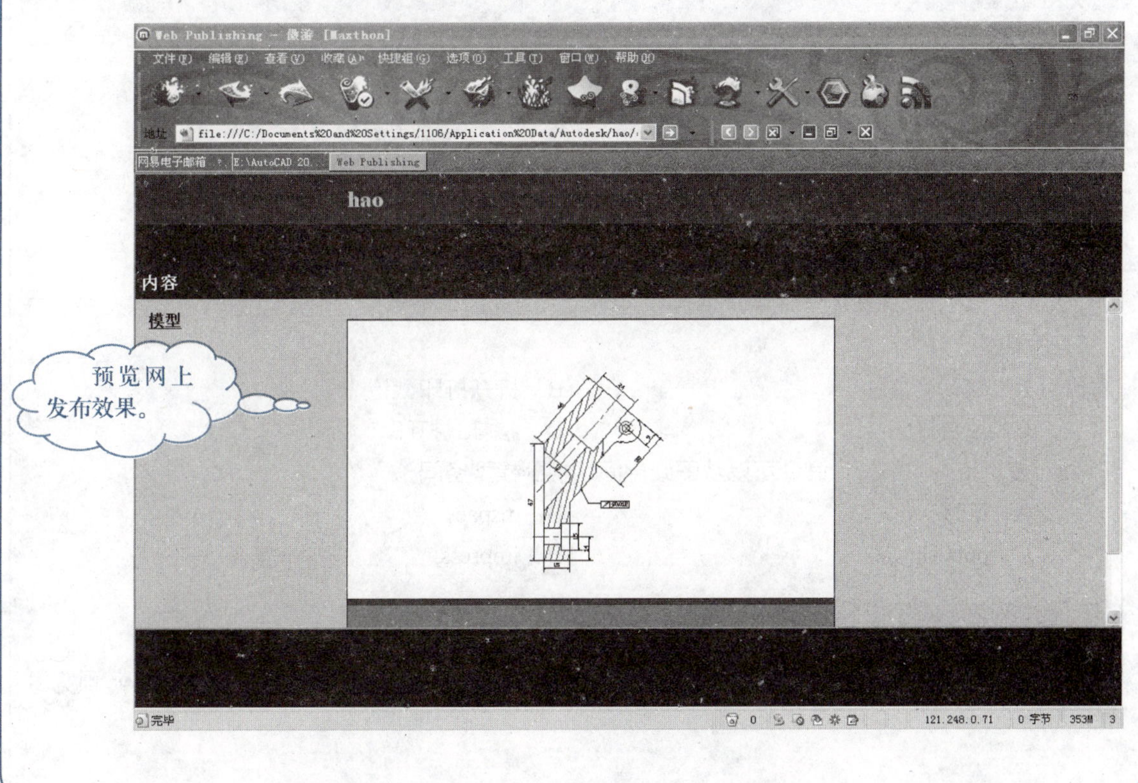

预览网上发布效果。

启用 i-drop，可以在网页中激活拖放功能。页面访问者可以将图形文件拖到程序的任务中。i-drop 文件非常适合将块库发布到 Internet。

视野拓展

这个是 AutoCAD 的高级应用。可以利用*.dwf文件与其他建模软件相连接，提高计算机辅助分析软件中建模的效率。

13.7　本章小结

本章针对图形的输出与网上发布展开介绍。

首先介绍了图形的输入输出，包括导入图形、插入 OLE 对象、输出图形。就如何创建和管理布局做了详细介绍，包括模型空间与图形空间之间的切换方法、使用布局向导创建布局、管理布局及布局的页面设置。然后，简要介绍了浮动视口，包括删除、新建和调整浮动视口、相对图纸空间比例缩放视图和在浮动视口中旋转视图。就如何打印图形作了简要讲解，包括打印预览和打印设置两个方面的内容。最后，介绍了发布 DWF 文件的方法及如何将图形发布到 Web 页。

通过本章内容的学习，学会图形的输入输出，可以将在 AutoCAD 中绘制好的图形打印出来，或者把它们的信息传送给其他应用程序。这样就能够快速有效地共享设计信息。

13.8　趁热打铁

现在用学到的知识解决下面的问题吧！

13.8.1　选择题

1．AutoCAD 2009系统允许输入以下（　　　）格式的文件。

A．图元文件　　　　B．ACIS

C．3D Studio图形　　　　D．以上图形格式都可以

2．（　　　）选项用来指定是否在每个输出图形的某个角落上显示绘图标记，以及是否产生日志文件。

A．打印到文件　　　　B．打开打印戳记

C．后台打印　　　　D．按样式打印

3．使用（　　　）命令可以从图纸空间切换到模型空间。

A．hide　　　　B．mspace

C．publish　　　　D．impress

13.8.2　实践题

1．绘制如下图所示的图形，并将其发布为 DWF 文件，然后使用 Autodesk DWF Viewer 预览发布的图形。

视野拓展

用户可以使用任意绘图仪配置创建打印文件，并且该打印文件可以使用后台打印软件进行打印，也可以送到打印服务公司进行打印。

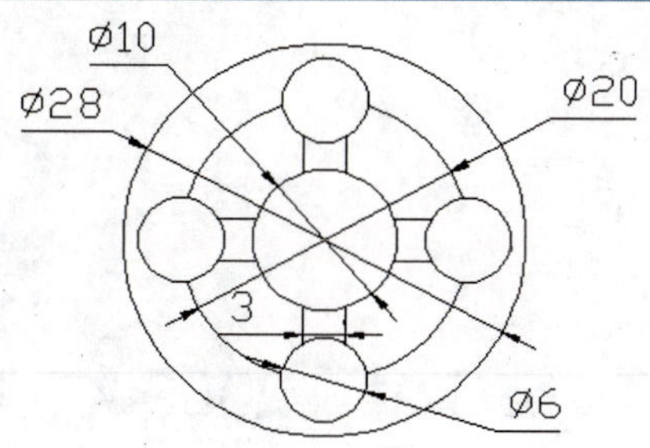

2. 绘制如下图所示的图形，并将其发布到 Web 页上。

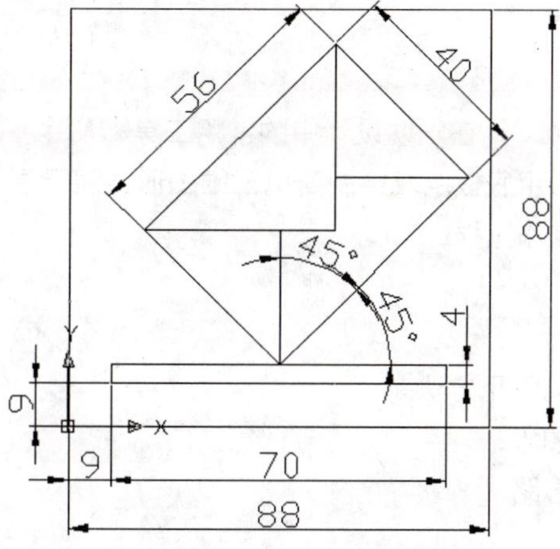

非系统 HP-GL/2 驱动程序支持各种 HP-GL/2 笔式绘图仪和喷墨打印机。这是通用的 HP-GL/2 驱动程序，此程序没有针对任何特定生产商的设备进行优化。

视野拓展

第14章 AutoCAD 2009综合实例

本章导读

前面的章节介绍了AutoCAD在辅助设计中的常用工具和命令，本章将结合三个具体的实例：绘制连杆、常用底板以及绘制简单三维图形，演示灵活运用AutoCAD各种绘图手段进行绘图的操作过程。

本章学习目标

- 具体实例中图层的使用方法
- 具体工程图的绘图思路
- 三维图形的绘图思路

本章学习重点

- 学习掌握连杆的制图过程
- 学习掌握常用底板的制图过程
- 学习掌握三维简单图形的绘制

14.1　连杆

下面通过实例说明连杆的制图过程。

14.1.1　实例说明

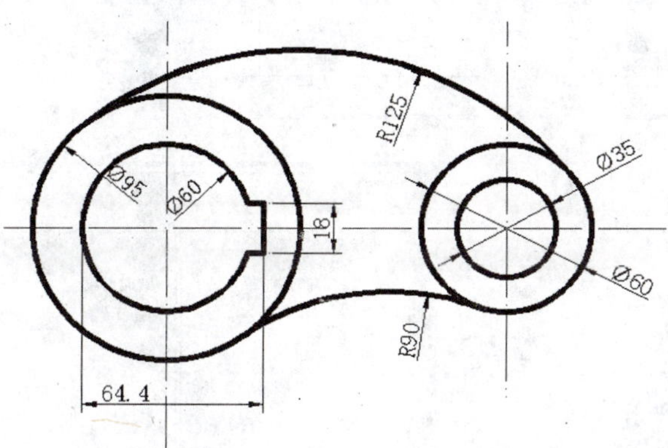

本图例不是很复杂，注意观察这里用到了几种线条样式，要严格按照国家技术标准绘图。粗实线用于表示轮廓线；细实线主要用于标注。

本例形状类似于底板类零件，较多的圆弧连接是最大的特点。

14.1.2　制图过程

管理图层和图层特性命令 layer、加载线型、全局线型比例因子 LTSCALE、调整线宽显示。

由于图形简单，捕捉、栅格、极轴等参数可在图中根据需要自行调整。

1．图层的建立

设置如下表所示的图层。引入图层对图形中的对象进行分类和组织的管理，充分利用 AutoCAD 为专业制图创造的便利。

表 14–1　需要建立的图层名称及特性

图层名称	图层的颜色	图层的线型	图层的线宽
轮廓线层	白色	实线（Continuous）	0.5mm
中心线层	红色	点划线（Center）	默认
标注层	蓝色	实线（Continuous）	默认

下面我们一起来学习图层的建立过程。

AutoCAD 提供了多种形式的快捷菜单，右击即可打开快捷菜单。不同的操作或光标在绘图界面内的位置不同，弹出的快捷菜单选项也不同。一般包含以下选项：重复执行上一个命令、显示用户最近输入的命令列表、显示对话框等。

视野拓展

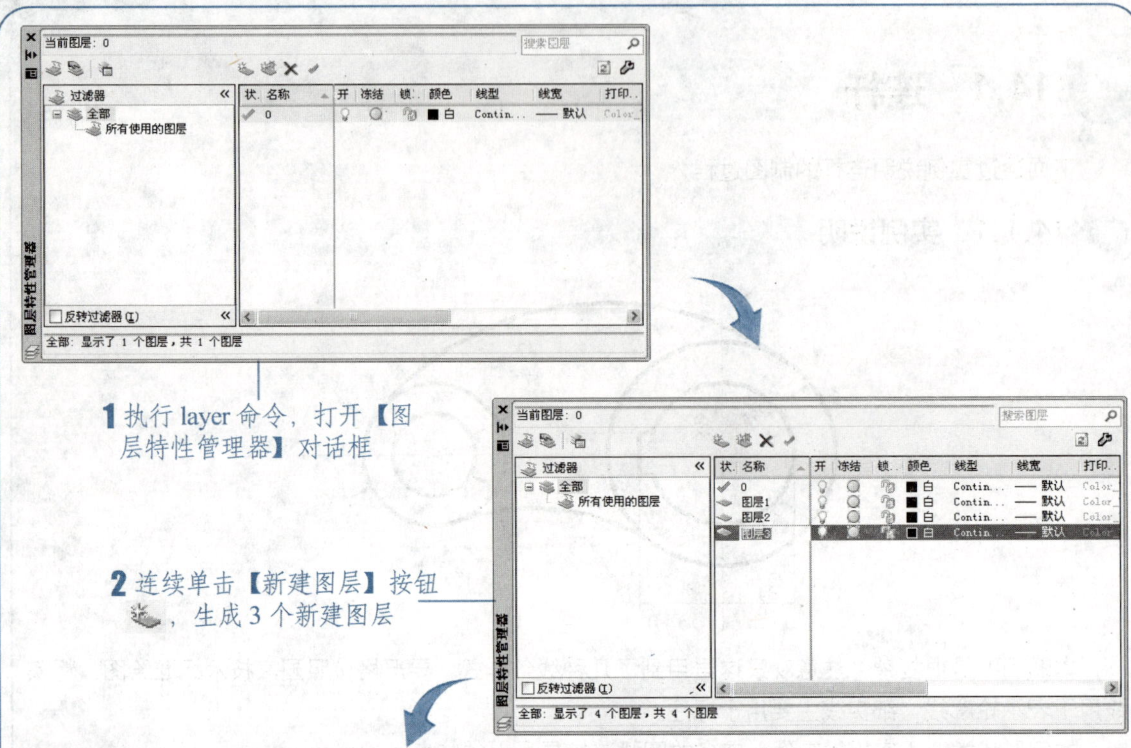

1 执行 layer 命令，打开【图层特性管理器】对话框

2 连续单击【新建图层】按钮，生成 3 个新建图层

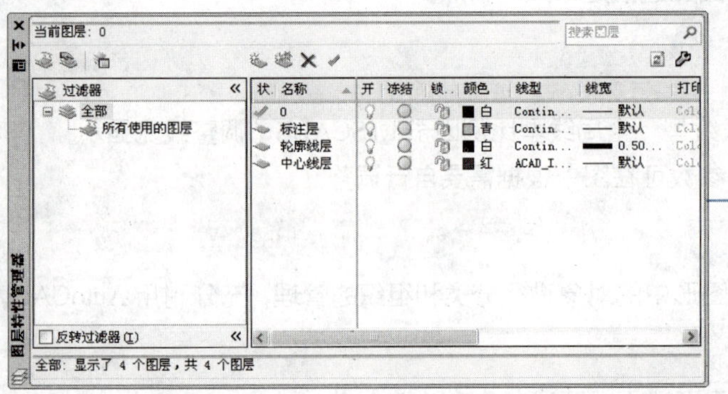

3 根据上述表格的要求，依次修改新建 3 个图层的特性

2．中心线的绘制

将【中心线层】设置为当前层，打开捕捉功能，用画构造线命令 xline 绘制水平线 S、垂直线 P、R，P，R 线间的距离为 120，如下图所示。

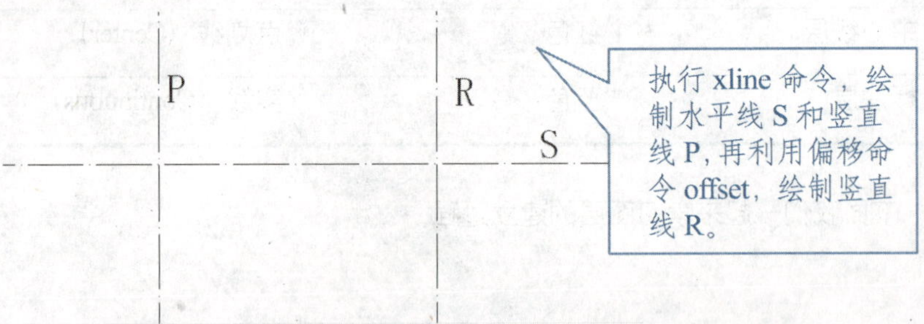

视野拓展

一般情况下，我们都是从事专业设计的工作，比如机械、建筑等。这样，我们应该创建样板文件，把符合业内标准的某些图形、文字样式、表格样式、块，甚至图层创建都保存在该文件中。那么再进行此类图形的绘制时，可以节约很多时间，提高绘图效率。

3．一系列圆的绘制

将【轮廓线层】设置为当前层，打开捕捉功能，用画圆的命令 circle 绘制 4 个圆，圆心分别为点 1 和点 2，直径分别为 95、60、60、35，如下图所示。

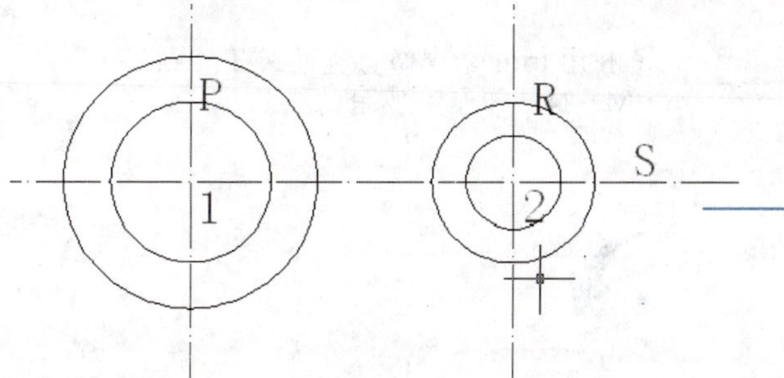

1 打开捕捉功能，执行 circle 命令，将光标移动至点 1 和点 2 处，开始绘制符合尺寸要求的圆

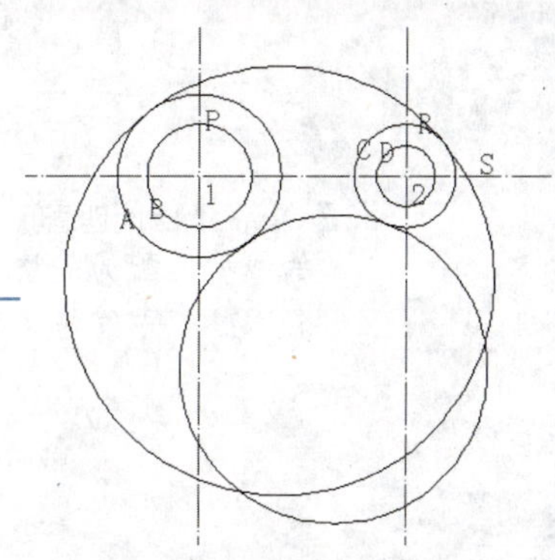

2 继续执行 circle 命令，根据提示输入 T，选择【相切、相切、半径（T）】选项。即可根据提示指定圆 A、C 相应切点（模糊位置即可），输入符合要求的圆的半径完成两个大圆的绘制

4．键槽的绘制

根据图例中的尺寸关系，用辅助线定位所需要的键槽线，用偏移命令 offset 绘制竖直线 T，P，T 线间的距离为 34.4，如下图所示。

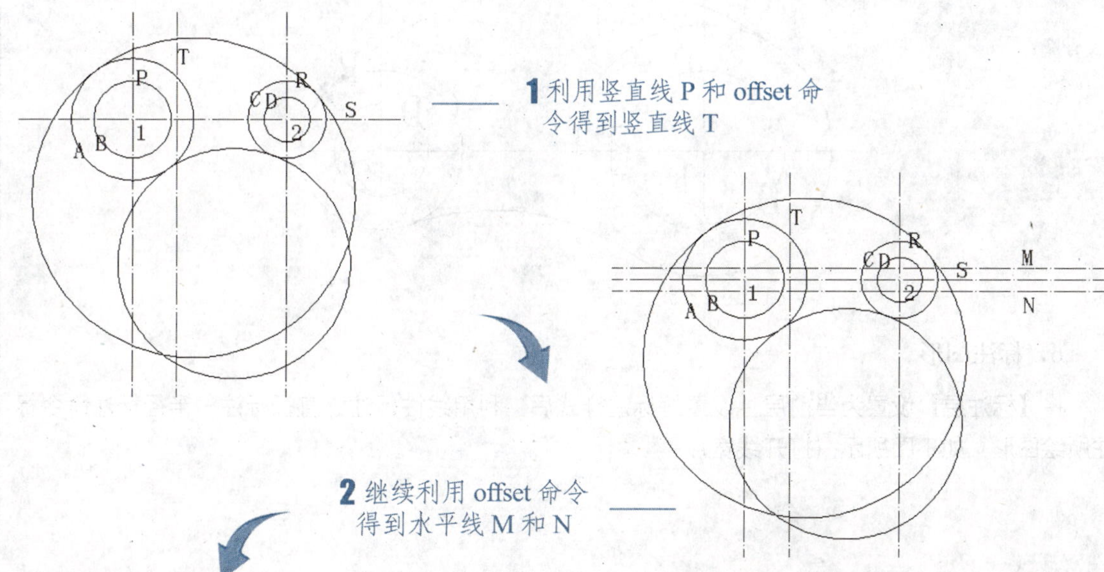

用户可以通过系统变量 PDMODE 设置点样式，0、2、3 和 4 表示相应的形状为点、十字、叉和竖线图形，为 1 时不显示任何图形。

视野拓展

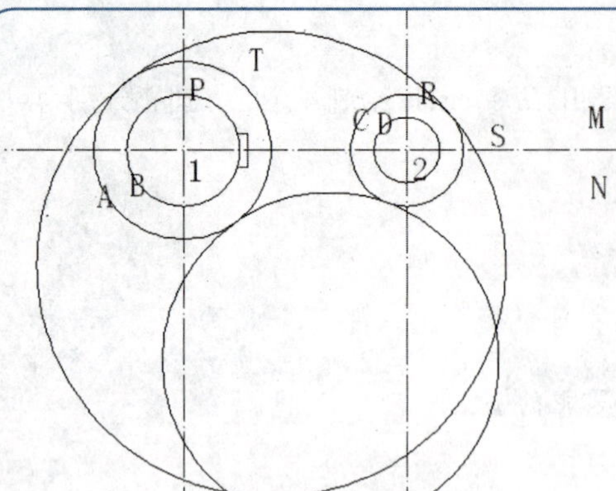

3 利用 trim 命令修剪辅助线 T、M、N，并删除多余的线

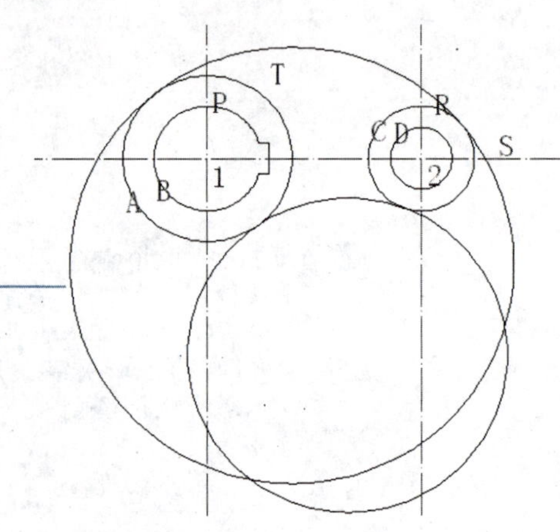

4 单击【特性匹配】按钮，将键槽的线型匹配为轮廓线层特性。再次利用修剪命令把多余线剪掉

5．修剪图形

根据图例，用修剪命令 trim 剪掉两个大圆上的多余线，如下图所示。

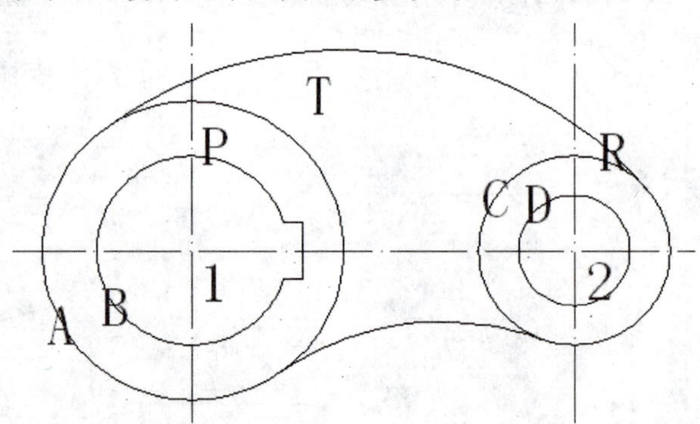

6．标注图形

将【标注层】设置为当前层，设置好标注样式后，利用线性标注、直径标注、半径标注命令标注所绘图形，如下图所示（打开线宽）。

视野拓展

用户可以通过系统变量 PDSIZE 控制点图形的大小（PDMODE 值为 0 和 1 时除外），正值指定点图形的绝对尺寸，负值为视口大小的百分比。

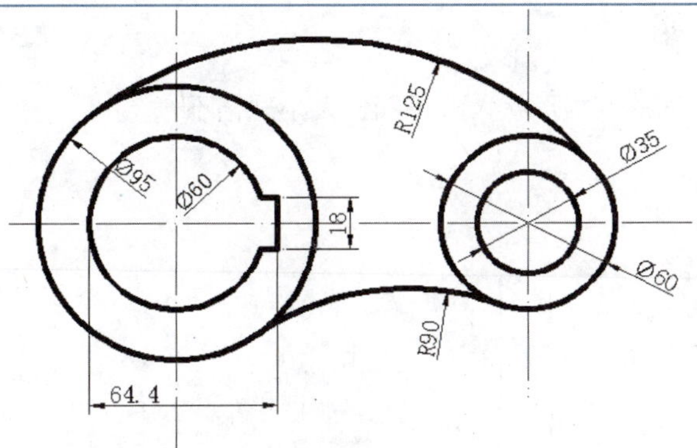

其中，标注样式的设置以符合业内标准和美观为准，必要时需要多次的调试箭头、字体等的设置。

14.1.3 线宽的说明

- 线宽设置好后，其显示效果是通过调整显示比例的滚动条控制的，且【线宽】显示功能要打开。因为对象的线宽超过一个像素会增加重新生成所需要的时间，要想优化 AutoCAD 的性能，就应该将线宽的显示比例设置为最小或关闭【线宽】显示功能。
- 缩放图形时效果图的线宽没有发生变化，而用 donut 命令画的圆环会跟随缩放变化。因为后者是实际意义上的【线宽】，且作图时会影响到精度；而前者主要为了在图形显示或将图形输出图像时，通过线宽反映出对象的不同意义（和技术标准中对线宽的规定有关）。
- 线宽的显示在模型空间和图纸空间布局中是不同的。
- 除非将另一线宽设为当前线宽，否则当前线宽就是用于绘制任意对象的线宽，颜色的设置也是这样。如果没有引进图层，绘图中需要来回不断地做设置。
- 具有线宽的对象以指定的线宽值打印。线宽值为 0.25mm 或更小时，在模型空间显示为一个像素宽，并将以指定打印设备允许的最细宽度打印。实际上打印的线条粗细可在打印设置时，为每一种颜色的线条专门设定。

博学先生，通过这个例子，我明白了好多，一下就把原来学习的基本绘图、编辑、图层等命令给联系在了一起。

具体图形绘制过程中，一般都是要绘制大型的、综合的、复杂的图形，这需要我们有清晰的绘图思路和熟练的命令操作技能。

14.2 常用底板

下面通过实例说明常用底板的制图过程。

直线命令绘制的每一条线段都是一个独立的图形对象，利用 AutoCAD 提供的相关命令可以对其进行拉伸、缩放等编辑。

14.2.1 实例说明

底板是常用零件，不同的底板形状大致相同，大小规格不一。

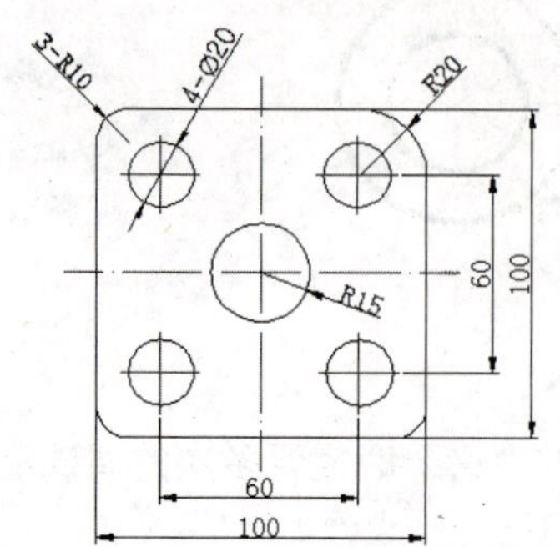

附注：

底板是常用零件，不同的底板形状大致相同，大小规格不一。

14.2.2 制图过程

首先打开【图层特性管理器对话框】，建立图层，如图所示。

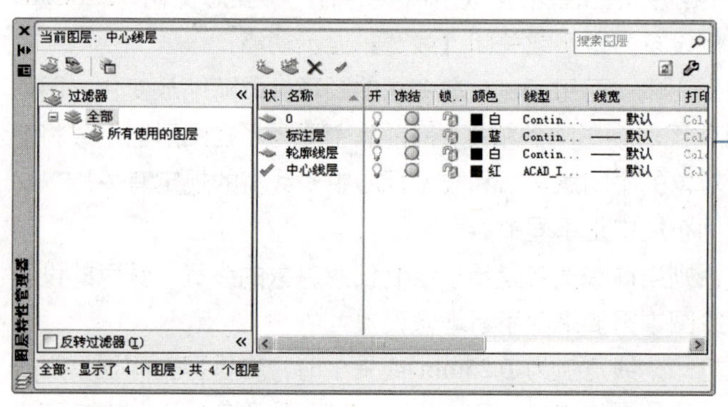

1 执行 layer 命令，打开【图层特性管理器对话框】，新建 3 个图层，并修改图层特性

2 将【轮廓线层】置为当前层，打开正交，利用 line 命令绘制符合尺寸要求的矩形

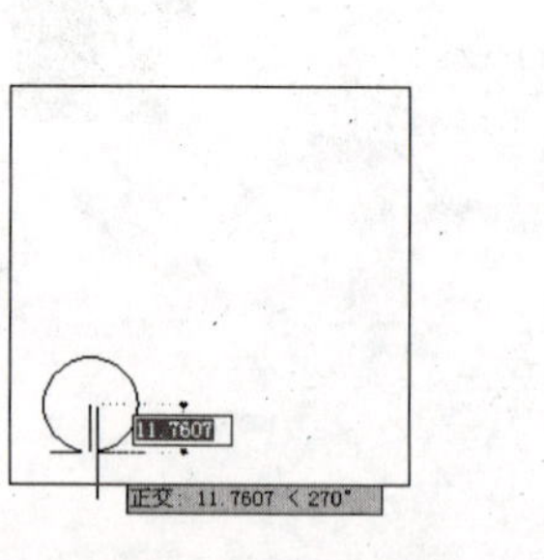

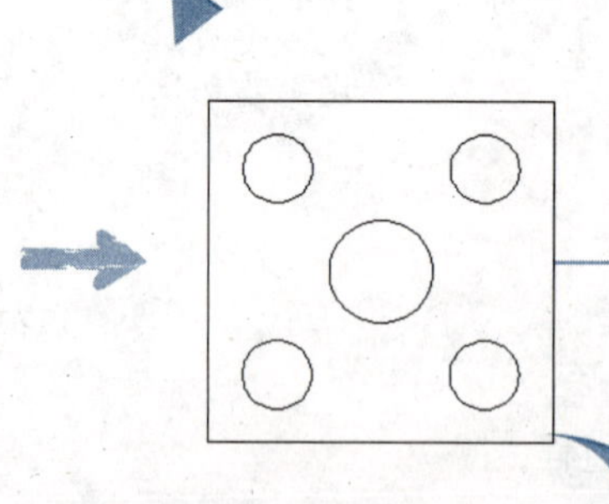

3 利用“捕捉自功能” (from 命令)，借助矩形的 4 个顶点定位各个圆的圆心，利用 circle 命令绘制符合尺寸要求的圆

视野拓展

绘制圆弧时，输入的半径值和圆心角有正负之分。对于半径，当输入的半径值为正时，表示从圆弧起点开始顺时针方向画弧；反之，则沿逆时针方向画弧。对于圆心角，当角度为正值时系统沿逆时针方向绘制圆弧，反之，则沿顺时针方向绘制圆弧。

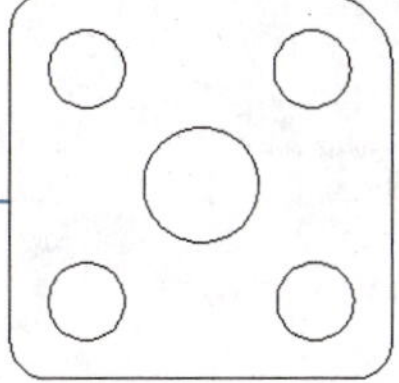

4 利用 fillet 命令将矩形的四个顶点处修整为符合尺寸要求的倒角

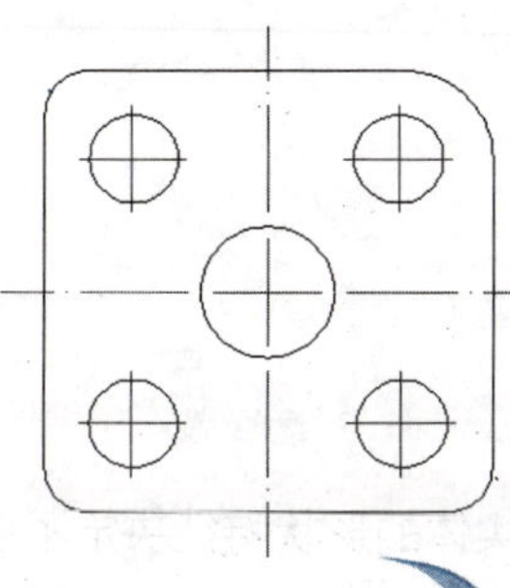

5 将【中心线层】置为当前层，打开正交，利用 line 命令绘制中心线

6 将【标注层】设置为当前层，设置好标注样式及文字样式后，利用线性标注、直径标注、半径标注命令标注所绘图形

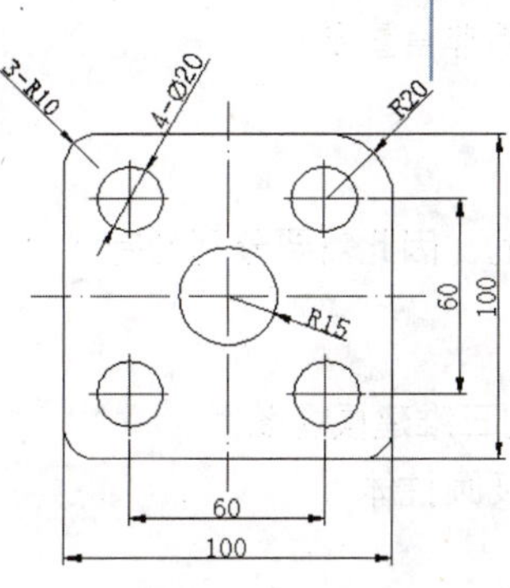

附注：

底板是常用零件，不同的底板形状大致相同，大小规格不一。

博学先生，我一直不明白图形标注中的字高、箭头、超出尺寸线还有文字偏离尺寸线的距离是如何确定的。

这看似简单的问题，其实并不好回答。首先，我们要根据业内标准，确定哪类图形中用何类型的字体和字高；其次我们要根据视觉要求不断调整箭头大小等其他参数。

14.3 三维简单图形绘制实例

根据下图所示的 3 个平面图形（三视图），在 AutoCAD 中绘制其完整的三维立体图形。

要表示同心椭圆，请绘制一个中心相同的椭圆。而偏移原来的椭圆，只能产生一个椭圆形的样条曲线。

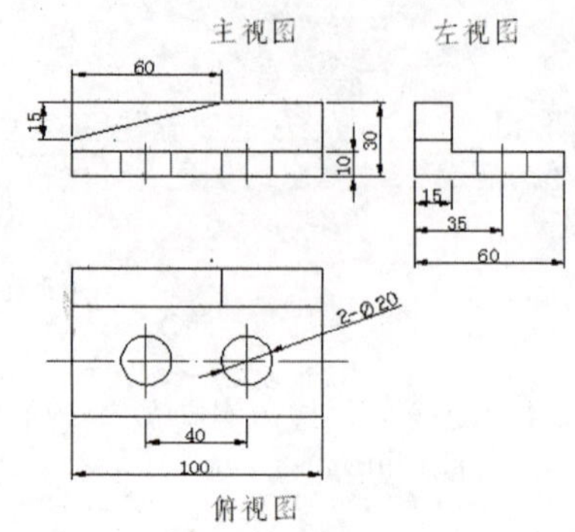

14.3.1 实例说明

在制作方式上三维实体的制作和平面图形的绘制有较大的不同，三维实体的形状特征决定了应该采取何种方式制作，因此制作前的形体分析非常重要。

14.3.2 制图过程

本例是由长方体、楔形体、圆柱体组成的，因此需要分别绘制。

1. 各部件的制作

将默认打开的 AutoCAD 经典视图转换到三维建模视图。

在当前视图中制作两个长方体、楔形体及圆柱体。

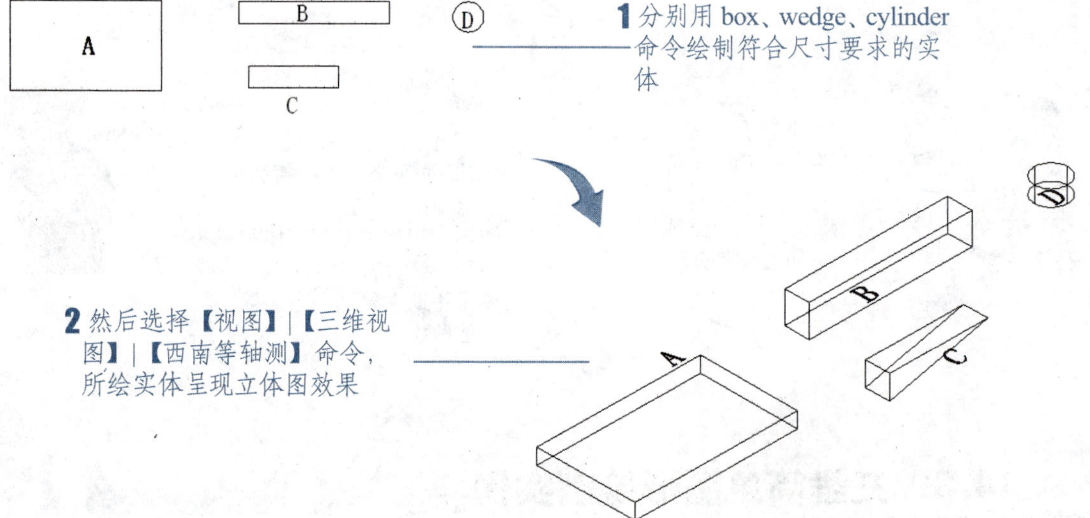

2. 拼装实体

各部件的制作过程中，必须保证长方体、楔形体的相关面是平行的，即在同一个 UCS 下绘制这些实体。这样，就可以利用 move 命令，将这些实体拼装起来，保证对应的顶点连在一起就可以，拼装好的实体如下图所示。

视野拓展

选择对象时，窗口（实线框）与窗选（虚线框，交叉窗口选取）的区别在于，窗口选取鼠标由左向右只有当整个选择对象都在窗口内时才能选中，而窗选（交叉窗口选取）鼠标由右向左只要选择的对象有一部分在窗口内即可将整个对象选中。

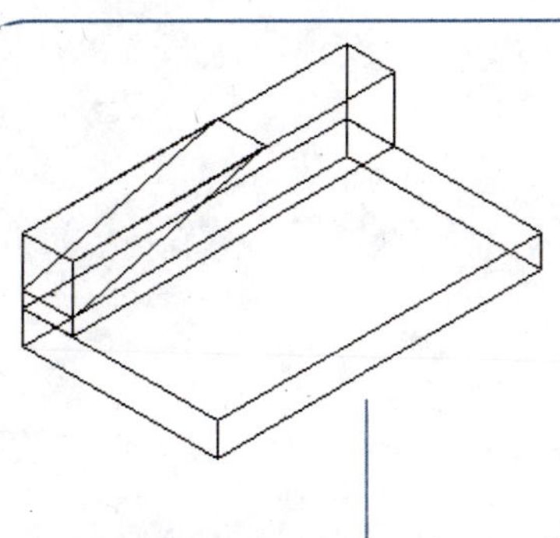

1 利用 move 命令，将长方体和楔形体根据顶点的对应拼接起来

这是 AutoCAD 绘图过程中常用的技巧，把某个图形暂时存放在合适的位置，留有后用！

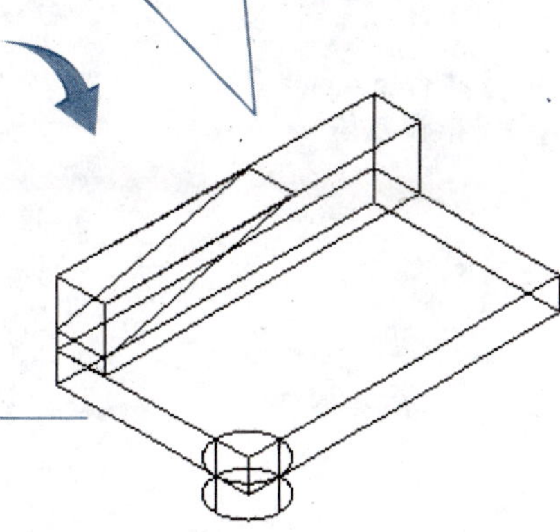

2 利用 move 命令，以圆柱体的上圆心为基点，将绘制好的圆柱移动至长方体的一个顶点处

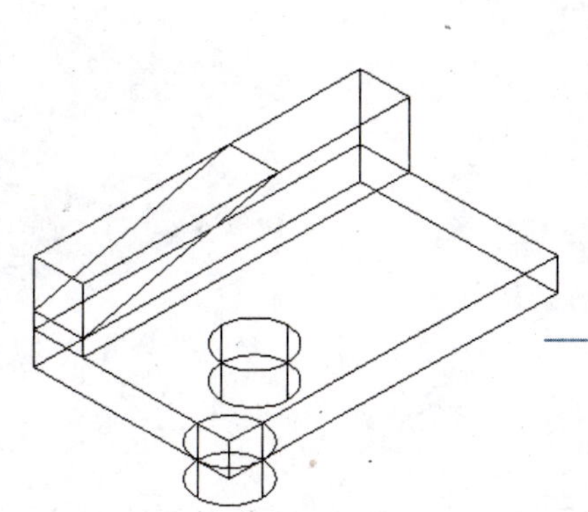

3 利用 copy 命令，以圆柱体的上圆圆心为基点，将绘制好的圆柱复制至目标位置

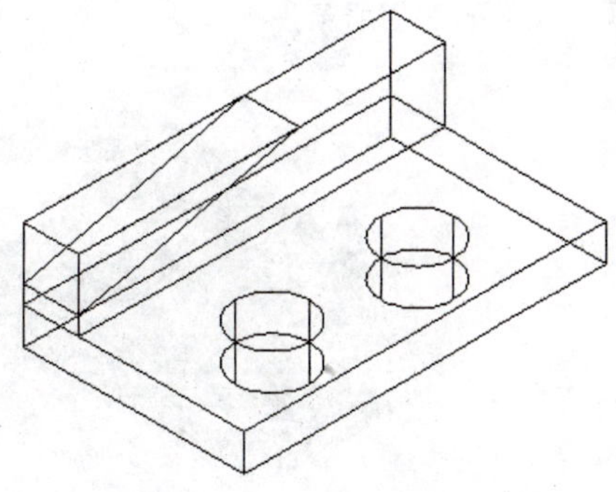

4 继续利用 copy 命令，以圆柱体的上圆圆心为基点，将绘制好的圆柱复制至目标位置，并删除起【中转】作用的圆柱

多义线有一起始宽度和终止宽度，这就使得线宽可以渐宽或渐细。宽多义线（在屏幕上和绘图仪上输出时）由系统变量 FILLMODE 控制。当此变量设置为 0 时，多义线显示出其轮廓；而当设置为 1 时（默认状态），显示被填充的多义线。

视野拓展

3. 对新得到的形体做布尔运算

利用 subtract 命令，将多余的实体去除，如下图所示。

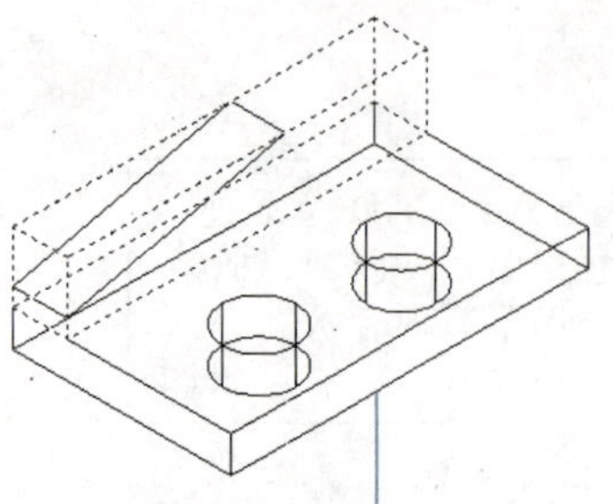

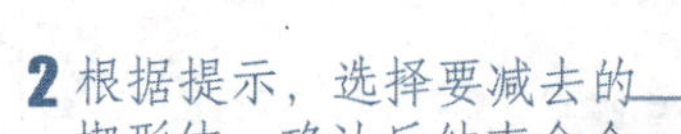

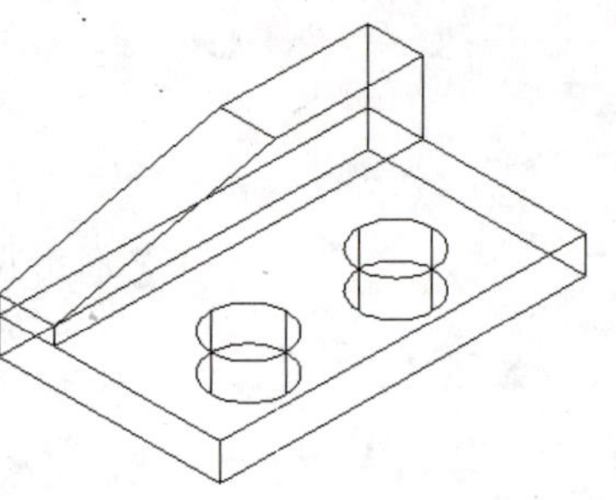

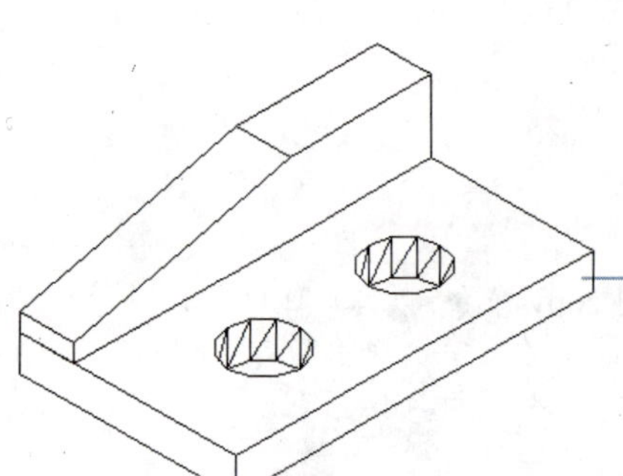

这样，再执行 shademode 命令，选择合适的选项，令所绘图形分别以真实和概念的表达方式展现出来，如下图所示。

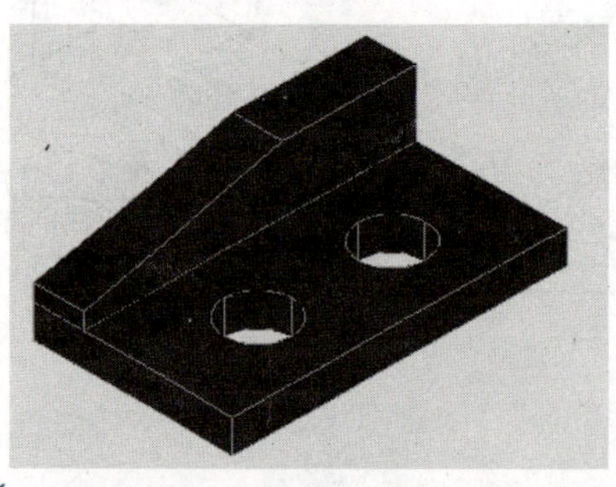
真实

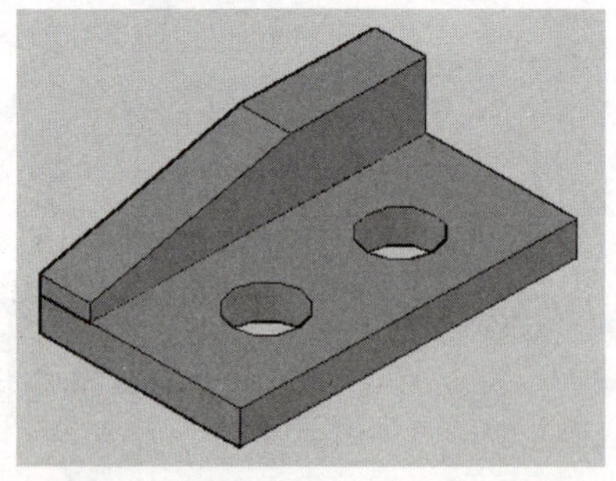
概念

视野拓展

设置完栅格，回到绘图窗口，就能看到网格。如果没有看到，可以使用全部缩放命令观看到全部绘图区域。

14.4 本章小结

本章针对二维图形和三维简单图形的实例绘制展开介绍。

首先介绍了连杆的绘制过程，重点介绍了图层的建立方法以及常用编辑命令，如复制、移动、偏移、修剪等命令的使用技巧等。然后介绍了常用底板的绘制方法，需要注意的是拿到具体工程图后，如何进行规划、灵活运用常用绘图命令。最后介绍了三维简单图形的绘制过程，针对绘制二维和三维图形的区别，强调 UCS 的使用技巧，就可以轻松将三维问题转化为二维问题，仍然要注意的是宏观的把握。

通过具体实例的绘制，可以熟练掌握二维图形和三维简单图形的绘制过程，在熟悉常用绘图命令的基础上，如何合理规划制图过程是最为关键的。

14.5 趁热打铁

现在用学到的知识解决下面的问题吧！

14.5.1 选择题

1．利用 AutoCAD 绘制图形过程中，我们一般以（　　）区分起不同作用的线。

A．图元文件　　B．ACIS

C．3D Studio 图形　　D．以上图形格式都可以

2．（　　）选项用来指定是否在每个输出图形的某个角落上显示绘图标记，以及是否产生日志文件。

A．打印到文件　　B．打开打印戳记

C．后台打印　　D．按样式打印

3．使用（　　）命令可以从图纸空间切换到模型空间。

A．hide　　B．mspace

C．publish　　D．impress

系统变量 MIRRTEXT 的值为 1 时，文字位置及文字本身均被镜像，即如果原字符从左向右排列，镜像后的字符反转且从右向左排列；其值为 0 时，只是文字位置被镜像，文字本身仍保持原来的方向不变，即从左向右排列。

14.5.2 实践题

1. 合理运用图层和常用编辑命令，精确绘制如下图所示的图形。

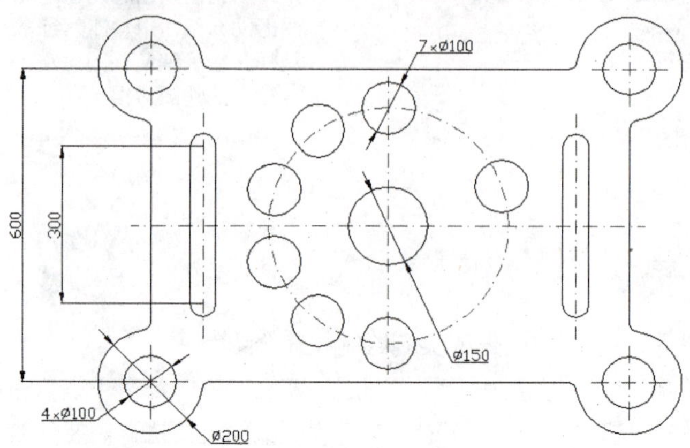

2. 合理运用图层和常用编辑命令，精确绘制如下图所示的图形，注意填充。

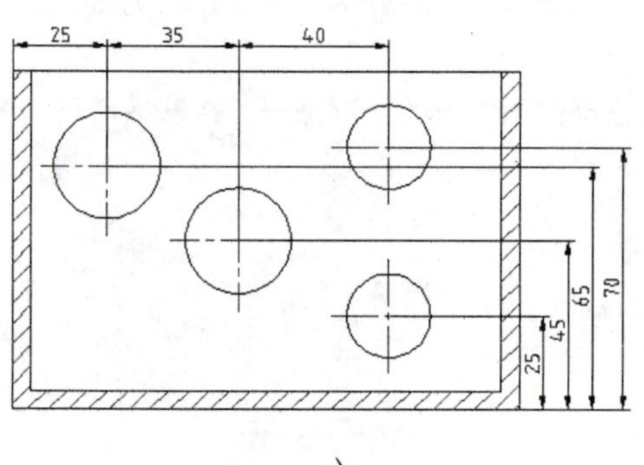

a)

b)

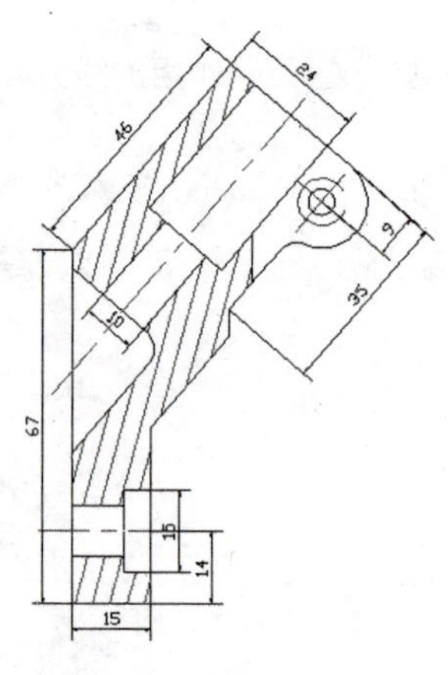

c)

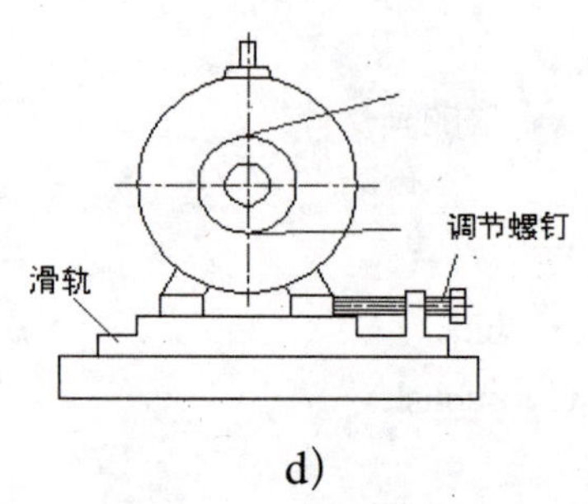

d)

视野拓展

系统变量 MIRRTEXT 与其他系统变量一样，可以使用 setvar 命令修改，也可以在命令行提示下键入 mirrtext。

3．合理运用图层和常用编辑命令，精确绘制如下图所示的图形，注意标签栏和图框（图 b 和图 c 是详图）。

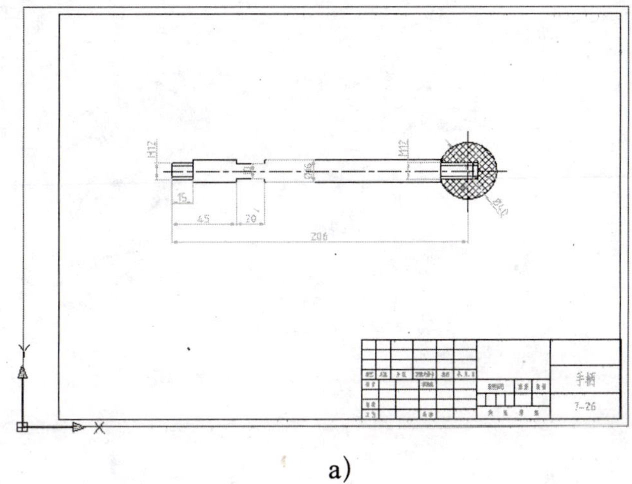

a）

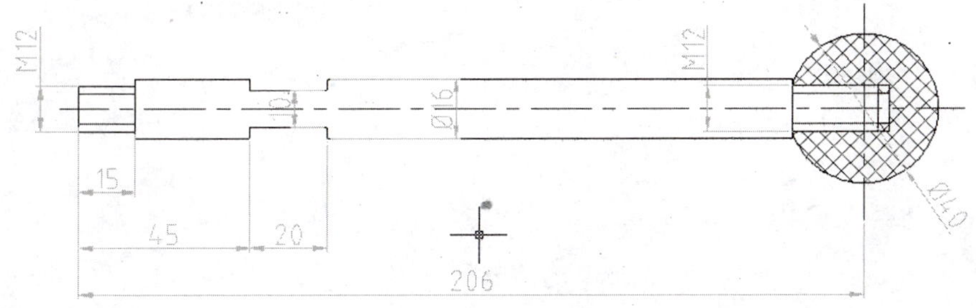

b）

标记	处数	分区	更改文件号	签名	年、月、日			手柄
设计			标准化			阶段标记	重量	比例
审核								7-26
工艺			批准			共　张　第　张		

c）

与 Windows 系统的复制命令不冲突，在 AutoCAD 中选中要复制的对象，按下快捷键 Ctrl+C 及 Ctrl+V 后，选择要插入的点即可完成与 copy 命令相同的功能。

视野拓展